Premiere Pro CS4 中文版
基础与实例教程

制作风景宣传动画效果

制作多画面展示效果

制作四季过渡效果

制作卷页效果

制作逐一翻开的画面效果

Premiere Pro CS4 中文版
基础与实例教程

制作逐个出现的字幕效果

制作随图片逐个出现的字幕效果

制作局部马赛克效果

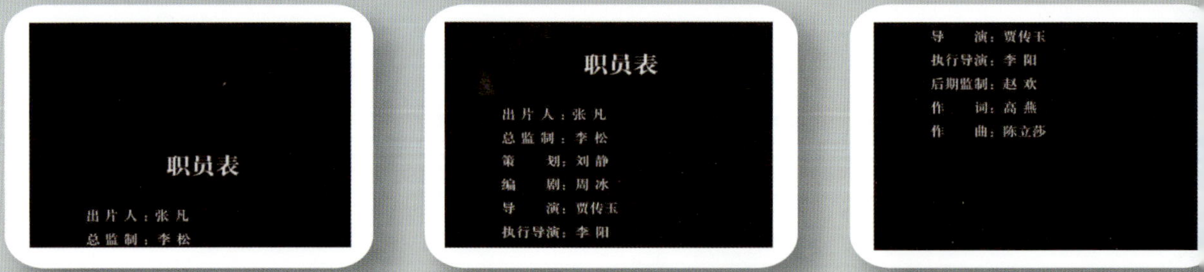

制作滚动字幕效果

制作沿一定方向运动的图片效果

制作多层切换效果

制作变色的汽车效果

制作动态水中倒影效果

制作金字塔的水中倒影效果

制作底片效果

制作画中画的广告效果

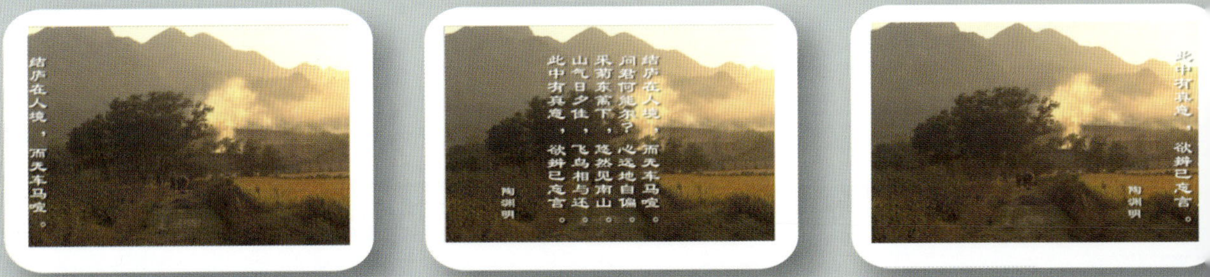

制作游动字幕效果

制作金属扫光文字效果

制作自定义视频切换效果

制作水墨画效果

制作沿路径弯曲的文字效果

电脑艺术设计系列教材

Premiere Pro CS4 中文版基础与实例教程

第 2 版

张 凡 等编著

设计软件教师协会 审

机械工业出版社

本书属于实例类图书。全书分为3个部分，共8章。第1部分基础入门，主要介绍了影视剪辑基础理论；第2部分基础实例演练，通过大量典型和具有代表性的实例讲解了关键帧动画和时间线嵌套、视频切换、视频特效、字幕和外挂特效的具体应用；第3部分综合实例演练，综合运用前面各章的知识讲解了两个实例的具体制作方法，并且对于部分实例采用了多种方法，旨在拓宽读者的思路，做到举一反三。

本书内容全面，由浅入深。对于初学者可从基础入门部分开始学习；对于有一定基础的读者，可从基础实例演练部分开始学习。读者通过本书可以全面系统掌握Premiere Pro CS4的使用技巧。同时为了帮助大家学习，本书配有全部实例的素材和效果文件，以及相关的高清晰度的多媒体影像教学文件和基础知识部分的电子课件。

作为设计软件教师协会推出的系列教材之一，本书将艺术灵感和电脑技术相结合，对Premiere Pro CS4作了全面透彻的讲解。

本书内容丰富、实例典型、讲解详尽，可作为大专院校相关专业师生和社会培训班学员的教材，也可作为视频编辑爱好者的自学和参考用书。

图书在版编目（CIP）数据

Premiere Pro CS4 中文版基础与实例教程/ 张凡等编著 .—2 版 .—北京：机械工业出版社，2011.11（2018.1 重印）

（电脑艺术设计系列教材）

ISBN 978-7-111-36157-2

Ⅰ．①P… Ⅱ．①张… Ⅲ．①视频编辑软件，Premiere一教材 Ⅳ．①TN94

中国版本图书馆 CIP 数据核字（2011）第 213691 号

机械工业出版社（北京市百万庄大街22号　邮政编码 100037）

责任编辑：陈　皓　和庆娣

责任印制：李　洋

北京瑞德印刷有限公司印刷（三河市胜利装订厂装订）

2018 年 1 月第 2 版第 7 次印刷

184mm×260mm · 18.5 印张 · 2 插页 · 462 千字

13601—15500 册

标准书号：ISBN 978-7-111-36157-2

ISBN 978-7-89433-182-3(光盘)

定价：45.00 元（含 1DVD）

凡购本书，如有缺页、倒页、脱页，由本社发行部调换

电话服务

服务咨询热线：010-88379833

读者购书热线：010-88379649

网络服务

机 工 官 网：www.cmpbook.com

机 工 官 博：weibo.com/cmp1952

教育服务网：www.cmpedu.com

金 书 网：www.golden-book.com

前 言

Premiere Pro CS4是由著名的Adobe公司开发的视频编辑软件，使用它可以编辑和制作电影、DV、栏目包装、字幕、网络视频、演示、电子相册等，另外还可以编辑音频内容。目前随着计算机硬件的不断升级以及Premiere强大的功能和易用性，Premiere在全球备受青睐。

本书是由设计软件教师协会“Adobe分会”组织编写的。全书通过大量的精彩实例将艺术灵感和电脑技术结合在一起，全面阐述了Premiere Pro CS4的使用方法和技巧，并详实地介绍了Premiere Pro CS4的新增功能。

本书属于实例教程类图书，旨在帮助读者用较短的时间掌握Premiere软件。全书分为3部分，共8章，每章前面均有“本章重点”，每章最后均有“课后练习”，以便读者学习该章后自己进行相应的操作。每个实例都包括制作要点和操作步骤两部分，对于步骤过多的实例还有制作流程以帮助理清思路，便于读者操作。

本书另一大特色就是不仅仅讲解了Premiere Pro CS4软件的使用，而且对一些常用的影视剪辑基础理论做了具体介绍，从而使读者在今后工作中能够做到理论联系实际。同时本书还配有全部实例的高清晰度的多媒体影像教学文件，以及理论知识部分的相关电子课件，以便于大家学习。

本书内容丰富、结构清晰、实例典型、讲解详尽、富于启发性。均是各高校教师（北京师范大学、中央美术学院、中国传媒大学、清华大学美术学院、北京林业大学、北京工商大学传播与艺术学院、首都师范大学、首都经贸大学、天津美术学院、天津师范大学艺术学院、山东理工大学美术学院、河北艺术职业学院等）从教学和实际工作中总结出来的。本书面向从事影视编辑的初、中级用户，也可作为大专院校及相关专业师生和社会培训班学员的教材。

参与本书编写的人员有张凡、李岭、谭奇、冯贞、顾伟、李松、程大鹏、关金国、许文开、宋毅、李波、宋兆锦、于元青、孙立中、肖立邦、郭开鹤、王世旭、谌宝业、刘若海、韩立凡、王浩、张锦、曲付、李羿丹、刘翔、田富源。

本书可作为大专院校相关专业师生和社会培训班学员的教材，也可作为视频编辑爱好者的自学和参考用书。

由于作者水平有限，书中不妥之处，敬请读者批评指正。

编　者

目 录

第1部分 基 础 入 门

第 3 部分 综合实例演练

第 1 部分　基础入门

第1章 影视剪辑基础理论

本章重点

随着数字技术的兴起，影片剪辑早已由直接剪接胶片演变为借助计算机进行数字化编辑的阶段。然而，无论是通过怎样的方法来编辑视频，其实质都是组接视频片段的过程。不过，要怎样组接这些片段才能符合人们的逻辑思维，并使其具有艺术性和欣赏性，就需要视频编辑人员掌握相应的理论和视频编辑知识。通过本章学习，读者应掌握景别、运动镜头技巧、镜头剪辑的一般规律和数字视频编辑的相关知识，以便为后面的学习打下良好的基础。

1.1 景别

景别又称镜头范围，它是镜头设计中一个重要概念，是指角色对象和画面在屏幕框架结构中所呈现的大小和范围。不同景别可以引起观众不同的心理反应。景别一般分为远景、全景、中景、近景和特写 5 种，下面进行具体讲解。

1.1.1 远景

远景是视距最远的景别。它视野广阔、景深悠远，主要表现远距离的人物和周围广阔的自然环境和气氛，内容的中心往往不明显。远景以环境为主，可以没有人物，有人物也仅占很小的部分。它的作用是展示巨大的空间，介绍环境，展现事物的规模和气势，拍摄者也可以用它来抒发自己的情感。使用远景的持续时间应在 10 秒以上。图 1-1 为远景画面效果。

图 1-1 远景画面效果

1.1.2 全景

全景包括被拍摄对象的全貌和它周围的环境。与远景相比，全景有明显的作为内容中心、结构中心的主体。在全景画面中，无论人还是物体，其外部轮廓线条以及相互间的关系，都能得到充分的展现，环境与人的关系更为密切。

全景的作用是确定事物、人物的空间关系，展示环境特征，表现节目的某一段的发生地点，为后续情节定向。同时，全景有利于表现人和物的动势。使用全景时，持续时间应在 8 秒以上。图 1-2 为全景画面效果。

图 1-2　全景画面效果

1.1.3　中景

中景包括对象的主要部分和事物的主要情节。在中景画面中，主要的人和物的形象及形状特征占主要成分。使用中景画面，可以清楚地看到人与人之间的关系和感情交流，也能看清人与物、物与物的相对位置关系。因此，中景是拍摄中常用的景别。

用中景拍摄人物时，多以人物的动作、手势等富有表现力的局部为主，环境则降到次要地位，这样，更有利于展现事物的特殊性。使用中景时，持续时间应在 5 秒以上。图 1-3 为中景画面效果。

图 1-3　中景画面效果

1.1.4　近景

近景包括拍摄对象更为主要的部分（如人物上半身以上的部分），用以细致地表现人物的精神和物体的主要特征。使用近景，可以清楚地表现人物心理活动的面部表情和细微动作，容易产生交流。使用近景时，持续时间应在 3 秒以上。图 1-4 为近景画面效果。

图 1-4　近景画面效果

1.1.5 特写

特写是表现拍摄主体对象某一局部（如人肩部以上及头部、手或脚等）的画面，它可以进行更细致的展示，揭示特定的含义。特写反映的内容比较单一，起到形象放大、内容深化、强化本质的作用。在具体运用时主要用于表达、刻画人物的心理活动和情绪特点，起到震撼人心、引起注意的作用。

特写空间感不强，常常被用于转场时的过渡画面。特写能给人以强烈的印象，因此在使用时要有明确的针对性和目的性，不可滥用。特写持续时间应在 1 秒以上。图 1-5 为特写画面效果。

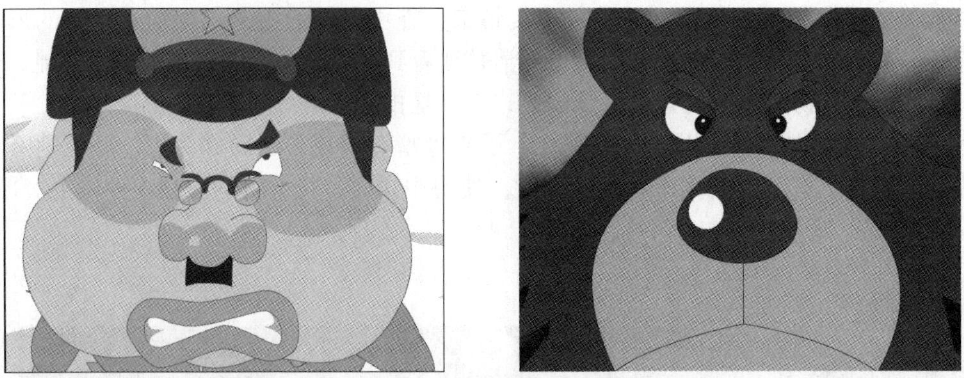

图 1-5　特写画面效果

1.2 运动镜头技巧

运动镜头技巧，就是利用摄像机在推、拉、摇、移、升等形式的运动中进行拍摄的方式，是突破画框边缘的局限、扩展画面视野的一种方法。

运动镜头技巧必须符合人们观察事物的习惯，在表现固定景物较多的内容时运用运动镜头，可以变固定景物为活动画面，从而增强画面的活力。利用 Premiere Pro CS4 可以模拟出各种运动镜头效果，下面就来具体讲解运动镜头的种类。

1.2.1 推镜头

推镜头又称伸镜头，是指摄像机朝视觉目标纵向推近来拍摄动作，随着镜头的推近，被拍摄的范围会逐渐缩小。推镜头能使观众压力感增强，镜头从远处往近处推的过程是一个力量积蓄的过程，随着镜头的不断推近，这种力量感会越来越强，视觉冲击也越来越强。图 1-6 为推镜头的画面效果。

推镜头分为快推和慢推两种。慢推可以配合剧情需要，产生舒畅自然、逐渐将观众引入戏中的效果；快推可以产生紧张、急促、慌乱的效果。

1.2.2 拉镜头

拉镜头又称缩镜头，是指摄像机从近到远纵向拉动，视觉效果是从近到远，画面范围也是从小到大不断扩大。

拉镜头通常用来表现主角正在离开当前场景。拉镜头与人步行后退的感觉很相似，因此，不断拉镜头带有强烈的离开意识。图 1-7 为拉镜头的画面效果。

图 1-6　推镜头的画面效果

图 1-7　拉镜头的画面效果

1.2.3　摇镜头

摇镜头是指摄像机的位置不动，只做角度的变化，其方向可以左右摇或上下摇，也可以是斜摇或旋转摇。其目的是对被摄主体的各部位逐一展示，或展示规模，或巡视环境等。其中最常见的摇镜头是左右摇，在电视节目中经常使用。图 1-8 为摇镜头的画面效果。

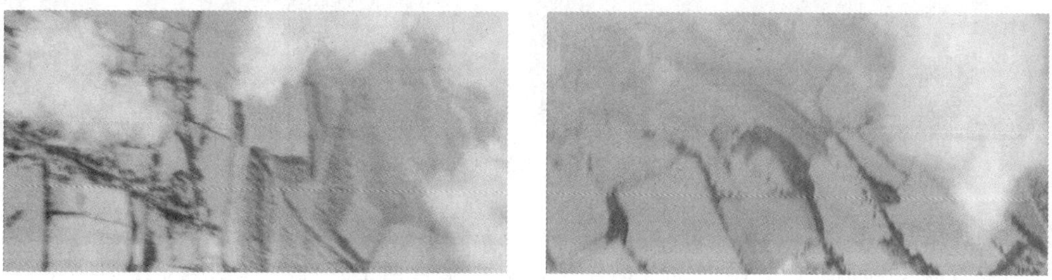

图 1-8　摇镜头的画面效果

1.2.4　移镜头

移镜头是指摄像机沿水平方向移动并同时进行拍摄。这种镜头的作用是为了表现场景中的人与物、人与人、物与物之间的空间关系，或者将一些事物连贯起来加以表现。它与摇镜头有相似之处，都是为了表现场景中的主体与陪体之间的关系，但是在画面上给人的视觉效果是完全不同的。摇镜头是摄像机的位置不动，拍摄角度和被拍摄物体的角度在变化，适合于拍摄远距离的物体。而移镜头则不同，它是拍摄角度不变，摄像机本身位置移动，与被拍摄物体的角度无变化，适合于拍摄距离较近的物体和主体。图 1-9 为移镜头的画面效果。

图 1-9　移镜头的画面效果

1.2.5　跟镜头

跟镜头是指摄像机始终跟随拍摄一个在行动中的表现对象，以便连续而详尽地表现它的活动情形，或在行动中的动作以及表情等。跟镜头又分为跟拉、跟摇、跟升、跟降等。图 1-10 为影片中的主人公开着摩托穿过集市，然后下车跑步冲进医院的跟镜头的画面效果。

图 1-10　跟镜头的画面效果

1.2.6　升/降镜头

升 / 降镜头是指在镜头固定的情况下，摄像机本身垂直位移。这种镜头大多用于场面的拍摄，它不仅能改变镜头视觉和画面空间，而且有助于表现戏剧效果和气氛渲染。图 1-11 为降镜头的画面效果。

图 1-11　降镜头的画面效果

1.3　镜头组接的基础知识

无论是怎样的影视作品，结构上都是将一系列镜头按一定次序组接后所形成的。然而，这些镜头之所以能够延续下来，并使观众将它们接受为一个完整融合的统一体，是因为这些镜头间的发展和变化秉承了一定的规律。下面就来讲解一些镜头组接时的规律与技巧。

1.3.1　镜头组接规律

为了清楚地向观众传达某种思想或信息，组接镜头时必须遵循一定的规律，归纳后可分为以下几点。

1. 符合观众的思维方式与影片表现规律

镜头的组接必须要符合生活与思维的逻辑关系。如果影片没有按照上述原则进行编排，必然会由于逻辑关系的颠倒而使观众难以理解。

2. 景别的变化要采用“循序渐进”的方法

通常来说，一个场景内“景”的发展不宜过分剧烈，否则便不易与其他镜头进行组接。相反，如果“景”的变化不大，同时拍摄角度的变换亦不大，也不利于同其他镜头的组接。

例如，在编排同机位、同景别，恰巧又是同一主体的两个镜头时，由于画面内景物的变化较小，因此将两镜头简单组接后会给人一种镜头不停重复的感觉。在这种情况下，除了重新进行拍摄外，还可采用过渡镜头，使表演者的位置、动作发生变化后再进行组接。

3. 镜头组接中的拍摄方向与轴线规律

所谓“轴线规律”，是指在多个镜头中，摄像机的位置应始终位于主体运动轴线的同一线，以保证不同镜头内的主体在运动时能够保持一致的运动方向。否则，在组接镜头时，便会出现主体“撞车”的现象，此时的两组镜头便互为跳轴画面。在视频的后期编辑过程中，跳轴画面除了特殊需要外基本无法与其他镜头相组接。

4. 遵循“动接动”、“静接静”的原则

当两个镜头内的主体始终处于运动状态，且动作较为连贯时，可以将动作与动作组接在一起，从而达到顺畅过渡、简洁过渡的目的，该组接方法称为“动接动”。

与之相应的是，如果两个镜头的主体运动不连贯，或者它们的画面之间有停顿时，则必须在前一个镜头内的主体完成一套动作后，才能与第二个镜头相组接。并且，第二个镜头必须是从静止的镜头开始，该组接方法便称为“静接静”。在“静接静”的组接过程中，前一个镜头结尾停止的片刻叫“落幅”，后一个镜头开始时静止的片刻叫“起幅”，起幅与落幅的时间间隔大约为 1～2 秒。此外，在将运动镜头和固定镜头相互组接时，同样需要遵循这个规律。例如，一个固定镜头需要与一个摇镜头相组接时，摇镜头开始要有“起幅”；当摇镜头要与固定镜头组接时，摇镜头结束时必须要有“落幅”，否则组接后的画面便会给人一种跳动的视觉感。

提示：摇镜头是指在拍摄时，摄像机的机位不动，只有机身作上、下、左、右的旋转等运动。在影视创作中，摇镜头可用于介绍环境、从一个被摄主体向另一个被摄主体、表现人物运动、表现剧中人物的主观视线、表现剧中人物的内心感受等。

1.3.2 镜头组接的节奏

在一部影视作品中，作品的题材、样式、风格，以及情节的环境气氛、人物的情绪、情节的起伏跌宕等元素都是确定影片节奏的依据。然而，要想让观众能够很直观地感觉到这一节奏，不仅需要通过演员的表演、镜头的转换和运动，以及场景的时空变化等前期制作因素，还需要运用组接的手段，严格掌握镜头的尺寸、数量与顺序，并在删除多余枝节后才能完成。也就是说，镜头组接是控制影片节奏的最后一个环节。

1.3.3 镜头组接的时间长度

在剪辑、组接镜头时，每个镜头停留时间的长短，不仅要根据内容难易程度和观众的接受能力来决定，还要考虑到画面构图及画面内容等因素。例如，在处理远景、中景等包含内容较多的镜头时，便需要安排相对较长的时间，以便观众看清这些画面上的内容；对于近景、特定等空间较小的画面，由于画面内容较少，因此可适当减少镜头的停留时间。

此外，画面内的一些其他因素也会对镜头停留时间的长短起到制约作用。例如，画面内较亮的部分往往比较暗的部分更能引起人们的注意，因此在表现较亮部分时可适当减少停留时间；如果要表现较暗的部分，则应适当延长镜头的停留时间。

1.4 数字视频基础

在电视系统中，发送端将视频信息以电信号形式进行发送，电视制式便是在其间实现图像、伴音及其他信号正常传输与重现的方法与技术标准，因此也称为电视标准。电视制式的出现，保证了电视机、视频及视频播放设备之间所用标准的统一或兼容，为电视行业的发展做出了极大的贡献。目前，应用最为广泛的彩色电视制式主要有 3 种类型，下面便对其分别进行介绍。

1.4.1 电视制式

在电视中播放的电视节目都是经过视频编辑处理得到的。由于世界上各个国家对电视影像制定的标准不同，其制式也有一定的区别。电视制式的出现，保证了电视机、视频及视频播放设备之间所用标准的统一或兼容，为电视行业的发展做出了极大的贡献。目前世界上的电视制式分为 NTSC 制式、PAL 制式和 SECAM 制式 3 种。在 Premiere Pro CS4 中新建视频项目时，也需要对视频制式进行具体设置。

1. NTSC制式

NTSC 制式是由美国国家电视标准委员会(National Television System Committee)制定的，主要应用于美国、加拿大、日本、韩国、菲律宾等国家。该制式采用了正交平衡调幅的技术方式，因此 NTSC 制式也称为正交平衡调幅制电视信号标准。该制式的优点是视频播出端的接收电路较为简单。不过，由于 NTSC 制式存在相位容易失真、色彩不太稳定（易偏色）等缺点，因而此类电视都会提供一个手动控制的色调电路供用户选择使用。

符合 NTSC 制式的视频播放设备至少拥有 525 行扫描线，分辨率为 720 × 480 电视线，工作时采用隔行扫描方式进行播放，帧速率为 29.97fps（帧 / 秒），因此每秒播放 60 场画面。

2. PAL制式

PAL 制式是在 NTSC 制式基础上一种改进方案，其目的主要是为了克服 NTSC 制式对相位失真的敏感性。PAL 制式的原理是将电视信号内的两个色差信号分别采用逐行倒相和正交调制的方法进行传送。这样一来，当信号在传输过程中出现相位失真时，便会由于相邻两行信号的相位相反而起到互相补偿的作用，从而有效地克服了因相位失真而引起的色彩变化。此外，PAL 制式在传输时受多径接收而出现彩色重影的影响也较小。不过，PAL 制式的编 / 解码器较 NTSC 制式的相应设备要复杂许多，信号处理也较麻烦，接收设备的造价也较高。

PAL 制式也采用了隔行扫描的方式进行播放，共有 625 行扫描线，分辨率为 720 × 576 电视线，帧速率为 25fps（帧 / 秒）。目前，PAL 彩色电视制式广泛应用于德国、中国、英国、意大利等国家。然而即便采用的都是 PAL 制式，不同国家和地区的 PAL 制式电视信号也有一定的差别。例如，我国采用的是 PAL-D 制式，英国采用的是 PAL-I 制式，新加坡采用的是 PAL-B/G 或 D/K 制式等。

3. SECAM制式

SECAM 制式意为“顺序传送彩色信号与存储恢复彩色信号制”，是由法国在 1966 年制定的一种彩色电视制式。与 PAL 制式相同的是，该制式也克服了 NTSC 制式相位易失真的缺点，但在色度信号的传输与调制方式上却与前两者有着较大差别。总体来说，SECAM 制式的特点是彩色效果好、抗干扰能力强，但兼容性相对较差。

在使用中，SECAM 制式同样采用了隔行扫描的方式进行播放，共有 625 行扫描线，分辨率为 720 × 576 电视线，帧速率与 PAL 制式相同。目前，该制式主要应用于俄罗斯、法国、埃及、罗马尼亚等国家。

1.4.2　高清概念全解析

近年来，随着视频设备制造技术、存储技术以及用户需求的不断提高，“高清数字电视”、“高清电影 / 电视”等概念逐渐流行开来。下面就来介绍和“高清”相关的名词和术语。

1. 高清的概念

高清是人们针对视频画质提出的一个名词，英文为“High Definition”，意为“高分辨率”。视频画面的分辨率越高，视频所呈现出的画面也就越为清晰。目前，从画面清晰度来界定的话，可以将视频大致可分为“普通清晰度”、“标准清晰度”和“高清晰度”3 种层次。

（1）普通清晰度

普通清晰度的垂直分辨率为 400i，播出设备类型为 LDTV（普通清晰度电视），有 480 条垂直扫描线。

提示：在描述视频分辨率时，通常都会在分辨率后添加i或p的标志。其中i表示隔行扫描，p表示逐行扫描。

（2）标准清晰度

标准清晰度的垂直分辨率为 720p 或 1080p，播出设备类型为 SDTV（标准清晰度电视），有 720～1080 条垂直扫描线。

(3) 高清晰度

高清晰度的垂直分辨率为 1080p，播出设备类型为 HDTV（高清晰度电视），有 1080 条垂直扫描线。

2. 高清电视

高清电视又叫 HDTV，是由美国电影电视工程师协会确定的高清晰度电视标准格式。一般所说的高清，通常指的就是高清电视。目前，常见的电视播放格式主要有以下几种。

(1) D1 480i 格式

该格式与 NTSC 模拟电视清晰度相同，有 525 条垂直扫描线，480 条可见垂直扫描线，帧宽高比为 4:3 或 16:9，行频为 15.25kHz。

(2) D2 480p 格式

该格式与逐行扫描 DVD 规格相同，有 525 条垂直扫描线，480 条可见垂直扫描线，帧宽高比为 4:3 或 16:9，分辨率为 640×480 电视线，行频为 31.5kHz。

(3) D3 1080i 格式

该格式是标准数字电视显示模式，有 1125 条垂直扫描线，1080 条可见垂直扫描线，帧宽高比为 16:9，分辨率为 1920×1080 电视线，行频为 33.75kHz。

(4) D4 720p 格式

该格式是标准数字电视显示模式，有 750 条垂直扫描线，720 条可见垂直扫描线，帧宽高比为 16:9，分辨率为 1280×720 电视线，行频为 45kHz。

(5) D5 1080p 格式

该格式是标准数字电视显示模式，有 1125 条垂直扫描线，1080 条可见垂直扫描线，帧宽高比为 16:9，分辨率为 1920×1080 电视线，逐行扫描。

(6) 576i 格式

该格式是标准的 PAL 电视显示模式，有 625 条垂直扫描线，576 条可见垂直扫描线，帧宽高比为 4:3 或 16:9。

以上格式中，所有能够达到 D3/4/5 播放标准的电视机都可纳入“高清电视”的范畴。不过，只支持 D3 或 D4 标准的产品只能算做“标清”设备，而只有达到 D5 播放标准的产品才能称为“全高清（Full HD）”设备。

提示：行频也称为水平扫描率，是指电子枪每秒在荧光屏上扫描水平线的数量，以kHz为单位，属于显示设备的固定工作参数。显示设备的行频越大，其工作越稳定。

1.4.3 数据压缩

数据压缩也称编码技术，准确地说应该称为数字编码、解码技术，是将图像或者声音的模拟信号转换为数字信号，并可将数字信号重新转换为声音或图像的解码器综合体。

随着科技的不断发展，原始信息往往很大，不利于存储、处理和传输。而使用压缩技术可以有效地节省存储空间，缩短处理时间，节约传送通道。一般数据压缩有两种方法：一种是无损压缩，是将相同或相似的数据根据特征归类，用较少的数据量描述原始数据，达到减少数据量的目的；另一种是有损压缩，是有针对性地简化不重要的数据，减少总的数据量。

目前常用的影像压缩格式有 MOV、MPG、QuickTime 等。

1.5　常见数字视频和音频格式

非线性编辑的出现，使得视频影像的处理方式进入了数字时代。与之相应的是，影像的数字化记录方法也更加多样化，下面就来介绍一些目前常见的视频和音频格式。

1.5.1　常见视频格式

随着视频编码技术不断发展，视频文件的格式种类也不断增多。为了更好地编辑影片，必须熟悉各种常见的视频格式，以便在编辑影片时能够灵活使用不同格式的视频素材，或者根据需要将制作好的影视作品输出为最为适合的视频格式。下面就来介绍一些目前常见的视频格式。

1. MPEG/MPG/DAT

MPEG/MPG/DAT 类型的视频文件都是由 MPEG 编码技术压缩而成的视频文件，被广泛应用于 VCD/DVD 和 HDTV 的视频编辑与处理等方面。其中，VCD 内的视频文件由 MPEG-1 编码技术压缩而成的（刻录软件会自动将 MPEG-1 编码的视频文件转换为 DAT 格式），DVD 内的视频文件则由 MPEG-2 压缩而成的。

2. AVI

AVI 是由微软公司所研发的视频格式，其优点是允许影像的视频部分和音频部分交错在一起同步播放，调用方便、图像质量好，缺点是文件体积过于庞大。

3. MOV

这是由 Apple 公司所研发的一种视频格式，是 QuickTime 音 / 视频软件的配套格式。在 MOV 格式刚刚出现时，该格式的视频文件仅能够在 Apple 公司所生产的 Mac 机上进行播放。此后，Apple 公司推出了基于 Windows 操作系统的 QuickTime 软件，MOV 格式也逐渐成为使用较为广泛的视频文件格式。

4. RM/RMVB

这是按照 Real Networks 公司所制定的音频 / 视频压缩规范而创建的视频文件格式。其中，RM 格式的视频文件只适于本地播放，而 RMVB 除了能够进行本地播放外，还可通过互联网进行流式播放，从而使用户只需进行极短时间的缓冲，便可不间断地长时间欣赏影视节目。

5. WMV

这是一种可在互联网上实时传播的视频文件类型，其主要优点在于：可扩充的媒体类型、本地或网络回放、可伸缩的媒体类型、流的优先级化、多语言支持、扩展性等。

6. ASF

ASF（Advanced Streaming Format，高级流格式）是微软公司为了和现在的 Real Networks 公司竞争而发展出来的一种可直接在网上观看视频节目的文件压缩格式。ASF 使用了 MPEG-4 压缩算法，其压缩率和图像的质量都很不错。

1.5.2 常见音频格式

在影视作品中，除了使用影视素材外，还需要为其添加相应的音频文件。下面就来介绍一些目前常见的音频格式。

1. WAV

WAV 音频文件也称为波形文件，是 Windows 本身存放数字声音的标准格式。WAV 音频文件是目前最具通用性的一种数字声音文件格式，几乎所有的音频处理软件都支持 WAV 格式。由于该格式文件存放的是没有经过压缩处理，而直接对声音信号进行采样得到的音频数据，所以 WAV 音频文件的音质在各种音频文件中是最好的，同时它的体积也是最大的，1 分钟 CD 音质的 WAV 音频文件大约有 10MB。由于 WAV 音频文件的体积过庞大，所以不适合于在网络上进行传播。

2. MP3

MP3（MPEG-Audio Layer3）是一种采用了有损压缩算法的音频文件格式。由于 MP3 在采用心理声学编码技术的同时结合了人们的听觉原理，因此剔除了某些人耳分辨不出的音频信号，从而实现了高达 1∶12 或 1∶14 的压缩比。

此外，MP3 还可以根据不同需要采用不同的采样率进行编码，如 96kbps、112kbps、128kbps 等。其中，使用 128kbps 采样率所获得 MP3 的音质非常接近于 CD 音质，但其大小仅为 CD 音乐的 1/10，因此成为目前最为流行的一种音乐文件。

3. WMA

WMA 是微软公司为了与 Real Networks 公司的 RA 以及 MP3 竞争而研发的新一代数字音频压缩技术，其全称为 Windows Media Audio，特点是同时兼顾了高保真度和网络传输需求。从压缩比来看，WMA 比 MP3 更优秀，同样音质的 WMA 文件的大小是 MP3 格式的一半或更少，而相同大小的 WMA 文件又比 RA 的音质要好。总体来说，WMA 音频文件既适合在网络上用于数字音频的实时播放，同时也适用于在本地计算机上进行音乐回放。

4. MIDI

严格来说，MIDI 并不是一种数字音频文件格式，而是电子乐器与计算机之间进行的一种通信标准。在 MIDI 文件中，不同乐器的音色都被事先采集下来，每种音色都有一个唯一的编号，当所有参数都编码完毕后，就得到了 MIDI 音色表。在播放时，计算机软件即可通过参照 MIDI 音色表的方式将 MIDI 文件数据还原为电子音乐。

1.6 数字视频编辑基础

现阶段，人们在使用影像建制设备获取视频后，通常还要对其进行剪切、重新编排等一系列处理，然后才会将其用于播出。在上述过程中，对源视频进行的剪切、编排及其他操作统称为视频编辑操作，而用户以数字方式来完成这一任务时，整个过程便称为数字视频编辑。

1.6.1 线性编辑与非线性编辑

在电影电视的发展过程中，视频节目的制作先后经历了“物理剪辑”、“电子编辑”和“数字编辑”3 个不同发展阶段，其编辑方式也先后出现了线性编辑和非线性编辑。下面将分别介绍这两种不同的视频编辑方式。

1. 线性编辑

线性编辑又称为在线编辑，是指直接通过放像机和录像机的母带对模拟影像进行连接、编辑的方式。传统的电视编辑就属于此类编辑。采用这种方式，如果要在编辑好的录像带上插入或删除视频片断，则插入点或删除点以后的所有视频片断都要重新移动一次，在操作上很不方便。

2. 非线性编辑

非线性编辑是指在电脑中利用数字信息进行的视频 / 音频编辑。选取数字视频素材的方法主要有两种：一种是先将录像带上的片断采集下来，即把模拟信号转换为数字信号，然后存储到电脑中进行特效处理，最后再输出为影片；另一种是利用数码摄像机（即 DV 摄像机）直接拍摄得到数字视频，此时拍摄的内容会直接转换为数字信号，然后只需在拍摄完成后，将需要的片断输入到电脑中即可。Premiere 属于非线性编辑软件。

1.6.2　非线性编辑系统的构成

非线性编辑的实现，要靠软件与硬件两方面的共同支持，而两者间的组合便称为非线性编辑系统。目前，一套完整的非线性编辑系统，其硬件部分至少应包括一台多媒体计算机，此外还需要视频卡、IEEE 1394 卡以及其他专用板卡（如特技卡）和外围设备。

其中，视频卡用于采集和输出模拟视频，也就是担负着模拟视频与数字视频之间相互转换的功能。

从软件上看，非线性编辑系统主要由非线性编辑软件、二维动画软件、三维动画软件、图像处理软件和音频处理软件等外围软件构成。

提示：至今，随着计算机硬件性能的提高，编辑处理视频对专用硬件设备的依赖越来越小，而软件在非线性编辑过程中的作用则日益突出。因此熟练掌握一款像Premiere Pro CS4之类的非线性编辑软件便显得尤为重要。

1.7　课后练习

1. 填空题

1）景别又称 _______，它是镜头设计中一个重要概念，是指角色对象和画面在屏幕框架结构中所呈现的大小和范围。不同景别可以引起观众不同的心理反应。景别一般分为 _____、_____、_____、_____ 和 _____5 种。

2）目前世界上的电视制式分为 _____、_____ 和 _____3 种。

2. 选择题

1）下列哪些属于运动镜头的技巧？（ ）

A. 推　　B. 拉　　C. 摇　　D. 移

2）PAL 制式的帧速率是 _____ 帧 / 秒。

A. 30　　B. 25　　C. 20　　D. 12

3）下列属于音频格式的是（ ）。

A. MP3　　B. AVI　　C. MOV　　D. WAV

3. 问答题

1）简述镜头组接的规律。

2）简述线性编辑与非线性编辑的特点。

第2章　Premiere Pro CS4的基础知识

本章重点

Premiere Pro CS4 是一款优秀的非线性视频编辑处理软件，具有强大的视频和音频内容实时编辑合成功能。它的操作界面简便直观，同时功能全面，因此被广泛应用于家庭视频内容处理、电视广告制作和片头动画编辑等方面。通过本章学习，读者应掌握 Premiere Pro CS4 的启动与项目创建、操作界面、素材的导入、素材的编辑、视频与音频效果、调整与校正画面效果和影片的预演与输出方面的相关知识。

2.1　Premiere Pro CS4的启动与项目创建

Premiere Pro CS4 的启动与项目创建的具体操作步骤如下。

1）选择“开始 | 程序 | Adobe Premiere Pro CS4”命令（或者用鼠标双击桌面上的 Premiere Pro CS4 的快捷图标），弹出图 2-1 所示的界面。在该界面中可以执行新建项目、打开项目和开启帮助的操作。

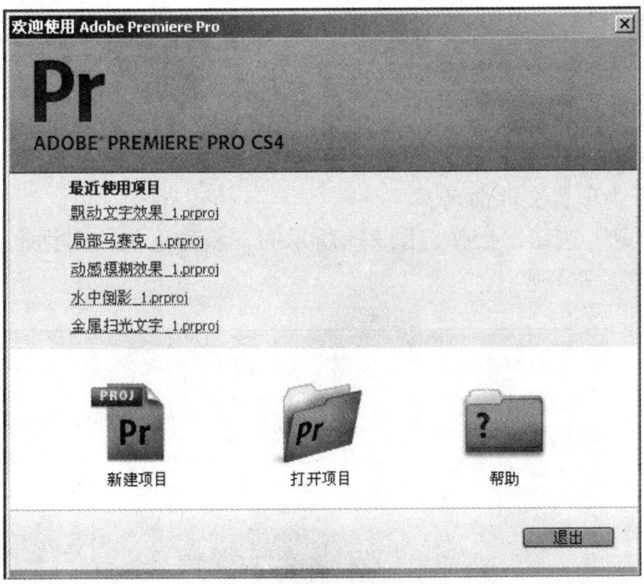

图 2-1　启动界面

- 最近使用项目：用于显示最近编辑的项目文件，单击其中一个文件可以直接进入主界面，对其进行继续编辑。
- 新建项目：单击该按钮，可以创建一个新的项目文件进行视频编辑。
- 打开项目：单击该按钮，可以开启一个在计算机中已有的项目文件。
- 帮助：单击该按钮，可以开启软件的帮助系统，查阅需要的说明内容。

2）单击“新建项目”按钮，会弹出图 2-2 所示的对话框。在该对话框中可以设置“新建项目”的参数。

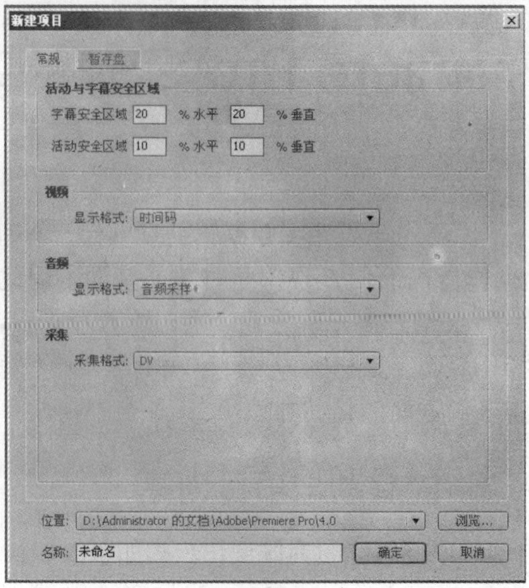

图 2-2 “新建项目”对话框

- 字幕安全区域：用于设置字幕显示的安全区域。
- 活动安全区域：用于设置移动物体的安全区域。
- 视频和音频显示格式：用于设置视频和音频在项目内的标尺单位。
- 采集格式：用于设置从摄像机等设备内获取素材时的格式。
- 位置：用于为项目文件指定存储路径。单击右侧的“浏览”按钮，可以在弹出的对话框中指定相应的存储路径。
- 名称：用于为项目文件命名。

3）单击“确定”按钮，会弹出图 2-3 所示的“新建序列”对话框，在该对话框中可以设置影片的屏幕类型等参数。

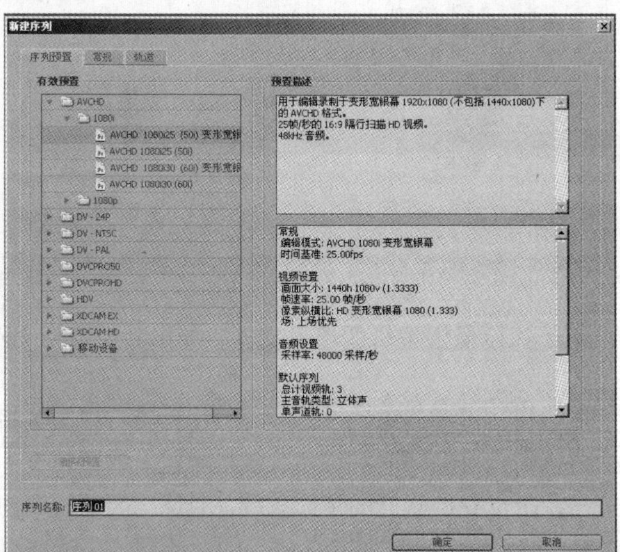

图 2-3 “新建序列”对话框

4）在“新建序列”对话框中单击“常规”选项卡，如图 2-4 所示，在其中可以创建所要的项目文件的内容属性。

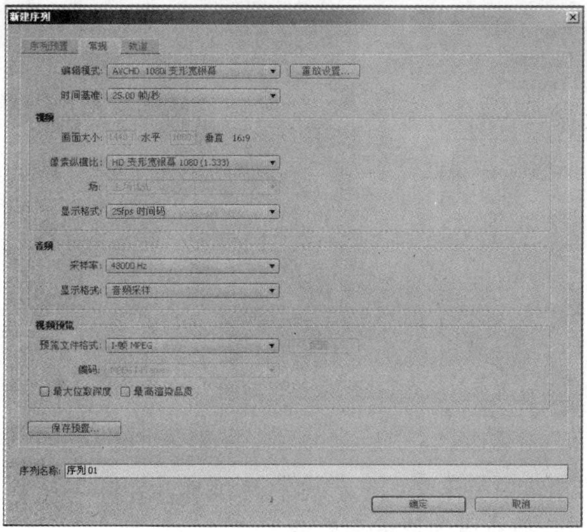

图 2-4 “常规”选项卡

- 编辑模式：用于设定时间线面板中播放视频的数字视频格式。
- 时间基数：用于设定序列所应用的帧速率的标准。在右侧下拉列表中有“25.00 帧 / 秒”和“29.97 帧 / 秒”两个选项可供选择。一般情况下，编辑 PAL 和 SECAM 制式的视频文件应选择 25.00 帧 / 秒”，编辑 NTSC 制作的视频文件应选择“29.97 帧 / 秒”。
- 重放设置：当编辑模式为 DV- PAL 或者第 3 方提供的其他编辑模式时，该按钮才可使用。该按钮用于指定播放视频、音频素材的位置，比如数码摄像机、其他连接的设备或者计算机。
- 视频：该选项组中的选项用于调整与视频画面有关的各项参数。其中“画面大小”用于设置视频画面的分辨率；“像素纵横比”用于设置视频输出到监视器上的画面宽高比；“场”用于设置逐行扫描或隔行扫描的扫描方式；“显示格式”用于设置序列中的视频标尺单位。
- 音频：该选项组中的选项用于调整与音频有关的各项参数。其中“采样率”用于设置序列内的音频文件的采样率；“显示格式”用于调整序列中音频的标尺单位。
- 视频预览：在该选项组中，“预览文件格式”用于设置 Premiere 生成相应序列的预览文件的文件格式。当采用 Microsoft AVI 作为预览文件格式时，还可以在“编码”下拉列表内选择生成预览文件时采用的编码方式。此外，在勾选“最大位数深度”和“最高渲染品质”复选框后，还可提高预览文件的质量。

5）设置完成后，可以单击 保存预置... 按钮，然后在弹出的“保存设置”对话框中输入相应名称（此时输入“张凡”），如图 2-5 所示，接着单击“确定”按钮，即将自己定义的设置方案进行存储。

提示：如果要调用保存的预置，可以在“序列预置”选项卡的左侧“自定义”文件夹中找到保存的预置文件，如图2-6所示，单击“确定”按钮即可。

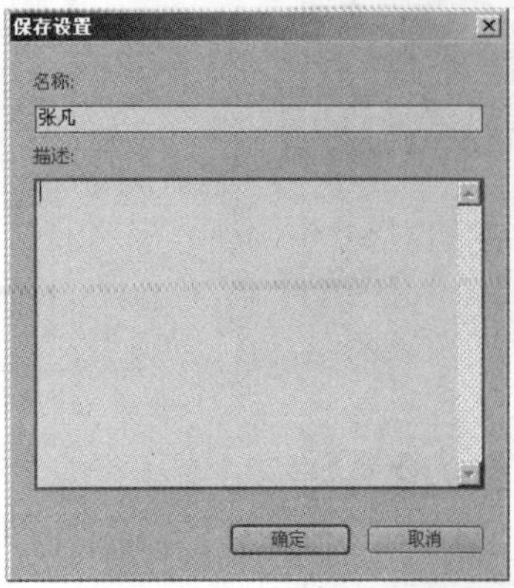

图 2-5 “保存设置”对话框

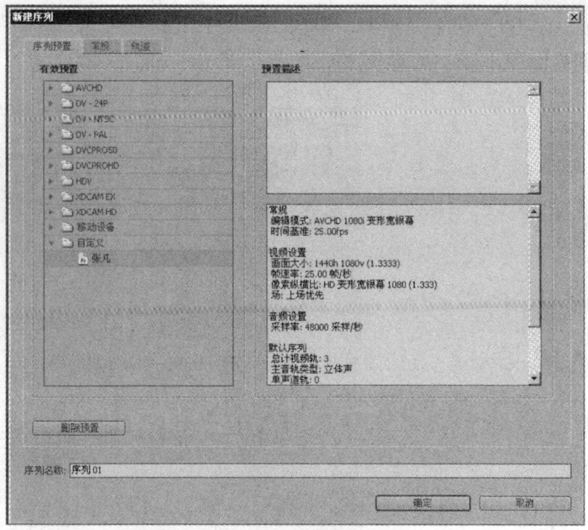

图 2-6 找到保存的预置文件

6）在“新建序列”对话框中单击“轨道”选项卡，如图 2-7 所示，在其中可以设置新创建影片中视频轨道和音频轨道的数量和类型。

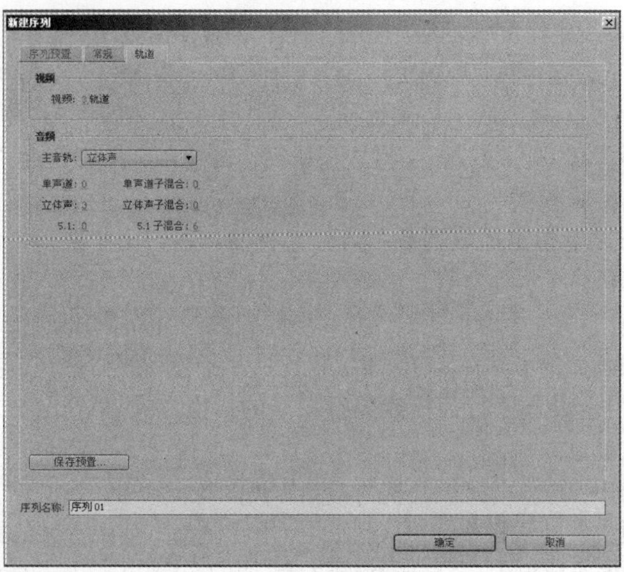

图 2-7 “轨道”选项卡

7）设置完毕后，单击“确定”按钮，即可新建一个项目文件。

2.2 Premiere Pro CS4的操作界面

在创建或打开一个项目文件后，即可进入 Premiere Pro CS4 的操作界面。

Premiere Pro CS4 提供了 5 种模式的界面，它们分别是“元数据记录”模式界面、“效果”模式界面、“编辑”模式界面、“色彩校正”模式界面和“音频”模式界面。在“窗口”菜单的“工作区”子菜单中选择相应的命令，可以在这 5 种模式界面间切换。下面就来说明 Premiere

Pro CS4 默认的“编辑”模式界面的构成。“编辑”模式界面大致可以分为“菜单栏”和“工作窗口区域”两部分，如图 2-8 所示。

图 2-8 默认的“编辑”模式界面

1. 菜单栏

Premiere Pro CS4 的菜单栏中包括“文件”、“编辑”、“项目”、“素材”、“序列”、“标记”、“字幕”、“窗口”和“帮助”9 个菜单。其中“文件”菜单中的命令用于创建、打开和存储文件或项目等操作；“编辑”菜单中的命令用于常用的编辑操作，例如恢复、重做、复制文件等；“项目”菜单中的命令用于对目前编辑的项目文件进行内容上的操作管理，包括项目设置、项目管理、导入批处理列表等命令；“素材”菜单中的命令用于对素材进行常用的编辑操作，包括重命名、插入、覆盖、编组等命令；“序列”菜单中的命令用于在“时间线”面板中对项目片段进行编辑、管理、设置轨道属性等常用操作；“标记”菜单中的命令用于设置素材标记、设置片段标记、移动到入点 / 出点、删除入点 / 出点等操作；“字幕”菜单中的命令用于设置字幕字体、大小、位置等属性；“窗口”菜单中的命令用于控制编辑界面中各个窗口或面板的显示与关闭；“帮助”菜单中的命令可以打开 Premiere Pro CS4 的使用帮助供用户阅读，还可以连接 Adobe 官方网址，寻求在线帮助等。

2. 工作窗口区域

Premiere Pro CS4 的工作窗口区域由多个面板组成，这些面板中包含了用户在执行节目编辑任务时所要用到的各种工具和参数。下面就来介绍一些常用的面板。

(1)“项目”面板

“项目”面板的主要作用是管理当前编辑项目内的各种素材资源。“项目”面板分为素材属性区、素材列表和工具按钮 3 个部分，如图 2-9 所示。其中，素材属性区用于查看素材属性并以缩略图的方式快速预览部分素材的内容；素材列表用于罗列导入的相关素材；工具按钮用于对相关素材进行管理操作。

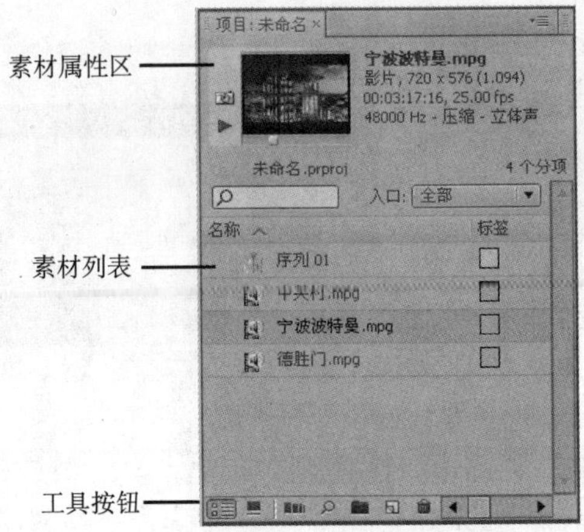

图 2-9 “项目”面板

其中工具按钮中各按钮的含义如下。

- (列表视图)：为 Premiere Pro CS4 默认显示方式，用于在素材列表中以列表方式显示素材。
- (图标视图)：单击该按钮，将在素材列表中以缩略图的方式显示素材，如图 2-10 所示。
- (自动匹配到序列)：单击该按钮，可将选中素材添加到时间线面板的编辑片断中。
- (查找)：单击该按钮，将弹出图 2-11 所示的对话框，从中可以查找指定的素材。

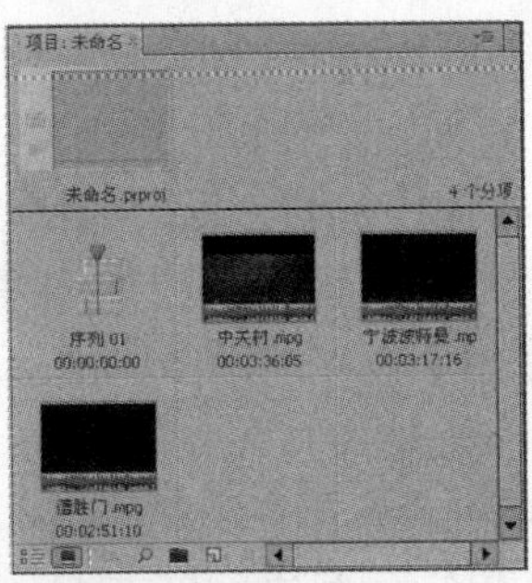

图 2-10 缩略图的方式显示素材

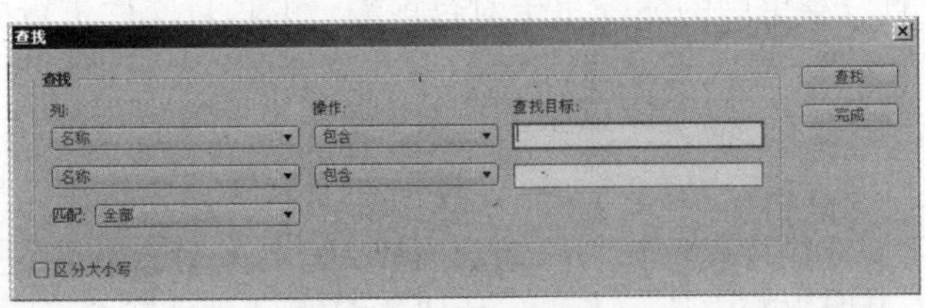

图 2-11 “查找”对话框

- (新建文件夹)：单击该按钮，可以新建文件夹，便于素材管理。
- (新建分项)：单击该按钮，将弹出图 2-12 所示的快捷菜单，从中可以选择多种分类方式。

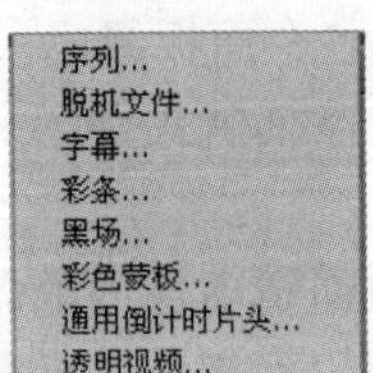

图 2-12 “新建分项”快捷菜单

● （清除）：单击该按钮，可以将选中的素材或文件夹删除。

（2）“时间线”面板

“时间线”面板用于组合项目窗口中的各种片段，是按时间排列片段、制作影视节目的编辑窗口。绝大部分的素材编辑操作都要在时间线面板中完成。例如，调整素材在影片中的位置、长度、播放速度，或解除有声视频素材中音频与视频部分的链接等。此外用户还可以在时间线面板中为素材应用各种特技处理效果，甚至还可直接对特效中的部分属性进行调整。

该面板由节目标签、时间标尺、轨道及其控制面板 3 部分组成，如图 2-13 所示。

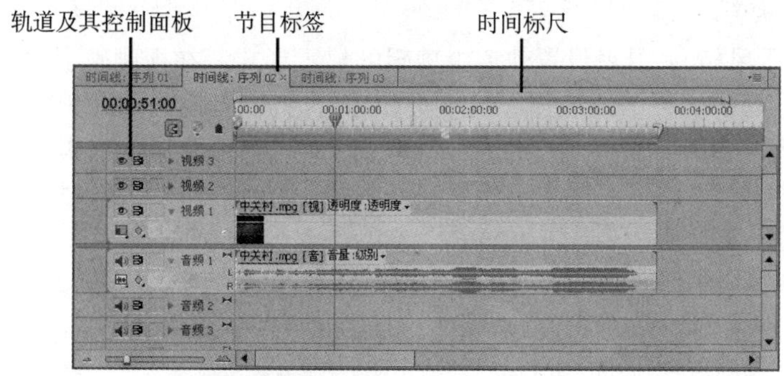

图 2-13　“时间线”面板

1）节目标签

节目标签标志了主时间轴上的所有节目。单击它就可以激活节目并使其成为当前编辑状态。也可以拖动节目标签，使其成为独立的一个窗口。

2）时间标尺

时间标尺由时间显示、标尺缩放条、时间滑块和工作区控制条组成，如图 2-14 所示。

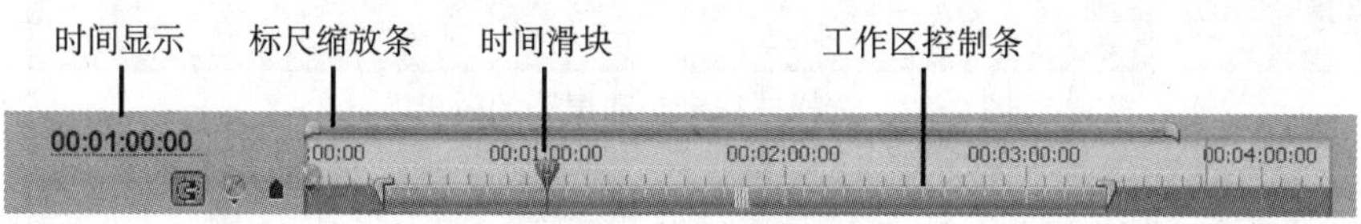

图 2-14　时间标尺

● 时间显示：用于显示视频和音频轨道上的剪辑时间的位置，显示格式为“小时：分钟：秒：帧”。可以利用标尺缩放条提高显示精度，实现编辑时间位置的精确定位。
● 标尺缩放条：当按住端点向内拖动，将放大时间标尺显示精度；当按住端点向外拖动，将缩小时间标尺显示精度。
● 时间滑块：标出当前编辑的时间位置。
● 工作区控制条：规定了工作区域及输出的范围。左右和之间的区域就是工作区域。在编辑视频和音频的时候，系统会自动根据所添加的素材，调整工作区域，也可以左右移动箭头来调整工作区域。

3）轨道及其控制面板

在时间标尺下方是视频、音频轨道及其控制面板。左边的部分是轨道控制面板，可以根据需要对轨道进行展开、添加、删除及调整高度等操作，右边的部分是视频和音频轨道。

该部分默认有 3 个视频轨道和 3 个立体声音频轨道。

轨道控制面板分为视频控制面板和音频控制面板两部分。

视频控制面板，如图 2-15 所示。视频控制面板各按钮的功能如下。

- （切换轨道输出）：当该按钮呈现状态时，可以对该轨道上的素材进行编辑、播放等操作；当该按钮呈现状态时，此时导出影片将不会导出该轨道上的剪辑。
- （切换同步锁定）：为了避免编辑其他轨道时，对已编辑好的轨道产生误操作，可以将轨道锁定。如果要再次编辑，可以单击按钮，对其进行解锁。
- （折叠–展开轨道）：当该按钮呈状态时，轨道为收缩状态；当该按钮呈状态时，轨道为展开状态。
- （设定显示风格）：用来设置轨道上剪辑的显示形式。在视频轨上单击该按钮，弹出图 2-16 所示的快捷菜单。选择“显示头和尾”，将以首尾画面和剪辑名显示剪辑，如图 2-17 所示；选择“仅显示开头”，将以首画面和剪辑名显示剪辑，如图 2-18 所示；选择“显示每帧”，将以画面和剪辑名显示剪辑，如图 2-19 所示；选择“仅显示名称”，将仅以剪辑名显示剪辑，如图 2-20 所示。

图 2-15　视频控制面板

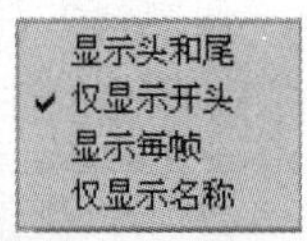

图 2-16　“设定显示风格”快捷菜单

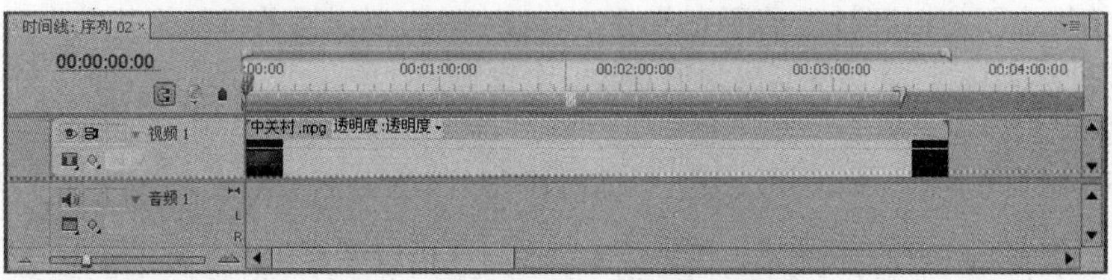

图 2-17　选择“显示头和尾”的效果

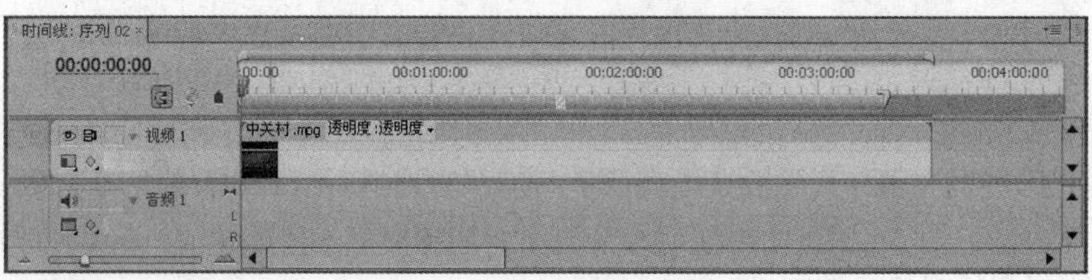

图 2-18　选择“仅显示开头”的效果

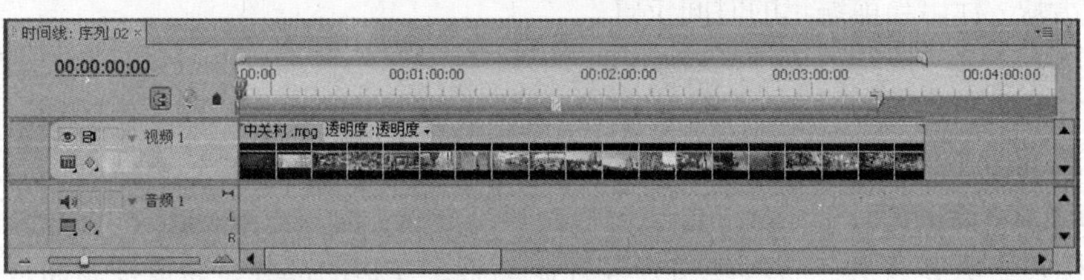

图 2-19　选择“显示每帧”的效果

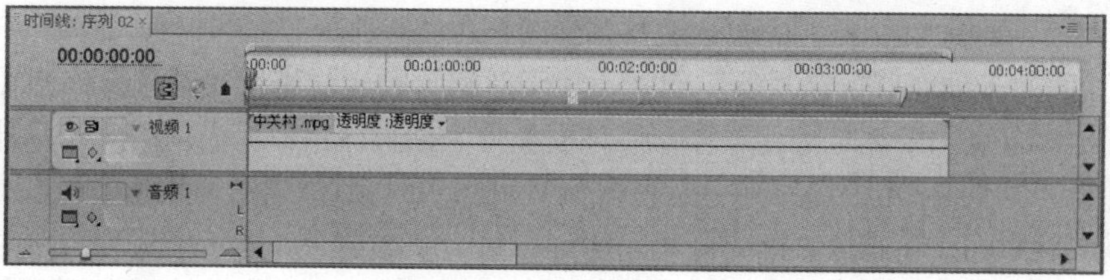

图 2-20　选择“仅显示名称”的效果

● (显示关键帧)：单击该按钮，将弹出图 2-21 所示的快捷菜单。用户可以根据需要，选择不同的选项，来控制视频关键帧的显示状态。

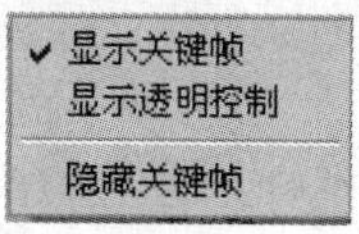

图 2-21　“显示关键帧”快捷菜单

音频控制面板，如图 2-22 所示。音频控制面板各按钮的功能如下。

● (切换轨道输出)：当显示状态时，表示启用轨道输出，当显示状态时，表示禁止轨道输出。

● (设置显示样式)：单击该按钮，弹出图 2-23 所示的快捷菜单。选择“显示波形”，将以波形和剪辑名来显示音频，如图 2-24 所示；选择“仅显示名称”，将仅以剪辑名来显示音频，如图 2-25 所示。

图 2-22　音频控制面板

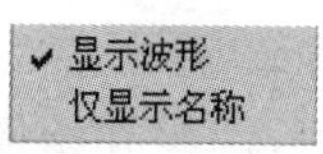

图 2-23　“设置显示样式”快捷菜单

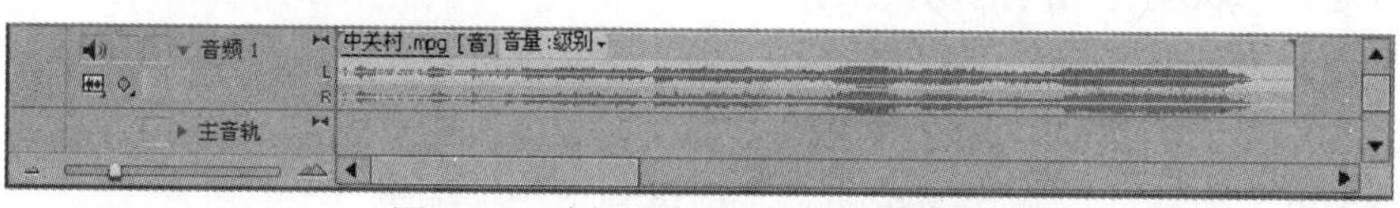

图 2-24　选择“显示波形”的效果

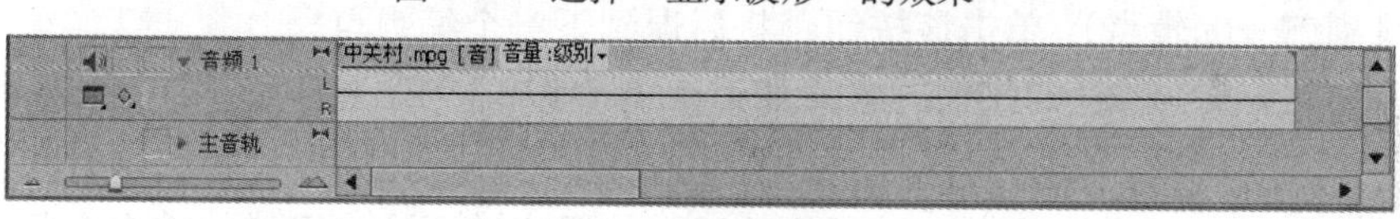

图 2-25　选择“仅显示名称”的效果

● (显示关键帧)：单击该按钮，将弹出图 2-26 所示的快捷菜单。用户可以根据需要，选择不同的选项，来控制音频关键帧的显示状态。

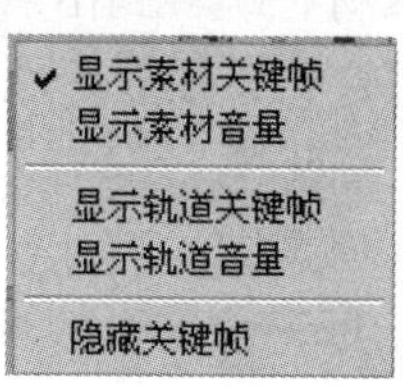

图 2-26　“显示关键帧”快捷菜单

(3)“节目”面板

“节目”面板又称“节目监视器”面板，用于对编辑的素材进行实时预览，也可以对影片进行设置出、入点和未编号标记等操作。该面板分为监视器窗口、当前时间指示器和工具按钮 3 个部分，如图 2-27 所示。其中监视器窗口用于实时预览素材；当前时间指示器用于控制素材播放的时间，在其上方的时间码用于确定每一帧的位置，显示格式为“小时:分钟:秒:帧”；工具按钮位于监视器窗口的下方，它由播放控制按钮和左右两组工具栏组成。

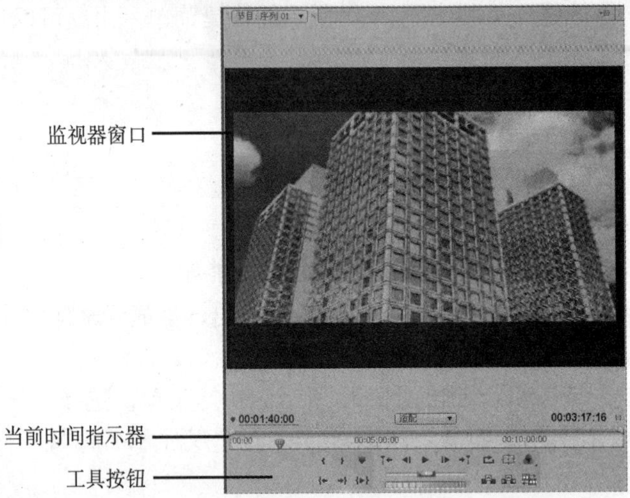

图 2-27 “节目”面板

其中播放控制按钮的含义如下。

- （播放）：用于从目前帧开始播放影片。单击该按钮，将切换到■（停止）按钮。按空格键也可以实现相同的切换工作。
- （步进）：单击该按钮，素材将前进一帧。
- （步退）：单击该按钮，素材将后退一帧。
- （跳到下一编辑点）：单击该按钮，将前进到下一个编辑点。
- （跳到前一编辑点）：单击该按钮，将后退到下一个编辑点。

播放控制按钮左侧工具栏的按钮的含义如下。

- （设置入点）：单击该按钮，时间线的目前位置将被标注为素材的起始时间。
- （设置出点）：单击该按钮，时间线的目前位置将被标注为素材的结束时间。
- （设置未编号标记）：用于设置无序号的标记点。
- （跳转到入点）：单击该按钮，素材将跳转到入点处。
- （跳转到出点）：单击该按钮，素材将跳转到出点处。
- （播放入点到出点）：单击该按钮，将只播放入点和出点之间的内容。

播放控制按钮右侧工具栏的按钮的含义如下。

- （循环）：单击该按钮，将循环播放素材。
- （安全框）：单击该按钮，将显示屏幕的安全区域。
- （输出）：用于设置素材的显示模式。
- （提升）：单击该按钮，将从“时间线”面板中清除标注的素材，其他素材位置不变。

- （提取）：单击该按钮，将从“时间线”面板中清除标注的素材，后面的素材依次前移。
- （修整监视器）：单击该按钮，将开启修整窗口。

(4)“素材源”面板

“素材源”面板又称“素材源监视器”面板，与“节目”面板基本相同，如图 2-28 所示，差别在于该面板用于观察素材原始效果。“素材源”面板在初始状态下是不显示画面的，如果想在该窗口中显示画面，可以直接拖动“项目”面板中的素材到“素材源”面板中，也可以双击“项目”面板中素材或已加入到“时间线”面板中的素材，将该素材在“素材源”面板中进行显示。在实际影片编辑过程中，同时观察“素材源”面板与“节目”面板中的内容，可以让影视编辑人员更好地了解素材在编辑前后的差别。

“素材源”面板除了可查看视频画面或静态图像外，还可以以波形的方式来显示音频素材，如图 2-29 所示。这样，编辑人员便可以在聆听素材的同时查看音频素材的内容。

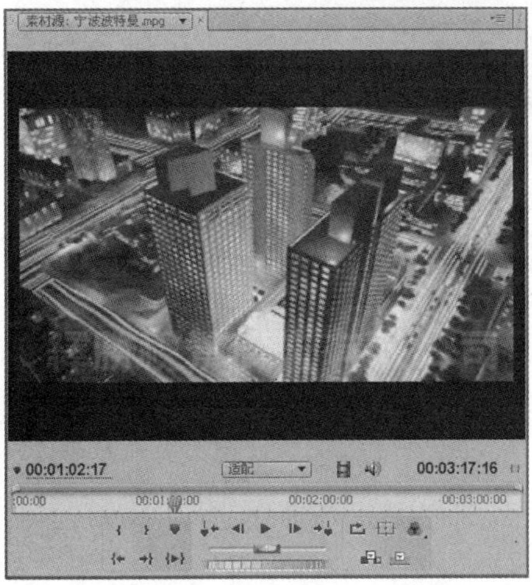

图 2-28　“素材源”面板

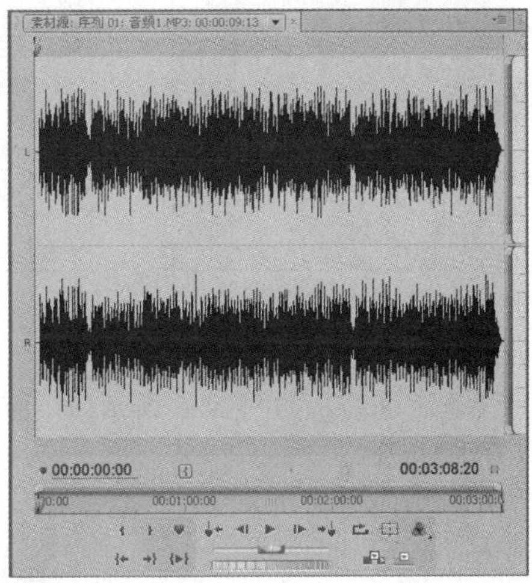

图 2-29　利用“素材源”面板查看音频

(5)“调音台”面板

“调音台”面板是 Premiere Pro CS4 新增的面板，如图 2-30 所示，该面板主要用于对音频素材的播放效果进行编辑和实时控制。

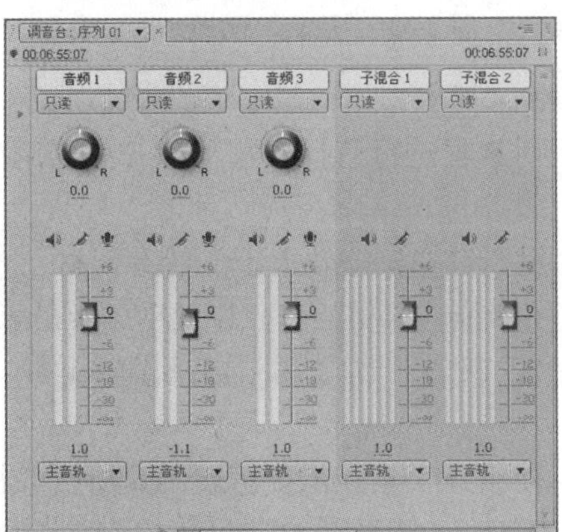

图 2-30　“调音台”面板

(6)“效果”面板

“效果”面板中列出了能够应用于素材的各种 Premiere Pro CS4 的特效，其中包括预置、音频特效、音频过渡、视频特效和视频切换 5 个大类，如图 2-31 所示。在使用时可以单击“效果”面板下方的（新建自定义文件夹）按钮，新建文件夹，将自己常用的各种特效放在里面，此时自定义文件夹中的特效在默认的文件夹中依然存在。单击“效果”面板下方的（删除自定义分项）按钮，可以删除自建的文件夹，但不能删除软件自带的文件夹。

(7)“特效控制台”面板

“特效控制台”面板，如图 2-32 所示。该面板用于调整素材的运动、透明度和时间重置，并具备为其设置关键帧的功能。

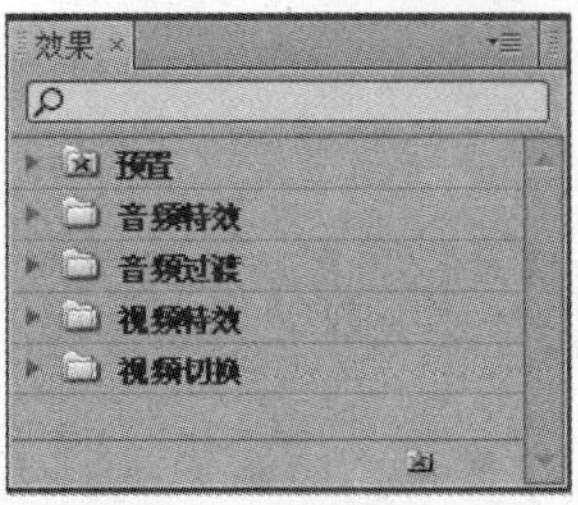

图 2-31 “效果”面板

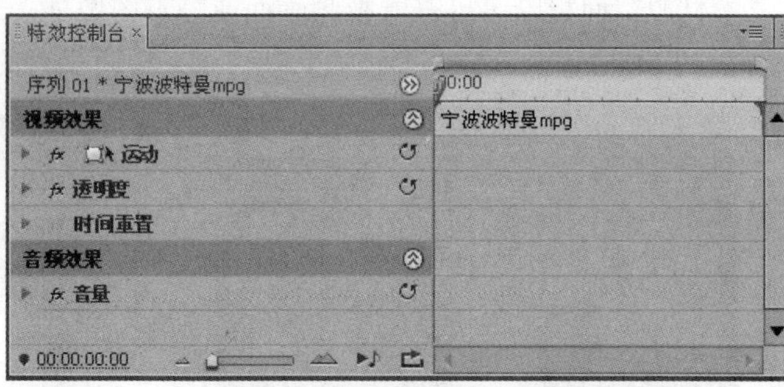

图 2-32 “特效控制台”面板

(8)“工具”面板

“工具”面板，如图 2-33 所示。该面板主要用于对时间线上的素材进行编辑、添加或移除关键帧等操作。

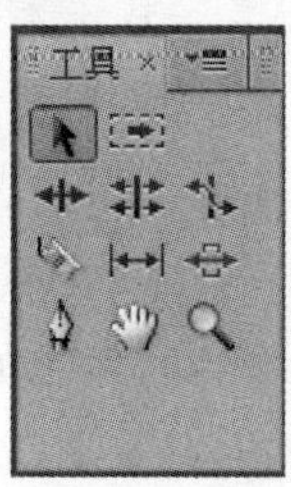

图 2-33 “工具”面板

“工具”面板中各按钮的含义如下。

- （选择工具）：用于对素材进行选择、移动，并可以调节素材关键帧，为素材设置入点和出点。
- （轨道选择工具）：用于选择某一轨道上的所有素材。
- （波形编辑工具）：用于拖动素材的出点以改变素材的长度，相邻素材的长度不变，项目片断的总长度改变。图 2-34 为使用“波形编辑工具”处理“中关村 .mpg”的前后比较。
- （滚动编辑工具）：使用该工具在需要剪辑的素材边缘拖动，可以将增加到该素材的帧数从相邻的素材中减去，也就是说项目片段的总长度不发生改变。图 2-35 为使用“滚动编辑工具”处理“德胜门 .mpg”的前后比较。

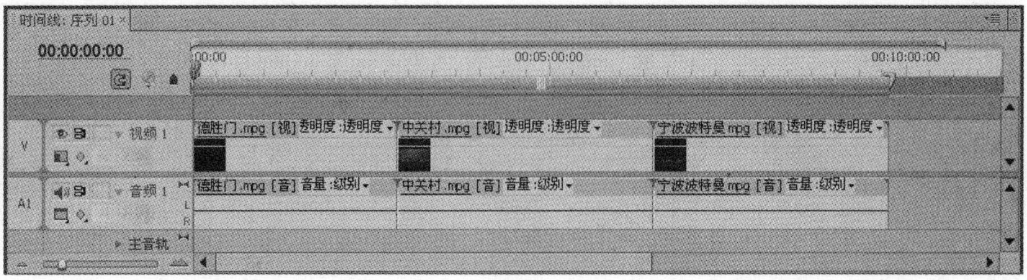

处理前

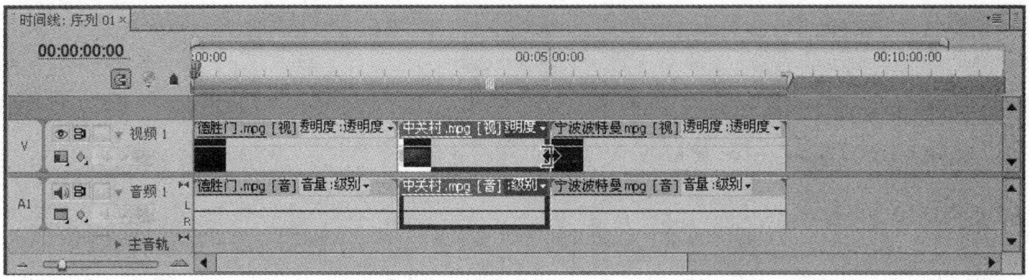

处理后

图 2-34　使用“波形编辑工具”处理“中关村 .mpg”的前后比较

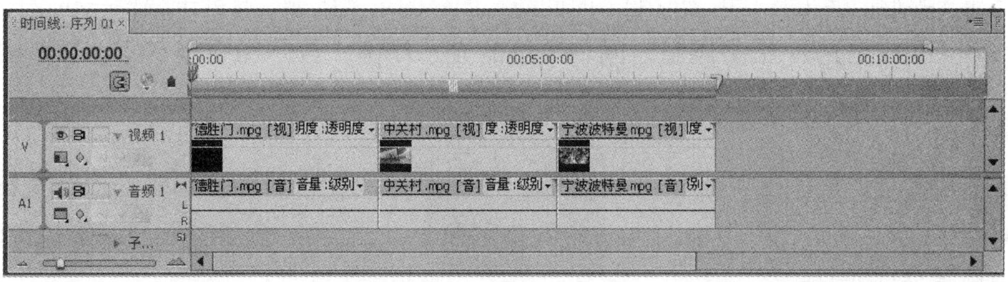

处理前

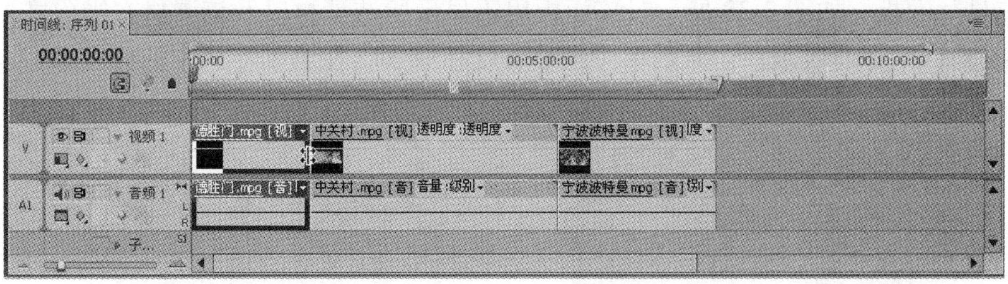

处理后

图 2-35　使用“滚动编辑工具”处理“德胜门 .mpg”的前后比较

- （速率伸缩工具）：用于对素材进行速度调整，从而达到改变素材长度的目的。
- （剃刀工具）：用于分割素材。选择该工具后单击素材，可将素材分为两段，从而产生新的入点和出点。图 2-36 为使用“剃刀工具”处理“中关村 .mpg”的前后比较。
- （错落工具）：用于改变一段素材的入点和出点，保持其总长度不变，并且不影响相邻的其他素材。
- （滑动工具）：用于保持要剪辑素材的入点与出点不变，通过相邻素材入点和出点的变化，改变其在“时间线”面板中的位置，而项目片段时间长度不变。
- （钢笔工具）：用于设置素材的关键帧。

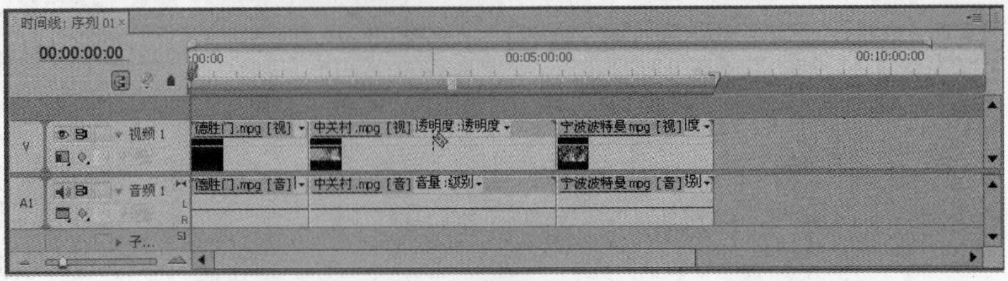

处理前

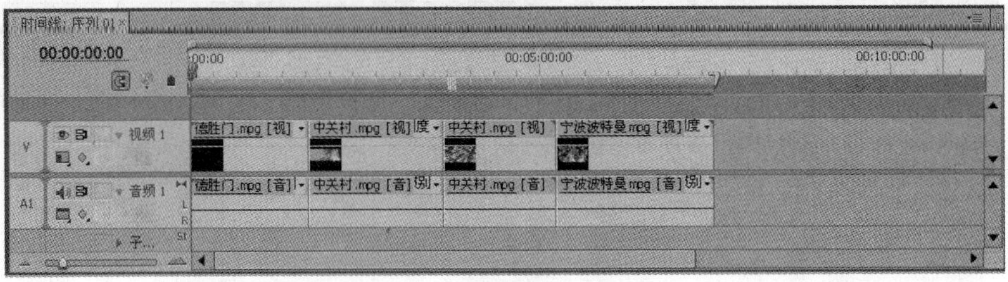

处理后

图 2-36　使用“剃刀工具”处理“中关村.mpg”的前后比较

- （手形把握工具）：用于改变“时间线”面板的可视区域，有助于编辑一些较长的素材。
- （缩放工具）：用于调整时间轴单位的显示比例。按下组合键〈Ctrl+U〉，可以在放大和缩小模式间进行切换。

(9)“历史”面板

“历史”面板，如图 2-37 所示。该面板用于记录用户在进行影片编辑操作时执行的每一个 Premiere 命令。通过删除“历史”面板中的指定命令，还可实现按步骤还原编辑操作的目的。

(10)“信息”面板

“信息”面板，如图 2-38 所示。该面板用于显示所选素材以及该素材在当前序列中的信息，包括素材本身的帧速率、分辨率、素材长度和该素材在当前序列中的位置等。

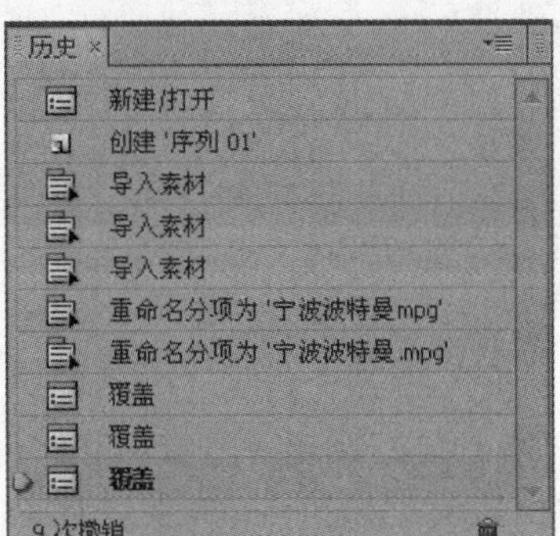

图 2-37　“历史”面板

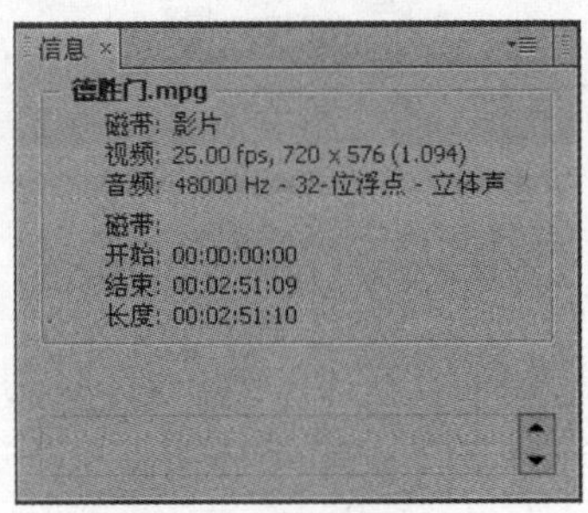

图 2-38　“信息”面板

(11)“媒体浏览”面板

“媒体浏览”面板，如图 2-39 所示。该面板的功能与 Windows 管理器类似，能够让用户在该面板内查看计算机磁盘任何位置上的文件。而且，通过设置筛选条件，用户还可在“媒体浏览”面板内单独查看特定类型的文件。

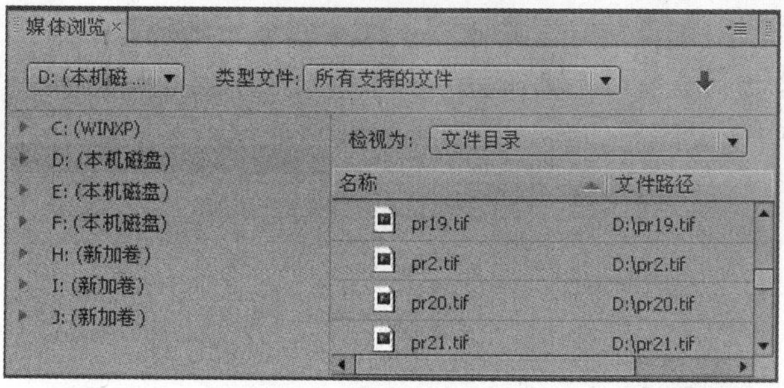

图 2-39 “媒体浏览”面板

2.3　素材的导入

使用 Premiere Pro CS4 进行的视频编辑，主要是对已有的素材文件进行重新编辑，所以在进行视频编辑之前，首先要将所需的素材导入到 Premiere Pro CS4 的项目面板中。

2.3.1　可导入的素材类型

Premiere Pro CS4 可以支持多种格式的素材。

可导入的视频格式的素材包括：MPEG1、MPEG2、DV、AVI、MOV、WMV、SWF 等。

可导入的音频格式的素材包括：WAV、WMA、MP3 等。

可导入的图像格式的素材包括：AI、PSD、JPEG、TGA、TIFF、BMP、PCX 等。

2.3.2　导入素材

1）启动 Premiere Pro CS4 程序后，创建一个新的项目文件或打开一个已有的项目文件。

2）选择“文件 | 导入”（快捷键为〈Ctrl+I〉）命令，打开“导入”对话框，如图 2-40 所示。

图 2-40 “导入”对话框

3）导入静止序列图像文件。方法：选择配套光盘中的“素材及结果 \ 第 2 章 Premiere Pro CS4 的基础知识 \P0000.tga”文件（静止序列文件的第一幅图片），并勾选“序列图像”复选框，如图 2-41 所示，单击“打开”按钮，即可导入静止序列文件。此时在“项目”面板中会发现该序列文件将作为一个单独的剪辑被导入，如图 2-42 所示。

4）导入不含图层的单幅图像。方法：选择配套光盘中的“素材及结果 \ 第 2 章 Premiere Pro CS4 的基础知识 \ P0000.tga”文件，不勾选“序列图像”复选框，单击“打开”按钮，此时在“项目”面板中该文件将作为一幅单独的图片被导入，如图 2-43 所示。

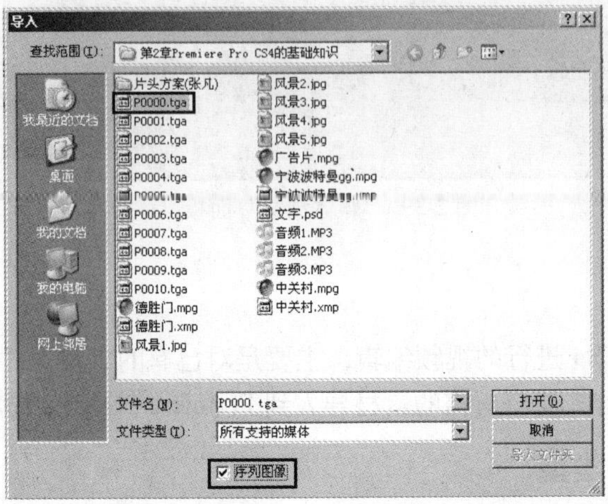

图 2-41　选择“P0000.tga”图片，并勾选“序列图像”复选框

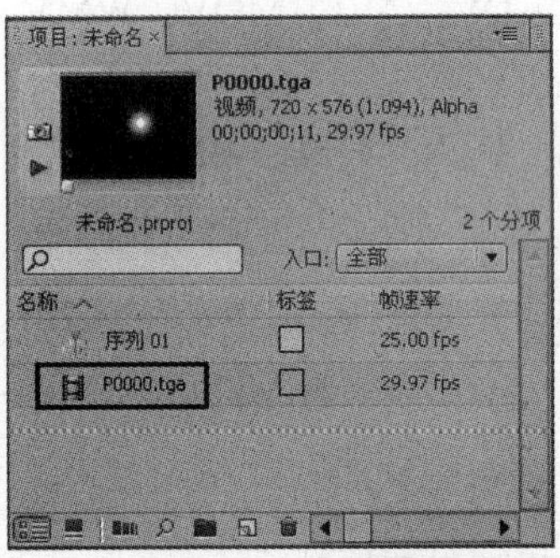

图 2-42　导入序列图片

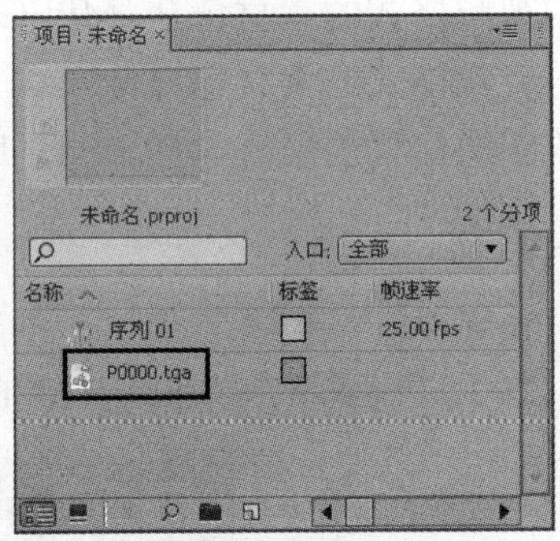

图 2-43　导入单幅图片

5）导入含图层的 .psd 图像文件。方法：选择配套光盘中的“素材及结果 \ 第 2 章 Premiere Pro CS4 的基础知识 \ 文字 .psd”文件，弹出图 2-44 所示的对话框。如果选择“合并所有图层”选项，单击“确定”按钮，此时图像会合并图层后作为一个整体导入；如果选择“单个图层”选项，然后在其后面的下拉列表中选择相应的图层，如图 2-45 所示，单击“确定”按钮，此时图像只导入选择的图层。图 2-46 为导入“文字 .psd”中“图层 1”和“图层 2”后的“项目”面板。

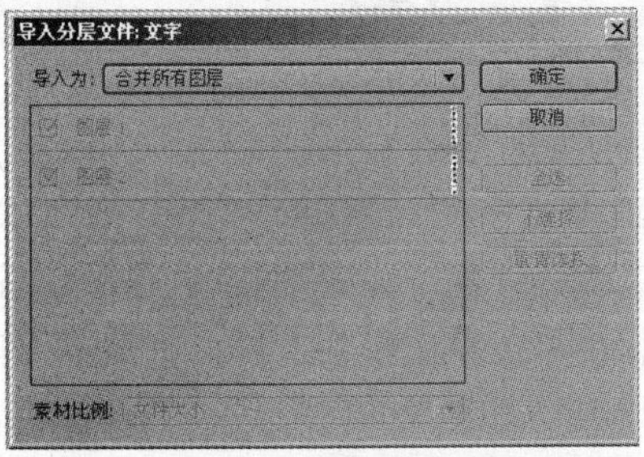

图 2-44　“导入分层文字：文字”对话框

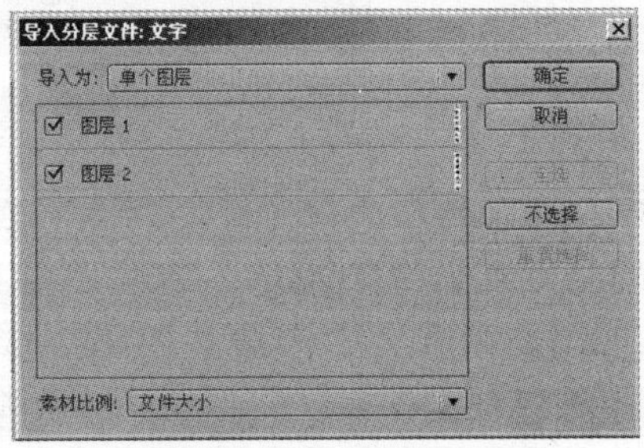

图 2-45　选择相应的图层

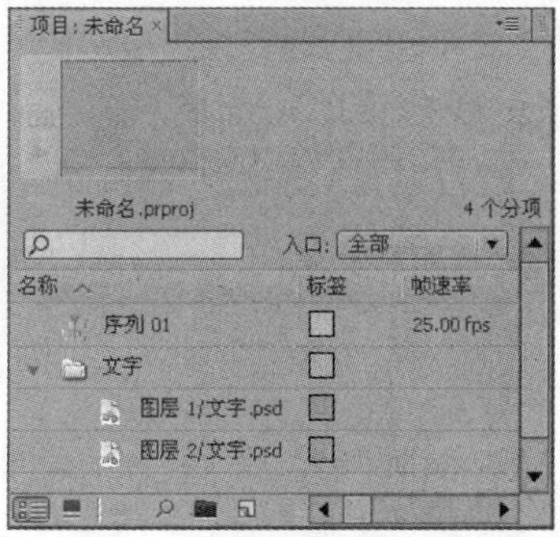

图 2-46　导入“文字 .psd”中“图层 1”和“图层 2”后的“项目”面板显示

6）导入动画文件。方法：选择配套光盘中的“素材及结果 \ 第 2 章 Premiere Pro CS4 的基础知识 \ 广告片 .mpg”文件，单击“打开”按钮，即可将其导入“项目”面板。

7）导入文件夹。方法：选择配套光盘中的“素材及结果 \ 第 2 章 Premiere Pro CS4 的基础知识 \ 片头方案（张凡）”文件夹，单击“导入文件夹”按钮，如图 2-47 所示，即可将该文件夹导入“项目”面板，如图 2-48 所示。

图 2-47　“导入”对话框

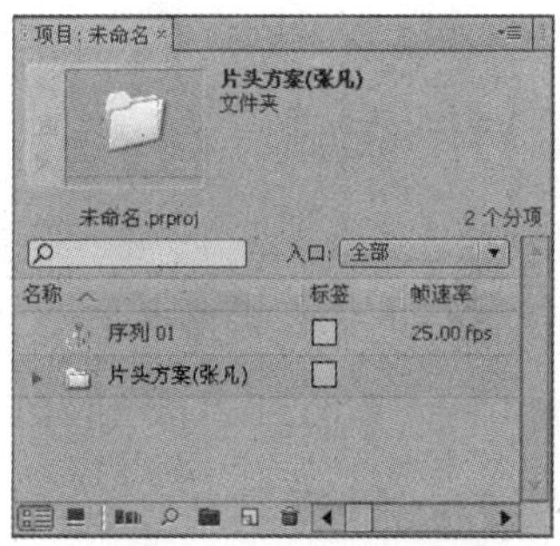

图 2-48　导入文件夹

提示：要导入素材，也可以执行以下操作。

- 在“项目”面板中素材列表的空白处双击，然后在弹出的“导入”对话框中选择要导入的素材，单击“打开”按钮。
- 在“项目”面板中素材列表的空白处右击，从弹出的对话框中选择“导入”命令，如图2-49所示。
- 如果剪辑最近被使用过，可以选择“文件 | 导入新近文件”命令，在弹出的子菜单中选择要导入的剪辑。

图 2-49　选择“导入”命令

2.3.3　设置图像素材的时间长度

在 Premiere Pro CS4 中导入图像素材，需要自定义图像素材的时间长度，这样可以保证项目文件导入的图像素材保持相同的播放长度。默认情况下，图像素材的时间长度为 5 秒，如果要修改默认的时间长度，可以执行以下操作。

1）选择“编辑 | 参数 | 常规”命令，弹出“参数”对话框，如图 2-50 所示。

2）在“静帧图像默认持续时间”右侧输入要改变的图像素材的时间长度，单击“确定”按钮即可。

3）对于已经导入到“项目”面板中的图像文件来说，如果要修改其播放长度，可以先选中该图像，然后右击，从弹出的快捷菜单中选择“速度 / 持续时间”命令，接着在弹出的“素材速度 / 持续时间”对话框中进行设置，如图 2-51 所示，单击“确定”按钮。

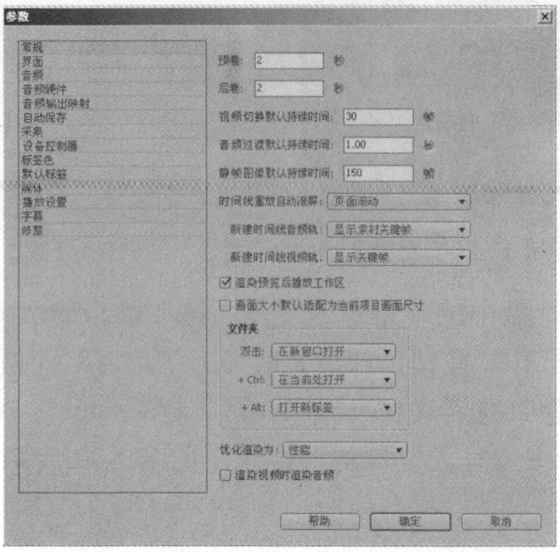

图 2-50 “参数”对话框

图 2-51 重新设置持续时间

2.4 素材的编辑

将素材导入“项目”面板后，接下来的工作就是对素材进行编辑。下面就来介绍对素材进行编辑处理的相关操作。

2.4.1 将素材添加到“时间线”面板中

在对素材进行编辑操作之前，首先需要将素材添加到“时间线”面板中，将素材添加到“时间线”面板的具体操作步骤如下。

1）在“项目”面板中选择要导入的素材，然后按住鼠标左键，将该文件拖动到“时间线”面板的“视频 1”轨道上的第 0 秒，如图 2-52 所示。此时，“节目”面板中将显示相关素材的第 1 帧的画面，如图 2-53 所示。

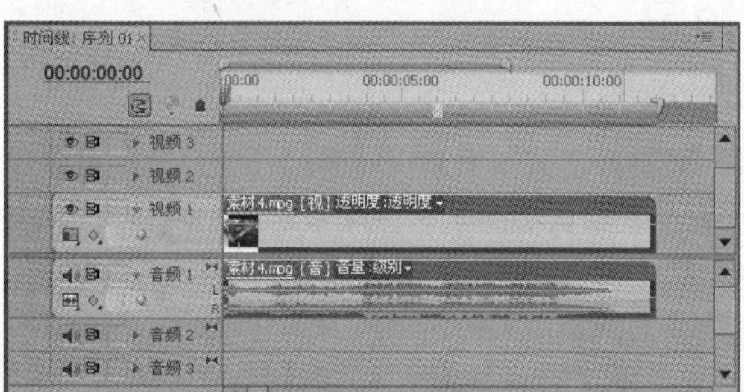

图 2-52 将素材拖入时间线的第 0 秒

图 2-53 在“节目”面板显示素材的画面

2）同理，可将其他素材添加到“时间线”面板的其他视频轨道上。

3）如果目前视频轨道不够用，可以选择“序列 | 添加轨道”命令，或者在“时间线”面板左侧轨道名称处右击，在弹出的“添加视音轨”对话框中设置要添加的轨道数量，如图 2-54 所示，然后单击“确定”按钮。接着将素材拖到新添加的轨道上即可。

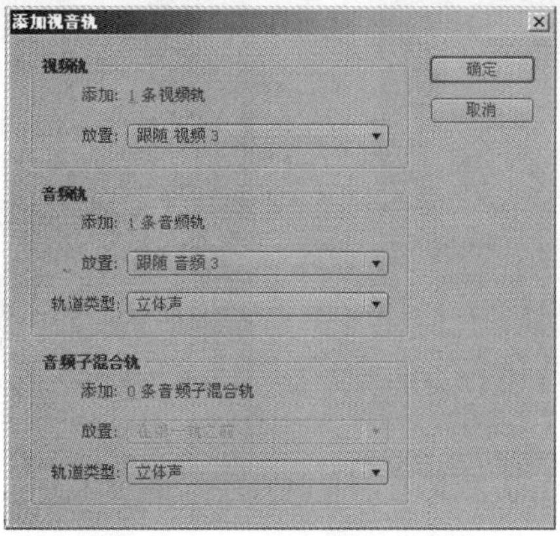

图 2-54　设置要添加的轨道数量

2.4.2　设置素材的入点和出点

在制作影片时并不一定要完整地使用导入到项目中的视频或者音频素材，往往只需要用到其中的部分片断，这时就需要对素材进行剪辑，通过为素材设置入点与出点，可以从素材中截取到需要的片断。

1. 在“素材源”面板中设置素材的入点和出点

在“素材源”面板中设置入点和出点的具体操作步骤如下。

1）在“项目”面板中双击一个视频素材，此时在“素材源”面板中会显示该素材，如图 2-55 所示。

图 2-55　在“素材源”面板中显示素材

2）拖动时间滑块到需要截取素材的开始位置，然后单击（入点）按钮，即可确定素材的入点，如图 2-56 所示。

3）拖动时间滑块到需要截取素材的结束位置，单击 (出点) 按钮，即可确定素材的出点，如图 2-57 所示。

图 2-56　确定素材的入点

图 2-57　确定素材的出点

2. 在“时间线”面板中设置入点和出点

1）在“时间线”面板中将时间滑块移动到需要设置素材入点的位置，如图 2-58 所示。然后将鼠标指针移动到素材的开头，当鼠标指针变为(双箭头标记)时，按下鼠标左键向右拖动素材到时间线位置，即可完成素材入点的设置，如图 2-59 所示。

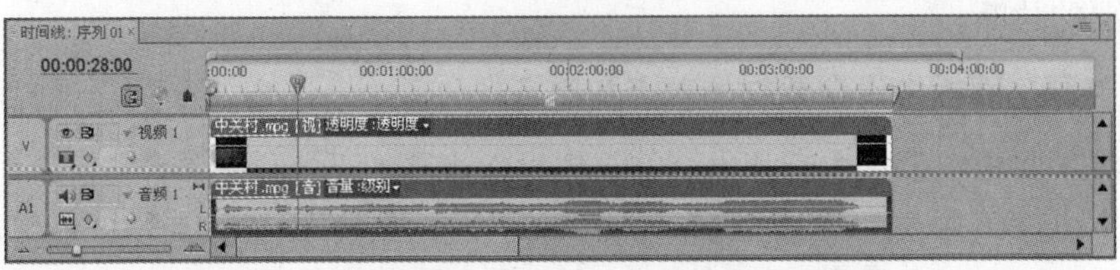

图 2-58　将时间滑块移动到需要设置素材入点的位置

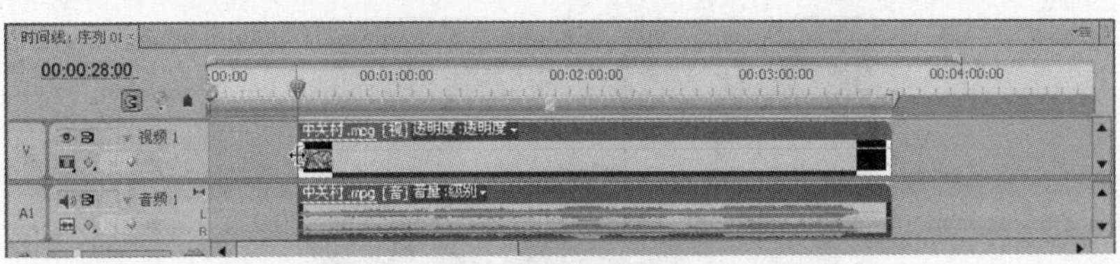

图 2-59　确定素材的入点

2）同理，将时间滑块移动到需要设置素材出点的位置，如图 2-60 所示。再将素材的结束处向左侧拖动，即可完成素材出点的位置，如图 2-61 所示。

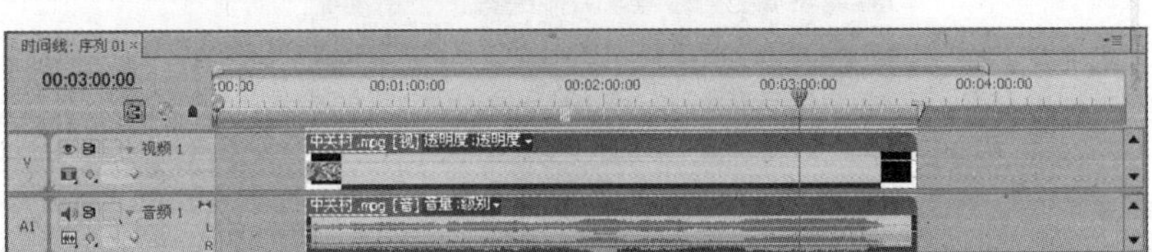

图 2-60　将时间滑块移动到需要设置素材出点的位置

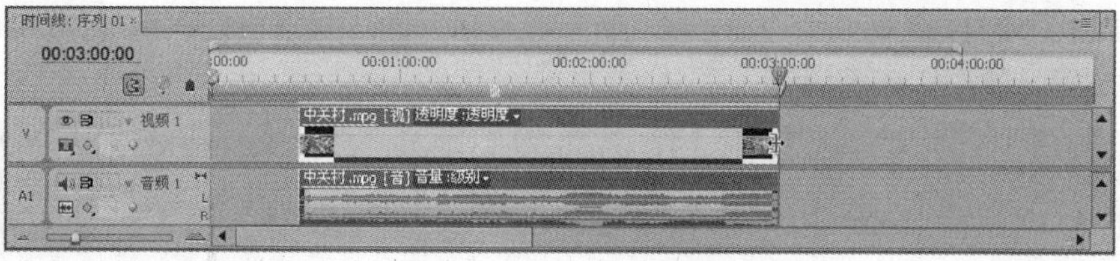

图 2-61　确定素材的出点

2.4.3　插入和覆盖素材

使用“素材源”面板中的（插入）和（覆盖）工具，可以将“素材源”面板中的素材直接置入“时间线”面板中的指定位置。

1. 插入素材

使用（插入）工具插入新素材时，凡是处于要插入的时间位置后的素材都会向后推移。如果要插入的新素材的位置位于一段素材之中，则插入的新素材会将原素材分为两段，原素材的后半部分会向后推移，接在新素材之后。插入素材的具体操作步骤如下。

1）在“时间线”面板中定位需要插入素材的位置，如图 2-62 所示。

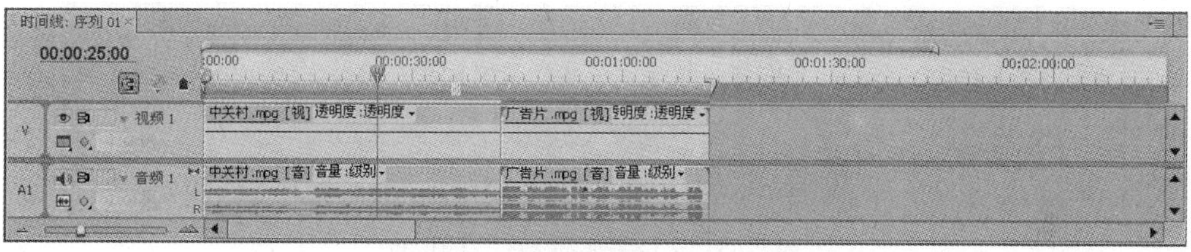

图 2-62　定位需要插入素材的位置

2）在“项目”面板中双击要插入的素材，使之在“素材源”面板中显示出来，然后确定素材的入点和出点，如图 2-63 所示。

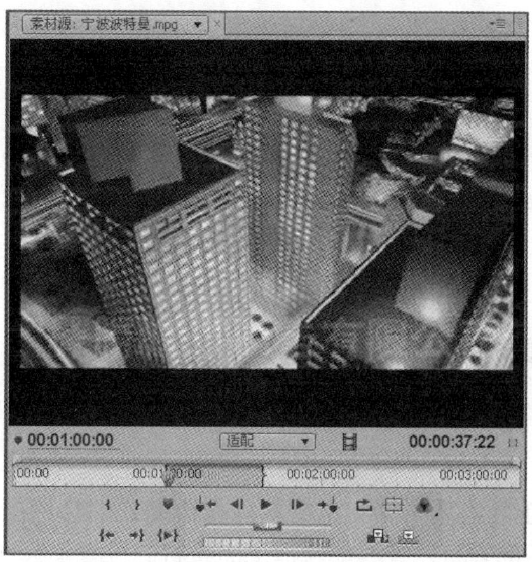

图 2-63　设置要插入素材的入点和出点

3）单击“素材源”面板下方的（插入）按钮，即可将素材插入到时间线面板中要插入素材的位置，如图 2-64 所示。

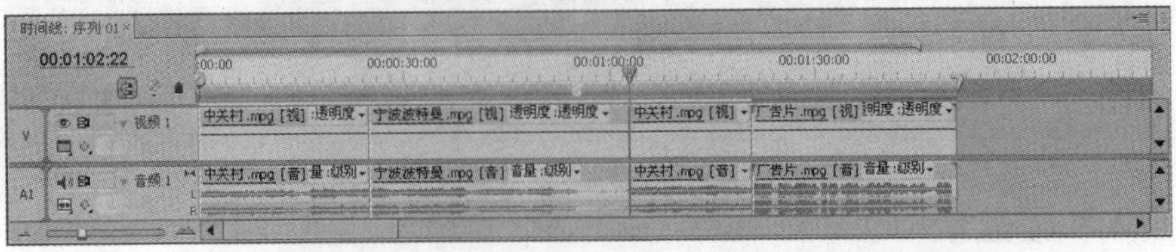

图 2-64　将素材插入到时间线面板中要插入素材的位置

提示：如果选中“项目”面板中的素材，单击“项目”面板下方的（自动适配时间线）按钮，也可将素材插入到时间线目前的位置上。

2. 覆盖素材

使用(覆盖)工具插入新素材时，凡是处于要插入的时间位置后的将被新插入的素材所覆盖。覆盖素材的具体操作步骤如下。

1）在“时间线”面板中定位需要插入素材的位置，如图 2-65 所示。

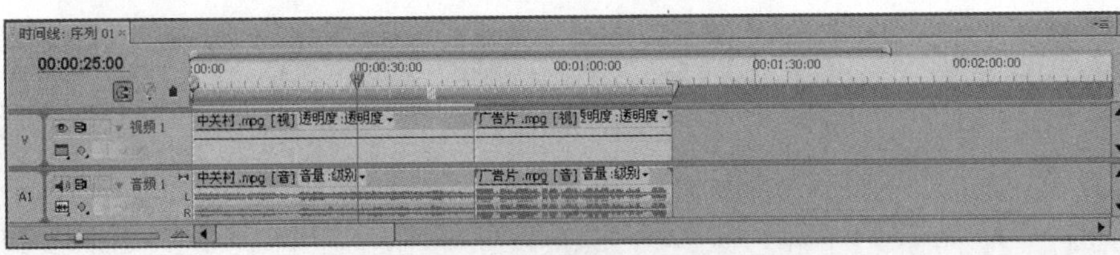

图 2-65　定位需要插入素材的位置

2）在“项目”面板中双击要插入的素材，使之在“素材源”面板中显示出来，然后确定素材的入点和出点。

3）单击“素材源”面板下方的(覆盖)工具按钮，即可将素材插入到时间线面板中要覆盖素材的位置，如图 2-66 所示。

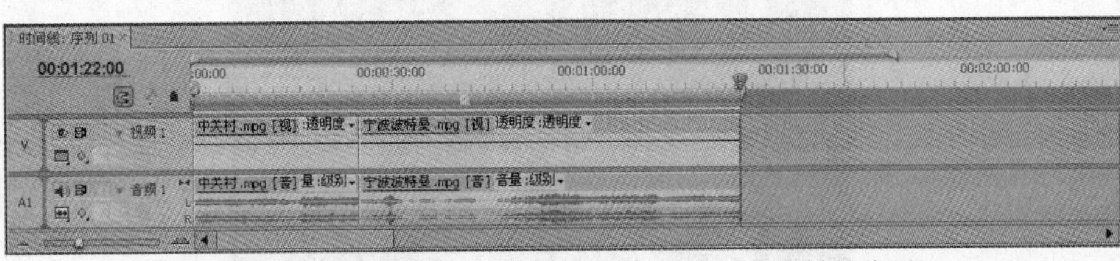

图 2-66　将素材插入到时间线面板中要覆盖素材的位置

2.4.4　提升和提取素材

使用(提升)和(提取)工具可以在时间线面板中的指定轨道上删除指定的一段素材。

1. 提升素材

使用（提升）工具对影片素材进行删除修改时，只会删除目标轨道中选定范围内的素材片断，对其前、后的素材以及其他轨道上的素材的位置不会产生影响。提升素材的具体操作步骤如下。

1）在“节目”面板中为素材设置入点和出点，此时设置的入点和出点会显示在时间标尺上，如图 2-67 所示。

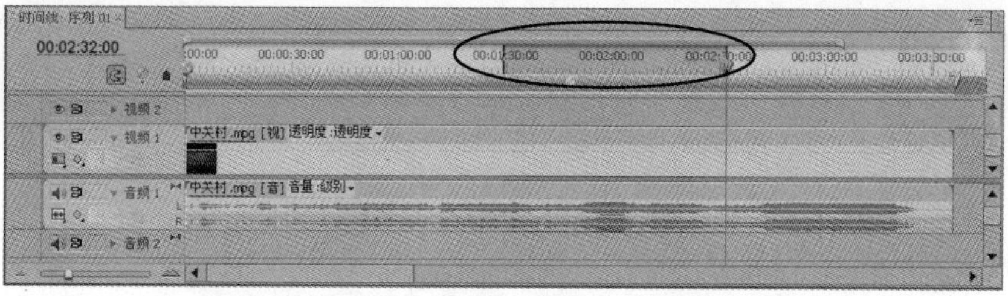

图 2-67　设置的入点和出点会显示在时间标尺上

2）在“时间线”面板上选中提升素材的目标轨道。

3）在“节目”面板中单击（提升）工具按钮，即可将入点和出点之间的素材删除，删除后的区域显示为空白，如图 2-68 所示。

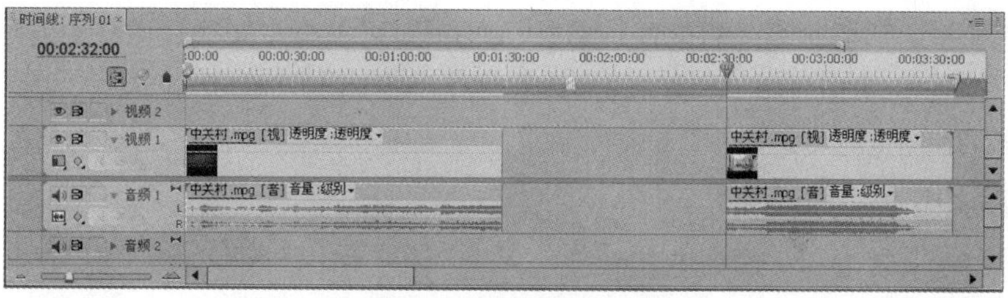

图 2-68　提升素材后的效果

2. 提取素材

使用（提取）工具对影片进行删除修改，不但会删除目标轨道中指定的片断，还会将其后的素材前移，填补空缺。提取素材的具体操作步骤如下。

1）在“节目”面板中为素材设置入点和出点，此时设置的入点和出点会显示在时间标尺上，如图 2-67 所示。

2）在“时间线”面板上选中提升素材的目标轨道。

3）在“节目”面板中单击（提取）工具按钮，即可将入点和出点之间的素材删除，其后的素材将自动前移，填补空缺，如图 2-69 所示。

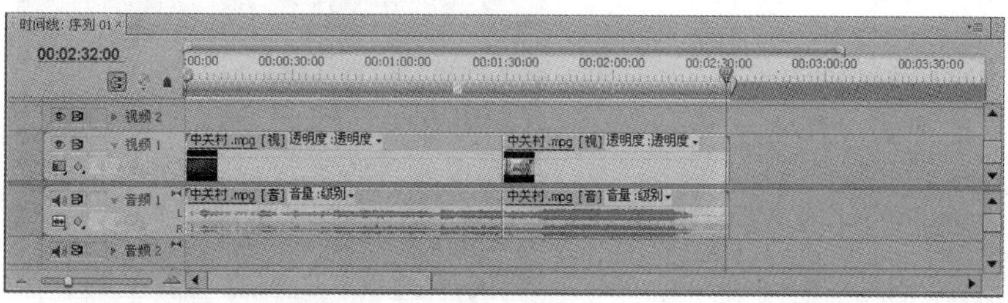

图 2-69　提取素材后的效果

2.4.5　分离和链接素材

在编辑工作中，经常需要将“时间线”面板中素材的视、音频进行分离，或者将各自独立的视、音频链接在一起，作为一个整体进行调整。

1. 分离素材的视、音频

分离素材的视、音频的具体步骤如下。

1）在“时间线”面板中选择要进行视、音频分离的素材。

2）右击，从弹出的快捷菜单中选择“解除视音频链接”命令，即可分离素材的视频和音频部分。

2. 链接素材的视、音频

链接素材的视、音频的具体步骤如下。

1）在“时间线”面板中选择要进行视、音频链接的素材。

2）右击，从弹出的快捷菜单中选择“链接视音频”命令，即可链接素材的视频和音频部分。

2.4.6 编辑标记

标记用于指示重要时间码的位置，通过设置标记，可以将时间线快速移动到标记的位置。在“节目”面板和“素材源”面板中均可设置标记。下面以“节目”面板为例来讲解编辑标记的相关操作。

1. 设置标记

设置标记的具体操作步骤如下。

1）在“节目”面板中显示一个素材，然后将时间滑块移动到需要设置标记的位置。接着选择“标记 | 设置序列标记 | 其他编号”命令，在弹出的对话框中设置一个数值为 0~99 之间的有序号标记，如图 2-70 所示。

2）设置完毕后，单击“确定”按钮，此时在“节日”面板的时间标尺处会出现一个标记，如图 2-71 所示。同时，“时间线”面板的相应位置还会出现一个带有设定好编号的标记，如图 2-72 所示。

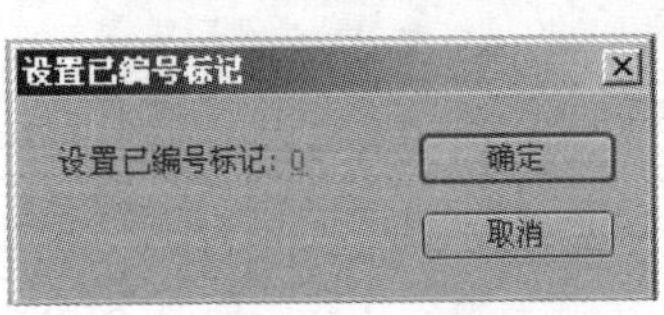

图 2-70　设置序号标记

图 2-71　时间标尺处会出现一个标记

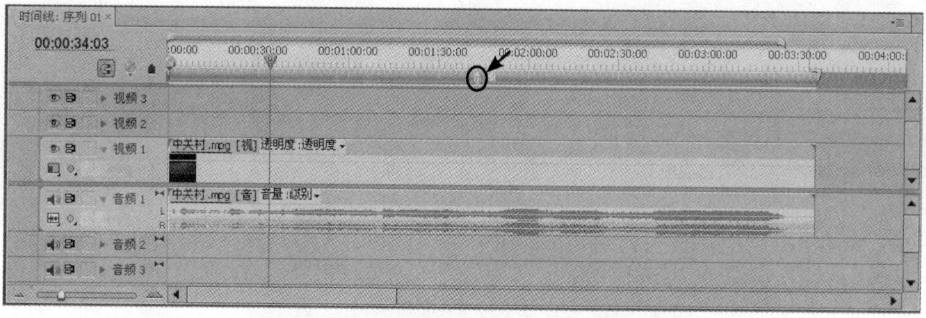

图 2-72　“时间线”面板的相应位置出现一个带有设定好编号的标记

提示：单击监视器窗口下方工具栏中的 （设置未编号标记）按钮，也可以插入一个标记，只不过这个标记是没有序号的。

2. 跳转标记

为素材加入标记之后，便可以快速跳转到某个标记所在的帧。跳转标记的具体操作步骤如下。

1）选择“标记 | 跳转序列标记 | 编号”命令，弹出图 2-73 所示的对话框。

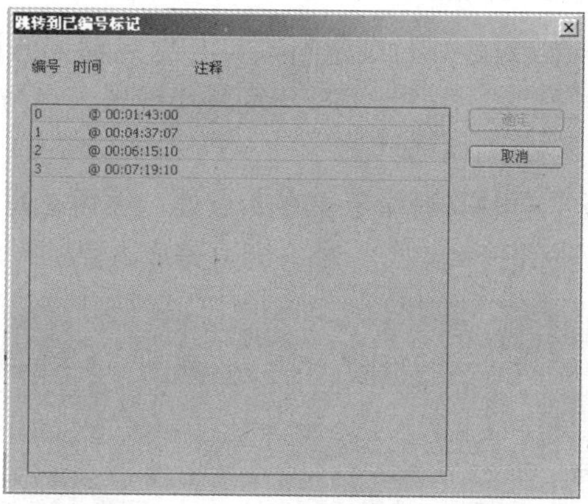

图 2-73　“跳转到已编号标记”对话框

2）在该对话框中列出了所有带序号的标记，选中需要的标记，单击“确定”按钮，时间线就会自动移动到相应的标记上。

提示：对于没有序号的标记，可以通过监视器窗口下方的 （跳到下一编辑点）按钮和 （跳到前一编辑点）按钮进行跳转。

3. 删除标记

删除标记的具体操作步骤如下。

1）删除单个标记。方法：选择“标记 | 清除序列标记 | 编号”命令，在弹出的“清除已编号标记”对话框中选择要删除的标记，如图 2-74 所示，单击“确定”按钮，即可将其删除。

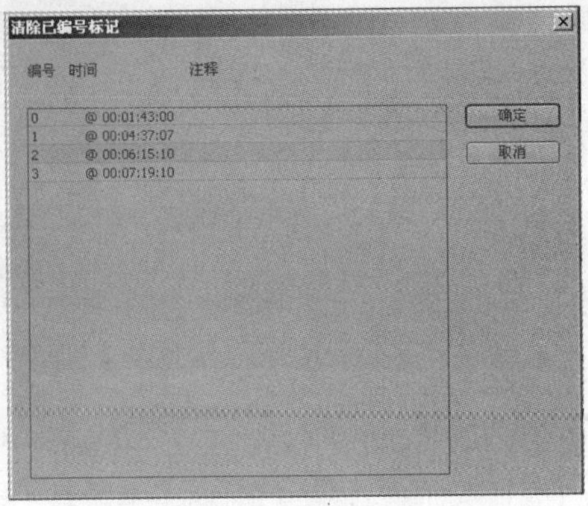

图 2-74　选择要删除的标记

提示：如果要删除没有序号的单个标记，可以在“节目”面板中选中该标记，然后右击，从弹出的快捷菜单中选择“清除序列标记|当前标记”命令，将其删除。

2）删除所有标记。方法：选择“标记 | 清除序列标记 | 全部标记”命令，即可将所有标记删除。

4. 在“时间线”面板中设置入点与出点标记

在“时间线”面板中可以对素材片断进行入点与出点标记的设置，从而方便在时间线中快速移动到入点和出点的位置。在“时间线”面板中设置入点与出点标记的具体操作步骤如下。

1）将“时间线”面板中的时间滑块定位在入点处，然后在时间标尺处右击。从弹出的快捷菜单中选择“设置序列标记 | 入点”命令，即可完成入点的设置，如图 2-75 所示。

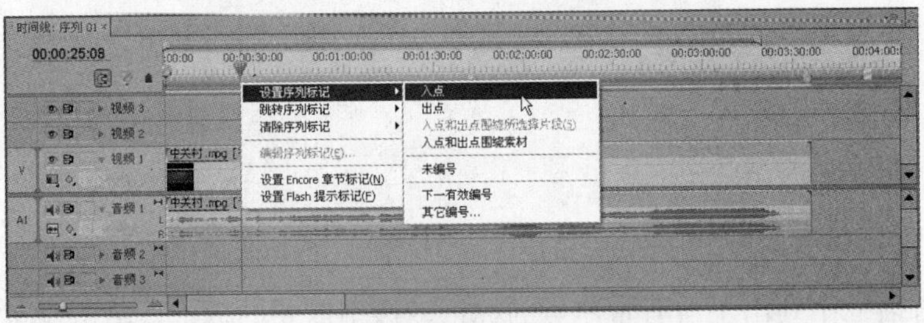

图 2-75　选择“设置序列标记 | 入点”命令

2）同理，将时间线定位在出点位置，然后在时间标尺右击，从弹出的快捷菜单中选择“设置序列标记 | 出点”命令，即可完成出点的设置，如图 2-76 所示。

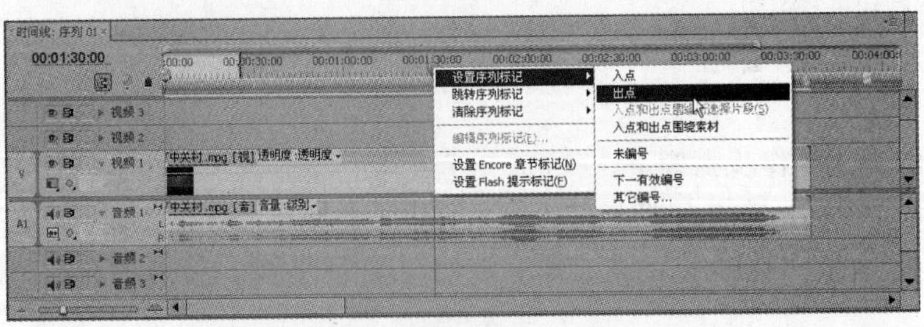

图 2-76　选择“设置序列标记 | 出点”命令

3）完成入点和出点设置后，选中该素材片断，然后在时间标尺右击，从弹出的快捷菜单中选择“跳转序列标记 | 入点”和“跳转序列标记 | 出点”命令，即可返回到素材的入点和出点位置。

提示：在“节目”面板中单击 (跳转到入点）按钮和 (跳转到出点）按钮，也可以直接返回素材的入点和出点位置。

4）如果要删除素材的入点和出点标记，可以选择“标记 | 清除序列标记 | 入点和出点”命令，即可将入点和出点标记删除。

2.4.7　修改素材的播放速率

对视频或音频素材的播放速率进行修改，可以使素材产生快速或慢速播放的效果。修改素材的播放速率的具体操作步骤如下。

1）在“时间线”面板中选择需要修改播放速率的素材，如图 2-77 所示。

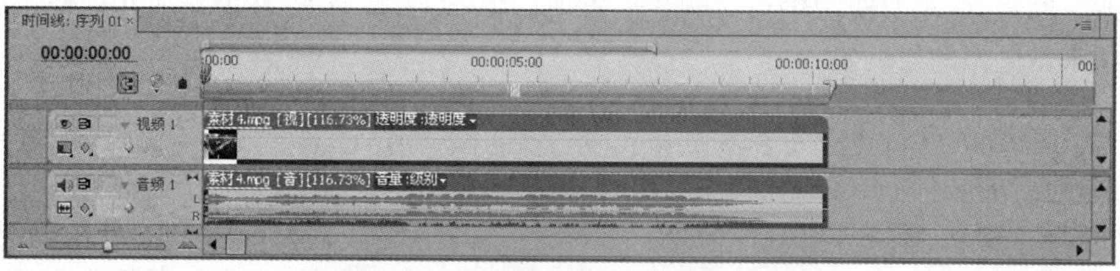

图 2-77　选择需要修改播放速率的素材

2）选择“工具”面板中的 (速率伸缩工具)，然后将指针移动到素材的开头或末尾，接着按住鼠标左键向左或向右拖动，即可在不改变素材的内容长度的状态下，改变素材播放的时间长度，以达到改变片断播放速度的效果（即俗称的快放和慢放），如图 2-78 所示。

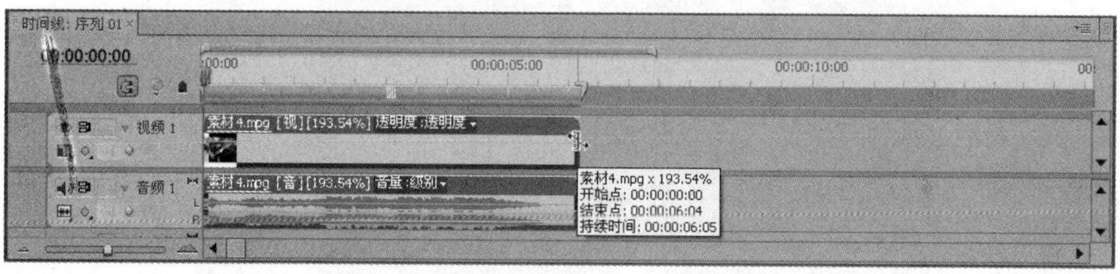

图 2-78　利用 (速率伸缩工具) 改变素材播放的时间长度

3) 如果要精确修改素材的播放速率，可以在时间线中选中素材，然后右击，从弹出的快捷菜单中选择“速度 / 持续时间”命令，接着在弹出的“素材速度 / 持续时间”对话框中进行设置，如图 2-79 所示。

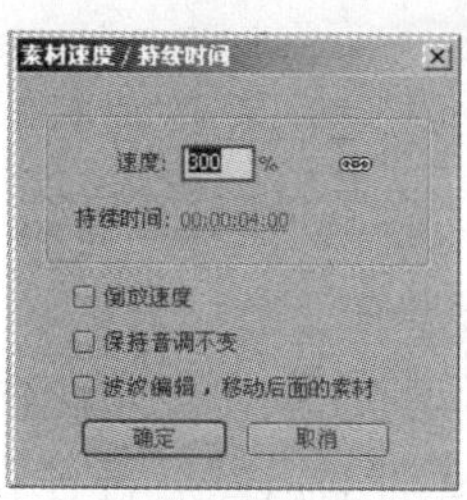

图 2-79　精确设置素材的播放速率

2.5 视频与音频效果

对素材进行简单编辑后，下面就要给素材添加各种视频和音频效果，从而使素材间的连接更加和谐。Premiere Pro CS4 的视频和音频效果位于“效果”面板中。选择“窗口 | 效果”命令,可以调出“效果”面板，其中包括预置、音频特效、音频过渡、视频特效和视频切换 5 大类效果，如图 2-80 所示。

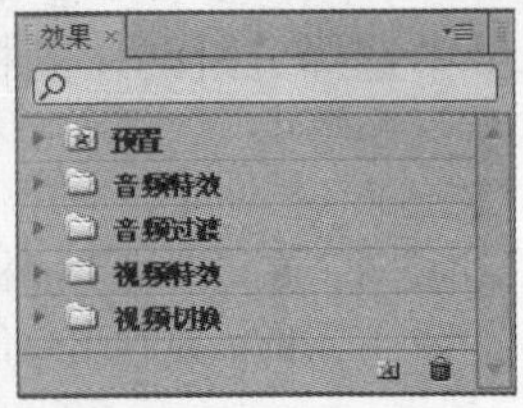

图 2-80 “效果”面板

2.5.1 添加视频切换效果

影视镜头是组成电影以及其他影视节目的基本单位，一部电影或者一个电视节目是由很多镜头组接而成的，镜头与镜头之间组接时的显示变化被称为“切换”或“转场”。

控制画面之间的转场效果的方式很多，最常见的是两个素材之间的直接转换，即从一个素材到另一个素材的直接转换，在 Premiere Pro CS4 中只要将两个素材前后相接即可实现直接转换。但是,如果要使两个素材的转换更加自然,变化更丰富,就需要加入各种转场效果,从而达到丰富画面的目的。

1. 设置默认切换时间长度

设置默认切换时间长度的具体操作步骤如下。

1）选择“编辑 | 参数 | 常规”命令。

2）在弹出的对话框中设置“视频切换默认持续时间”的时间长度，如图 2-81 所示，单击“确定”按钮即可。

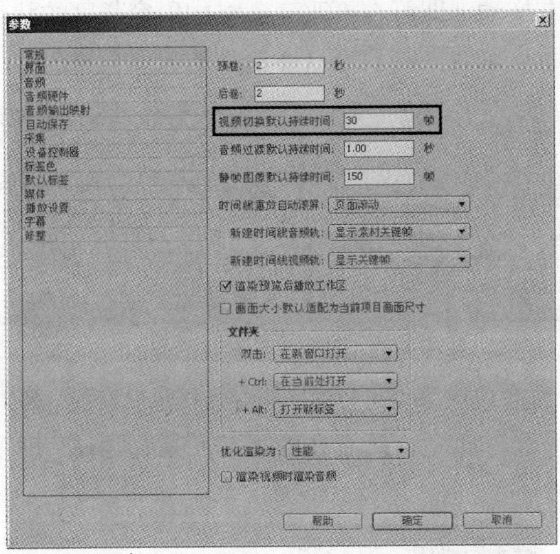

图 2-81 设置“视频切换默认持续时间”的时间长度

2. 给素材添加视频切换效果

给素材添加视频切换效果的具体操作步骤如下。

1）选择“文件 | 导入”命令，导入配套光盘中的“素材及结果 \ 第 2 章 Premiere Pro CS4 的基础知识 \ 风景 1.jpg”和“风景 2.jpg”图片，然后将它们依次拖入时间线中首尾相接，

如图 2-82 所示。

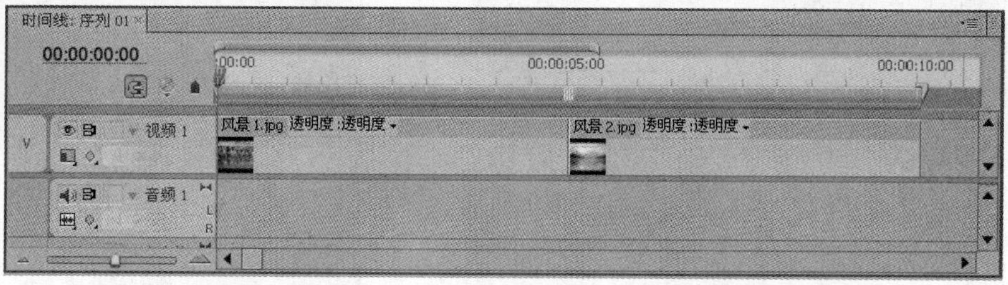

图 2-82 将素材拖入“时间线”面板，并首尾相接

2）选择“窗口 | 效果”命令，调出“效果”面板，然后展开“视频切换”文件夹，从中选择所需的视频切换（此时选择的是“3D 运动”中的“门”），如图 2-83 所示。接着将该切换效果拖到时间线“风景 1”素材的尾部，当出现标记后松开鼠标，即可完成切换效果的添加，此时“时间线”面板如图 2-84 所示。

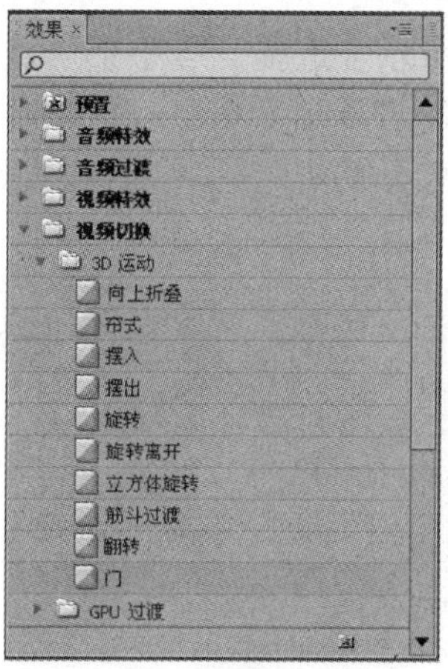

图 2-83 选择“门”

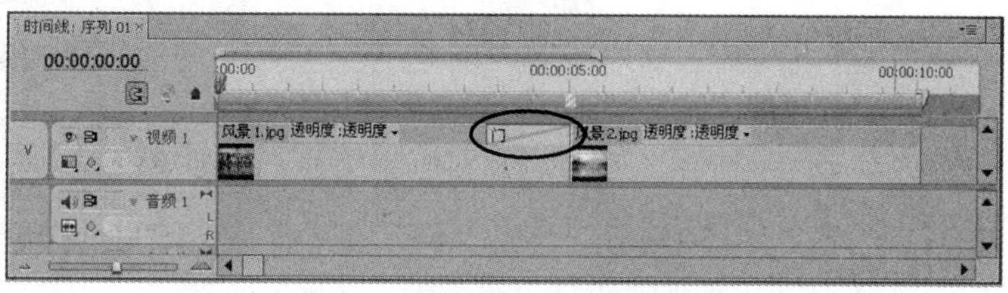

图 2-84 添加“门”视频切换效果

提示：当出现标记时，表示将在后面素材的起始处添加过渡效果；当出现标记时，表示将在两个素材之间添加过渡效果；当出现标记时，表示将在前面素材的结束处添加过渡效果。

3）如果要替换切换效果，只需将新的切换拖到原切换位置即可，此时程序会自动替换原来的切换，且位置和长度保持不变。

3. 改变视频切换的设置

在 Premiere Pro CS4 中，可以对添加到剪辑上的切换效果进行设置，以满足不同特效的需要。在“时间线”面板中选择添加到素材的切换（此时选择的是），此时在“特效控制台”面板中便会显示出该视频转场的各项参数，如图 2-85 所示。

- （播放转场过渡效果）：单击该按钮，可以在下面的预览窗口中对效果进行预览。
- （显示 / 隐藏时间线视图）：如果要增大切换控制面板空间，可以单击此按钮，将“特效控制台”右侧进行隐藏，结果如图 2-86 所示；如果要取消隐藏，可以单击按钮，即可恢复时间线显示。

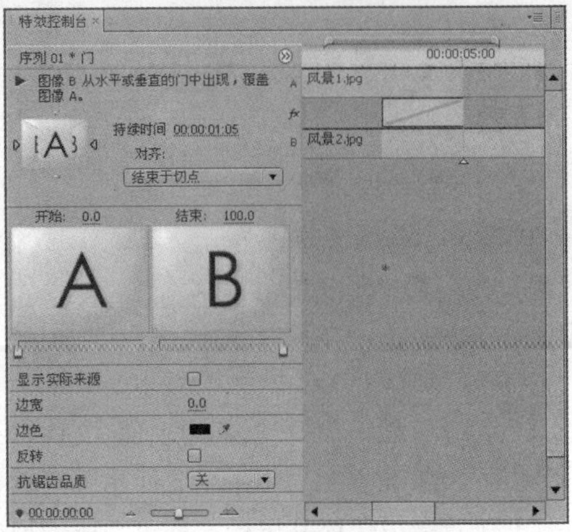

图 2-85 “特效控制台”面板

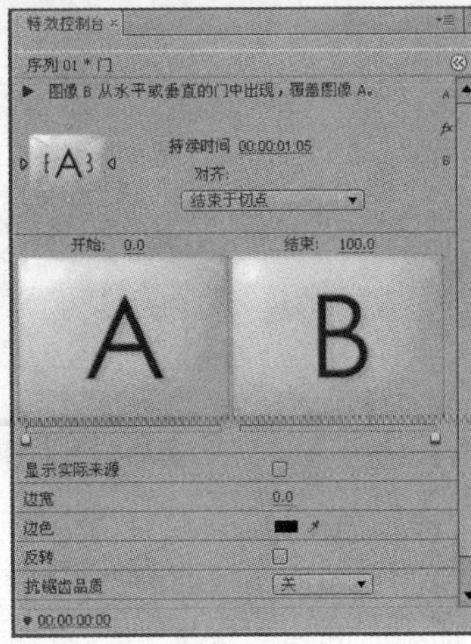

图 2-86 隐藏面板右侧的效果

- 持续时间：用于设定切换的持续时间。
- 对齐：用于设置切换的添加位置。其下拉列表如图 2-87 所示。选择“居中于切点”则会在两段影片之间加入切换效果，如图 2-88 所示；选择“开始于切点”，则会以片段 B 的入点为准建立切点，如图 2-89 所示；选择“结束于切点”，则会以片段 A 的出点位置为准建立切换，如图 2-90 所示。

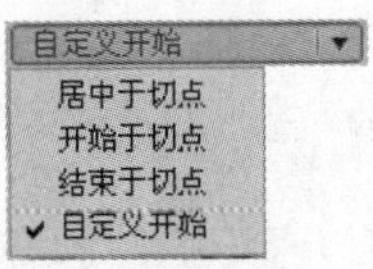

图 2-87 “对齐”下拉列表

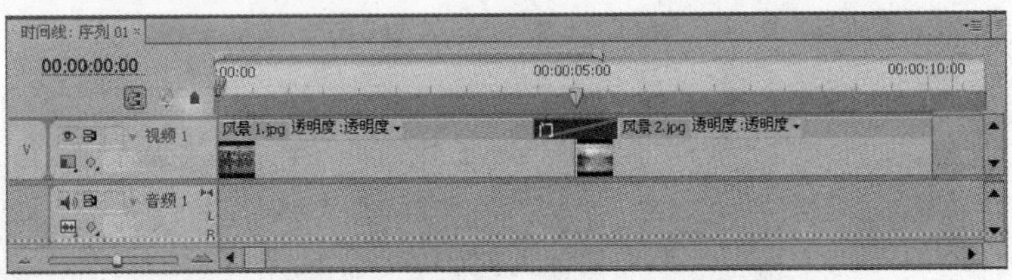

图 2-88 选择“居中于切点”的效果

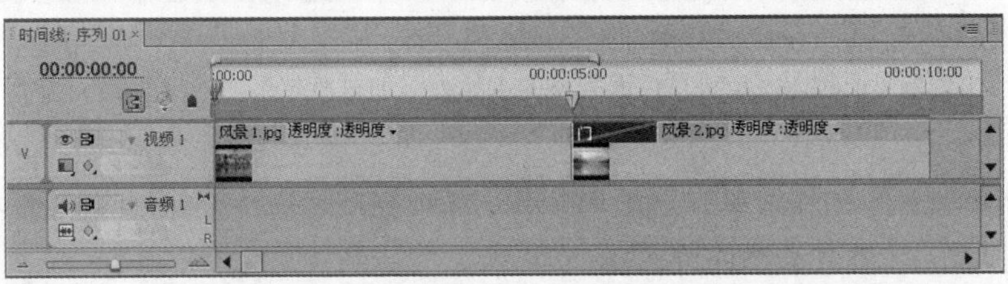

图 2-89 选择“开始于切点”的效果

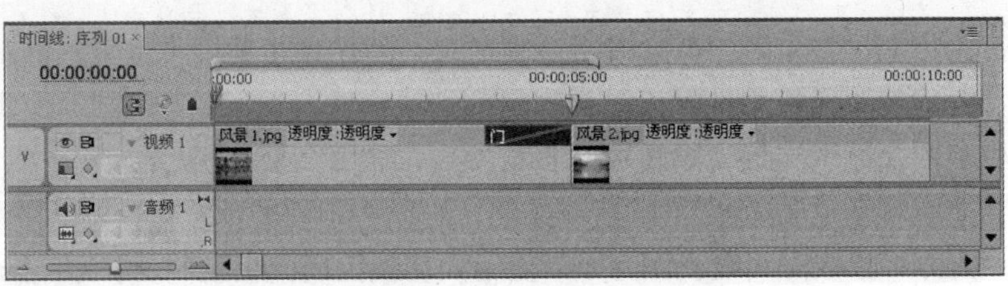

图 2-90 选择“结束于切点”的效果

- 开始：用于调整转场的开始效果。
- 结束：用于调整转场的结束效果。

- A 和 B：表示剪辑的切换画面，通常第一个剪辑的切换画面用 A 表示，第二个剪辑的切换画面用 B 表示。
- 显示实际来源：选中该复选框，将以实际的画面替代 A 和 B，如图 2-91 所示。
- 边宽：用于设定切换的边界线宽，如图 2-92 所示。
- 边色：用于设定切换的边界颜色。
- 反转：勾选该项后，将反向播放切换效果。图 2-93 为勾选“反转”复选框的效果。

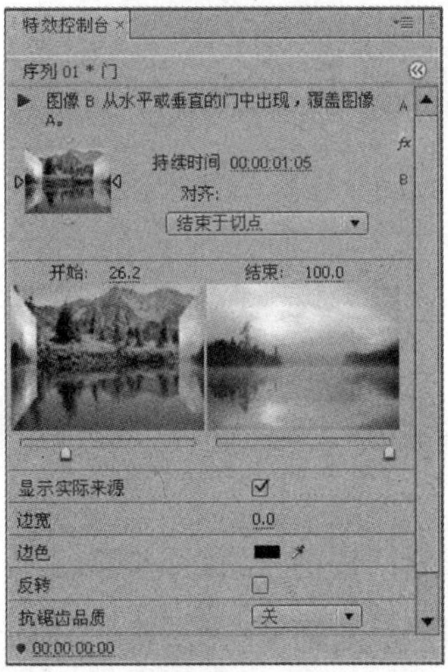

图 2-91　显示实际来源的效果

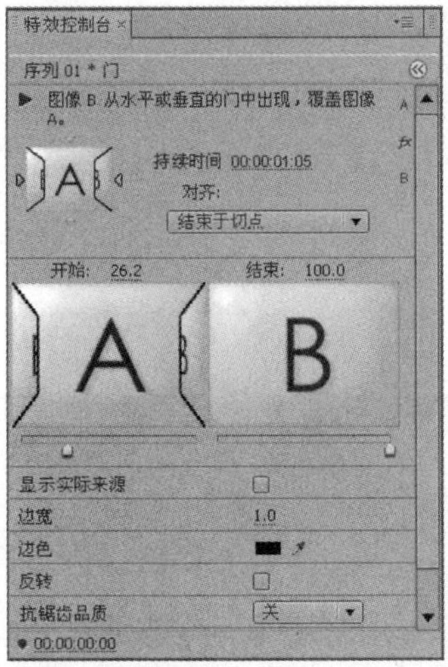

图 2-92　设置“边宽”的效果

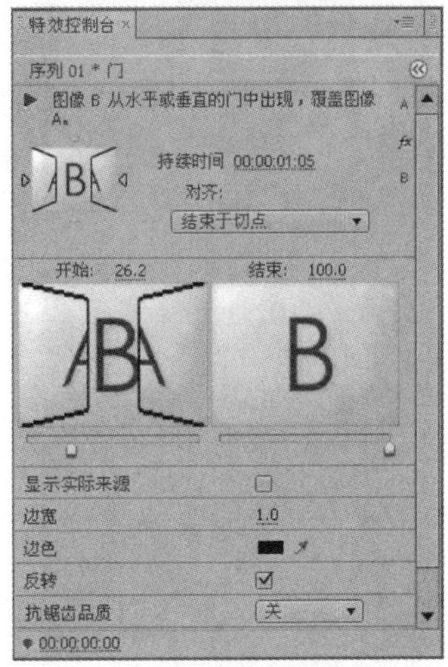

图 2-93　勾选“反转”复选框的效果

- 抗锯齿品质：用于设定切换边界的光滑度。

2.5.2　添加视频特效

相信使用过 Photoshop 的用户不会对滤镜感到陌生，通过各种滤镜，可以对图像进行加工，为原始图像添加各种特效。在 Premiere Pro CS4 中也能使用各种视频特效，比如扭曲、模糊、风吹及幻影等特效，这些特效增强了影片的吸引力。

1. 给素材添加视频特效

给素材添加视频特效的具体操作步骤如下。

1）选择“文件 | 导入”命令，导入配套光盘中的“素材及结果 \ 第 2 章 Premiere Pro CS4 的基础知识 \ 风景 1.jpg”图片，然后将其拖入“时间线”面板，如图 2-94 所示。

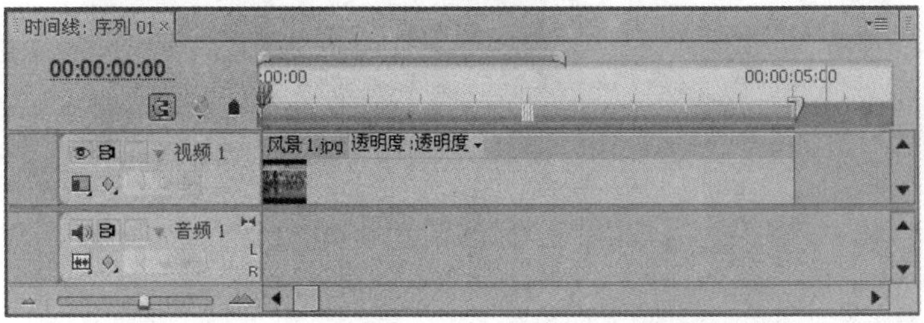

图 2-94　将“风景 1.jpg”拖入“时间线”面板

2）选择“窗口 | 效果”命令，调出“效果”面板，然后展开“视频特效”文件夹，从中选择所需的视频特效（此时选择的是“扭曲”中的“波形弯曲”），如图 2-95 所示。接着将该视频特效拖到时间线“风景 1”素材上即可，此时时间线“风景 1”素材中间会出现一条深紫色的线，如图 2-96 所示。

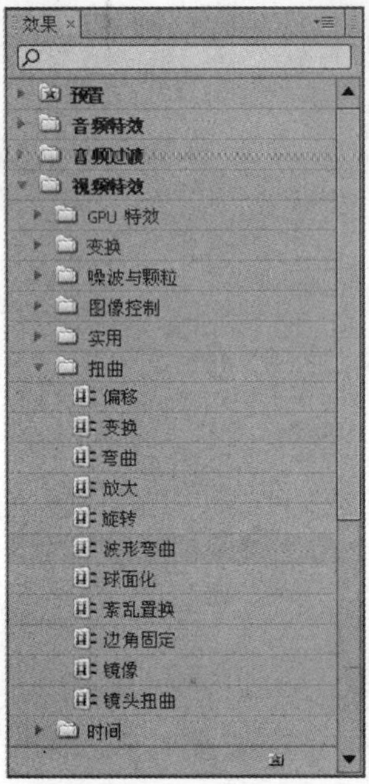

图 2-95　选择“波形弯曲”

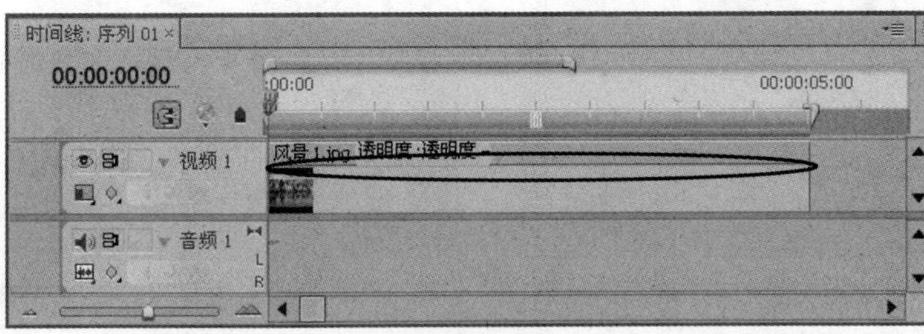

图 2-96　将“波形弯曲”特效添加到“风景 1.jpg”

2. 改变视频特效的设置

改变视频特效设置的具体操作步骤如下。

1）在“时间线”面板中选择要调整视频特效参数的素材（此时选择的是“风景 1”）。

2）在“效果控制台”面板中选择要调整参数的特效（此时选择的是前面添加的“波形弯曲”特效），将其展开，如图 2-97 所示。

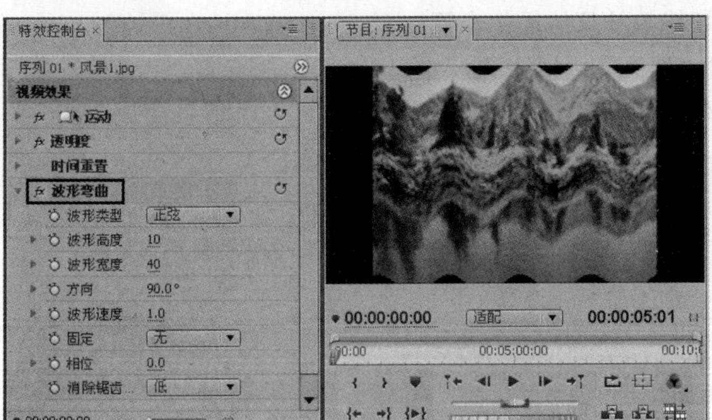

图 2-97　选择“波形弯曲”特效

3）对特效参数进行设置后，即可看到效果，如图 2-98 所示。

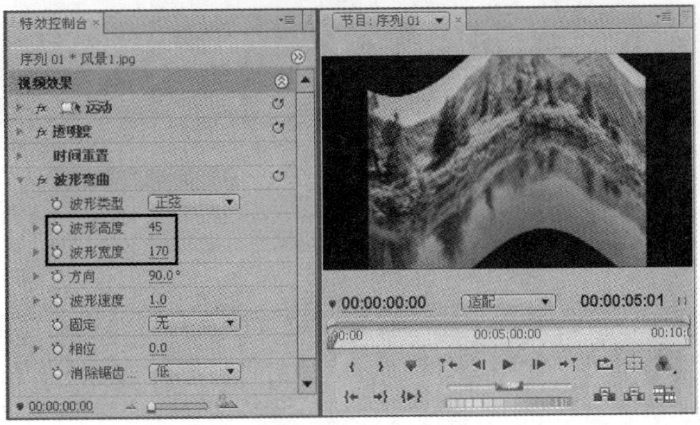

图 2-98　设置“波形弯曲”特效参数

提示：如果要恢复默认的视频特效的设置，只要在“特效控制台”面板中单击要恢复默认设置的视频特效后面的（重置）按钮即可。

4）在编辑过程中有时需要取消某个视频特效的显示，此时单击要取消的视频特效前面的按钮，即可取消该视频特效的显示，如图 2-99 所示。

图 2-99　取消“波形弯曲”特效的显示

3. 删除视频特效

当某段素材不再需要视频特效时，可以将其进行删除。删除视频特效具体操作步骤如下。

1）在“特效控制台”面板中选择要删除的视频特效。

2）按〈Delete〉键，即可将该视频特效进行删除。

4. 复制/粘贴视频特效

当多个素材要使用相同的视频特效时，复制、粘贴视频特效可以减少操作步骤，加快影片剪辑的速度。复制 / 粘贴视频特效的具体操作步骤如下。

1）选择要复制视频特效的素材。然后在“特效控制台”面板中右击视频效果，从弹出的快捷菜单中选择“复制”命令，如图 2-100 所示。

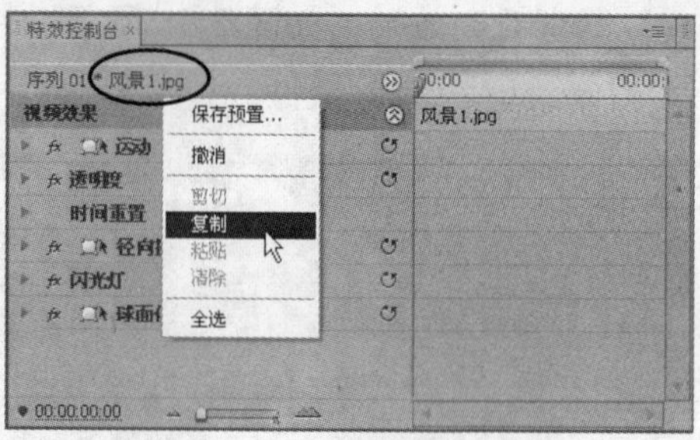

图 2-100　选择“复制”命令

2）选择要粘贴视频特效的素材，然后右击“特效控制台”面板的空白区域，从弹出的快捷菜单中选择“粘贴”命令，如图 2-101 所示，即可将复制的视频效果粘贴到新的素材上，效果如图 2-102 所示。

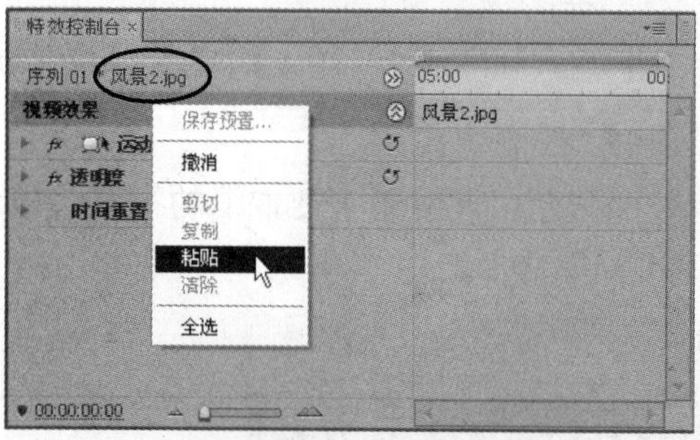

图 2-101　选择“粘贴”命令

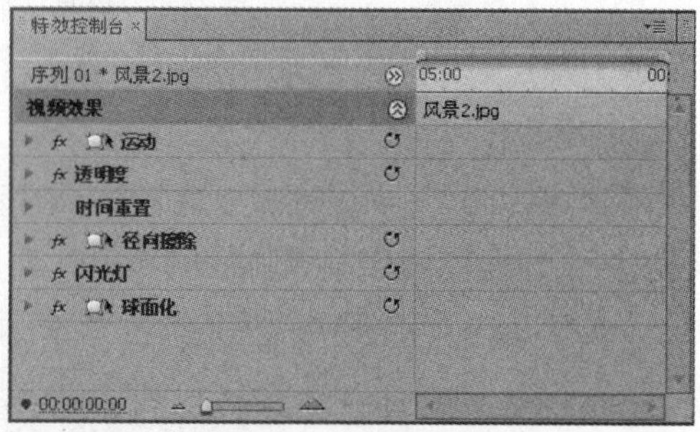

图 2-102　在新素材上“粘贴”视频特效的效果

2.5.3　添加音频

一般的节目都是由视频和音频两部分组成的。利用 Premiere Pro CS4 不仅可以对视频编辑外还可以对音频进行编辑。

1. Premiere Pro CS4对音频的处理方式

在 Premiere Pro CS4 中对音频进行处理有以下 3 种方法。

- 在“时间线”面板的音频轨道上通过修改关键帧的方式对音频素材进行操作，如图 2-103 所示。

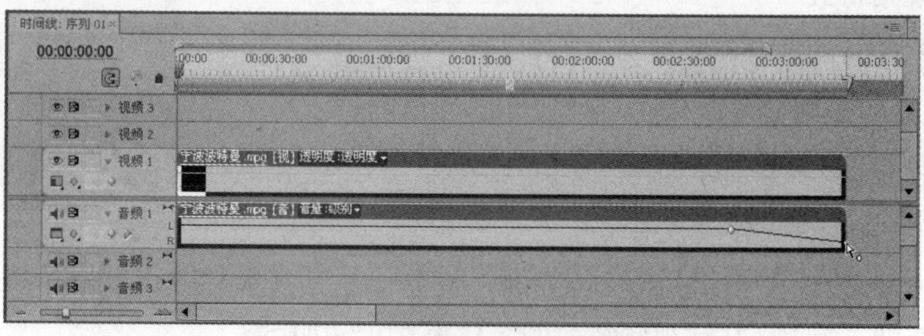

图 2-103　通过修改关键帧的方式对音频素材进行操作

- 使用菜单中的相关命令来编辑所选的音频素材，如图 2-104 所示。
- 在图 2-105 所示的“效果”面板中的“音频特效”文件夹中为音频素材添加音频特效，来改变音频素材的效果。

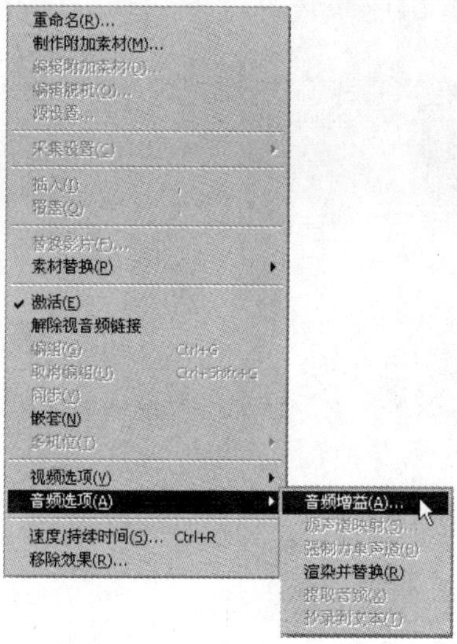

图 2-104　音频的相关命令

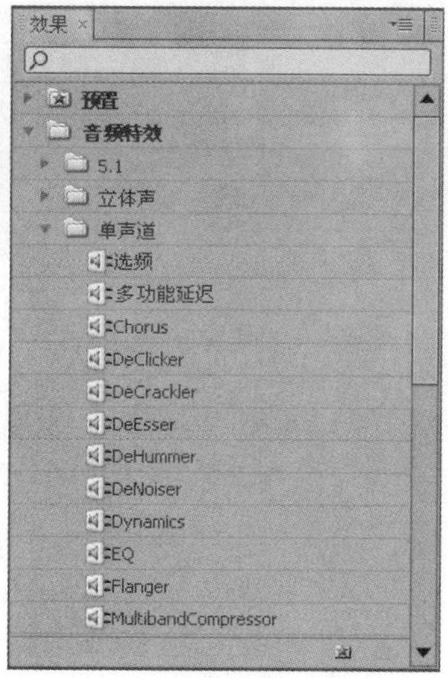

图 2-105　“音频特效”文件夹

2. 设置音频参数

影片编辑中，可以使用立体声和单声道的音频素材。在确定了影片输出后的声道属性后，就需要在音频编辑前，先将项目文件的音频格式设置为相应的模式。方法：选择“文件 | 新建 | 序列”命令，在弹出的“新建序列”对话框的“轨道”选项卡中选择需要的声道模式即可，如图 2-106 所示。

选择“项目 | 项目设置 | 常规”命令，在弹出的“项目设置”对话框中对音频的采样频率及显示格式进行设置，如图 2-107 所示。

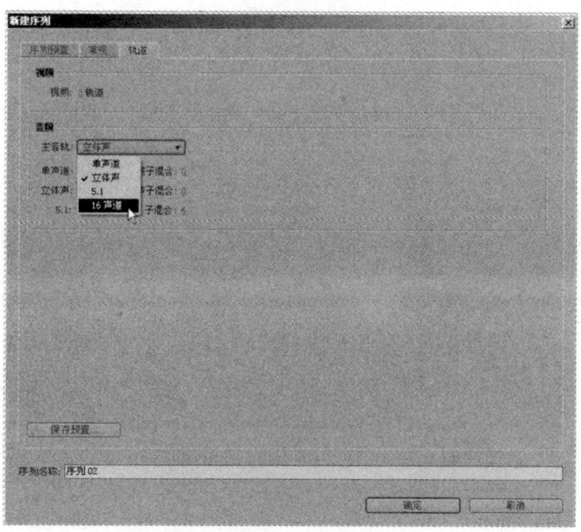

图 2-106　在“轨道”选项卡中选择需要的声道模式

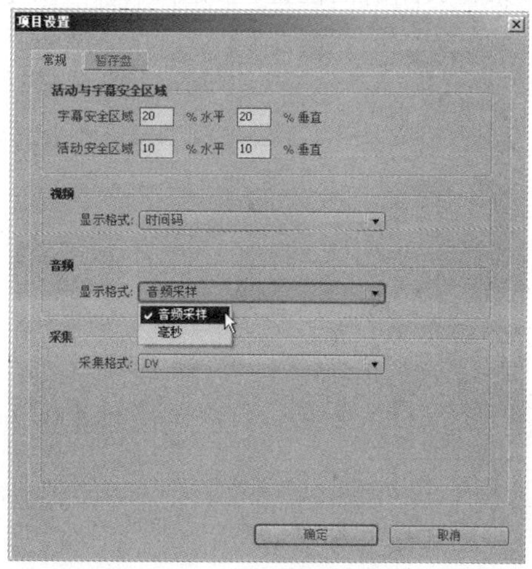

图 2-107　设置音频的采样频率及显示格式

选择“编辑 | 参数 | 音频”命令，在弹出的“参数”对话框中，通过设置“音频”的参数来完成对音频素材属性的一些初始设置，如图 2-108 所示。

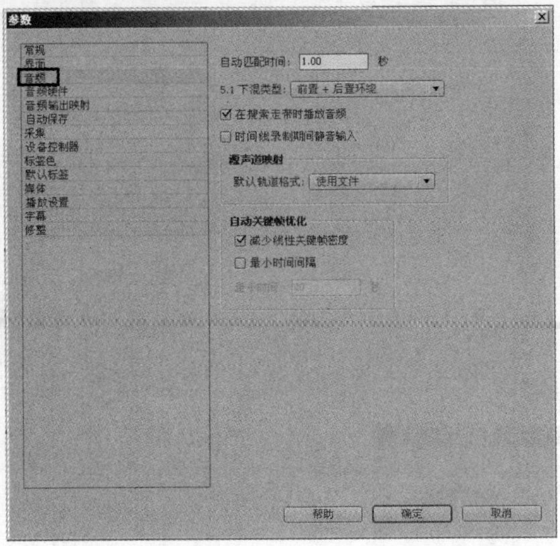

图 2-108　设置“音频”的参数

3. 添加音频素材

添加音频素材的具体操作步骤如下。

1) 选择“文件 | 导入”命令，在弹出的“导入”对话框中选择配套光盘中的“素材及结果 \ 第 2 章 Premiere Pro CS4 的基础知识 \ 音频 1.mp3”音频文件，如图 2-109 所示，单击“打开”按钮，将其导入“项目”面板中。

2) 在“项目”面板中选择刚才导入的“音频 1.mp3”音频文件，然后按下鼠标将其拖入“时间线”面板的音频轨道上，此时音频轨道上会出现一个矩形块，接着拖动矩形块，即可将音频素材放到所需位置，如图 2-110 所示。

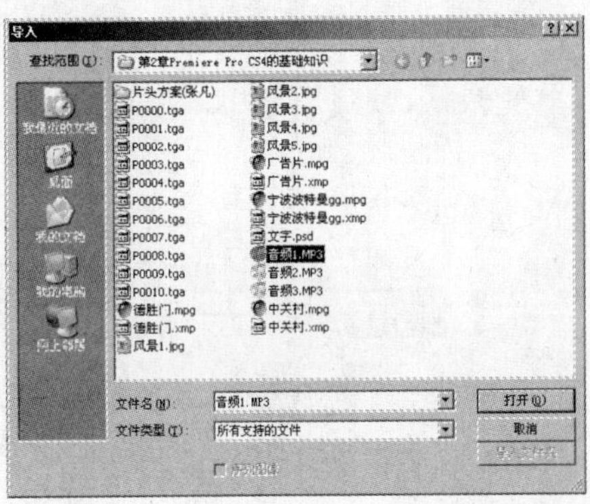

图 2-109　选择“音频 1.mp3”

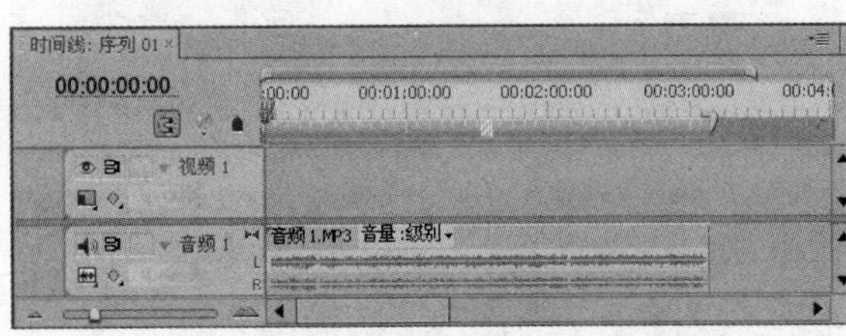

图 2-110　将音频素材放到所需位置

4. 编辑音频素材

(1) 调整音频持续时间和播放速度

与视频素材的编辑处理一样，在应用音频素材时，也可以对其播放速度和时间长度进行修改，具体操作步骤如下。

1) 选择要调整的音频素材，选择“素材 | 速度 / 持续时间”命令，在弹出的对话框中对音频的持续时间进行调整，如图 2-111 所示。

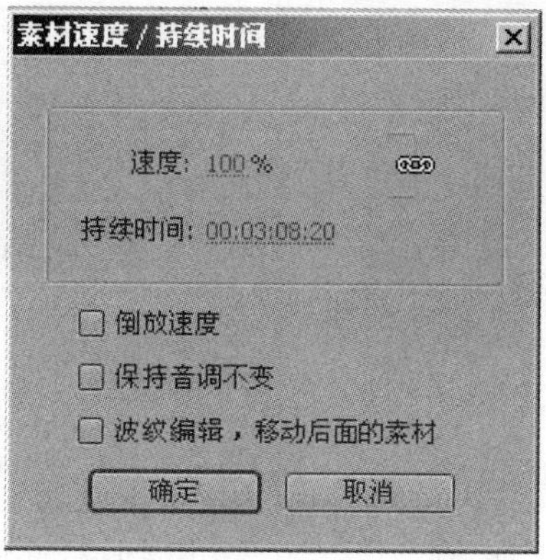

图 2-111　设置“音频”的持续时间

2）另外，也可以在“时间线”面板中直接拖动音频的边缘，来改变音频轨道上音频素材的长度。并可利用（剃刀工具）将音频多余的部分去除。

（2）调节音频增益

音频增益指的是音频信号的声调高低。当一个视频片断同时拥有几个视频素材时，就需要平衡这几个素材的增益，如果一个素材的音频信号偏高或偏低，就会严重影响播放时的音频效果。调整音频增益的具体操作步骤如下。

1）选择“时间线”面板中需要调整的音频素材，此时素材会以深色显示。然后右击，从弹出的快捷菜单中选择“音频增益”命令，此时会弹出图 2-112 所示的“音频增益”对话框。

2）在弹出的“音频增益”对话框中，将鼠标指针移动到对话框的数值上，当指针变为手形标记时，按下鼠标左键并左右拖动鼠标光标，即可改变增益值，如图 2-113 所示，设置完毕后，单击“确定”按钮即可。

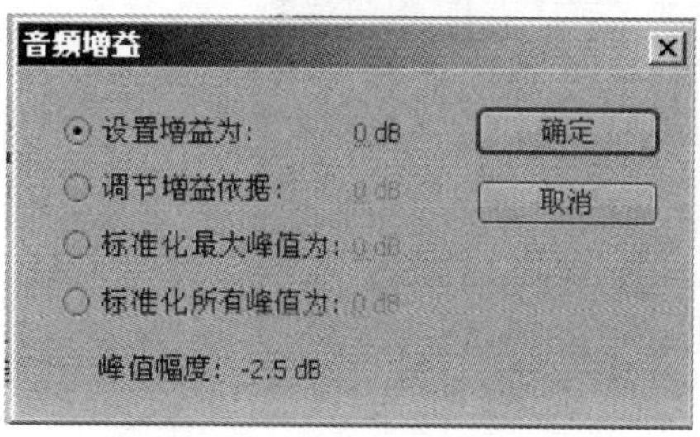

图 2-112　“音频增益”对话框

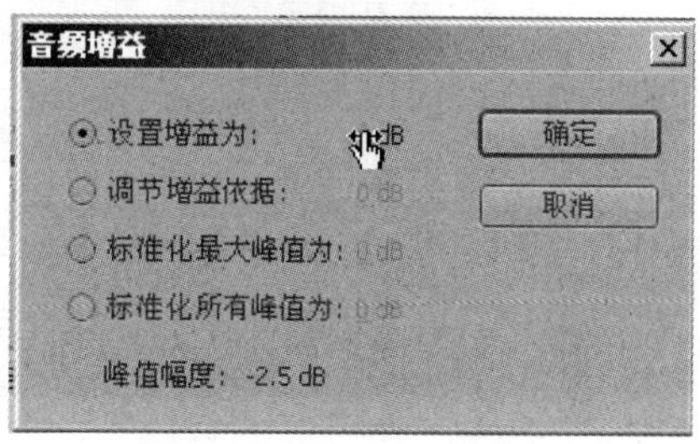

图 2-113　改变增益值

（3）声音的淡入和淡出

在许多影片中的开始和结束处都使用了声音的淡入和淡出变化，这样可以使场景内容的出现和消失更加和谐自然。在 Premiere Pro CS4 中使用关键帧制作音频的淡入和淡出效果的具体操作步骤如下。

1）在“时间线”面板中单击音频素材所在轨道面板中的按钮，在弹出的下拉菜单中选择“显示轨道关键帧”命令，如图 2-114 所示。

2）单击“轨道:音量”右侧的按钮，从下拉菜单中选择“轨道 | 音量”命令，如图 2-115 所示。

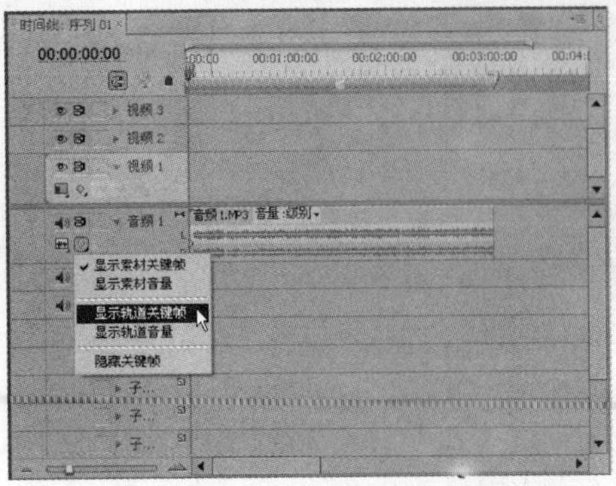

图 2-114　选择“显示轨道关键帧”命令

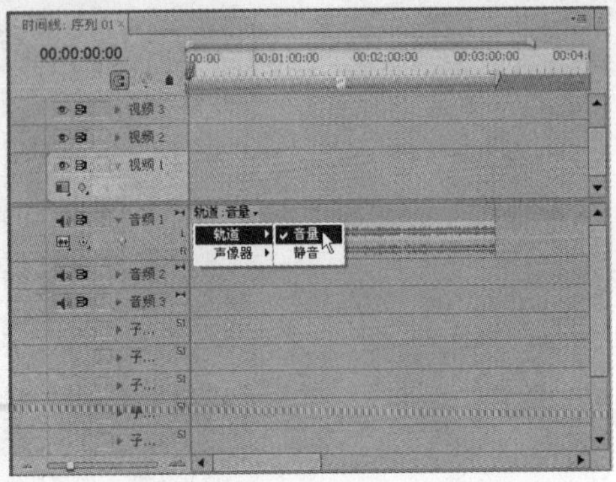

图 2-115　选择“轨道 | 音量”命令

3）分别在“时间线”面板的“音频 1”轨道的（00:00:00:00），（00:00:25:00），（00:02:30:00）和（00:03:04:22）按下（添加 / 删除关键帧）按钮，为音频素材添加关键帧，如图 2-116 所示。然后分别将音频起始点（00:00:00:00）和结束点（00:03:04:22）的关键帧向下拖动，如图 2-117 所示，即可制作出淡入和淡出效果。

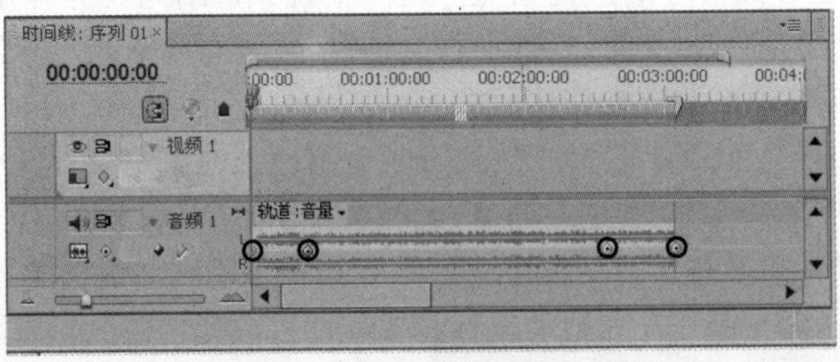

图 2-116　为音频素材添加关键帧

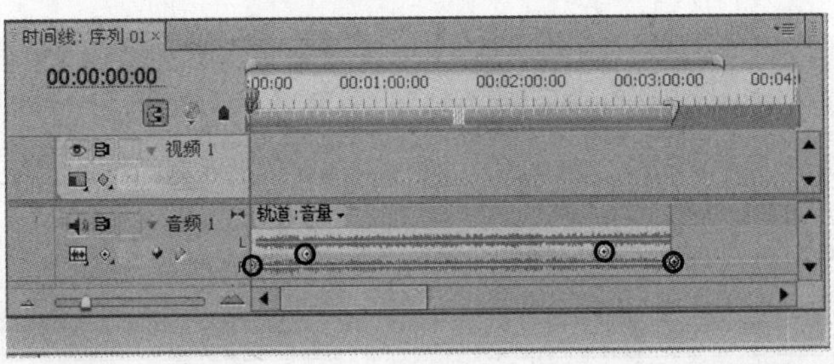

图 2-117　将音频起始点（00:00:00:00）和结束点（00:03:04:22）的关键帧向下拖动

提示：如果在“轨道：音量”右侧的下拉菜单中选择“声像器 | 平衡”命令，则可以通过添加关键帧设置音频素材的声音摇摆效果，即将单声道的声音改造成左右声道来回切换播放的效果。

5. 使用“调音台”面板

在前面已经简单介绍过，“调音台”面板主要用于对音频素材的播放效果进行编辑和实时控制。下面就来介绍该面板的使用方法。“调音台”面板，如图 2-118 所示，该面板为每一条音轨都提供了一套控制方法，每条音轨也根据“时间线”面板中的相应音频轨道进行编号，使用该面板可以设置每条轨道的音量大小、静音等。

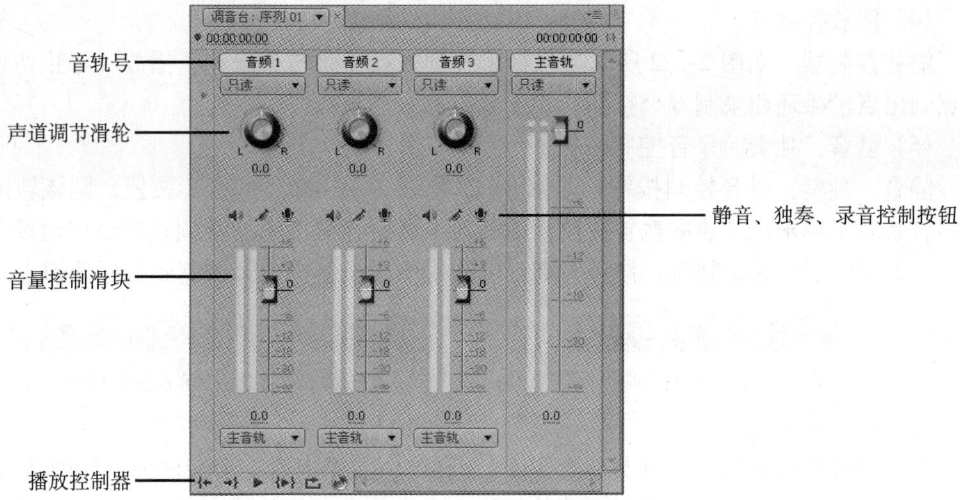

图 2-118　“调音台”面板

（1）音轨号

音轨号对应着“时间线”面板中的各个音频轨道，如图 2-119 所示。如果在“时间线”面板中增加了一个音频轨道，在“调音台”面板中也会显示出相应的音轨号。

图 2-119　音轨号

（2）声道调节滑轮

声道调节滑轮，如图 2-120 所示。如果对象为双声道音频，可以使用声道调节滑轮调节播放声道。向左拖动滑轮，则输出到左声道（L）的声音会增大；向右拖动滑轮，则输出到右声道（R）的声音会增大，也可以在按钮下面的数值栏中直接输入数值来控制左右声道，如图 2-120 所示。

（3）音量控制滑块

音量控制滑块，如图 2-121 所示。通过音量控制滑块可以控制当前轨道对象的音量，Premiere Pro CS4 以分贝数（dB）来显示音量。向上拖动滑块，可以增加音量；向下拖动滑块，可以减小音量。下方数值栏中显示的是当前音量，用户也可以直接在数值栏中输入声音分贝。播放音频时，面板左侧为音量表，显示为红色时，表示该音频音量超过极限，音量过大。

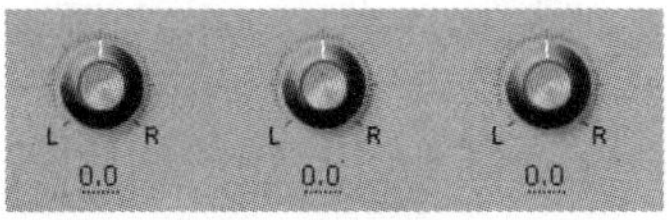

图 2-120　声道调节滑轮

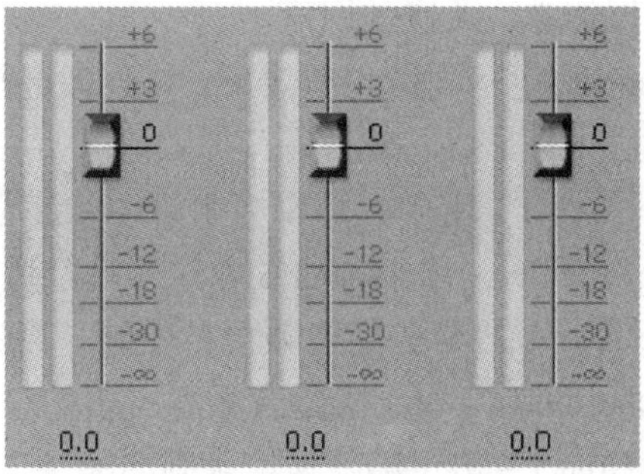

图 2-121　音量控制滑块

(4) 播放控制器

播放控制器，如图 2-122 所示，包括跳转到入点、跳转到出点、播放 - 停止切换、播放入点到出点、循环和录制 6 个按钮，用于播放和录制音频。

(5) 静音、独奏、录音控制按钮

静音、独奏、录音控制按钮，如图 2-123 所示。单击（静音）按钮，则该轨道会设置为静音状态；单击（独奏轨）按钮，则其他未选中独奏按钮的音频轨道会自动设置为静音状态；单击（激活录制轨）按钮，则可以利用输入设备将声音录制到目标轨道上。

图 2-122　播放控制器

图 2-123　静音、独奏、录音控制按钮

6. 使用音频特效

音频特效中根据音频的分类包含了 5.1、立体声和单声道 3 个文件夹，如图 2-124 所示，用于存放针对不同类型设置的声音特效。这 3 个文件夹中特效的内容基本相同，只是应用的音频类型不同而已，下面就以“立体声”文件夹中的特效为例介绍各个音效的作用。“立体声”文件夹中包含的声音特效，如图 2-125 所示。

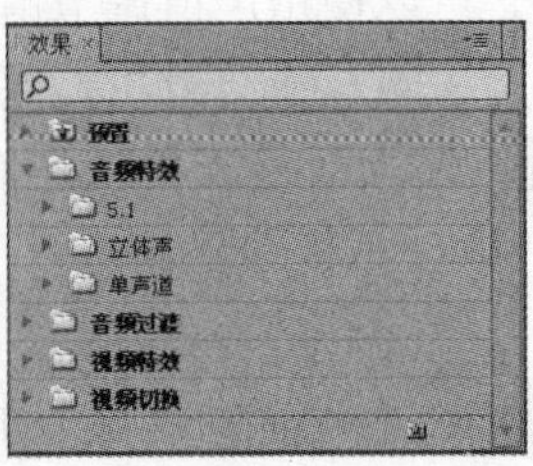

图 2-124　“音频特效”文件夹

图 2-125　“立体声”文件夹中包含的声音特效

- 选频：用于过滤特定频率范围之外的一切频率。
- 多功能延迟：用于电子音乐中产生同步和重复的回声效果，可以对素材中的原始音频添加多达 4 次的回声。
- Chorus：用于创造和声效果，其原理是对复杂原始音频素材进行降调或频率偏低处理，最后再将形成的效果音与原始声音混合后播放。
- DeClicker：用于去除音频素材中的爆音。
- DeCrackler：用于自动发现并移除素材中的噪声。
- DeEsser：用于去除音频素材中的“嘶嘶”声。
- DeHummer：用于去除音频素材中的“嗡嗡”声。
- DeNoiser：用于消除模拟录制的噪声。
- Dynamics：提供一个可以组合或独立调节音频的控制器。用户可以在单独的参数视图中调整相关参数，如图 2-126 所示。

图 2-126 Dynamics 音频特效的参数

- EQ：用于实现参数平衡效果，可对音频素材中的声音频率、波段和多重波段均衡等内容进行控制。
- Flanger：用于将声音处理成带有风的呼啸感的效果。
- MultibandCompressor：用于对高、中、低 3 个波段进行压缩控制。
- 低通：用于去除高于指定频率的声波。
- 低音：用于调整音频素材中的低音部分。
- Phaser：用于轮流增强及减弱音频输入信号，并产生“浮动效果”的输出信号。
- PitchShifter：用来调整输入信号的定调。使用该效果可以加强高音，反之亦然。
- Reverb：用于模拟在室内播放音乐时的效果，从而能够为原始音频素材添加环境音效。
- 平衡：用于调整左右声道的音量。当数值大于 0 时，右声道的音量所占比例会更大一些；当数值小于 0 时，左声道的音量所占的比例会更大一些。
- Spectral NoiseReduction：用于减小光谱噪声。
- 使用右声道：该特效仅用于立体声轨道中，可以将右声道中的音频信号复制并替换左声道中的音频信号。
- 使用左声道：该特效仅用于立体声轨道中，可以将左声道中的音频信号复制并替换右声道中的音频信号。
- 互换声道：用于将立体声音频素材内的左右声道信号相互交换。由于功能的特殊性，该特效都用于原始音频的录制、处理过程中。
- 去除指定频率：用于删除接近指定频率的声音。
- 参数均衡：用于增大或减小与指定中心频率接近的频率。
- 反相：用于将所有声道的相位颠倒。

- 声道音量：该特效适用于 5.1 和立体声音频轨道，其作用是控制音频素材内不同声道的音量大小。
- 延迟：用于设置原始声音与回声之间的时间，最大可设置为 2 秒。
- 音量：在编辑影片的过程中，如果要在标准特效之前渲染效果，则应当使用音量特效代替默认的音量调整选项。该音频特效只有“级别”一个参数，用户可直接调整该参数来调节音频素材的声音大小。
- 高通：用于去除低于指定频率的声波。
- 高音：用于调整音频素材中的高音部分。

7. 录制音频素材

音频素材可以使用现有文件，也可以通过录制获得。录制音频的设备相当简单，只需要一台个人计算机、一款不错的声卡以及一个麦克风即可。

（1）使用 Windows 录音机

使用 Windows 录音机录制声音是所有录制方法中最简单和最常见的，具体操作步骤如下。

1）选择 Windows 菜单“开始 | 程序 | 附件 | 娱乐 | 录音机”命令，打开“声音 - 录音机”面板，如图 2-127 所示。

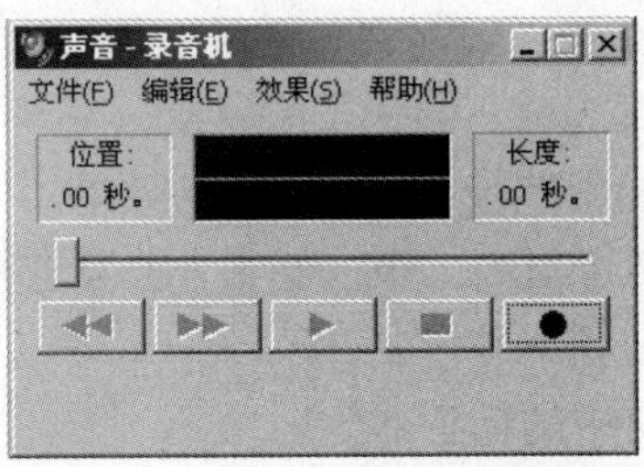

图 2-127 “声音 - 录音机”面板

2）将麦克风插入声卡的 Line in 插口，然后单击按钮开始录制声音。

3）Windows 录音机会在录制长度达到 60 秒后自动停止录音，此时再次单击按钮即可继续进行录制，也可以随时单击按钮停止录音。

4）录制完毕后，单击按钮，即可预听录制的声音。

（2）编辑录制的音频

视频录制完成后，需要对源文件进行编辑，去掉不必要的部分，比如设置入点和出点，具体操作步骤如下。

1）在 Windows 录音机的时间轴上定位音频开头需要删除的部分，然后选择“编辑 | 删除当前位置之前的内容”命令，如图 2-128 所示，即可将之前的音频删除。

2）在时间轴上定位音频结尾需要删除的部分，然后选择“编辑 | 删除当前位置之后的内容”命令，即可将之后的音频删除。

提示：选择“编辑 | 插入文件”命令，如图2-129所示，可以在该点插入其他音频文件。

3）通过选择图 2-130“效果”菜单中的相关命令，设置音频效果。

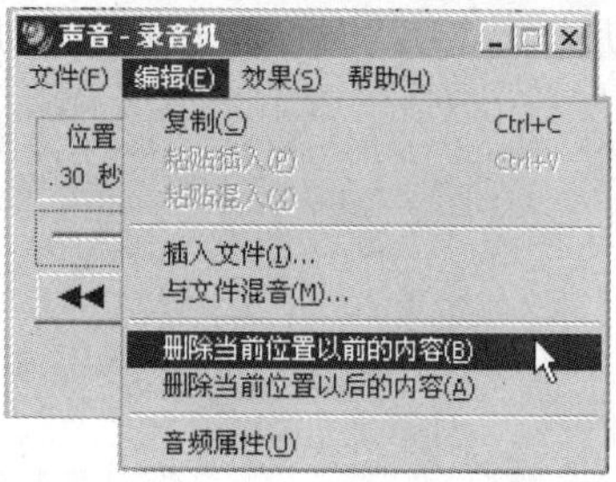

图 2-128　选择“编辑 | 删除当前位置之后的内容”命令

图 2-129　选择“编辑 | 插入文件”命令

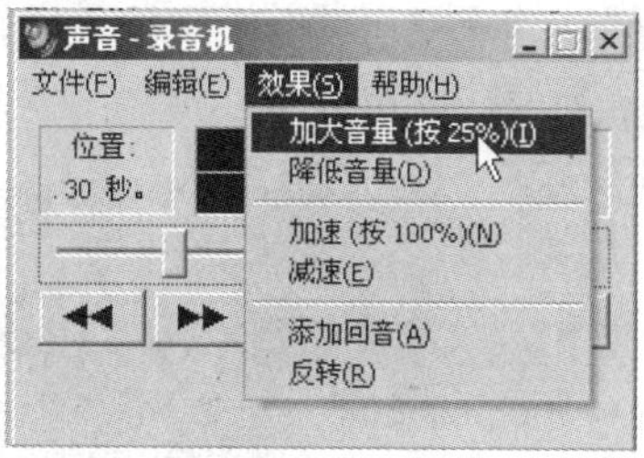

图 2-130　“效果”菜单中的相关命令

（3）保存与转换音频文件

保存与转换音频文件的具体操作步骤如下。

1）选择“文件 | 属性”命令，打开“声音的属性”对话框，然后在“格式转换”选项组中选择“录音格式”选项，如图 2-131 所示。

2）单击“立即转换”按钮，然后在弹出的“声音设定”对话框的“格式”下拉列表中选择“MPEG Layer-3”选项，如图 2-132 所示，单击“确定”按钮。

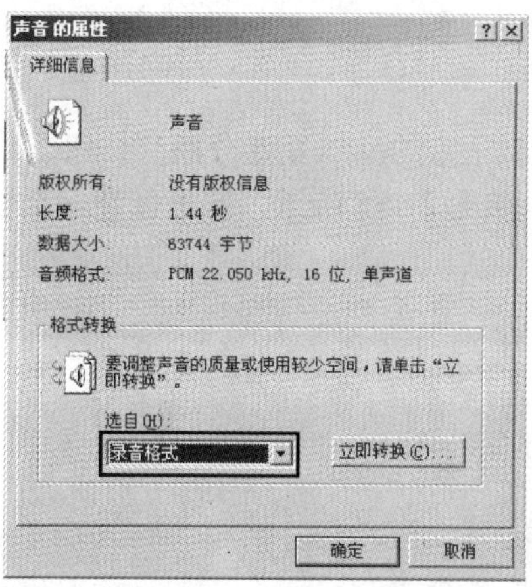

图 2-131　选择“录音格式”选项

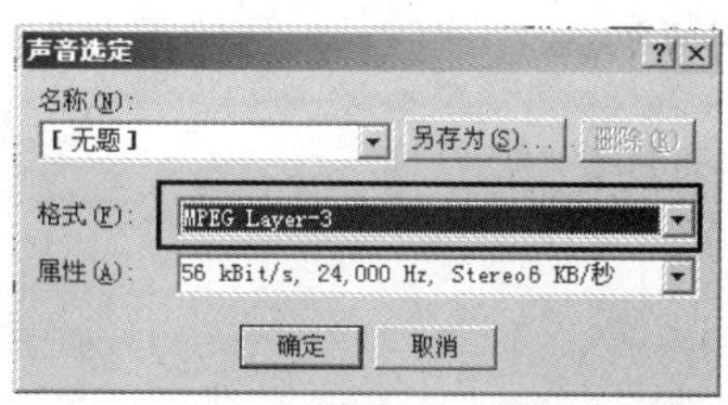

图 2-132　选择“MPEG Layer-3”选项

3）选择“文件 | 保存”命令，以 WAV 的文件格式保存采集的音频素材。

2.5.4　添加字幕

字幕是影视制作中常用的信息表现元素，纯画面信息不可能完全取代文字信息的功能。很多影视的片头都会用到精彩的标题字幕，以使影片更为完整。在 Premiere Pro CS4 的字幕设计窗口中，提供了文字字幕的编辑和图形绘制两种功能，从而方便了用户在文字方面的编辑工作。

1. 创建字幕

创建字幕的方法有以下3种。

(1) 使用菜单命令创建字幕

使用菜单命令创建字幕的具体操作步骤如下。

1) 启动 Premiere Pro CS4 后，然后选择“文件 | 新建 | 字幕”命令。

2) 在弹出的图 2-133 所示的“新建字幕”对话框中输入字幕的名称后，单击“确定”按钮，即可创建一个新的字幕设计窗口，如图 2-134 所示。

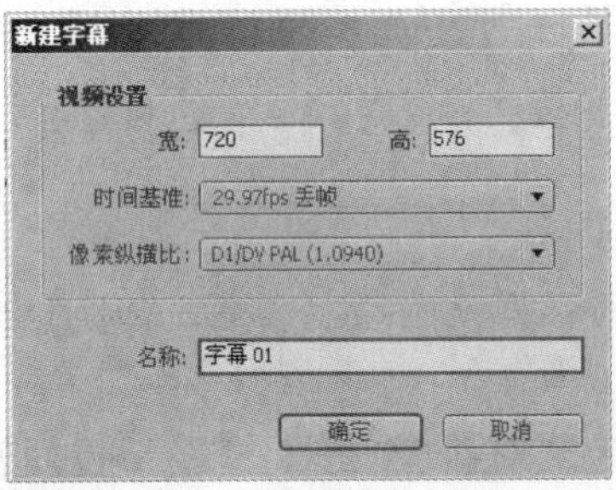

图 2-133 “新建字幕”对话框

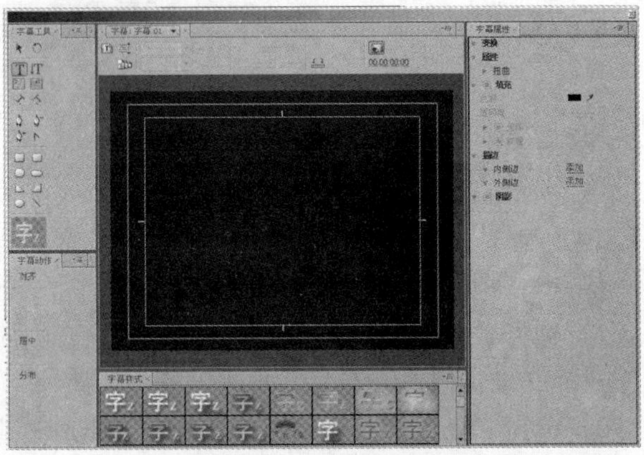

图 2-134 新建的字幕设计窗口

(2) 在“项目”面板中创建字幕

在项目面板中创建字幕的具体操作步骤如下。

1) 打开一个项目文件，然后单击“项目”面板下方的 (新建分项) 按钮。

2) 在弹出的下拉菜单中选择“字幕”命令，如图 2-135 所示，即可创建一个新的字幕设计窗口。

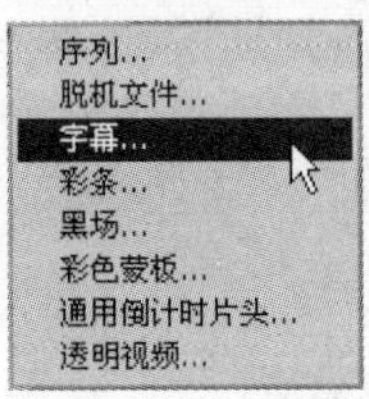

图 2-135 选择“字幕”命令

(3) 使用快捷键创建字幕

使用快捷键创建字幕的具体操作步骤如下。

1) 在打开或新建一个项目文件。

2) 按快捷键〈Ctrl+T〉，然后在弹出的“新建字幕”对话框中设置相应参数后，单击“确定”按钮，即可创建一个新的字幕设计窗口。

2. 打开已有的字幕文件

打开已有的字幕文件的具体操作步骤如下。

1）打开一个项目文件。

2）选择“文件 | 导入”命令，或者在“项目”面板空白处双击鼠标，从弹出的“导入”对话框中选择要导入的扩展名为 prtl 的字幕类型文件，单击“打开”按钮，即可将该文件导入到“项目”面板中。

3. 字幕设计窗口

在创建了一个新的空白字幕后，还需要进行很多细致的设置操作，才能制作出用户所需的高质量的字幕。下面就对创建字幕的字幕设计窗口进行具体讲解，从而为用户制作高质量字幕打下坚实的基础。字幕设计窗口包括“字幕”、“字幕工具”、“字幕动作”、“字幕样式”和“字幕属性”5 个面板，如图 2-136 所示。

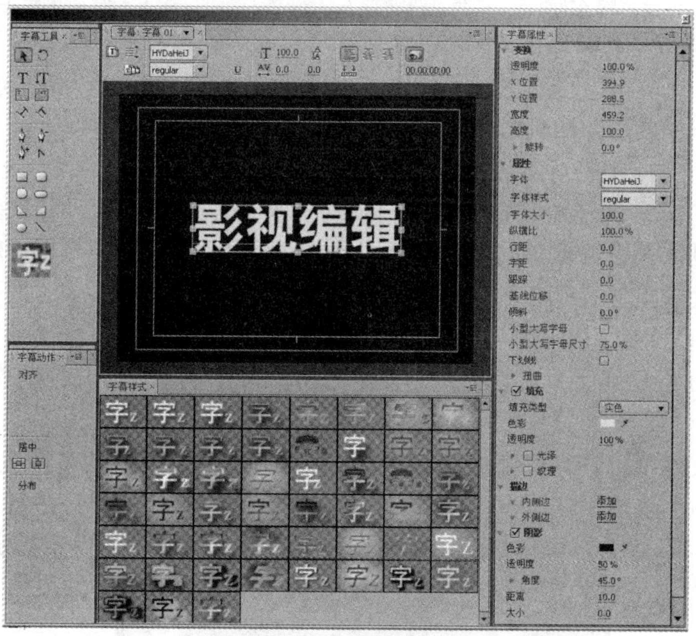

图 2-136　字幕设计窗口

（1）“字幕”面板

“字幕”面板位于字幕设计窗口的中央，是创建、编辑字幕的主要区域，用户不仅可以在该面板中直观地了解字幕应用于影片后的效果，还可直接对其进行修改。

“字幕”面板分为属性栏和编辑窗口两部分，如图 2-137 所示。其中编辑窗口用于创建和编辑字幕；属性栏包含了字体、字体样式等字幕对象常见的属性设置项，利用属性栏快速调整字幕对象，从而提高创建及修改字幕时的工作效率。

（2）“字幕工具”面板

“字幕工具”面板位于字幕设计窗口的左上方，如图 2-138 所示。包含了制作和编辑字幕时所要用到的工具。利用这些工具，用户不仅可以在字幕内加入文本，还可绘制简单的几何图形。

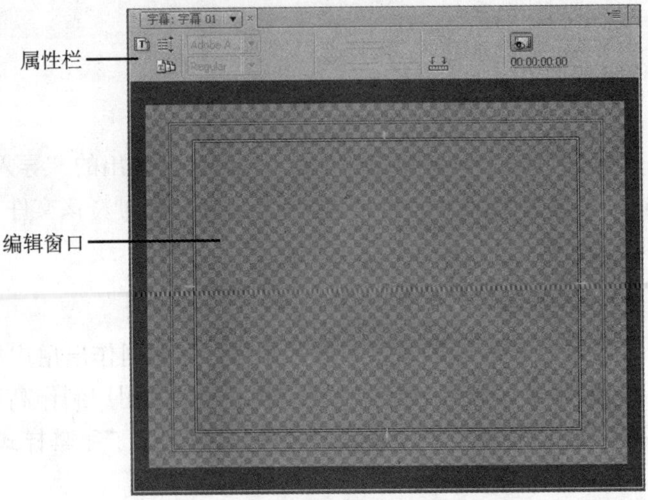

图 2-137 “字幕”面板

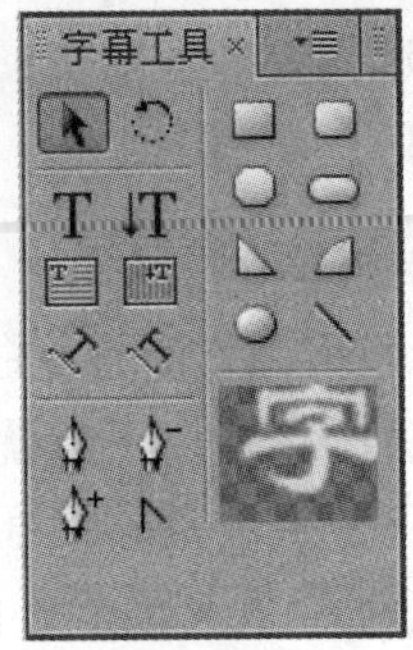

图 2-138 “字幕工具”面板

“字幕工具”面板中各按钮的含义如下。

- (选择工具)：用于选定窗口中的文字或图像，配合〈Shift〉键，可以同时选择多个对象。选中的对象四周将会出现控制点。
- (旋转工具)：用于对字幕文本进行旋转。
- (文字工具)：用于在字幕设计窗口中输入水平方向的文字。选择该工具，然后将鼠标移动到字幕设计窗口的完全区中，单击，即可在出现的矩形框中输入文本。
- (垂直文字工具)：用于在字幕设计窗口中输入垂直方向的文字。
- (文本框工具)：用于在字幕设计窗口中输入水平方向的多行文本。选择该工具，然后将鼠标移动到字幕设计窗口的安全区中，按住鼠标左键并拖动出矩形区域，接着即可在出现的矩形框中输入文字。
- (垂直文本框工具)：用于在字幕设计窗口中输入垂直方向的多行文本。
- (路径输入工具)：用于在字幕设计窗口中输入沿路径弯曲且平行于路径的文本。选择该工具，然后将鼠标移动到字幕设计窗口的安全区中，单击指定路径，接着即可在路径上输入文字。图 2-139 为使用路径输入工具输入文本的效果。

图 2-139 使用路径输入工具输入文本的效果

- (垂直路径输入工具)：用于在字幕设计窗口中输入沿路径弯曲且垂直于路径的文本。
- (钢笔工具)：用于绘制使用 (路径输入工具) 和 (垂直路径输入工具) 输入的文本路径。
- (添加定位点工具)：用于添加在文本路径上的锚点。
- (删除定位点工具)：用于删除在文本路径上的锚点。
- (转换定位点工具)：用于调整文本路径的平滑度。
- (矩形工具)：用于绘制带有填充色和线框色的矩形。配合〈Shift〉键，可绘制出正方形。
- (圆角矩形工具)：用于绘制带有圆角的矩形，如图 2-140 所示。
- (切角矩形工具)：用于绘制带有斜角的矩形，如图 2-141 所示。
- (圆矩形工具)：用于绘制左右两端是圆弧形的矩形，如图 2-142 所示。

图 2-140　圆角矩形

图 2-141　切角矩形

图 2-142　圆矩形

- (三角工具)：用于绘制三角形。配合〈Shift〉键，可绘制出直角三角形。
- (圆弧工具)：用于绘制弧形。
- (椭圆工具)：用于绘制三角形。配合〈Shift〉键，可绘制出正圆。
- (直线工具)：用于在字幕设计窗口中绘制线段。

(3)“字幕动作”面板

“字幕动作”面板位于字幕设计窗口的左下方，用于在“字幕”面板的编辑窗口对齐或排列所选对象。“字幕动作”面板中的工具按钮分为“对齐”、“居中”和“分布”3 个选项组，如图 2-143 所示。其中“对齐”选项组中按钮的含义如下。

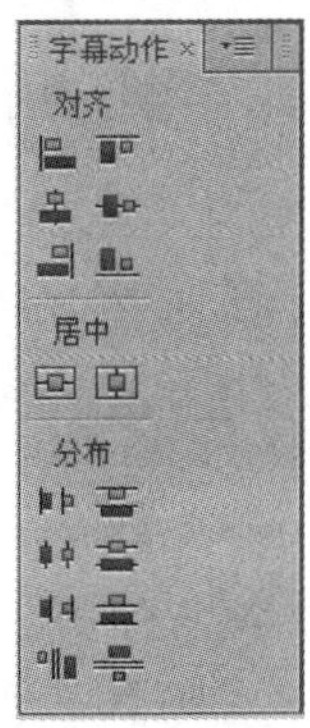

图 2-143　“字幕动作”面板

- (水平 - 左对齐)：用于将所选对象以最左侧对象的左边线为基准进行对齐。
- (垂直 - 顶对齐)：用于将所选对象以最上方对象的顶边线为基准进行对齐。
- (水平居中)：用于在竖排时，以上面第 1 个对象中心位置对齐；横排时，以选择的对象横向的中间位置集中对齐。
- (垂直居中)：用于在横排时，以左侧第 1 个对象中心位置对齐；竖排时，以选择的对象横向的中间位置集中对齐。
- (水平 - 右对齐)：用于将所选对象以最右侧对象的右边线为基准进行对齐。
- (垂直 - 底对齐)：用于将所选对象以最下方对象的底边线为基准进行对齐。

其中“居中”选项组中的按钮只有在选择两个对象之后才能被激活，它们的含义如下。

- (垂直居中)：用于在水平方向上，与视频画面的垂直中心保持一致。
- (水平居中)：用于在垂直方向上，与视频画面的水平中心保持一致。

其中“分布”选项组中的按钮只有在选择至少 3 个对象后才能被激活，它们的含义如下。

- (水平 - 左对齐)：用于以左右两侧对象的左边线为界，使相邻对象左边线的间距保持一致。
- (垂直 - 顶对齐)：用于以上下两侧对象的顶边线为界，使相邻对象顶边线的间距保持一致。
- (水平居中)：用于以左右两侧对象的垂直中心线为界，使相邻对象中心线的间距保持一致。
- (垂直居中)：用于以上下两侧对象的水平中心线为界，使相邻对象中心线的间距保持一致。
- (水平 - 右对齐)：用于以左右两侧对象的右边线为界，使相邻对象右边线的间距保持一致。
- (垂直 - 底对齐)：用于以上下两侧对象的底边线为界，使相邻对象底边线的间距保持一致。
- (水平平均)：用于以左右两侧对象为界，使相邻对象的垂直间距保持一致。
- (垂直平均)：用于以上下两侧对象为界，使相邻对象的水平间距保持一致。

(4) “字幕样式”面板

“字幕样式”面板位于字幕设计窗口的中下方，如图 2-144 所示。其中存放着 Premiere Pro CS4 中 51 种预置字幕样式。利用这些样式，用户可以在创建字幕后，快速获得各种精美的字幕效果。

提示：字幕样式可应用于所有的字幕对象，包括文本和图形。

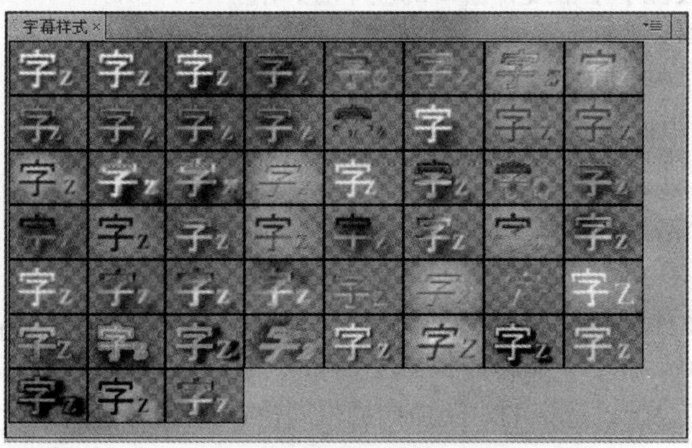

图 2-144 “字幕样式”面板

(5) “字幕属性”面板

“字幕属性”面板位于字幕设计窗口的右侧，如图 2-145 所示，包括“变换”、“属性”、“填充”、“描边”和“阴影”5 个参数区域。利用这些参数选项，用户不仅可以对字幕中文字和图形的位置、大小、颜色等基本属性进行调整，还可以为其定制描边与阴影效果。下面就来介绍“字幕属性”面板中的相关参数。

1）变换

“变换”区域的参数用于设置选定对象的“透明度”、“位置”、“宽度”、“高度”和“旋转”属性。

- 透明度：用于设置对象的透明度。
- X 位置：用于设置对象在 X 轴的坐标 。
- Y 位置：用于设置对象在 Y 轴的坐标 。
- 宽度：用于设置对象的宽度。
- 高度：用于设置对象的高度。
- 旋转：用于设置对象的旋转角度。

2）属性

“属性”区域的参数用于设置字体、字体大小、字距等属性。

- 字体：在该下拉列表中包含了系统中安装的所有字体。
- 字体样式：在该下拉列表中包含了字体一般加粗、倾斜等样式。
- 字体大小：用于设置字体的大小。
- 纵横比：用于设置字体的长宽比。图 2-146 为设置不同“纵横比”数值的效果比较。
- 行距：用于设置行与行之间的距离。图 2-147 为设置不同“行距”数值的效果比较。
- 字距：用于设置光标位置处前后字符之间的距离，可在光标位置处形成两段有一定距离的字符。图 2-148 为设置不同“字距”数值的效果比较。
- 跟踪：用于设置文字 X 坐标的基准，可以与字距配合使用，输入从左往右排列的文字。

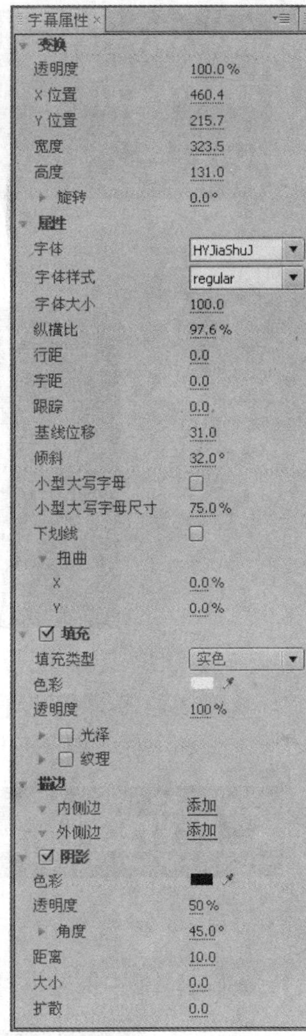

图 2-145 “字幕属性”面板

图 2-146 设置不同“纵横比”数值的效果比较

“行距”为 100　　“行距”为 200

图 2-147　设置不同“行距”数值的效果比较

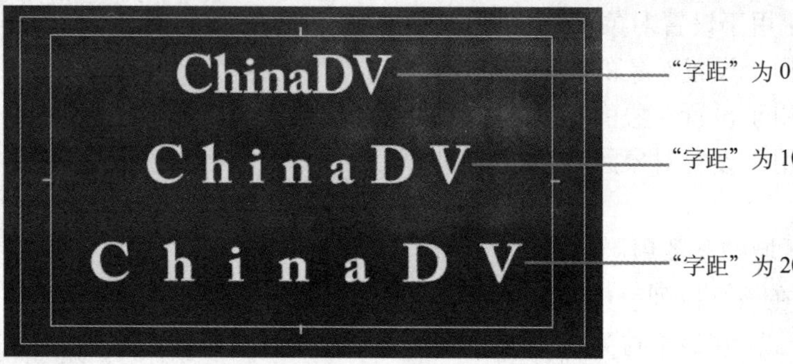

图 2-148　设置不同“字距”数值的效果比较

● 基线位移：用于设置输入文字的基线位置，通过改变该项的数值，可以方便地设置上标和下标。图 2-149 为设置不同“基线位移”数值的效果比较。

“基线位移”为 0　　“基线位移”为 -50　　“基线位移”为 50

图 2-149　设置不同“基线位移”数值的效果比较

● 倾斜：用于设置字符是否倾斜。图 2-150 为设置不同“倾斜”数值的效果比较。

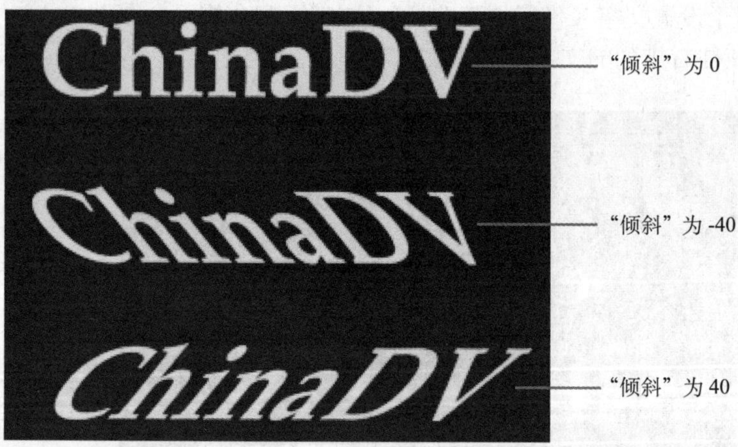

图 2-150　设置不同“倾斜”数值的效果比较

● 小型大写字母：勾选该复选框后，可以输入大写字母，或者将已有的小写字母改为大写字母。图 2-151 为勾选“小型大写字母”复选框前后的效果比较。

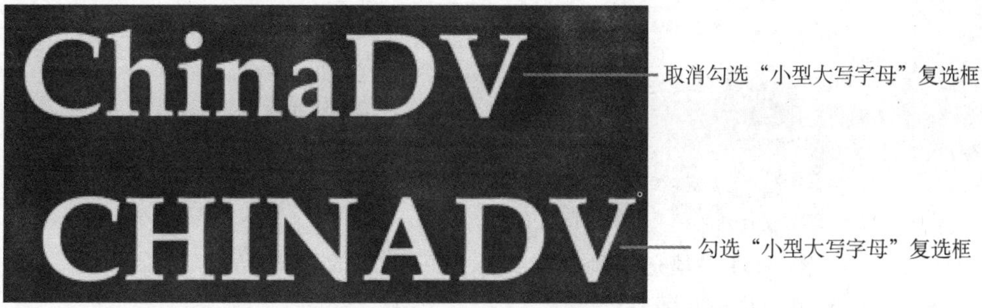

图 2-151　勾选“小型大写字母”复选框前后的效果比较

● 小型大写字母尺寸：小写字母改为大写字母后，可以利用该项来调整大小。
● 下划线：勾选该复选框后，可以在文本下方添加下划线。图 2-152 为勾选“下划线”复选框前后的效果比较。

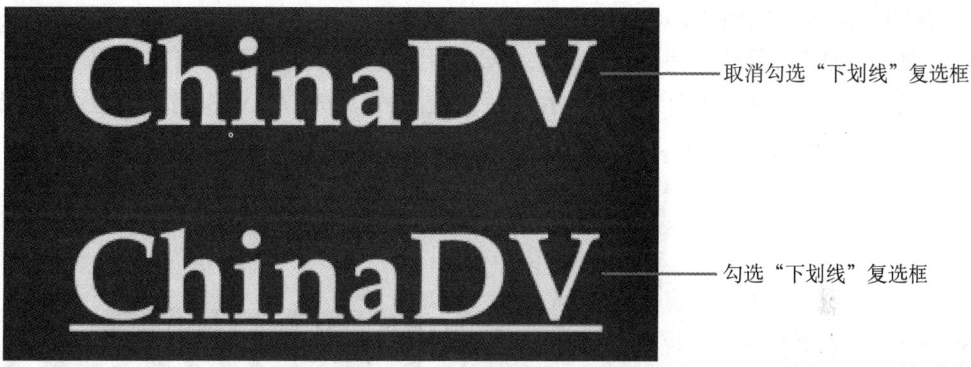

图 2-152　勾选“下划线”复选框前后的效果比较

● 扭曲：用于对文本进行扭曲设置。通过调节 X 和 Y 轴向的扭曲度，可以产生变化多端的文本形状。图 2-153 为设置不同数值的效果比较。

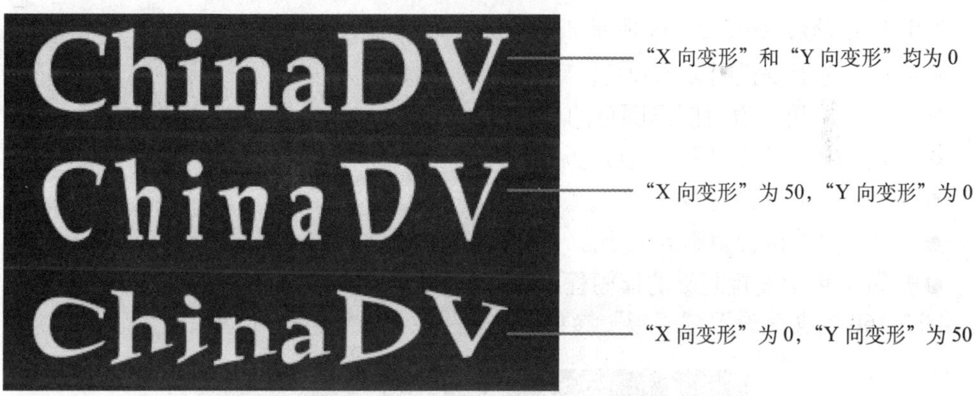

图 2-153　设置不同“扭曲”数值的效果比较

3）填充

“填充”区域，如图 2-154 所示，用于为指定的文本或图形设置填充色。

● 填充类型：在右侧的下拉列表中提供了实色、线性渐变、放射渐变、4 色渐变、斜角边、消除和残像 7 种填充类型可供选择，如图 2-155 所示。

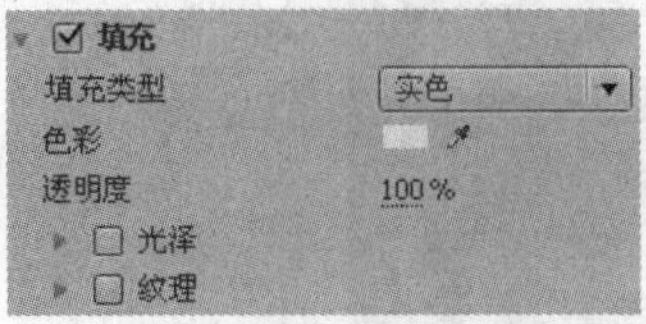

图 2-154 “填充”区域的参数

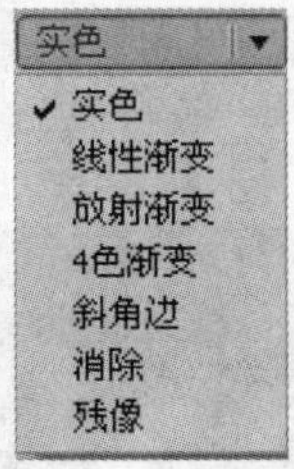

图 2-155 填充类型

● 色彩：用于设置填充颜色。

● 透明度：用于设置填充色的透明度。

● 光泽：勾选该复选框后，可为对象添加一条辉光线。

● 纹理：勾选该复选框后，可为字幕设置纹理效果。

4）描边

“描边”区域，如图 2-156 所示，用于为对象设置一个描边效果。Premiere Pro CS4 提供了“内侧边”和“外侧边”两种描边效果。要应用描边效果首先要单击右侧的“添加”按钮，此时会显示出相关参数，如图 2-157 所示，然后通过设置相关参数选项完成描边设置。图 2-158 为文字设置“外侧边”的描边效果。

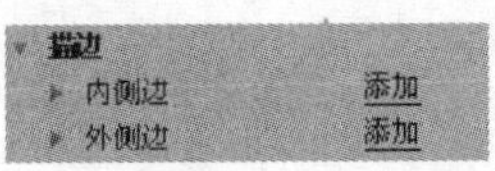

图 2-156 “描边”区域的参数

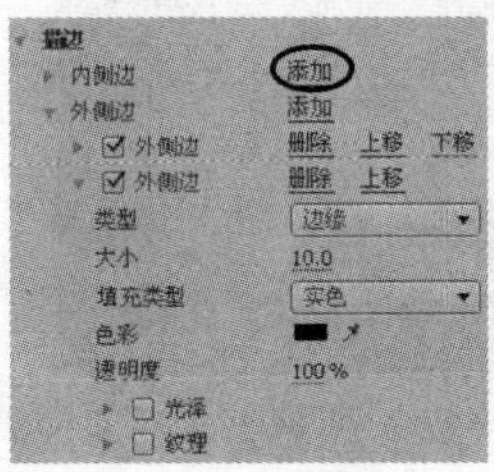

图 2-157 单击“添加”按钮

图 2-158 “外侧边”的描边效果

5）阴影

“阴影”区域，如图 2-159 所示，用于为字幕添加阴影效果。

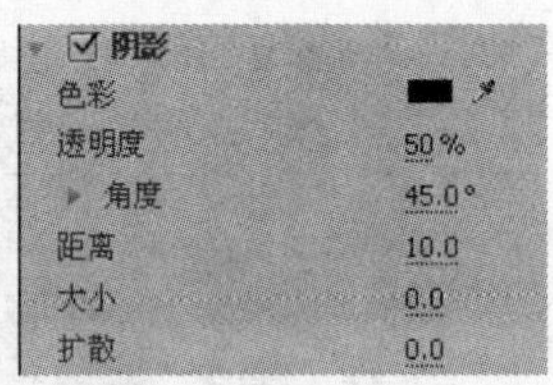

图 2-159 “阴影”区域的参数

● 色彩：用于设置阴影的颜色。

● 透明度：用于设置阴影颜色的透明度。

● 角度：用于设置阴影的角度。

● 距离：用于设置阴影的距离。

● 大小：用于设置阴影的大小。

● 扩散：用于设置阴影的模糊程度。

图 2-160 为文字设置“阴影”参数后的效果。

图 2-160 为文字设置“阴影”参数后的效果

（6）安全区

在字幕设计窗口中显示了两个实线框，如图 2-161 所示。其中内部实线框是字幕标题安全区，外部实线框是字幕动作安全区。如果文字或图形在动作安全区外，那么它们将不会在某些 NTSC 制式的显示器或电视中显示出来，即使能在 NTSC 显示器上显示出来，也会出现模糊或变形，这是编辑字幕时需要注意的地方。

图 2-161　安全区

4. 字幕的模板

在 Premiere Pro CS4 预置了大量精美的字幕模板，借助这些字幕模板可以快速完成字幕素材的创建工作，从而减少编辑项目所花费的时间，提高工作效率。下面就来具体讲解字幕模板的相关操作。

（1）基于模板创建字幕

基于模板创建字幕的具体操作步骤如下。

1）选择“字幕 | 新建字幕 | 基于模板”命令。

2）在弹出的“新建字幕”对话框的左侧字幕模板列表内选择一个字幕模板，此时右侧预览区域内即可看到该模板的效果，如图 2-162 所示。

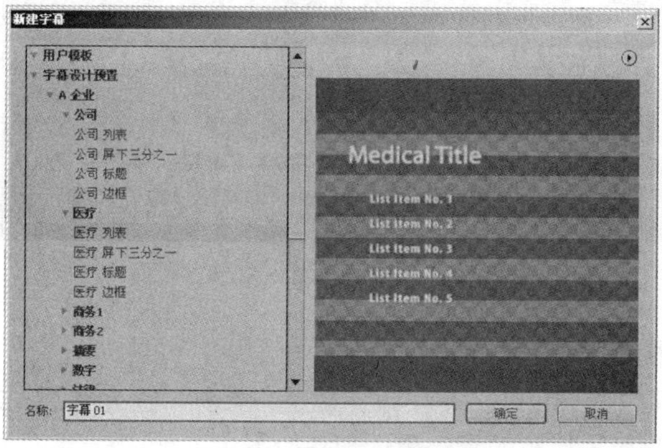

图 2-162　选择字幕模板

3）单击“确定”按钮，即可利用所选模板创建字幕，如图 2-163 所示。

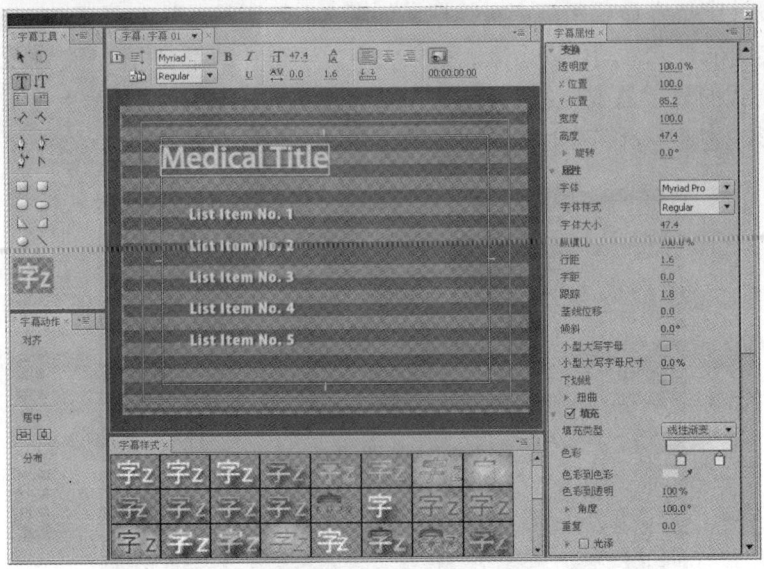

图 2-163　利用模板创建的字幕

4）在字幕中调整字幕文本、图形及其他元素的属性后，即可得到一个全新的字幕素材，如图 2-164 所示。

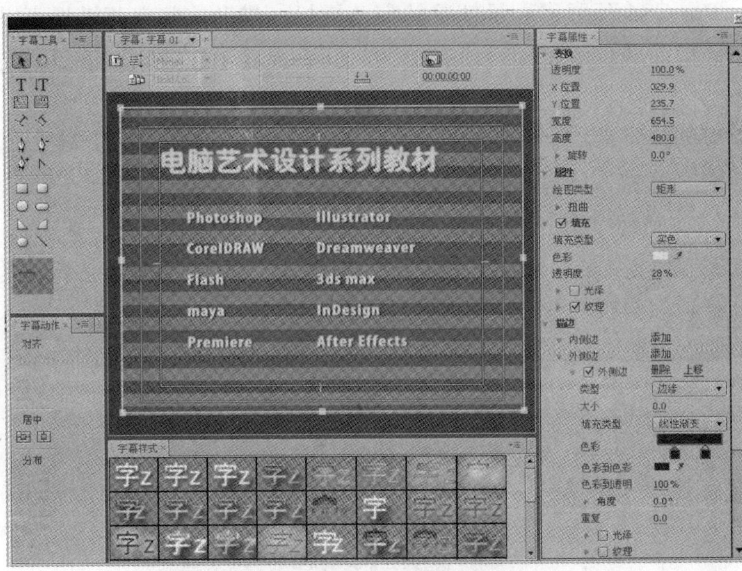

图 2-164　修改字幕内容

（2）为字幕应用字幕模板

Premiere Pro CS4 不仅能够直接从字幕模板创建字幕素材，还允许用户在编辑字幕的过程中应用字幕模板。为字幕应用模板的具体操作步骤如下。

1）在字幕设计窗口中单击“字幕”面板属性栏中的（模板）按钮，打开“模板”对话框。然后从中选择一个模板文件，如图 2-165 所示。

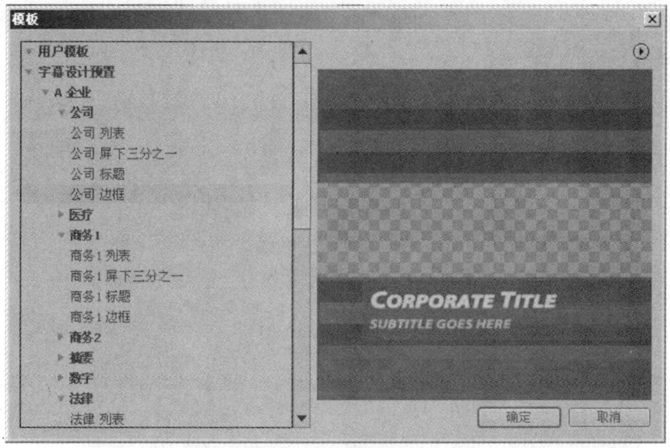

图 2-165　选择所需的“模板”文件

2）单击“确定”按钮，即可将选择的字幕模板应用在当前字幕中，效果如图 2-166 所示。

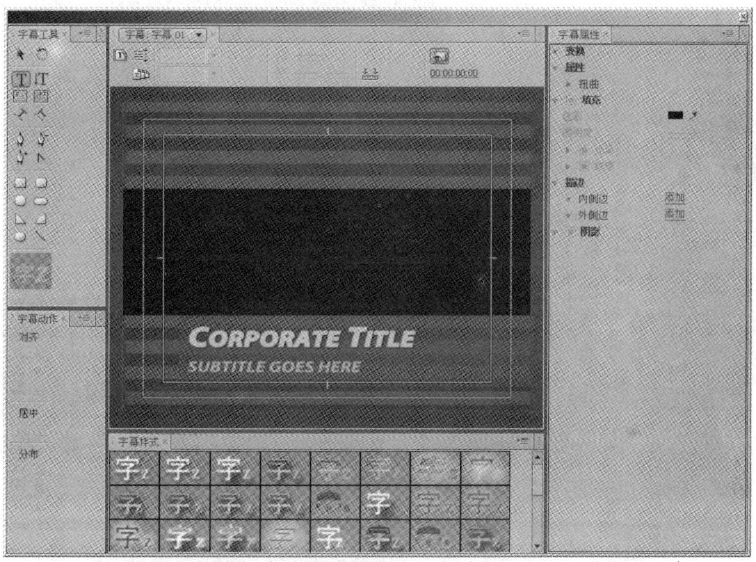

图 2-166　将字幕模板应用在字幕中的效果

（3）将当前字幕保存为模板

Premiere Pro CS4 不仅允许用户利用字幕模板快速创建字幕素材，还允许将当前所编辑的字幕保存为模板。将当前字幕保存为模板的具体操作步骤如下。

1）在完成字幕编辑工作后，单击“字幕”面板属性栏中的（模板）按钮，如图 2-167 所示。弹出的“模板”对话框。

2）单击“模板”对话框右上角的按钮，从弹出的快捷菜单中选择“导入当前字幕为模板”命令，如图 2-168 所示 。然后在弹出的“另存为”对话框中输入模板名称，如图 2-169 所示，单击“确定”按钮，即可将当前字幕设置为字幕模板。此时在“模板”对话框左侧列表中可以看到刚创建的自定义模板，如图 2-170 所示。

图 2-167　单击“字幕”面板属性栏中的（模板）按钮

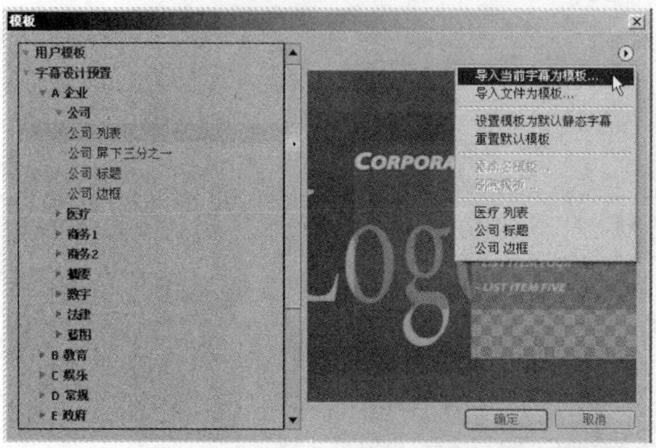

图 2-168　选择“导入当前字幕为模板”命令

图 2-169　输入模板名称

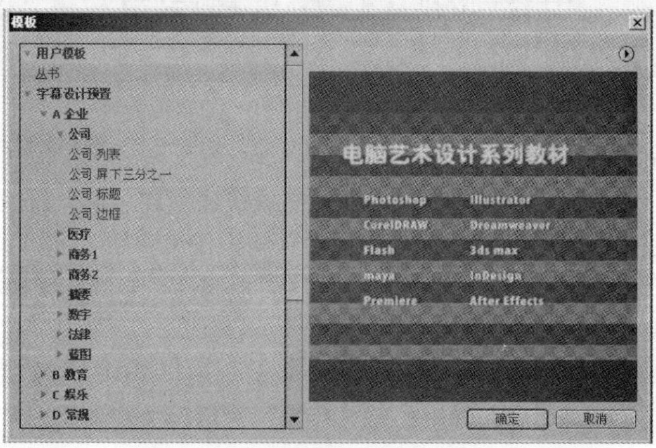

图 2-170　自定义的模板

5. 字幕的添加

单击字幕设计窗口中“字幕”面板属性栏中的（滚动 / 游动选项）按钮，在弹出的图 2-171 所示的“滚动 / 游动选项”对话框中可以看到 Premiere Pro CS4 中可以创建的“静态”、“滚动”、“左游动”和“右游动”4 种字幕类型。

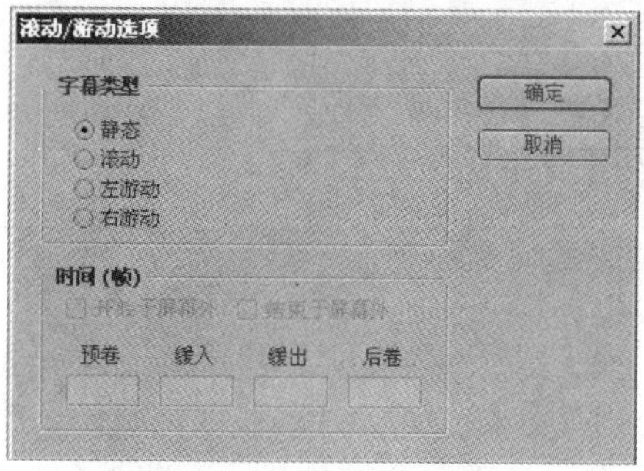

图 2-171 “滚动 / 游动选项”对话框

其中静态字幕是静止的，通常用于制作画面中的标题文字或一般的介绍信息。静态字幕本身不会运动，要使其运动，可以在“特效控制台”中对建立好的字幕进行运动选项的设置。而滚动和游动字幕则是本身可以产生运动的字幕。下面就来讲解滚动和游动字幕的具体制作方法。

（1）滚动字幕

滚动字幕的效果是从屏幕下方逐渐向上运动，在影视节目制作中多用于节目末尾演职员表的制作。制作滚动字幕的具体操作步骤如下。

1）选择“字幕 | 新建字幕 | 默认滚动字幕”命令，然后在弹出的如图 2-172 所示的“新建字幕”对话框中设置字幕素材的属性后，单击“确定”按钮，新建一个字幕文件。

2）在新建的字幕文件中输入要进行滚动的字幕内容（此时输入的是“影视剪辑”4 个字），如图 2-173 所示。

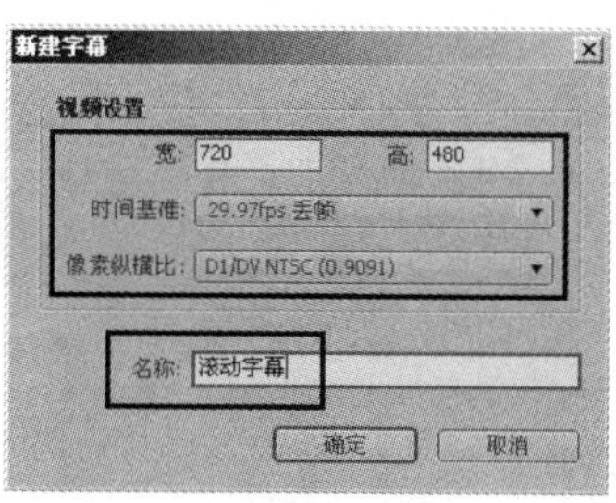

图 2-172 “新建字幕”对话框

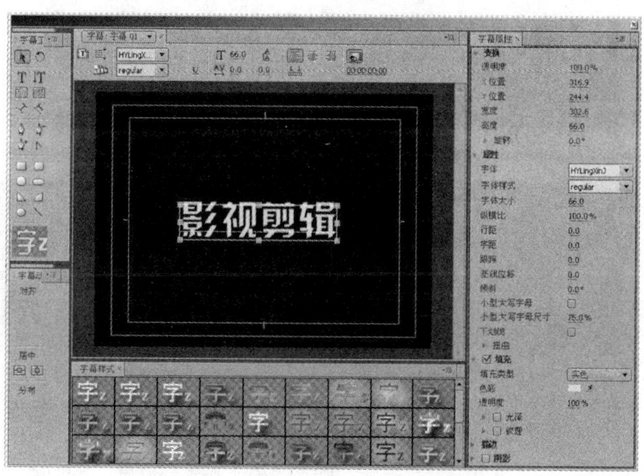

图 2-173 输入要进行滚动的字幕内容

3）单击字幕设计窗口中“字幕”面板属性栏中的（滚动 / 游动选项）按钮，然后在弹出的“滚动 / 游动选项”对话框中勾选“开始于屏幕外”和“结束于屏幕外”复选框，如图 2-174 所示，单击“确定”按钮。

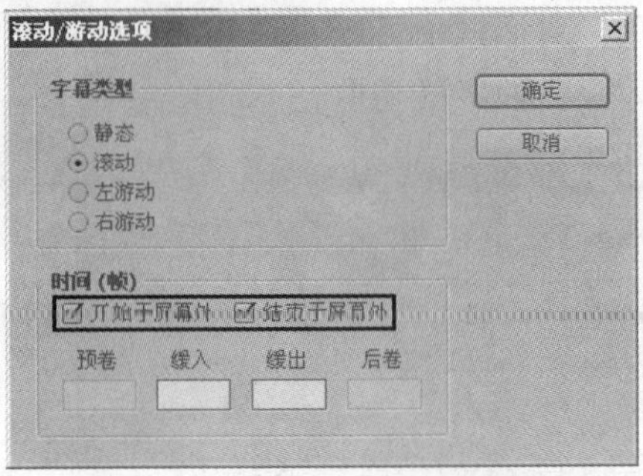

图 2-174 设置滚动字幕的参数

4）从“项目”面板中将制作好的滚动字幕拖入“时间线”面板中，然后单击“节目”面板中的▶按钮，即可看到从下往上滚动的字幕效果，如图 2-175 所示。

图 2-175 滚动字幕的效果

（2）游动字幕

游动字幕是指在屏幕上进行水平运动的动态字幕类型，分为从左到右游动和从右往左游动两种方式。其中，从右往左游动是游动字幕的默认设置。下面制作一个从左往右游动的字幕效果，具体操作步骤如下。

1）选择“字幕 | 新建字幕 | 默认游动字幕”命令，然后在弹出的图 2-176 所示的“新建字幕”对话框中设置字幕素材的属性后，单击“确定”按钮，新建一个字幕文件。

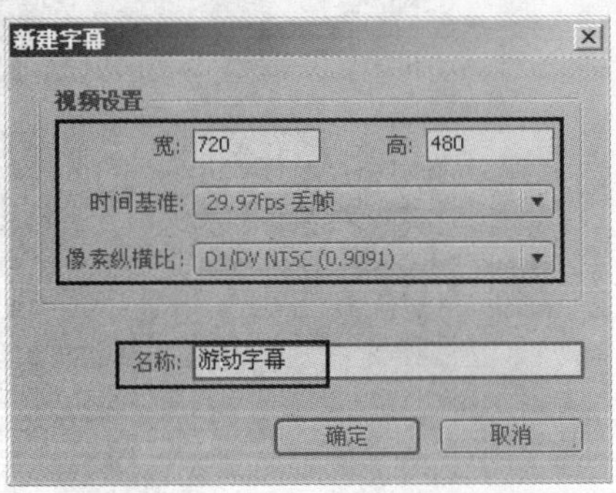

图 2-176 “新建字幕”对话框

2）在新建的字幕文件中输入要进行游动的字幕内容（此时输入的是“2011 年贺岁大片”），如图 2-177 所示。

3）单击字幕设计窗口中“字幕”面板属性栏中的（滚动 / 游动选项）按钮，然后在弹出的“滚动 / 游动选项”对话框中勾选“开始于屏幕外”和“结束于屏幕外”复选框，如图 2-178 所示，单击“确定”按钮。

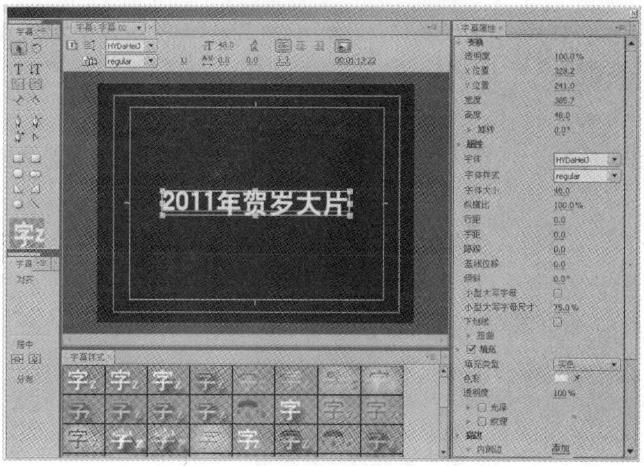

图 2-177　输入游动字幕的文字

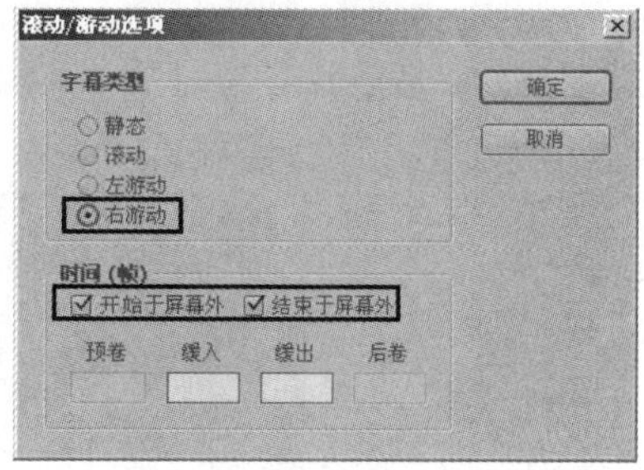

图 2-178　设置游动字幕的参数

4）从“项目”面板中将制作好的滚动字幕拖入“时间线”面板中，然后单击“节目”面板中的按钮，即可看到从左往右游动的字幕效果，如图 2-179 所示。

图 2-179　从左往右游动的字幕效果

2.5.5　添加运动效果

运动是多媒体设计的灵魂，灵活运用动画效果，可以使得视频作品更加丰富多彩。利用 Premiere Pro CS4 可以轻松地制作出位移、缩放、旋转等各种运动效果。将素材拖入“时间线”面板中，然后在“特效控制台”面板中展开“运动”项，此时可以看到“运动”项中的相关参数，如图 2-180 所示。

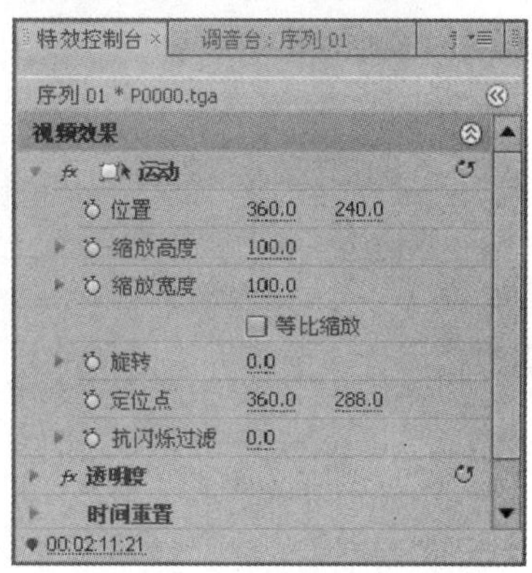

图 2-180　“特效控制台”面板

- 位置：用于设置对象在屏幕中的位置坐标。
- 缩放比例：当勾选“等比缩放”复选框时，显示为此选项。用于调节对象的缩放度。
- 缩放宽度：在取消勾选“等比缩放”复选框的情况下可以设置对象的宽度。
- 旋转：用于设置对象在屏幕中的旋转角度。
- 定位点：用于设置对象的旋转或移动控制点。

● 抗闪烁过滤：用于消除视频中闪烁的对象。

1. 使用关键帧

运动效果的实现离不开关键帧的设置。所谓关键帧是指在时间上的一个特定点，在该点上可以运用不同的效果。当在关键帧上运用不同特效时，Premiere Pro CS4 会自动对关键帧之间的部分进行插补运算，使其平滑过渡。下面就来讲解关键帧的相关操作。

（1）添加关键帧

如果要为影片剪辑的素材创建运动特效，便需要为其添加多个关键帧。添加关键帧的具体操作步骤如下。

1）在“时间线”面板中选择要编辑的素材，如图 2-181 所示。

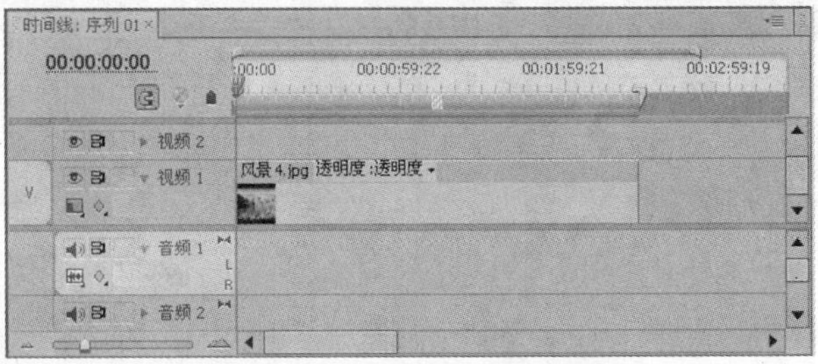

图 2-181　选择要编辑的素材

2）进入“效果控制台”面板，然后展开“运动”选项，再将时间滑块移动到要添加关键帧的位置，单击相关特性左侧的按钮（这里选择的是“缩放比例”），此时相应的特性关键帧会被激活，显示为状态，且在当前时间编辑线处将添加一个关键帧，如图 2-182 所示。

3）移动当前时间滑块到下一个要添加关键帧的位置，然后调整参数，此时软件会在当前时间滑块处自动添加一个关键帧，如图 2-183 所示。

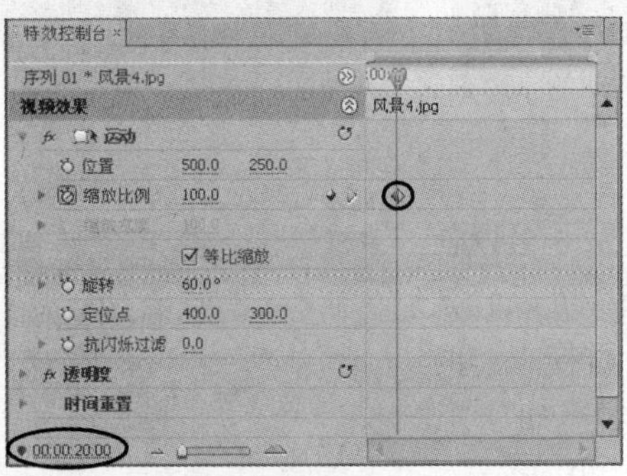

图 2-182　添加一个关键帧

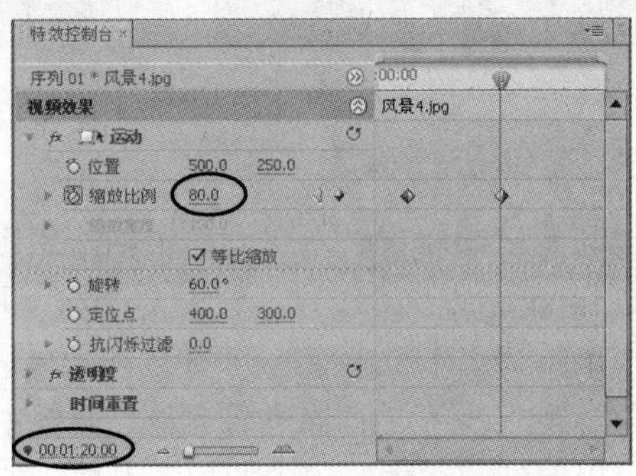

图 2-183　自动添加一个关键帧

提示：在“特效控制台”面板中单击（添加/移除关键帧）按钮，也可以手动添加一个关键帧。

（2）删除关键帧

删除关键帧的具体操作步骤如下。

1）选择要删除的关键帧，按〈Delete〉键。

2）如果要删除某一特性所有的关键帧，可以单击相关特性左侧的按钮，此时会弹出图 2-184 所示的对话框，单击“确定”按钮，则该属性上的所有关键帧将被删除。

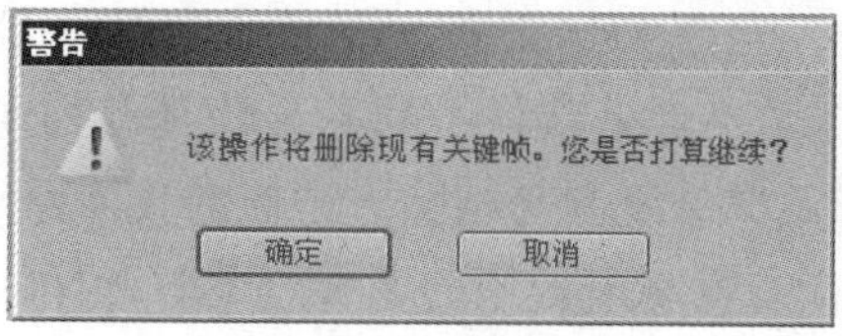

图 2-184　警告对话框

(3) 移动关键帧

移动关键帧的具体操作步骤如下。

1) 单击要选择的关键帧。

2) 按住鼠标将关键帧拖动到适当位置即可。

(4) 剪切与粘贴关键帧

剪切关键帧的具体操作步骤如下。

1) 选择要剪切的关键帧,右击,从弹出的快捷菜单中选择“剪切”命令,如图 2-185 所示。

2) 移动时间滑块到要粘贴关键帧的位置，如图 2-186 所示。然后右击，从弹出的快捷菜单中选择“粘贴”命令,如图 2-187 所示。则剪切的关键帧将被粘贴到指定位置,如图 2-188 所示。

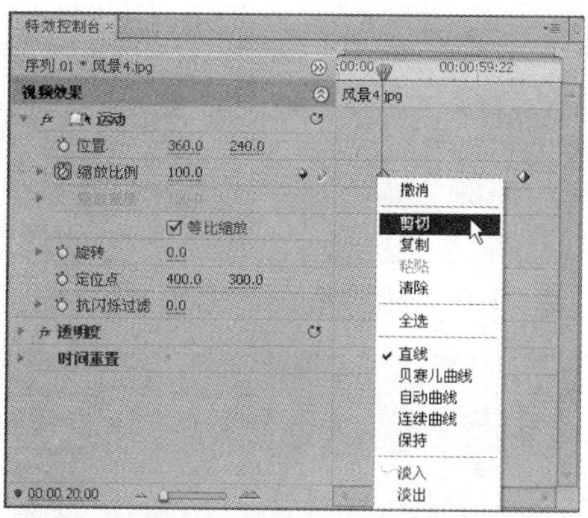

图 2-185　选择“剪切”命令

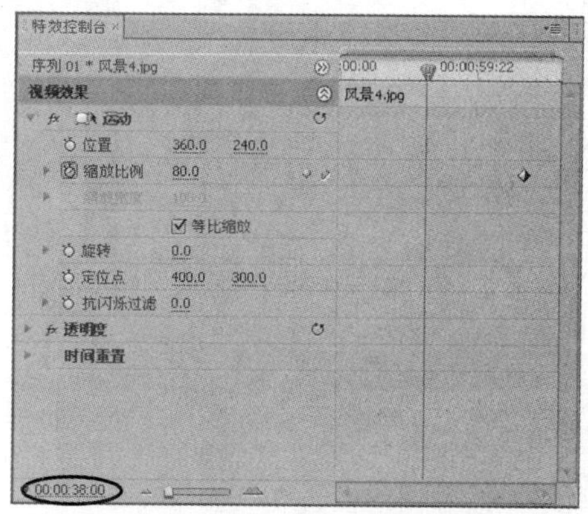

图 2-186　移动时间滑块到要粘贴关键帧的位置

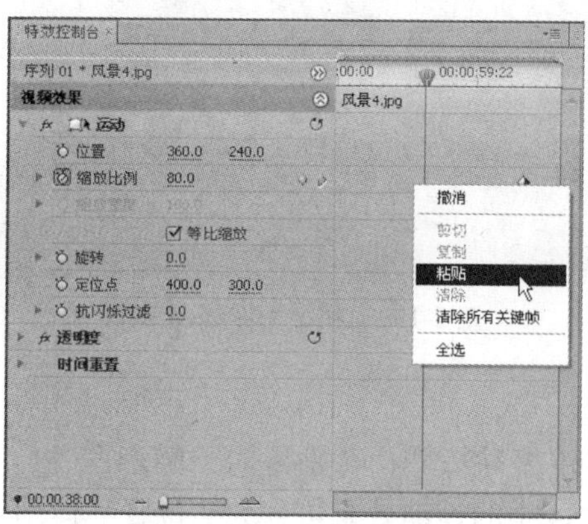

图 2-187　选择“粘贴”命令

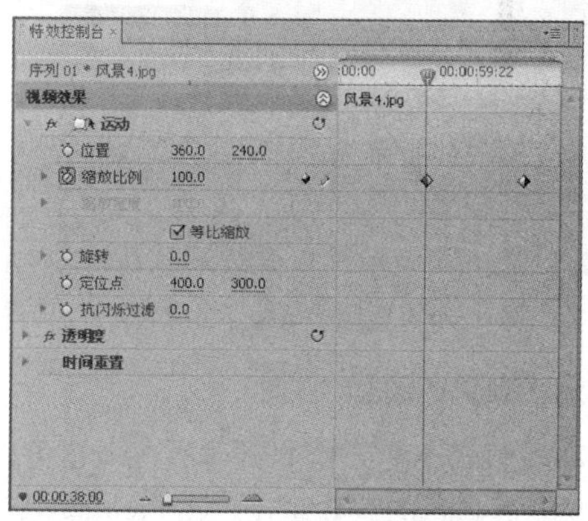

图 2-188　粘贴关键帧的效果

(5) 复制与粘贴关键帧

在创建运动特效的过程中，如果多个素材中的关键帧具有相同的参数，则可利用复制和粘贴关键帧的方法来提高操作效率。复制与粘贴关键帧的具体操作步骤如下。

1）在“时间线”面板中选择要复制关键帧的素材（此时选择的是“风景 4.jpg”），然后在“特效控制台”面板中选择要复制的关键帧（此时选择的是两个关键帧），接着右击，从弹出的快捷菜单中选择“复制”命令，如图 2-189 所示。

2）在“时间线”面板中选择要粘贴关键帧的素材（此时选择的是“风景 1.jpg”），如图 2-190 所示。然后在“特效控制台”面板中将时间滑块移动到要粘贴关键帧的位置，接着右击，从弹出的快捷菜单中选择“粘贴”命令，如图 2-191 所示。则复制的关键帧将被粘贴到指定位置，如图 2-192 所示。

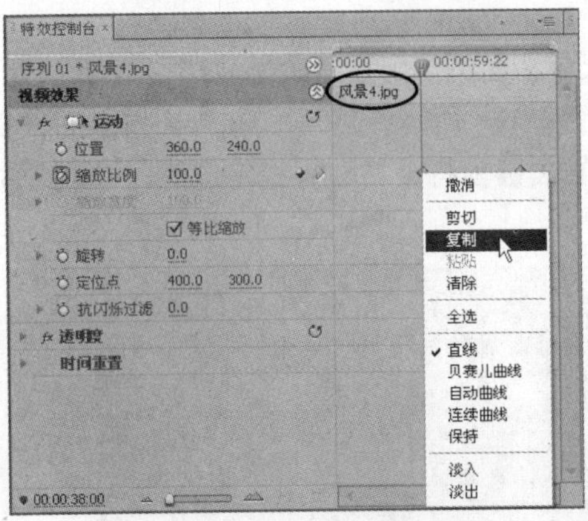

图 2-189　选择“复制”命令

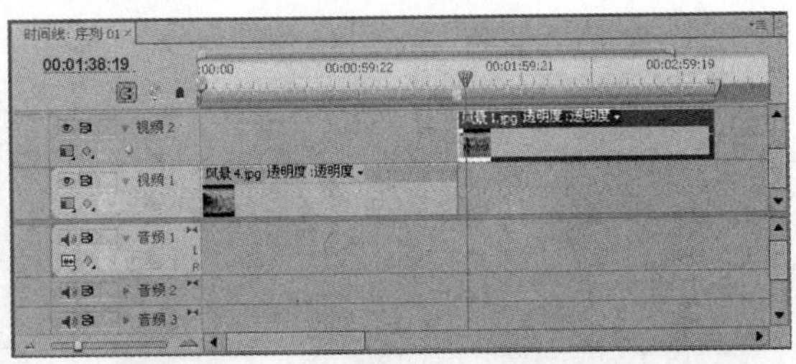

图 2-190　选择要粘贴关键帧的素材

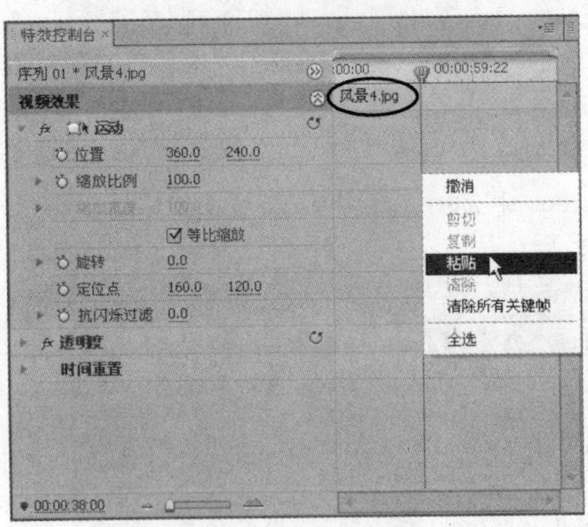

图 2-191　选择“粘贴”命令

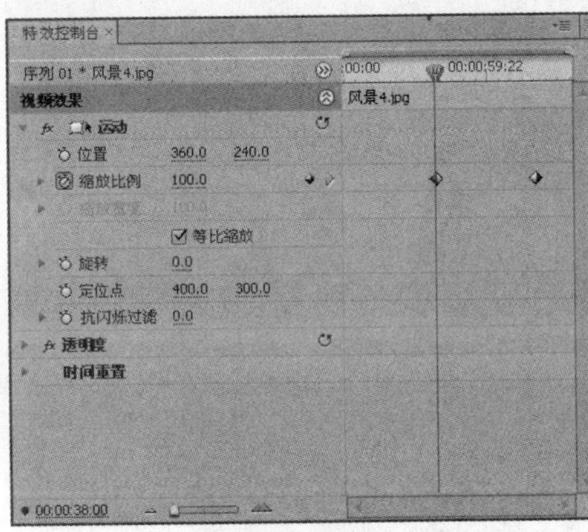

图 2-192　粘贴关键帧的效果

2. 运动效果的添加

运动是剪辑千变万化的灵魂所在。它可以实现多种特效，特别是对于静态图片，利用运动效果是其增色的有效途径。在 Premiere Pro CS4 中的运动效果可分为“位置”运动、“缩放比例”运动、“旋转”运动和“定位点”运动 4 种。下面就来具体说明一下。

（1）“位置”运动效果

添加“位置”运动效果的具体操作步骤如下。

1）在“时间线”面板中选择要添加“位置”运动效果的素材（此时选择的是“风景 3.jpg”），如图 2-193 所示。

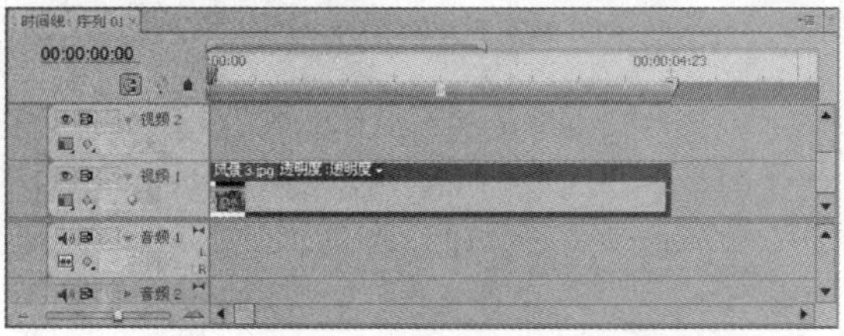

图 2-193　选择要添加“位置”运动效果的素材

2）在“特效控制台”面板中展开“运动”选项，如图 2-194 所示。

提示：如果“特效控制台”面板隐藏，可以选择“窗口 | 特效控制台”命令，调出该面板。

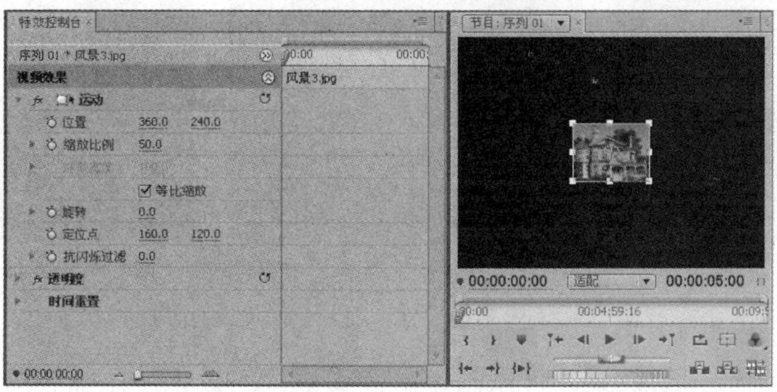

图 2-194　在“特效控制台”面板中展开“运动”选项

3）将时间滑块移动到素材运动开始的位置（此时移动到的位置为 00:00:00:00），然后单击“位置”特性左侧的按钮，此时“位置”特性的关键帧会被激活，显示为状态，且在当前时间位置处添加一个关键帧。接着在“位置”右侧输入 X 和 Y 坐标数值，如图 2-195 所示。

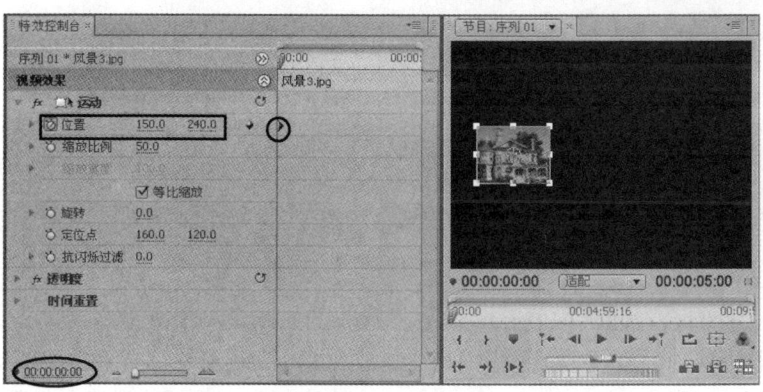

图 2-195　在 00:00:00:00 处调整“位置”的参数

4）将时间滑块移动到下一个要添加“位置”关键帧的位置（此时移动到的位置为

00:00:03:00)，然后对位置再次进行调整，此时软件会自动添加一个关键帧，如图 2-196 所示。

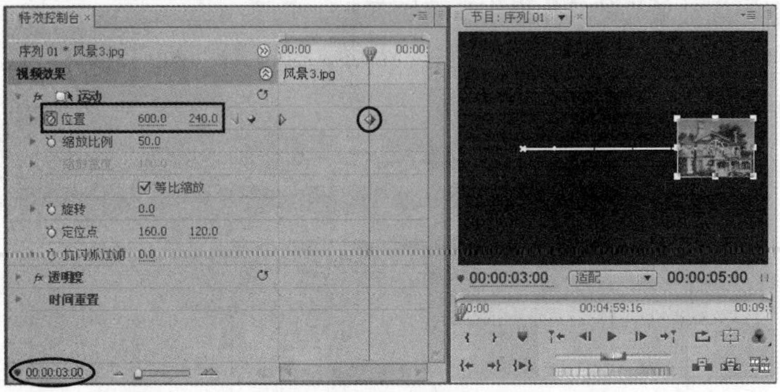

图 2-196　在 00:00:03:00 处调整“位置”的参数

5）单击“节目”面板中的按钮，即可看到素材从左往右运动的效果，如图 2-197 所示。

图 2-197　素材从左往右运动的效果

（2）“缩放比例”运动效果

利用“缩放比例”运动效果，可以制作出镜头推拉的效果。添加“缩放比例”运动效果的具体操作步骤如下。

1）在“时间线”面板中选择要添加“缩放比例”运动效果的素材（此时选择的是“风景 4.jpg”），如图 2-198 所示。

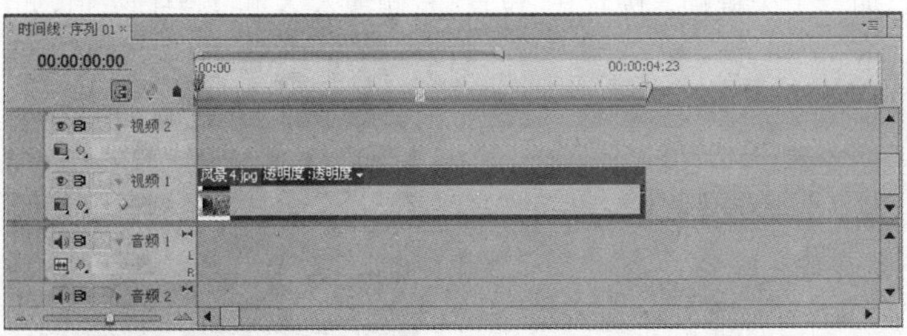

图 2-198　选择要添加“缩放比例”运动效果的素材

2）在“特效控制台”面板中展开“运动”选项，如图 2-199 所示。

3）将时间滑块移动到素材要设置第 1 个“缩放比例”关键帧的位置，然后单击“缩放比例”特性左侧的按钮，添加一个关键帧。接着在“缩放比例”右侧输入数值，如图 2-200 所示。

4）将时间滑块移动到素材要设置第 2 个“缩放比例”关键帧的位置，然后在“缩放比例”右侧重新输入数值，此时软件会自动添加一个关键帧，如图 2-201 所示。

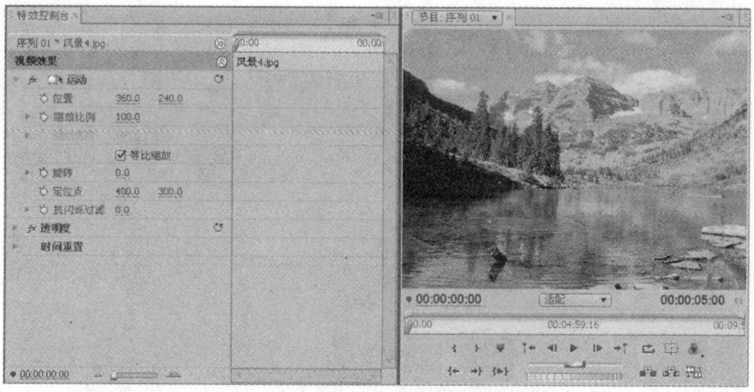

图 2-199　在“特效控制台”面板中展开“运动”选项

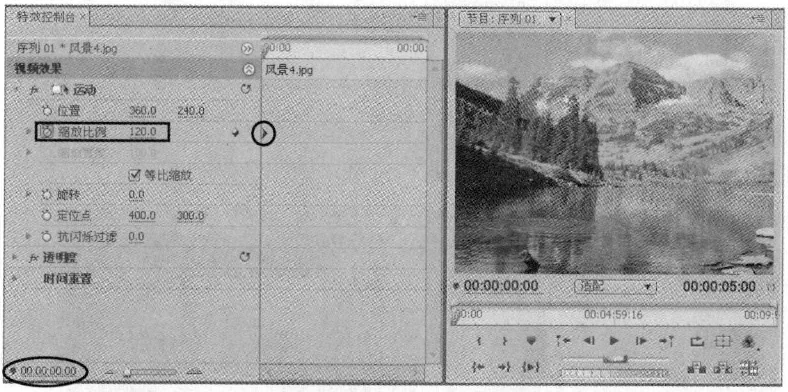

图 2-200　在 00:00:00:00 处调整“缩放比例”的参数

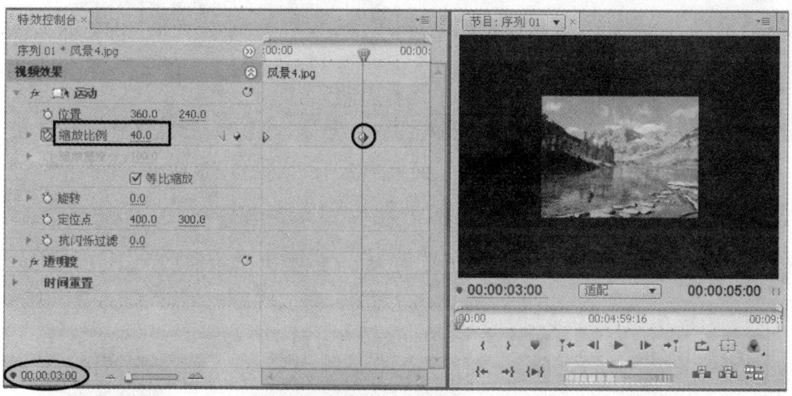

图 2-201　在 00:00:03:00 处调整“缩放比例”的参数

5）单击“节目”面板中的 ▶ 按钮，即可看到素材从大变小的动画效果，如图 2-202 所示。

图 2-202　素材从大变小的效果

(3)“旋转”运动效果

利用“旋转”运动效果，可以制作出摇镜头的效果。添加“旋转”运动效果的具体操作步骤如下。

1）在“时间线”面板中选择要添加“旋转”运动的素材（此时选择的是“风景 5.jpg”），如图 2-203 所示。

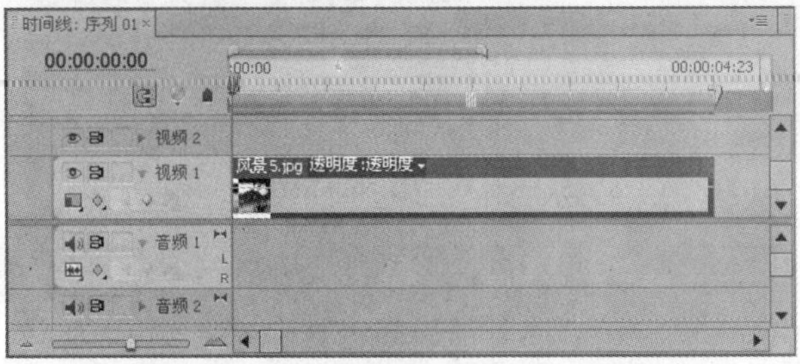

图 2-203 选择要添加“旋转”运动的素材

2）在“特效控制台”面板中展开“运动”选项，如图 2-204 所示。

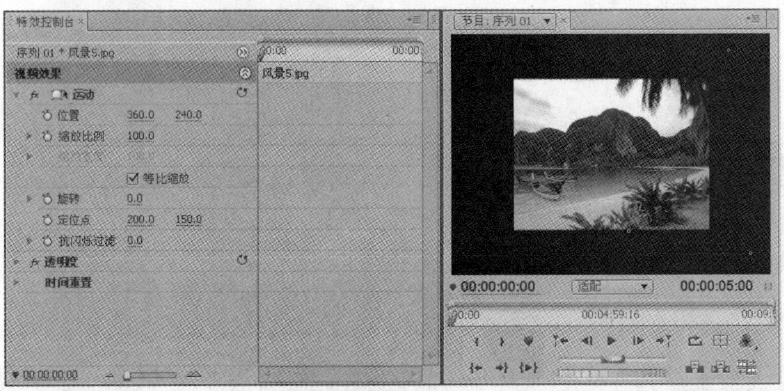

图 2-204 在“特效控制台”面板中 展开“运动”选项

3）将时间滑块移动到素材要设置第 1 个“旋转”关键帧的位置，然后单击“旋转”特性左侧的按钮，添加一个关键帧。接着在“旋转”右侧输入数值，如图 2-205 所示。

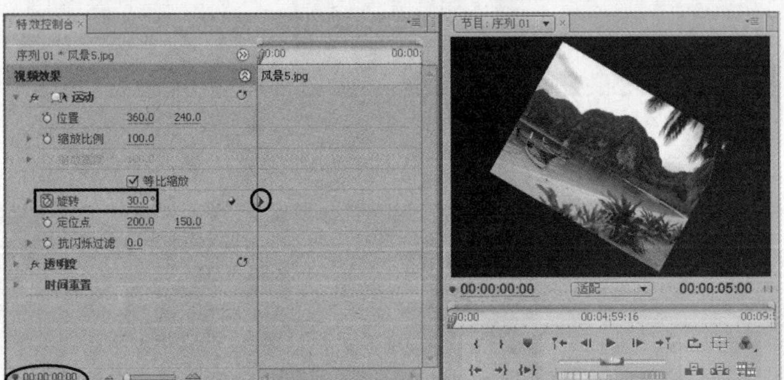

图 2-205 在 00:00:00:00 处调整“旋转”的参数

4）将时间滑块移动到要设置第 2 个旋转关键帧的位置，然后在“旋转”右侧重新输入数值，此时会自动添加一个关键帧，如图 2-206 所示。

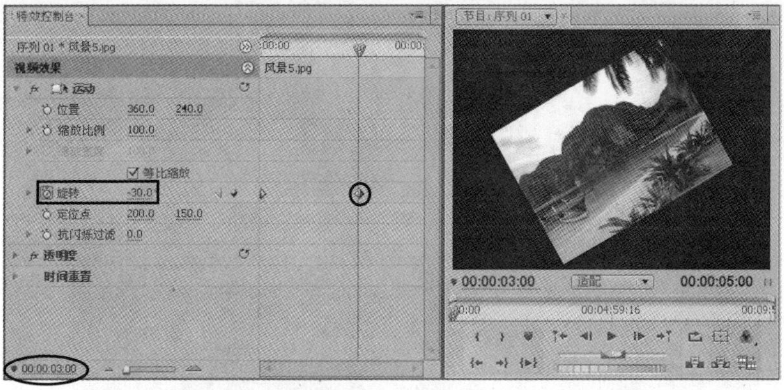

图 2-206　在 00:00:03:00 处调整“旋转”的参数

5）单击“节目”面板中的▶按钮，即可看到素材的旋转动画效果，如图 2-207 所示。

图 2-207　素材的旋转动画效果

(4)“定位点”运动效果

“定位点”就是对象的中心点，“定位点”的位置不同，旋转等效果也就不同。添加“定位点”运动效果的具体操作步骤如下。

1）在“时间线”面板中选择要添加“定位点”运动的素材（此时选择的是“风景 6.jpg”），如图 2-208 所示。

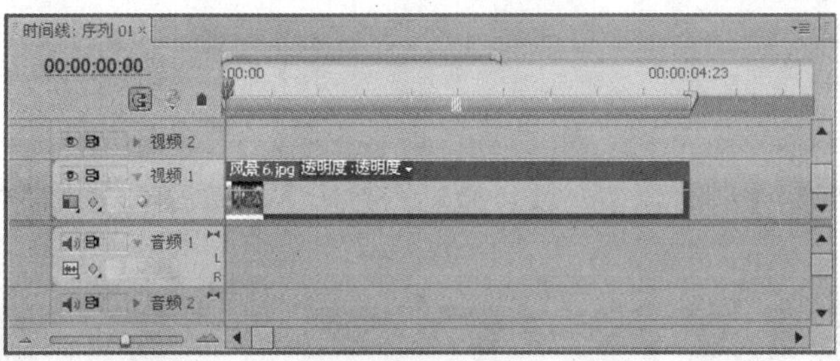

图 2-208　选择要添加“定位点”运动的素材

2）在“特效控制台”面板中展开“运动”选项，如图 2-209 所示。

3）将时间滑块移动到素材要设置第 1 个“定位点”关键帧的位置，然后单击“定位点”特性左侧的按钮，添加一个关键帧。然后在“定位点”右侧输入数值，如图 2-210 所示。

4）将时间滑块移动到要设置第 2 个“定位点”关键帧的位置，然后在“定位点”右侧重新输入数值，此时软件会自动添加一个关键帧，如图 2-211 所示。

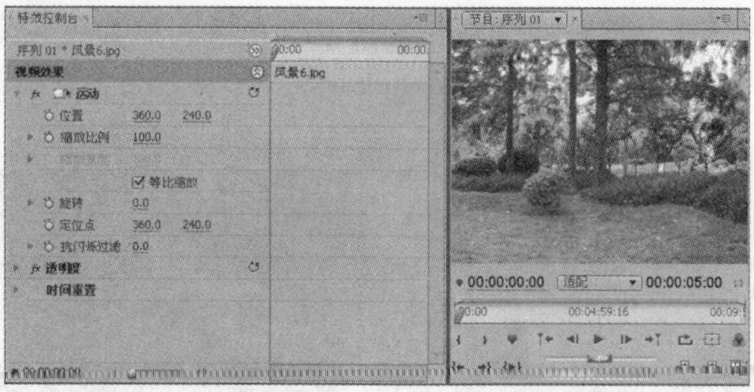

图 2-209 在“特效控制台”面板中 展开“运动”选项

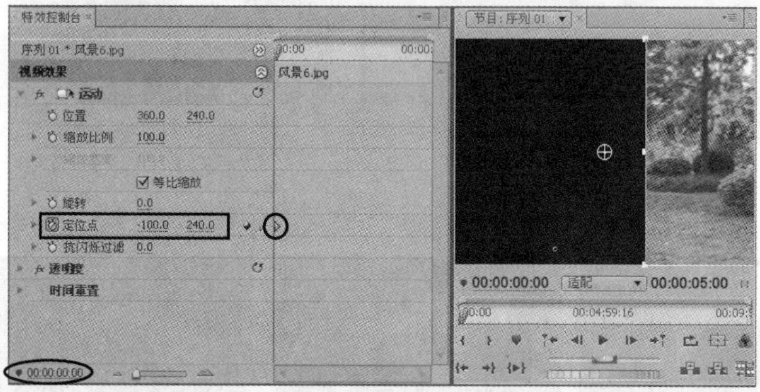

图 2-210 在 00:00:00:00 处调整“定位点”的参数

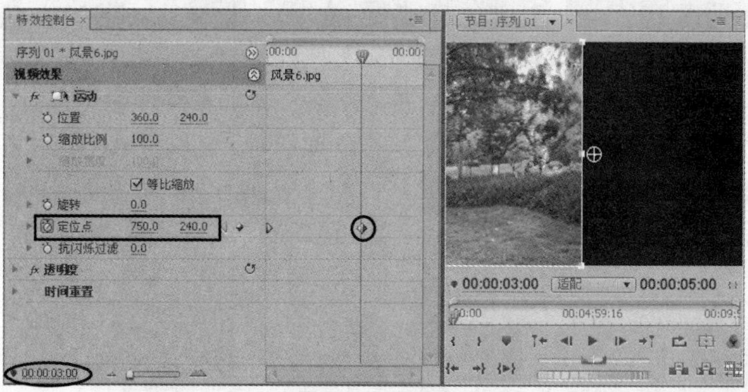

图 2-211 在 00:00:03:00 处调整“定位点”的参数

5）单击“节目”面板中的▶按钮，即可看到素材由于定位点的变化而产生的动画效果，如图 2-212 所示。

图 2-212 素材的定位点动画效果

2.5.6　添加透明效果

制作影片时，降低素材的不透明度可以使素材画面呈现透明或半透明效果，从而利于各素材之间的混合处理。例如，在武侠影片中，大侠快速如飞的场面。实际上，演员只是在单色背景前做出类似动作，然后在实际的剪辑制作时将背景设置为透明，接着将这个片断叠加到天空背景片段上，以此来实现效果。此外还可以使用添加关键帧的方法，使素材产生淡入或淡出的效果。

在 Premiere Pro CS4 中可以通过“时间线”面板中的“显示透明控制”命令或者“特效控制台”来实现透明效果，下面就来进行具体讲解。

1. 显示透明控制

使用“显示透明控制”来实现透明效果的具体操作步骤如下。

1）在“时间线”面板选择要设置透明效果的素材，然后单击轨道及其控制面板中的（显示关键帧）按钮，从弹出的快捷菜单中选择“显示透明控制”命令，如图 2-213 所示。

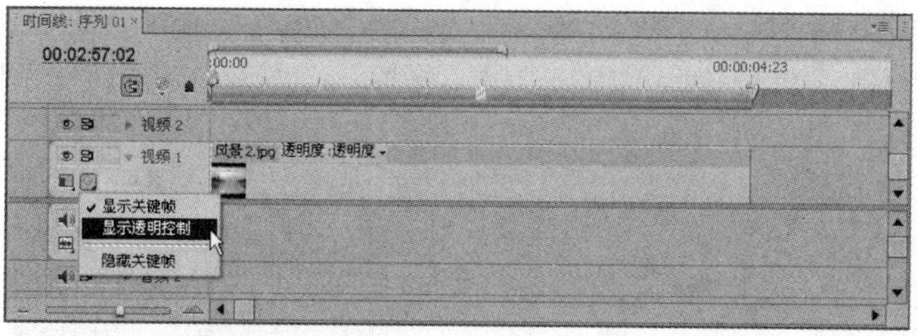

图 2-213　选择“显示透明控制”命令

2）分别在“时间线”面板该素材的起点、终点和中间位置处单击（添加 - 移除关键帧）按钮，各添加一个透明度关键帧，如图 2-214 所示。

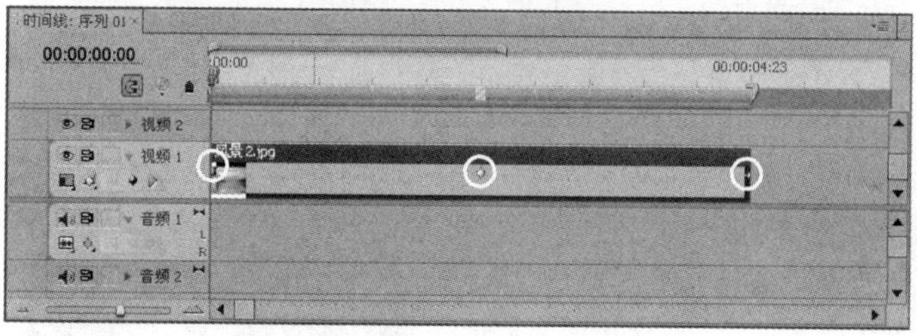

图 2-214　添加透明度关键帧

3）利用“工具”面板中的（选择工具）向下移动起点和终点的透明度关键帧，如图 2-215 所示。

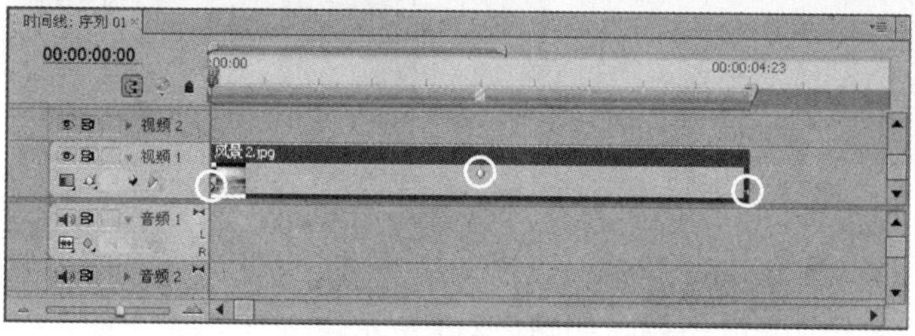

图 2-215　向下移动起点和终点的透明度关键帧

4）单击“节目”面板中的按钮，即可看到素材的淡入淡出效果，如图 2-216 所示。

图 2-216　素材的淡入淡出效果

2. 使用“特效控制台”面板

使用“特效控制台”面板来实现透明效果的具体操作步骤如下。

1）在“时间线”面板选择要设置透明效果的素材。

2）在“特效控制台”面板中展开“透明度”选项，然后将时间滑块移动到素材的起点位置，单击按钮，添加一个透明度关键帧，然后设置输入数值，如图 2-217 所示。接着将时间滑块移动到素材的终点位置，单击按钮，添加一个与起点透明度相同的关键帧，如图 2-218 所示。

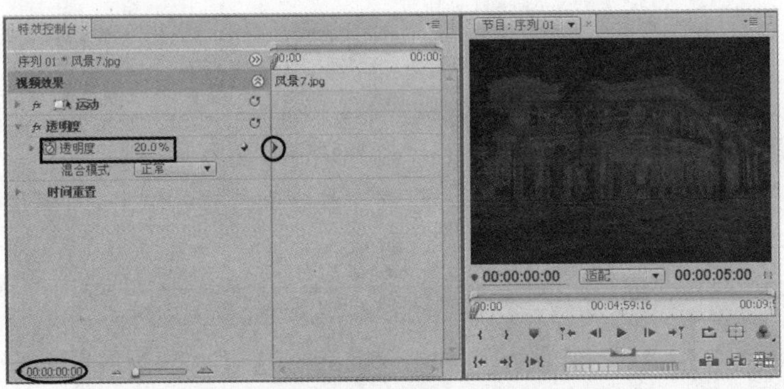

图 2-217　在素材的起始添加一个透明度关键帧

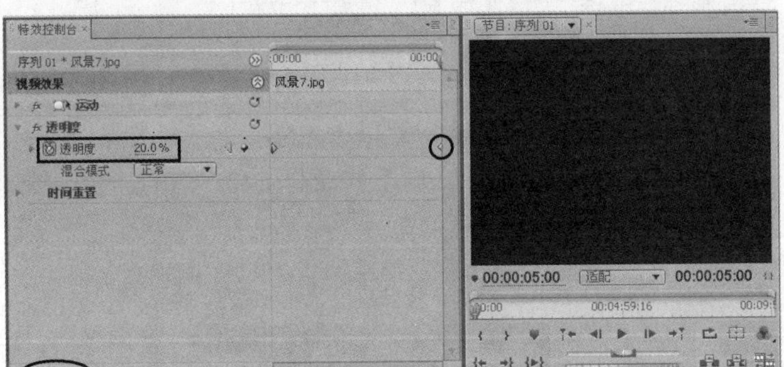

图 2-218　在素材的终点添加一个透明度关键帧

3）将时间滑块移动到 00:00:02:10 的位置，然后调整透明度的参数为 100%，此时软件会在该处自动添加一个透明度关键帧，如图 2-219 所示。

图 2-219　设置 00:00:02:10 处的透明度为 100%

4）单击“节目”面板中的▶按钮，即可看到素材的淡入淡出效果，如图 2-220 所示。

图 2-220　素材的淡入淡出效果

5）如果要取消透明效果，可以单击“透明度”前的按钮，此时会弹出图 2-221 所示的“警告”对话框，单击“确定”按钮，即可将透明度关键帧删除。

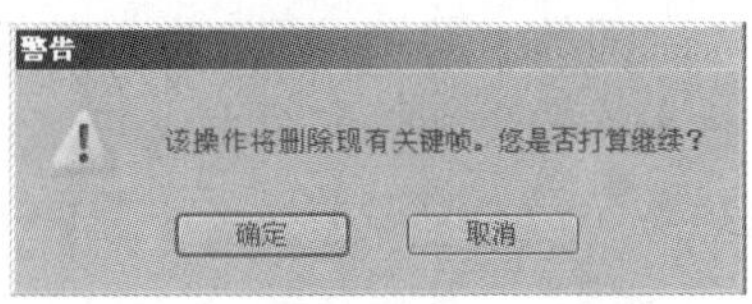

图 2-221　“警告”对话框

6）如果要重置参数，可以单击“透明度”后面的（重置）按钮，即可将当前关键帧的参数修改为默认参数。

2.6　调整与校正画面色彩

在素材拍摄阶段由于很难控制视频拍摄环境内的光照条件和景物对画面的影响，常常会遇到视频画面出现或暗淡、或明亮、或颜色投影等问题。为了解决这个问题，Premiere Pro CS4 为用户提供了一系列专门用于调整图像亮度、对比度和颜色的特效滤镜。虽然这些滤镜无法取代良好光照条件下拍摄出的高品质素材，但能尽量校正素材对最终影片所造成的影响。下面就来具体介绍这些滤镜的使用方法。

2.6.1　颜色模式

目前，大多数影视节目的最终播放平台仍以电视、电影等传统视频平台为主，但制作这些节目的编辑平台却大多以计算机为基础。这就使得以计算机为运行平台的非线性编辑软件在处理和调整图像时往往不会基于电视工程学技术，而是采用了计算机创建颜色的基本原理。因此在学习 Premiere Pro CS4 调整视频素材色彩之前，需要首先了解有关色彩及计算机颜色理论的相关知识。

1. 色彩与视觉原理

对人们来说，色彩是由于光线刺激眼睛而产生的一种视觉效应。也就是说，光色并存，人们的色彩感觉离不开光，只有在含有光线的场景内人们才能够看到色彩。

2. 色彩三要素

在色彩学中，颜色通常被定义为一种通过传导的感觉印象，即视觉效应。同触觉、嗅觉和痛觉一样，视觉的起因是刺激，而该刺激便是来源于光线的辐射。

在日常生活中，人们在观察物体色彩的同时，也会注意到物体的形状、面积、材质、机理，以及该物体的功能及其所处的环境。通常来说，这些因素也会影响人们对色彩的感觉。为了寻找规律性，人们对感性的色彩认知进行分析，并最终得出了色相、亮度和饱和度这 3 种构成色彩的基本要素。

(1) 色相

色相也称为色泽。简单地说，当人们在生活中称呼某一颜色的名称时，脑海内所浮现出的色彩便是色相的概念。也正是由于色彩具有这种具体的特征，人们才能感受到一个五彩缤纷的世界。

(2) 饱和度

饱和度指的是色彩的纯净程度，即纯度。在所有的可见光中，有波长较为单一的，也有波长较为混杂的，还有处于两者之间的。其中，黑、白、灰等无彩色的光线即为波长最为混杂的色彩，这是由于饱和度、色相感的逐渐消失而造成的。

从色彩纯度的方面来看，红、橙、黄、绿、青、蓝、紫这几种颜色是纯度最高的颜色，因此又被称为纯色。

从色彩的成分来看，饱和度取决于该色彩中的含色成分与消色成分（黑、白、灰）之间的比例。简单地说，含色成分越多，饱和度越高；消色成分越多，饱和度越低。例如，当在红色中混入白色时，虽然仍旧具有红色相的特征，但其鲜艳程度会逐渐降低，称为淡红色；当混入黑色时，则会逐渐成为暗红色；当混入亮度相同的中性灰时，色彩会逐渐成为灰红色。

(3) 亮度

亮度是所有色彩都具有的属性，指的是色彩的明暗程度。在色彩搭配中，亮度关系是颜色搭配的基础。一般来说，通过不同亮度的对比，能够突出表现物体的立体感与空间感。

就色彩在不同亮度下所显现的效果来看，色彩的亮度越高，颜色就越淡，并最终表现为白色；反之，色彩的亮度越低，颜色就越重，并最终表现为黑色。

3. RGB颜色原理

RGB 色彩模式是工业界的一种颜色标准。这种模式包括三原色——红（R），绿（G），蓝（B），每种色彩都有 256 种颜色，每种色彩的取值范围是 0~255，这 3 种颜色混合可产生 16,777,216 种颜色。RGB 模式几乎包括了人类视力所能感知的所有颜色，是目前运用最为广泛的颜色系统之一。这种模式是一种加色模式（理论上），因为当 R、G、B 都为 255 时，为白色；均为 0 时，为黑色；R、G、B 均为相等数值时，为灰色。换句话说，可把 R、G、B 理解成 3 盏灯光，当这 3 盏灯都打开，且为最大数值 255 时，即可产生白色；当这 3 盏灯全部关闭，即为黑色。

4. HLS颜色模式

HLS 是 Hue（色相）、Liminance（亮度）和 Saturation（饱和度）的缩写。该颜色模式是通过指定色彩的色相、亮度和饱和度来获取颜色的，因此许多人认为 HLS 颜色模式较 RGB 颜色模式更为直观。按照 HLS 颜色来指定颜色时，可以在彩虹光谱上选取色调、选择饱和度（颜色的纯度），并设置亮度（由明到暗）。以明黄色为例，这是一种饱和度高并且明亮的颜色，因此在选择“黄”色相后，应该将饱和度设置为 100%，亮度则以 50% 左右为宜，如图 2-222 所示。

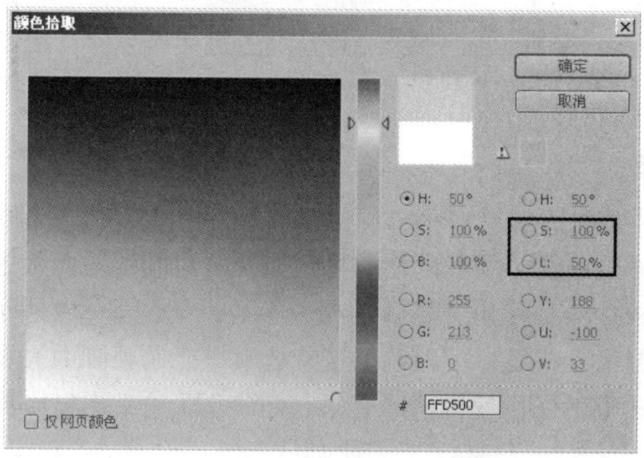

图 2-222　使用 HLS 模式选择色彩

5. YUV颜色系统

在现代彩色电视系统中，节目拍摄时采用的通常是三管彩色摄像机或彩色 CCD（点耦合器件）摄像机。此类摄像机会将拍摄好的彩色图像信号经过分色、分别放大校正后得到 RGB 颜色，再经过矩阵变换电路得到亮度信号 Y 和两个色差信号 R-Y（即 U）、B-Y（即 V），最后发送端将亮度和色差 3 个信号分别进行编码，用同一信道发送出去。

YUV 颜色系统的重要性在于它的亮度信号 Y 和色差信号 U、V 是相互分离的。此时，如果只有 Y 信号分量而没有 U、V 分量，则表示图像为黑白灰度图。这样一来，便解决了彩色电视机与黑白电视机的兼容问题。

2.6.2　调整类特效

Premiere Pro CS4 中的调整类特效主要是通过调整图像的色阶、阴影或高光，以及亮度、对比度等方式，来达到优化影像质量或实现某种特殊画面效果的目的。调整类特效包括“卷积内核”、“基本信号控制”、“提取”、“照明效果”、“自动对比度”、“自动色阶”、“自动颜色”、“色阶”和“阴影 / 高光”9 种特效，如图 2-223 所示。

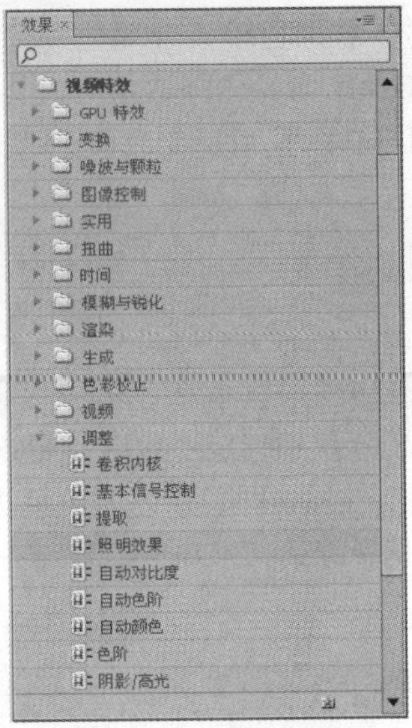

图 2-223 “调整”类特效

1.“卷积内核”特效

“卷积内核”特效是根据数学卷积积分的运算来改变素材中每个像素的值。将“效果”面板中“视频特效”文件夹中的“卷积内核”特效拖到“时间线”面板中的相关素材上，此时在“特效控制台”面板中会显示出该特效的相关参数，如图 2-224 所示。其中 M11～M33 这 9 项参数全部用于控制像素亮度，单独调整这些选项只能调整画面亮度的效果，如果组合使用这些选项则可以让模糊的图像变得清晰起来。图 2-225 为给素材添加“卷积内核”特效前后的效果比较。

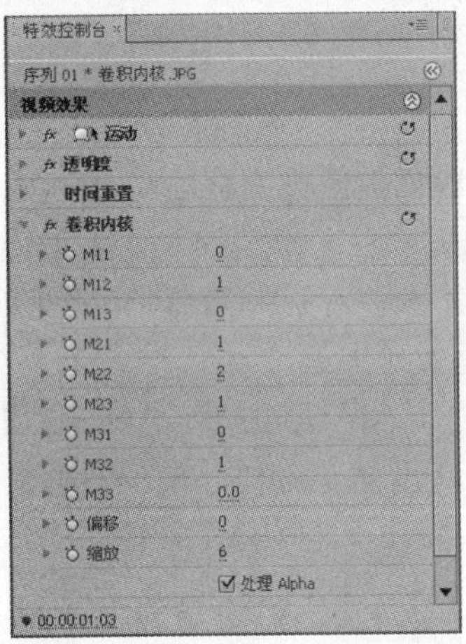

图 2-224 “卷积内核”特效的参数

原图　　结果图

图 2-225 为素材添加“卷积内核”特效前后的效果比较

2.“基本信号控制”特效

“基本信号控制”特效可以分别调整影片的亮度、对比度、色相和饱和度。其参数面板如图 2-226 所示。该面板中的主要参数的含义如下。

- 亮度：用于控制当前素材的亮度。
- 对比度：用于控制当前素材的对比度。
- 色相：用于控制当前素材的色调。
- 饱和度：用于控制当前素材的色彩饱和度。
- 拆分屏幕：勾选该复选框后，可以将屏幕划分为两个部分，以便对比调节参数前后的效果。图 2-227 为勾选该复选框后的效果。图 2-228 为取消勾选“拆分屏幕”复选框后，调整“基本信号控制”特效参数前后的效果比较。
- 拆分百分比：用于控制调整参数前后的画面在屏幕中所占的比例。

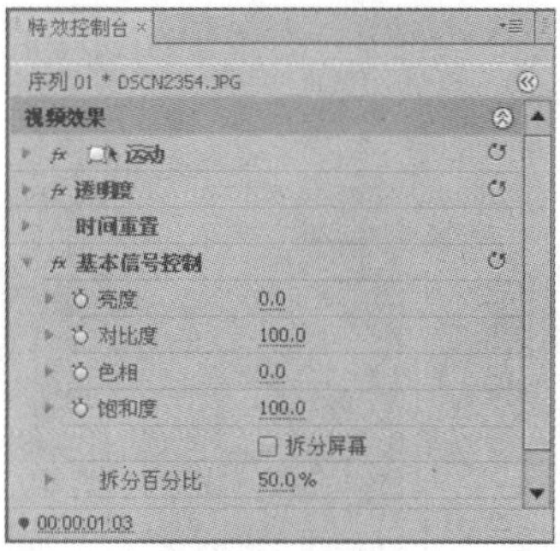

图 2-226 “基本信号控制”特效的参数

图 2-227 勾选“拆分屏幕”复选框后效果

原图　　结果图

图 2-228 为素材添加“基本信号控制”特效前后的效果比较

3.“提取”特效

“提取”特效可以从素材中吸取颜色，然后通过设置灰色的范围来控制影像的显示。其参数面板如图 2-229 所示。图 2-230 为给素材添加“提取”特效前后的效果比较。

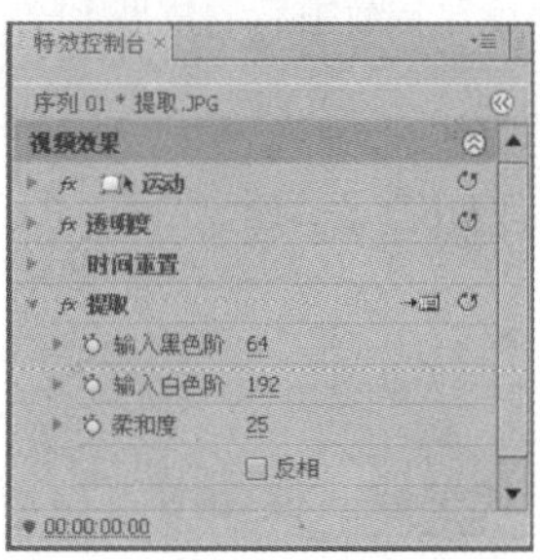

图 2-229 “提取”特效的参数

原图　　结果图

图 2-230 为素材添加“提取”特效前后的效果比较

4. “照明效果”特效

“照明效果”特效可以在一个素材上同时添加 5 个灯光特效，并可以调节灯光类型、照明颜色、中心、主要半径、次要半径、角度、强度、聚焦等属性。其参数面板如图 2-231 所示。图 2-232 为给素材添加“照明效果”特效前后的效果比较。

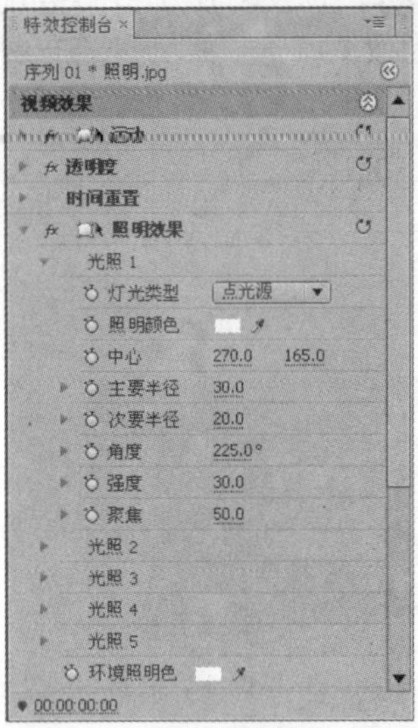

图 2-231 “照明效果”特效的参数

原图　　结果图

图 2-232 为素材添加“照明效果”特效前后的效果比较

5. “自动对比度”特效

“自动对比度”特效用于调整素材总的色彩混合，去除偏色。其参数面板如图 2-233 所示。图 2-234 为给素材添加“自动对比度”特效前后的效果比较。

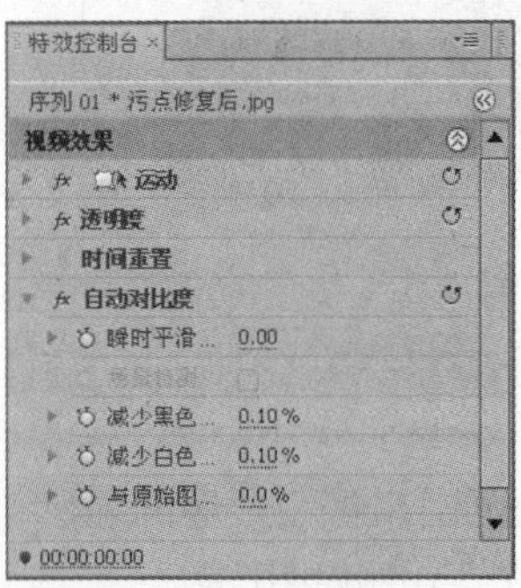

图 2-233 “自动对比度”特效的参数

原图　　结果图

图 2-234 为素材添加“自动对比度”特效前后的效果比较

6. “自动色阶”特效

“自动色阶”特效用于自动调节素材的高光、阴影。其参数面板如图 2-235 所示。图 2-236 为给素材添加“自动色阶”特效前后的效果比较。

7. “自动颜色”特效

“自动颜色”特效用于调节素材的黑色和白色像素的对比度。其参数面板如图 2-237 所示。图 2-238 为给素材添加“自动颜色”特效前后的效果比较。

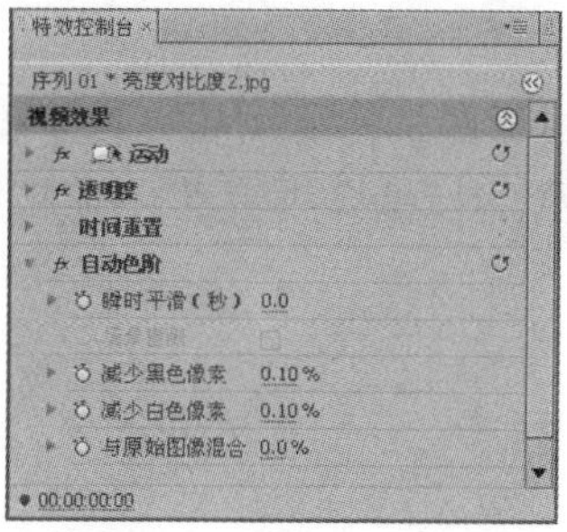

图 2-235　“自动色阶”特效的参数

原图　　结果图

图 2-236　为素材添加“自动色阶”特效前后的效果比较

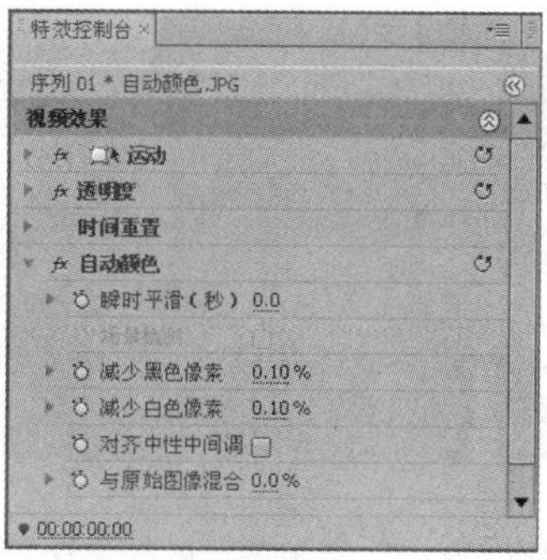

图 2-237　“自动颜色”特效的参数

原图　　结果图

图 2-238　为素材添加“自动颜色”特效前后的效果比较

8.“色阶”特效

在 Premiere Pro CS4 数量众多的图像效果调整特效中，色阶是较为常用，且较为复杂的视频特效之一。色阶特效用于精确调整素材阴影、中间调和高光的强度级别，从而校正图像的色调范围和色彩平衡。其参数面板如图 2-239 所示。图 2-240 为给素材添加“色阶”特效前后的效果比较。

图 2-239　“色阶”特效的参数

原图　　结果图

图 2-240　为素材添加“色阶”特效前后的效果比较

9.“阴影/高光”特效

“阴影 / 高光”特效能够基于阴影或高光区域，使其局部相邻像素的亮度提高或降低，从而校正由强逆光而形成的剪影效果。其参数面板如图 2-241 所示。图 2-242 为给素材添加“阴影 / 高光”特效前后的效果比较。

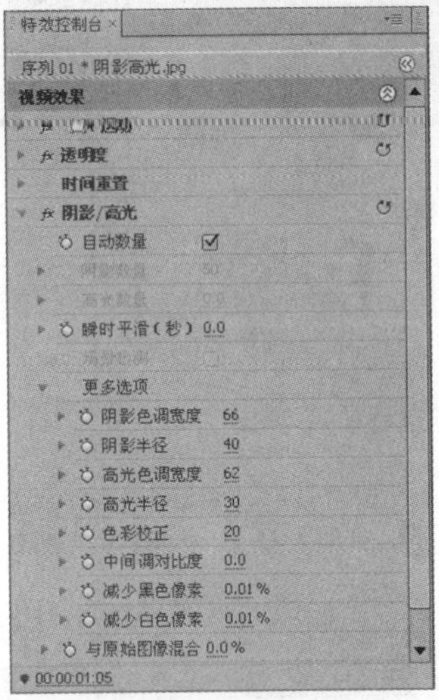

图 2-241 “阴影 / 高光”特效的参数

原图　　结果图

图 2-242 为素材添加“阴影 / 高光”特效前后的效果比较

2.6.3 图像控制类特效

图像控制类视频特效的主要功能是更改或替换素材画面内的某些颜色，从而达到突出画面内容的目的。图像控制类特效包括“灰度系数（Gamma）校正”、“色彩传递”、“色彩匹配”、“颜色平衡（RGB)”、“颜色替换”和“黑白”6 种特效，如图 2-243 所示。

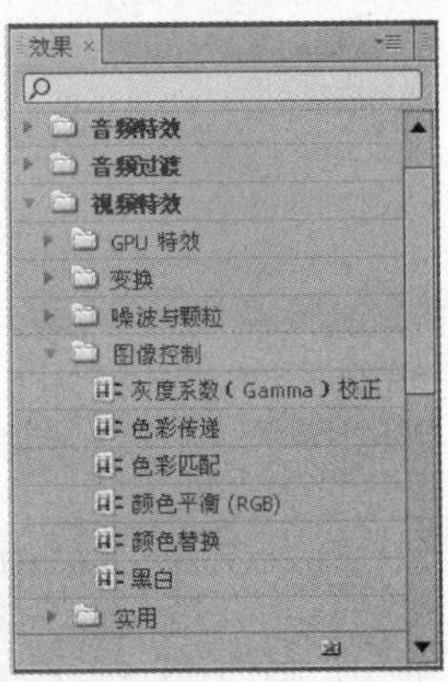

图 2-243 “图像控制”类特效

1.“灰度系数（Gamma）校正”特效

“灰度系数（Gamma）校正”特效可以在不改变图像高亮区域和低亮区域的情况下使图像变亮或变暗。其参数面板如图 2-244 所示。图 2-245 为给素材添加“灰度系数（Gamma）校正”特效前后的效果比较。

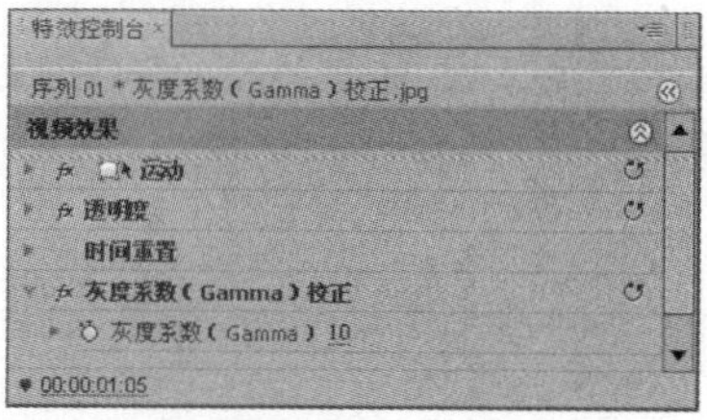

图 2-244 “灰度系数（Gamma）校正”特效的参数

原图　　结果图

图 2-245 为素材添加“灰度系数（Gamma）校正”特效前后的效果比较

2. “色彩传递”特效

“色彩传递”特效用于将用户指定颜色及其相近色之外的彩色区域全部变为灰色图像。在实际应用中，通常用于过滤画面内除主人公以外的其他景物及景物色彩，从而达到突出主要人物的目的。其参数面板如图 2-246 所示。图 2-247 为给素材添加“色彩传递”特效前后的效果比较。

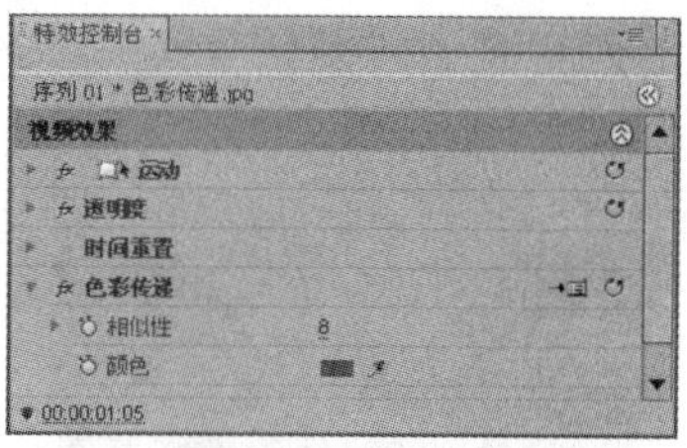

图 2-246 “色彩传递”特效的参数

原图　　结果图

图 2-247 为素材添加“色彩传递”特效前后的效果比较

3. “色彩匹配”特效

“色彩匹配”特效可以通过调整色调、饱和度和亮度，从一个源素材匹配颜色给另一个素材。其参数面板如图 2-248 所示。图 2-249 为给素材添加“色彩匹配”特效前后的效果比较。

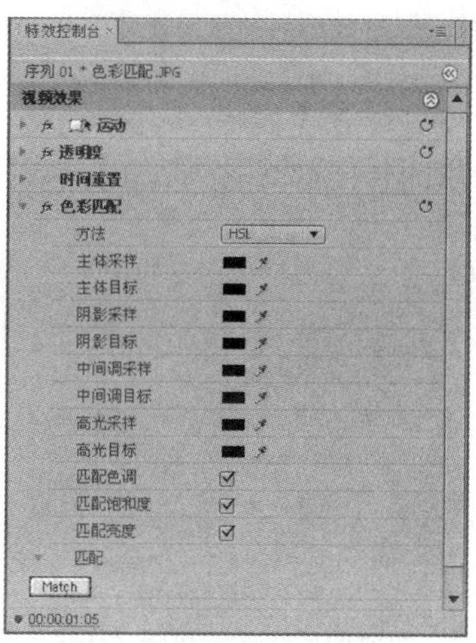

图 2-248 “色彩匹配”特效的参数

原图　　结果图

图 2-249 为素材添加“色彩匹配”特效前后的效果比较

4. “颜色平衡（RGB）”特效

“颜色平衡（RGB）”特效可以按 RGB 颜色模式调节素材的颜色，从而达到校色的目的。其参数面板如图 2-250 所示。图 2-251 为给素材添加“颜色平衡(RGB)”特效前后的效果比较。

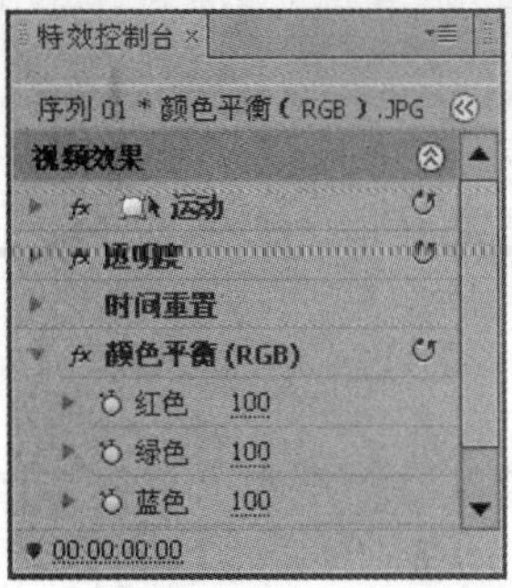

图 2-250 “颜色平衡（RGB）”特效的参数

原图 结果图

图 2-251 为素材添加“颜色平衡（RGB）”特效前后的效果比较

5. “颜色替换”特效

“颜色替换”特效可以在保持灰度不变的情况下，使用一种新的颜色代替选中的色彩以及与之相似的色彩。其参数面板如图 2-252 所示。图 2-253 为给素材添加“颜色替换”特效前后的效果比较。

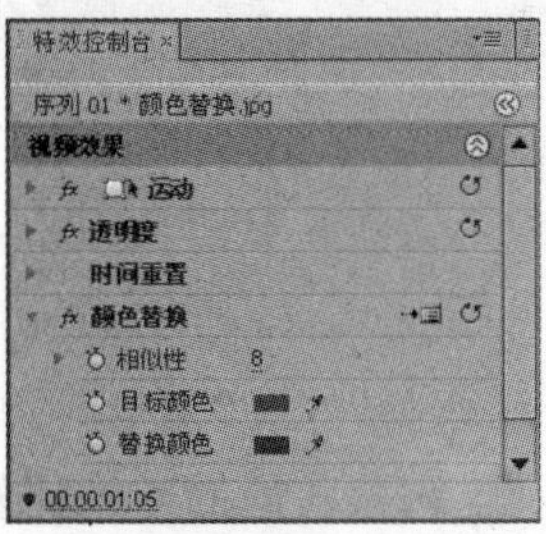

图 2-252 “颜色替换”特效的参数

原图 结果图

图 2-253 为素材添加“颜色替换”特效前后的效果比较

6. “黑白”特效

“黑白”特效可以直接将彩色图像转换成灰度图像。其参数面板中没有任何参数，如图 2-254 所示。图 2-255 为给素材添加“黑白”特效前后的效果比较。

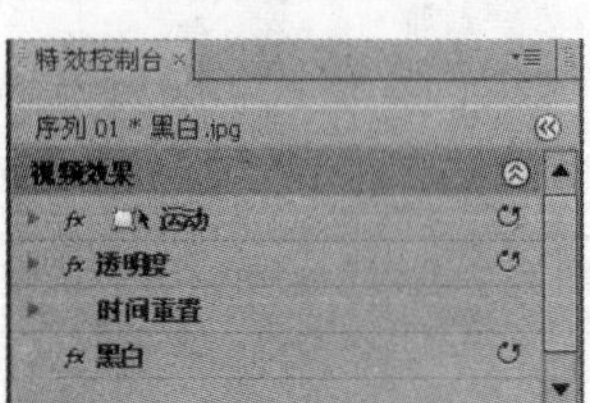

图 2-254 “黑白”特效的参数

原图 结果图

图 2-255 为素材添加“黑白”特效前后的效果比较

2.6.4 色彩校正类特效

色彩校正类视频特效的主要作用是调节素材的色彩，从而修正受损的素材。其他类型的视频特效虽然也能够在一定程度上完成上述工作，但色彩校正类特效在色彩调整方面的控制选项更为详尽，因此对画面色彩的校正效果也更为专业，可控性也更强。色彩校正类特效包括“RGB 曲线”、“RGB 色彩校正”、“三路色彩校正”、“亮度与对比度”、“亮度曲线”、“亮度校正”、“广播级色彩”、“快速色彩校正”、“更改颜色”、“着色”、“脱色”、“色彩均化”、“色彩平衡”、“色彩平衡 (HLS)”、“视频限幅器”、“转换颜色”和“通道混合器”17 种特效，如图 2-256 所示。

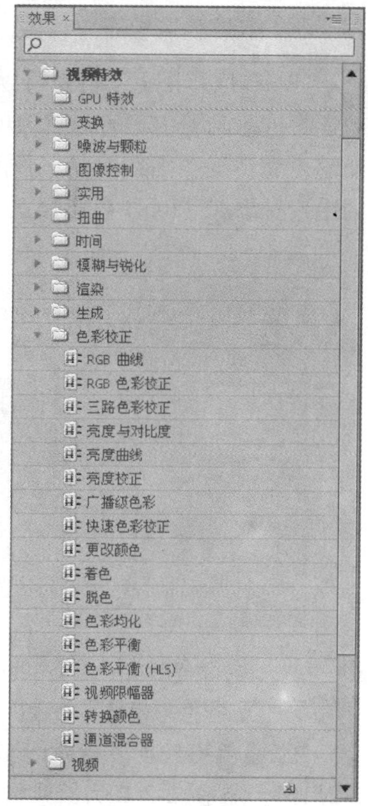

图 2-256 “色彩校正”类特效

1. “RGB曲线”特效

“RGB 曲线”特效与调整类特效中的“色阶”特效功能相同，都能够调整素材的明暗关系和色彩变化。所不同的是，“色阶”特效只能够调整素材的阴影、高光和中间调 3 个区域，而“RGB 曲线”特效则能够平滑调整素材的 256 级灰度，在“RGB 曲线”特效中每一条颜色曲线上可以添加 16 个调节点，用于对素材颜色进行精确调整，从而获得更为细腻的画面调整效果。其参数面板如图 2-257 所示。图 2-258 为给素材添加“RGB 曲线”特效前后的效果比较。

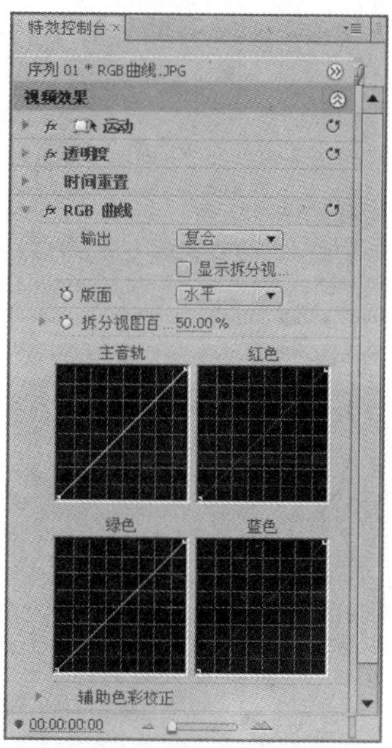

图 2-257 “RGB 曲线”特效的参数

原图　　结果图

图 2-258 为素材添加“RGB 曲线”特效前后的效果比较

2. “RGB色彩校正”特效

“RGB 色彩校正”特效可以通过色调调整图像，也可以通过通道调整图像。而且，该特效还将这些调整内容的参数选项拆分为“灰度系数”、“基值”和“增益”3 项，从而使用户能够更为精确、细致地调整画面色彩、亮度等内容。其参数面板如图 2-259 所示。图 2-260 为给素材添加“RGB 色彩校正”特效前后的效果比较。

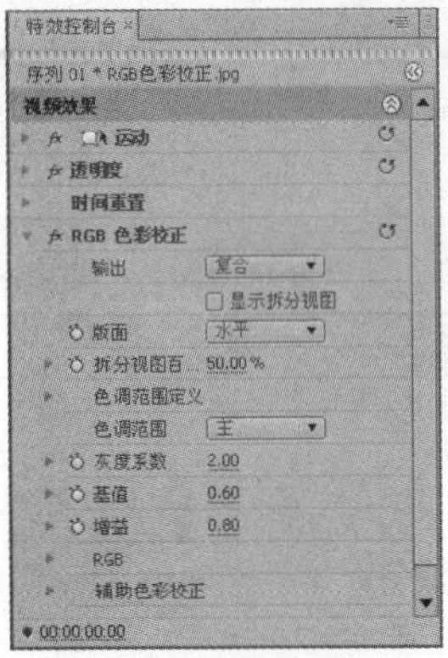

原图　　结果图

图 2-259 “RGB 色彩校正”特效的参数　图 2-260 为素材添加“RGB 色彩校正”特效前后的效果比较

3. “三路色彩校正”特效

“三路色彩校正”特效能够细微调整素材颜色的色调、饱和度和亮度。其参数面板如图 2-261 所示。图 2-262 为给素材添加“三路色彩校正”特效前后的效果比较。

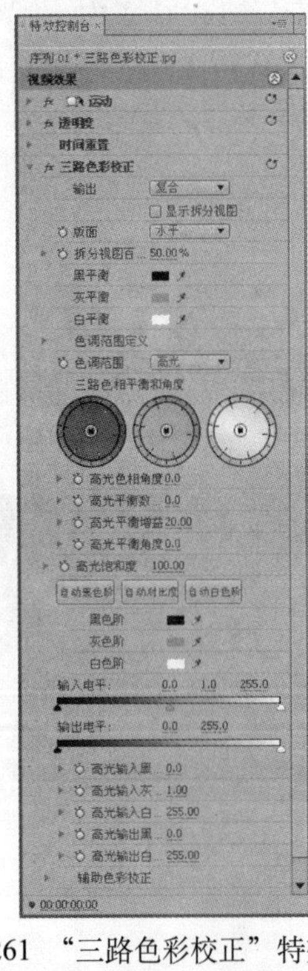

原图　　结果图

图 2-261 “三路色彩校正”特效的参数　图 2-262 为素材添加“三路色彩校正”特效前后的效果比较

4.“亮度与对比度”特效

“亮度与对比度”特效用于调节画面的亮度和对比度。该特效会同时调整所有像素的亮部区域、暗部区域和中间色区域，但不能对单一通道进行调节。其参数面板如图 2-263 所示。图 2-264 为给素材添加“亮度与对比度”特效前后的效果比较。

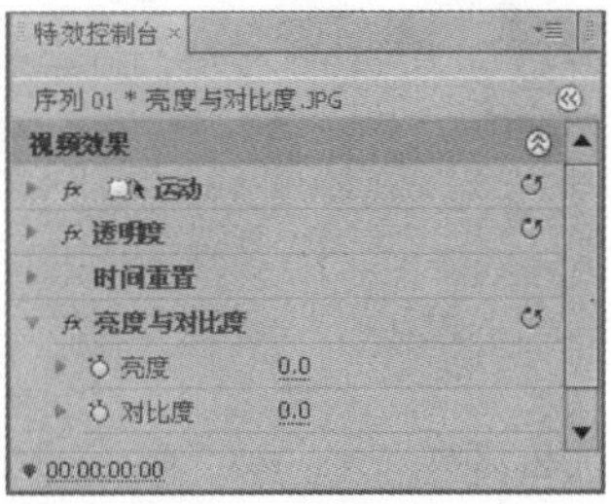

图 2-263 “亮度与对比度”特效的参数

原图　　结果图

图 2-264 为素材添加“亮度与对比度”特效前后的效果比较

5.“亮度曲线”特效

“亮度曲线”特效与“RGB 曲线”特效都是通过曲线调整来控制图像的。但是“亮度曲线”特效只能调整对象的亮度曲线，而且只能对整个画面的亮度进行统一控制，而无法单独调整每个通道的亮度。其参数面板如图 2-265 所示。图 2-266 为给素材添加“亮度曲线”特效前后的效果比较。

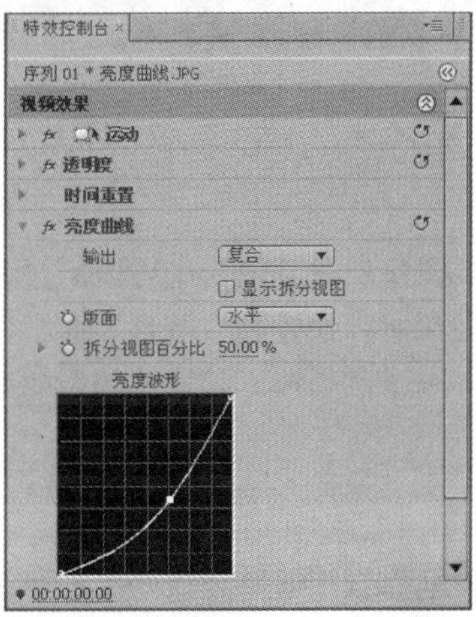

图 2-265 “亮度曲线”特效的参数

原图　　结果图

图 2-266 为素材添加“亮度曲线”特效前后的效果比较

6.“亮度校正”特效

“亮度校正”特效用于调整色彩的色调范围在高光、中间调和阴影状态时的亮度。其参数面板如图 2-267 所示。图 2-268 为给素材添加“亮度校正”特效前后的效果比较。

7.“广播级色彩”特效

“广播级色彩”特效用来改变、设置像素的色值范围，保持信号的幅度。其参数面板如图 2-269 所示。图 2-270 为给素材添加“广播级色彩”特效前后的效果比较。

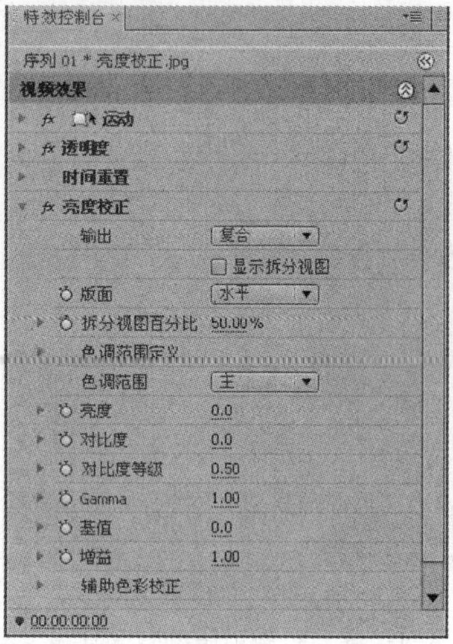

图 2-267 “亮度校正”特效的参数

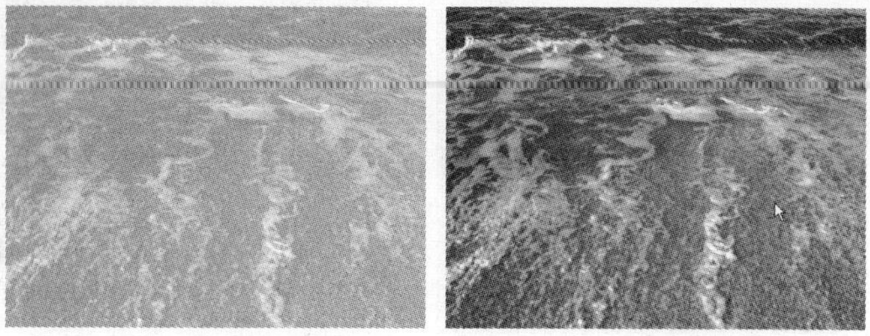

原图 结果图

图 2-268 为素材添加“亮度校正”特效前后的效果比较

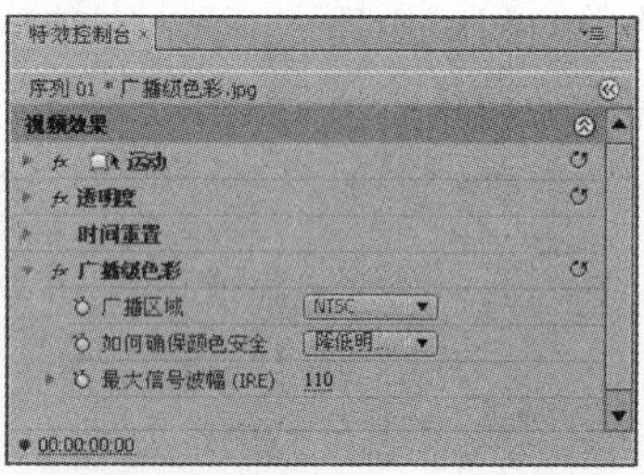

图 2-269 “广播级色彩”特效的参数

原图 结果图

图 2-270 为素材添加“广播级色彩”特效前后的效果比较

8. “快速色彩校正”特效

“快速色彩校正”特效可以通过色调平衡和角度控制器来调整素材颜色，也可以通过调整阴影、中间调和高光的电平进行调节。该特效调节得到的效果可以快速在“节目”面板中看到。其参数面板如图 2-271 所示。图 2-272 为给素材添加“快速色彩校正”特效前后的效果比较。

9. “更改颜色”特效

Premiere Pro CS4 为用户提供了多种将素材内的部分色彩更改为其他色彩的方法。在这些方法中，“更改颜色”特效是应用方法最简单，且效果最佳的一种。该特效是通过在素材色彩范围内调整色相、亮度和饱和度，从而改变色彩范围内的颜色。其参数面板如图 2-273 所示。图 2-274 为给素材添加“更改颜色”特效前后的效果比较。

10. “着色”特效

“着色”特效可以修改素材的颜色信息，并将每一个像素效果施加一种混合效果。其参数面板如图 2-275 所示。图 2-276 为给素材添加“着色”特效前后的效果比较。

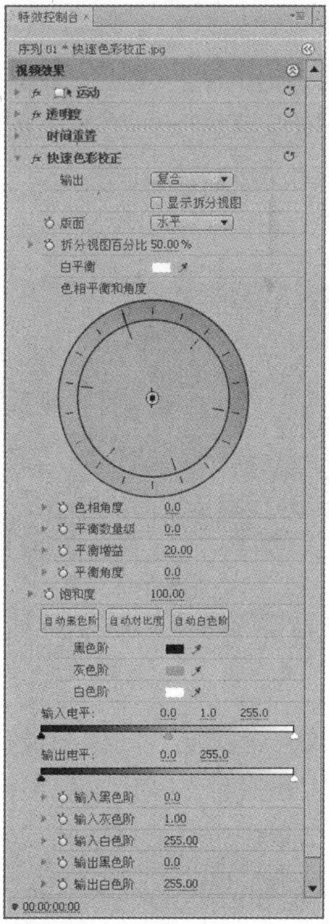

图 2-271　“快速色彩校正”特效的参数

原图　　结果图

图 2-272　为素材添加“快速色彩校正”特效前后的效果比较

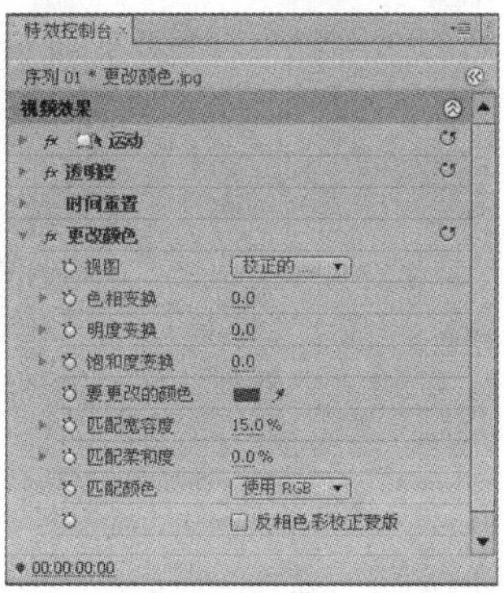

图 2-273　“更改颜色”特效的参数

原图　　结果图

图 2-274　为素材添加“更改颜色”特效前后的效果比较

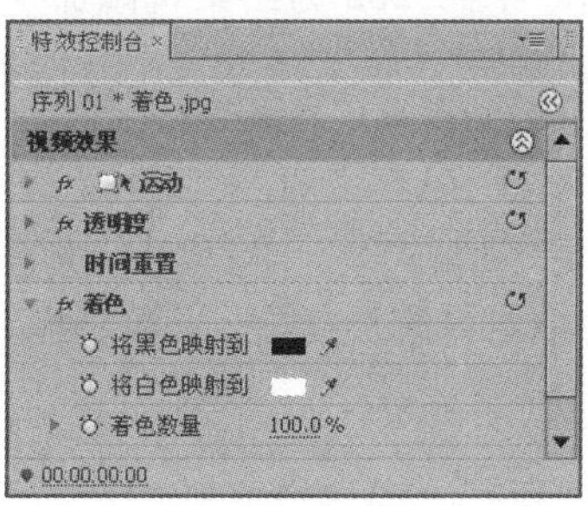

图 2-275　“着色”特效的参数

原图　　结果图

图 2-276　为素材添加“着色”特效前后的效果比较

11.“脱色”特效

“脱色”特效用于去除素材中的色彩信息。与调整类特效中的“提取”特效所不同的是，“脱色”特效并不会消除画面内的所有色彩信息，而能够有选择地保留画面内的部分色彩。其参数面板如图 2-277 所示。图 2-278 为给素材添加“脱色”特效前后的效果比较。

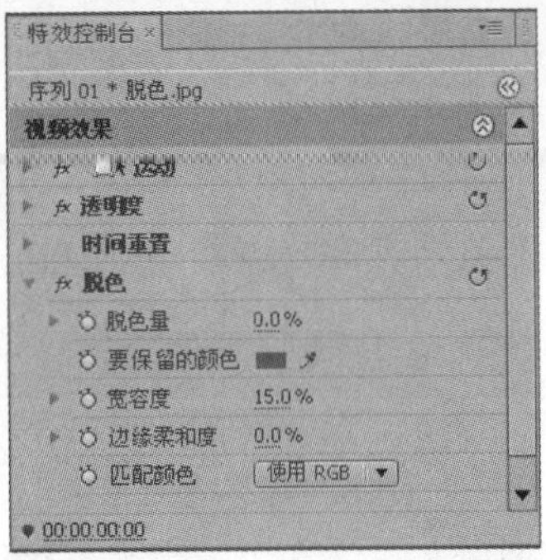

图 2-277 “脱色”特效的参数

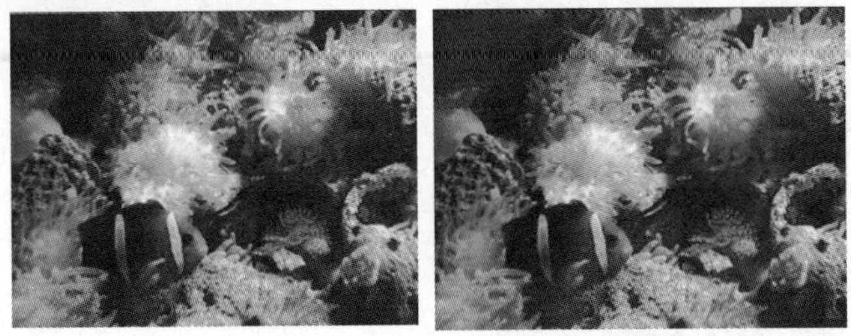

原图　　结果图

图 2-278 为素材添加“脱色”特效前后的效果比较

12.“色彩均化”特效

“色彩均化”特效可以重新分布图像中像素的亮度值。该特效会查找复合图像中最亮和最暗的值并重新映射这些值，以使最亮的值表示白色，最暗的值表示黑色，然后再在整个灰度范围内均匀分布中间像素值。其参数面板如图 2-279 所示。图 2-280 为给素材添加“色彩均化”特效前后的效果比较。

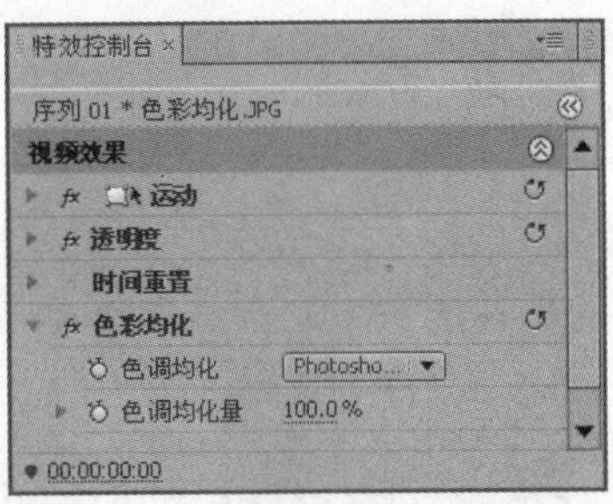

图 2-279 “色彩均化”特效的参数

原图　　结果图

图 2-280 为素材添加“色彩均化”特效前后的效果比较

13.“色彩平衡”特效

“色彩平衡”特效是通过对素材阴影、中间调和高光下的红绿蓝三色的参数进行调整，来实现对素材颜色平衡度的调节。其参数面板如图 2-281 所示。图 2-282 为给素材添加“色彩平衡”特效前后的效果比较。

14.“色彩平衡（HLS）”特效

“色彩平衡（HLS）”特效是通过对素材色相、饱和度和亮度进行调整，来实现对素材颜色的平衡度的调节。其参数面板如图 2-283 所示。图 2-284 为给素材添加“色彩平衡（HLS）”特效前后的效果比较。

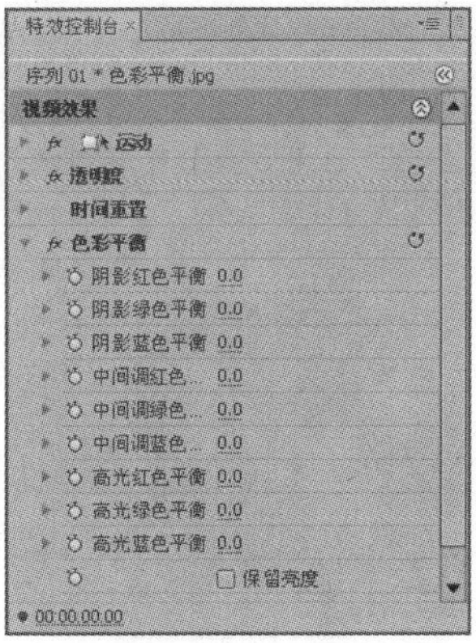

图 2-281 “色彩平衡”特效的参数

图 2-282 为素材添加“色彩平衡”特效前后的效果比较

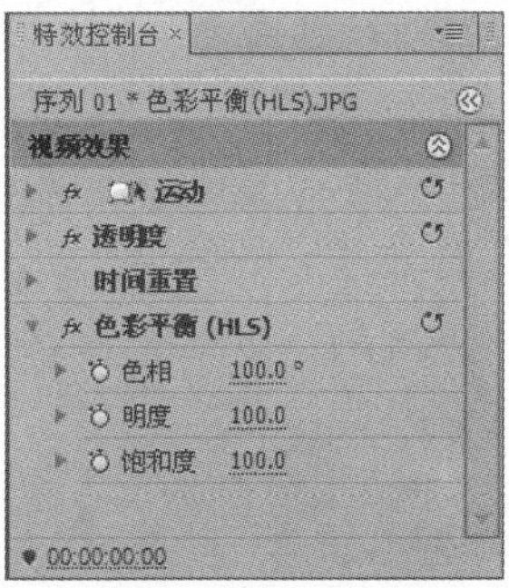

图 2-283 “色彩平衡（HLS）”特效的参数

图 2-284 为素材添加“色彩平衡（HLS）”特效前后的效果比较

15.“视频限幅器”特效

“视频限幅器”特效用于控制素材的亮度和颜色。其参数面板如图 2-285 所示。图 2-286 为给素材添加“视频限幅器”特效前后的效果比较。

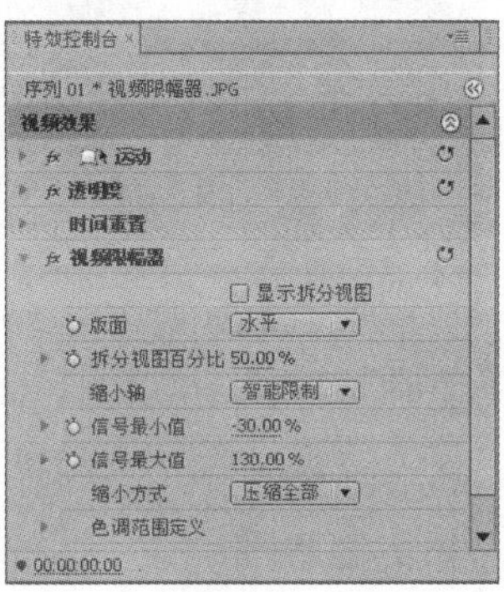

图 2-285 “视频限幅器”特效的参数

图 2-286 为素材添加“视频限幅器”特效前后的效果比较

16.“转换颜色”特效

“转换颜色”特效可以指定某种颜色，然后使用一种新的颜色替换指定的颜色。其参数面板如图 2-287 所示。图 2-288 为给素材添加“转换颜色”特效前后的效果比较。

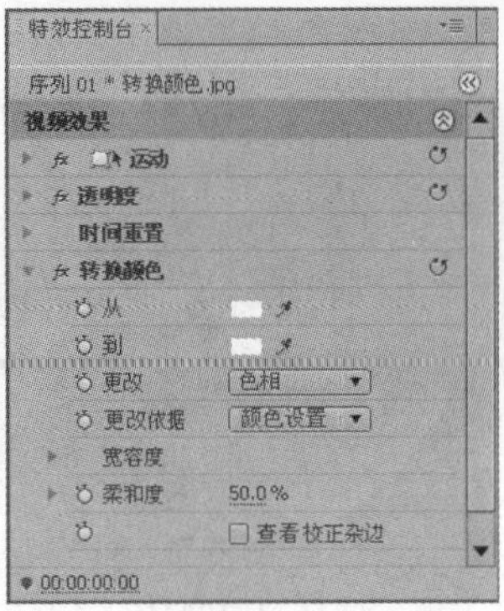

图 2-287 “转换颜色”特效的参数

原图　　结果图

图 2-288 为素材添加“转换颜色”特效前后的效果比较

17.“通道混合器”特效

“通道混合器”特效可以通过为每个通道设置不同的颜色偏移量来校正图像的色彩。其参数面板如图 2-289 所示。图 2-290 为给素材添加“通道混合器”特效前后的效果比较。

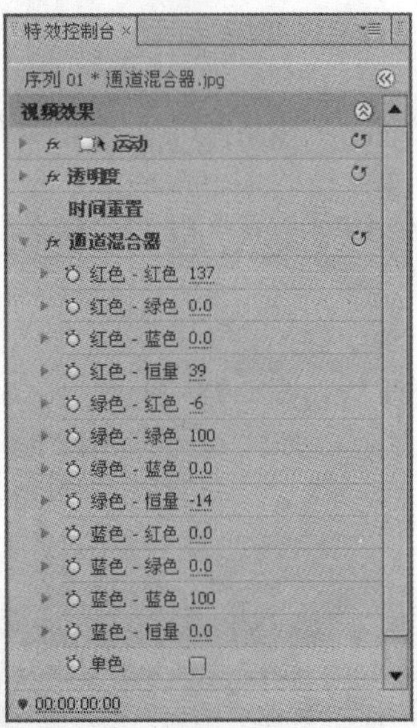

图 2-289 “通道混合器”特效的参数

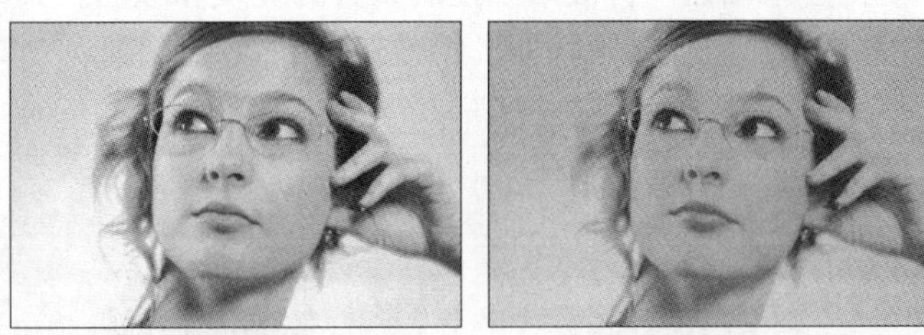

原图　　结果图

图 2-290 为素材添加“通道混合器”特效前后的效果比较

2.6.5 创建新元素

Premiere Pro CS4 除了可以使用导入的素材外，还可以建立一些新素材元素。下面就来进行具体讲解。

1. 创建通用倒计时片头

Premiere Pro CS4 为用户提供的“通用倒计时片头”命令，通常用于创建影片开始前的倒计时片头动画。利用该命令，用户不仅可以非常简便地创建一个标准的倒计时素材，并可以在 Premiere Pro CS4 中随时对其进行修改。创建通用倒计时片头动画的具体操作步骤如下。

1）在“项目”面板中单击下方的 (新建分项）按钮，然后从弹出的下拉菜单中选择“通用倒计时片头”命令，如图 2-291 所示。

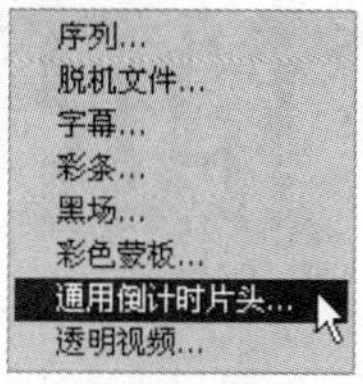

图 2-291　选择“通用倒计时片头”命令

2）在弹出的图 2-292 所示的“新建通用倒计时片头”对话框中设置相关参数后，单击“确定”按钮，进入“通用倒计时片头设置”对话框，如图 2-293 所示。

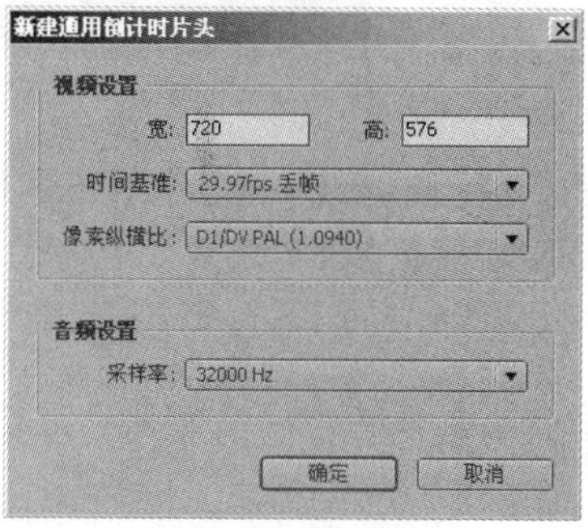

图 2-292　“新建通用倒计时片头”对话框

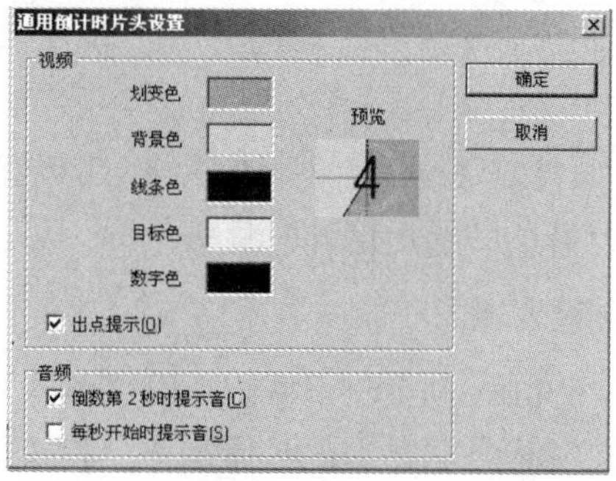

图 2-293　“通用倒计时片头设置”对话框

“通用倒计时片头设置”对话框中的参数含义如下。

- 划变色：用于设置擦除后的颜色。在播放倒计时影片时，指示线会不停地围绕圆心转动，在指示线转动之后的颜色即为划变色。
- 背景色：用于设置背景颜色。当指示线转动之前的颜色即为背景色。
- 线条色：用于设置指示线颜色。固定的十字线及转动指示线的颜色由该项设置。
- 目标色：用于设置圆形准心的颜色。
- 数字色：用于设置数字颜色。

3）设置完毕后，单击“确定”按钮，即可将创建的通用倒计时片头放入“项目”面板，如图 2-294 所示。

图 2-294　“项目”面板中的“通用倒计时片头”素材

4）将“项目”面板中的“通用倒计时片头”素材拖入“时间线”面板中，然后在“节目”面板中单击 按钮，即可看到效果，如图 2-295 所示。

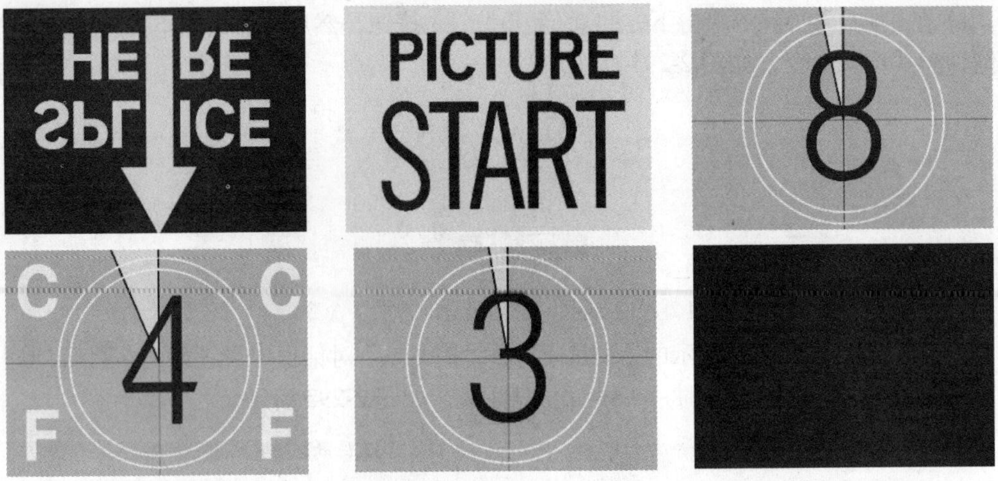

图 2-295　通用倒计时片头效果

5) 如果要修改通用倒计时片头，可以在“项目”面板或“时间线”面板中双击倒计时素材，然后在打开的“通用倒计时片头设置”对话框中进行重新设置。

2.创建彩条

在 Premiere Pro CS4 中，利用“彩条”命令，可以为影片在开始前加入一段静态的彩条效果。创建彩条测试卡的具体操作步骤如下。

1) 在“项目”面板中单击下方的(新建分项) 按钮，然后从弹出的快捷菜单中选择“彩色”命令。

2) 在弹出的图 2-296 所示的“新建彩条”对话框中设置相关参数后，单击“确定”按钮，即可将创建的彩色放入“项目”面板，如图 2-297 所示。

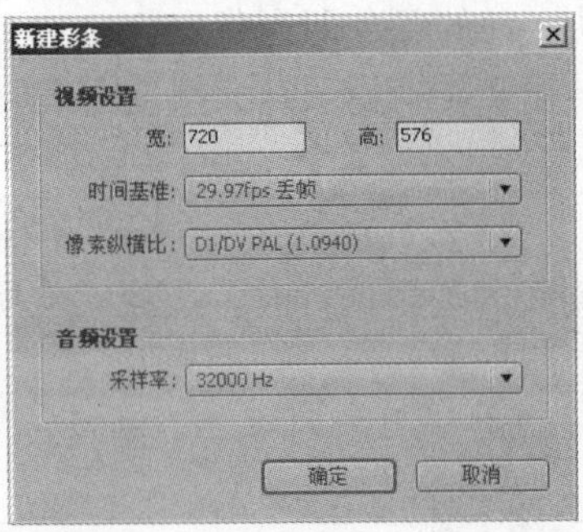

图 2-296　“新建彩条”对话框

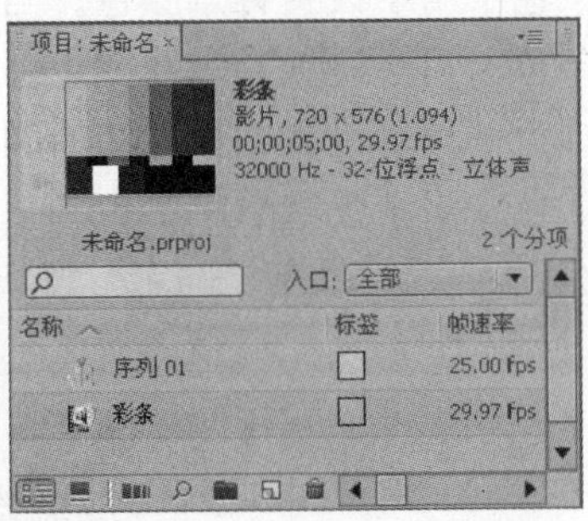

图 2-297 “项目”面板中的“彩条”素材

3. 创建黑场

所谓黑场，是指画面由纯黑色像素所组成的单色素材。在实际应用中，黑场通常用于影片的开头或结尾，起到引导观众进入或退出影片的作用。 在 Premiere Pro CS4 中，利用“黑场”命令，可以为影片加入一段静态的黑场效果。创建黑场的具体操作步骤如下。

1) 在“项目”面板中单击下方的(新建分项) 按钮，然后从弹出的快捷菜单中选择“黑场”命令。

2）在弹出的图 2-298 所示的“新建黑场视频”对话框中设置相关参数后，单击“确定”按钮，即可将创建的黑场放入“项目”面板，如图 2-299 所示。

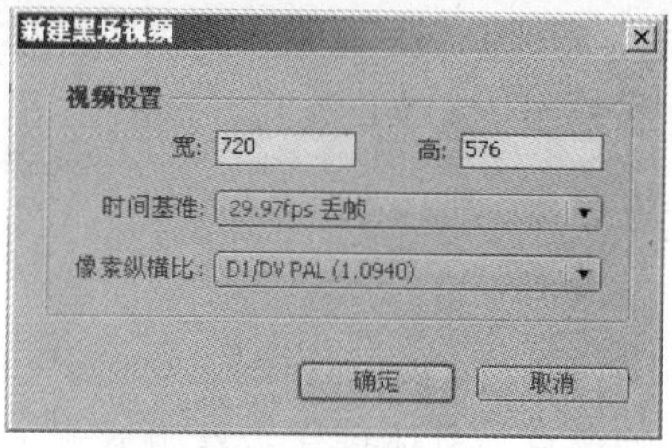

图 2-298 “新建黑场视频”对话框

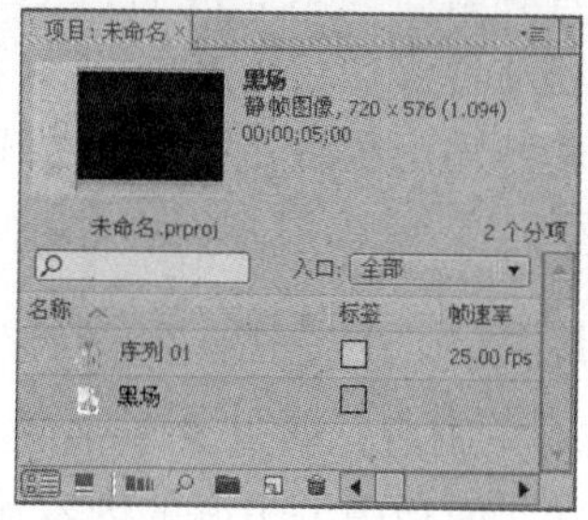

图 2-299 “项目”面板中的“黑场”素材

4. 创建彩色蒙板

从画面内容上看，彩色蒙板与黑场素材的效果极为类似，都是仅包含一种颜色的纯色素材。所不同的是，用户无法控制黑场素材的颜色，却可以根据影片需求任意调整颜色遮罩素材的颜色。创建彩色蒙板的具体操作步骤如下。

1）在“项目”面板中单击下方的（新建分项）按钮，然后从弹出的快捷菜单中选择“彩色蒙板”命令。

2）在弹出的图 2-300 所示的“新建彩色蒙板”对话框中设置相关参数后，单击“确定”按钮。然后在弹出的图 2-301 所示的“颜色拾取”对话框中设置好彩色蒙板的颜色，单击“确定”按钮。接着在弹出的图 2-302 所示“选择名称”对话框中输入彩色蒙板的名称，单击“确定”按钮，即可将创建的彩色蒙板放入“项目”面板，如图 2-303 所示。

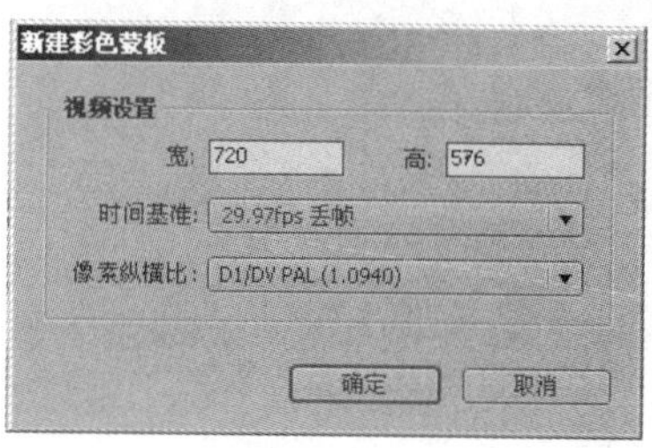

图 2-300 “新建彩色蒙板”对话框

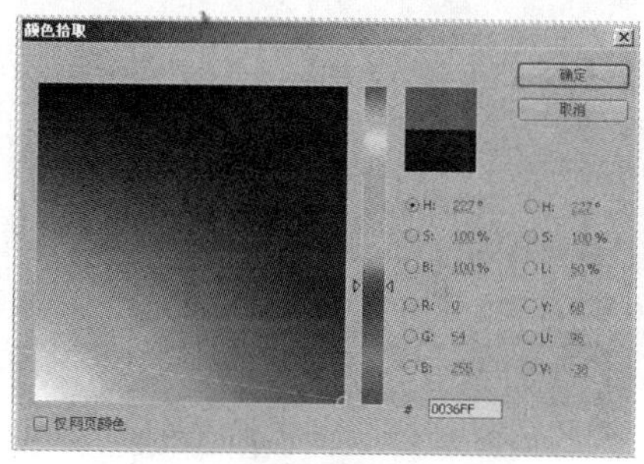

图 2-301 拾取彩色蒙板的颜色

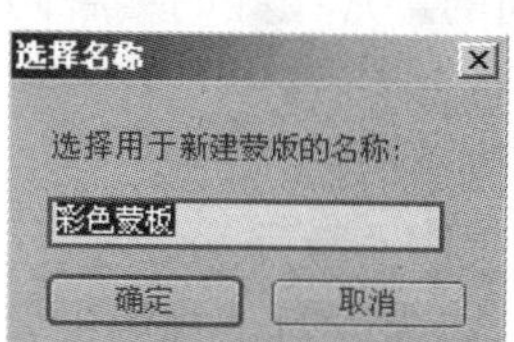

图 2-302 输入彩色蒙板的名称

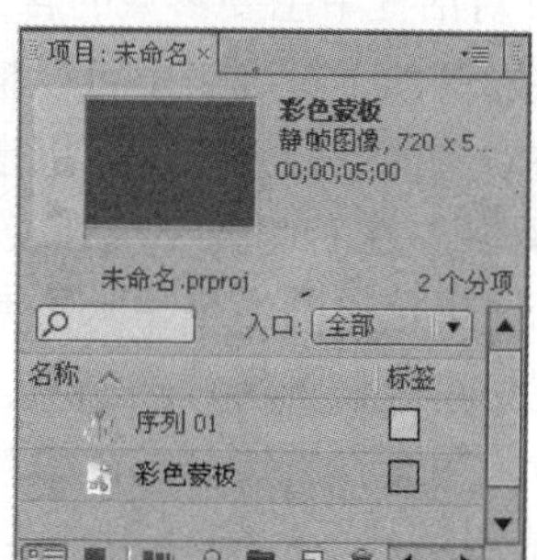

图 2-303 “项目”面板中的“彩色蒙板”素材

2.7 影片的输出

当视频、音频素材编辑完成后，接下来就可对编辑好的项目进行输出，将其发布为最终作品。将项目文件编辑好之后，针对不同的要求，Premiere Pro CS4 提供了媒体、Adobe 剪辑注释、字幕、输出到磁带、输出到 EDL（L）和输出为 OMF 等几种输出设置，以输出不同的文件类型。

2.7.1 输出影片

在影片编辑完成后，通过菜单中的“导出”命令和“Adobe Media Encoder”软件，可以将在“时间线”面板中编辑好的内容输出为完整的影片。具体操作步骤如下。

1）在“时间线”面板中对素材进行编辑后，选择“文件 | 导出 | 媒体”命令，打开“导出设置”对话框，如图 2-304 所示。

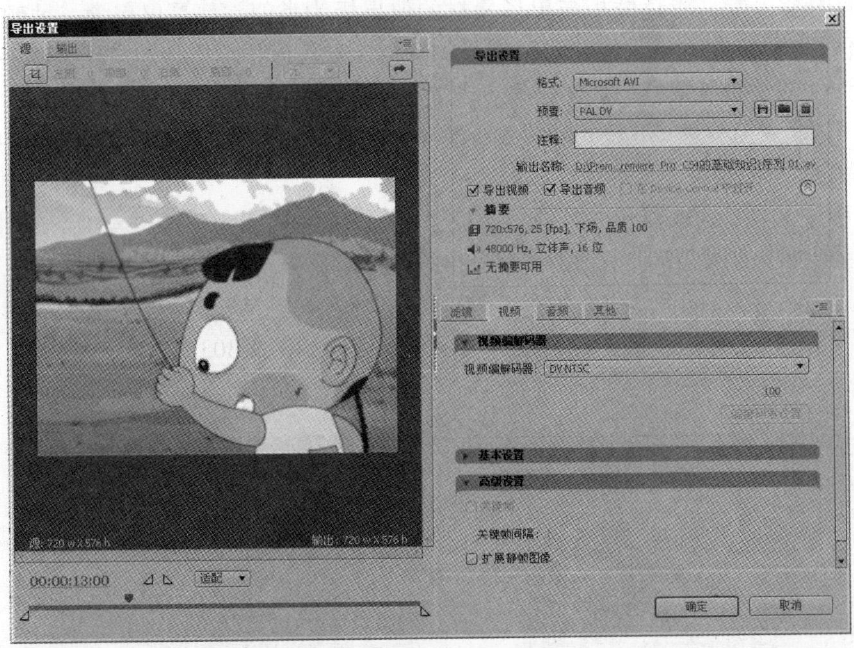

图 2-304 “导出设置”对话框

“导出设置”对话框中主要参数的含义如下。

- 格式：在右侧的下拉列表中可以根据需要选择要输出的文件格式，如图 2-305 所示。
- 预置：在右侧的下拉列表中可以选择软件预置的文件导出格式，如图 2-306 所示。
- 视频编解码器：在右侧的下拉列表中可以选择不同的影片压缩的编解码器，如图 2-307 所示。相对于选用的输出格式不同，对应的解码器也不同。
- 基本设置：用于设置影片的品质、帧速率和场类型等参数。
- 高级设置：用于设置影片的关键帧、扩展静帧图像等参数。

2）单击“输出名称”后的链接，然后在弹出的“另存为”对话框中设置导出文件的名称和路径，单击“保存”按钮，如图 2-308 所示，回到“导出设置”对话框。

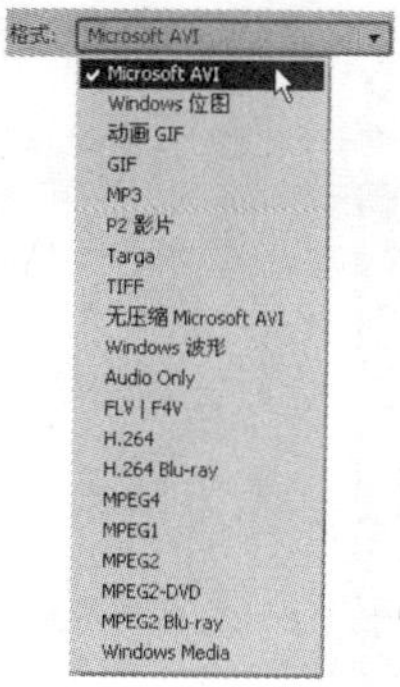

图 2-305 “格式”下拉列表

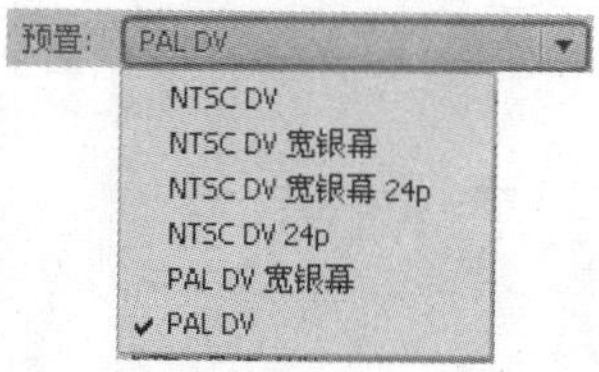

图 2-306 “预置”下拉列表

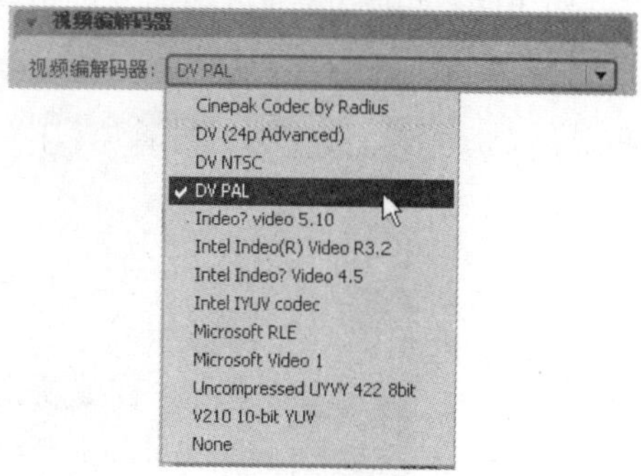

图 2-307 “视频编解码器”下拉列表

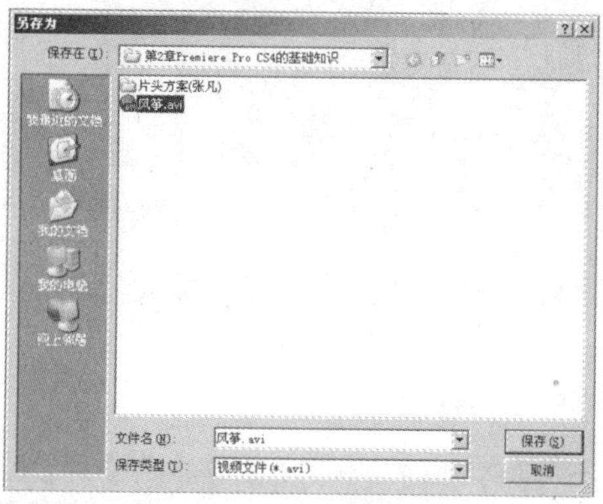

图 2-308 设置导出文件的名称和路径

3）在“导出设置”对话框中单击“确定”按钮，此时会自动启动“Adobe Media Encoder”软件。

4）在启动的“Adobe Media Encoder”软件窗口中可以看到文件导出的任务列表，如图 2-309 所示。

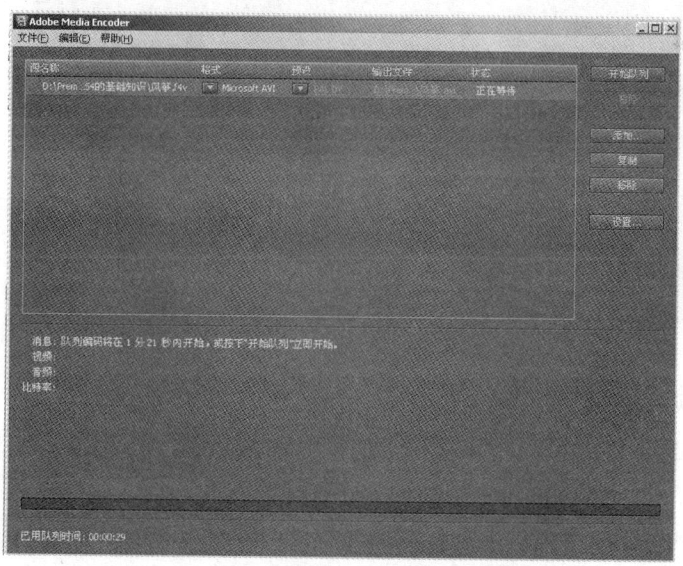

图 2-309 “Adobe Media Encoder”软件窗口

5）单击“开始队列”按钮，即可输出媒体文件，如图 2-310 所示。

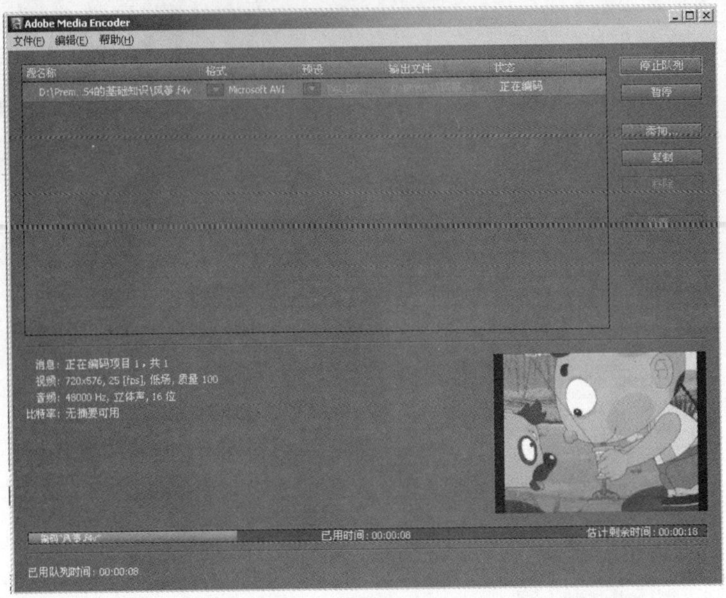

图 2-310　输出媒体文件

6）输出完成后的界面，如图 2-311 所示。

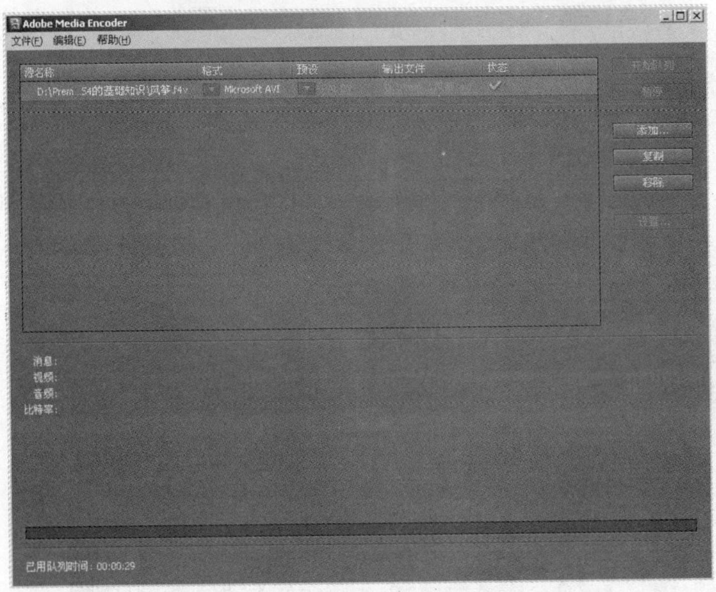

图 2-311　输出完成后的界面

2.7.2　输出单帧画面

有时在输出项目文件时，需要将项目中的某一帧画面输出为静态图片文件，例如对影片项目中设置出的视频特效画面进行取样等。输出单帧画面具体操作步骤如下。

1）创建一个新项目，然后在“时间线”面板中对素材进行编辑后，将时间滑块拖动到需要输出的帧的位置（此时为 00:01:03:00 处），如图 2-312 所示。

2）在“节目”面板中预览目前帧的画面，确定需要输出的内容画面，如图 2-313 所示。

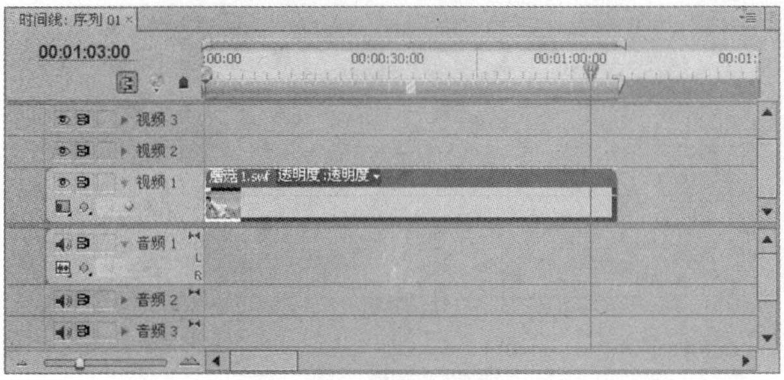

图 2-312　时间滑块拖动到需要输出的帧的位置　　图 2-313　在“节目”面板中预览目前帧的画面

3）选择“文件 | 导出 | 媒体”命令，然后在弹出的“导出设置”对话框的“格式”下拉列表中选择“Windows 位图”命令，如图 2-314 所示。接着设置好“输出名称”选项后，单击“确定”按钮，此时会自动启动“Adobe Media Encoder”软件。

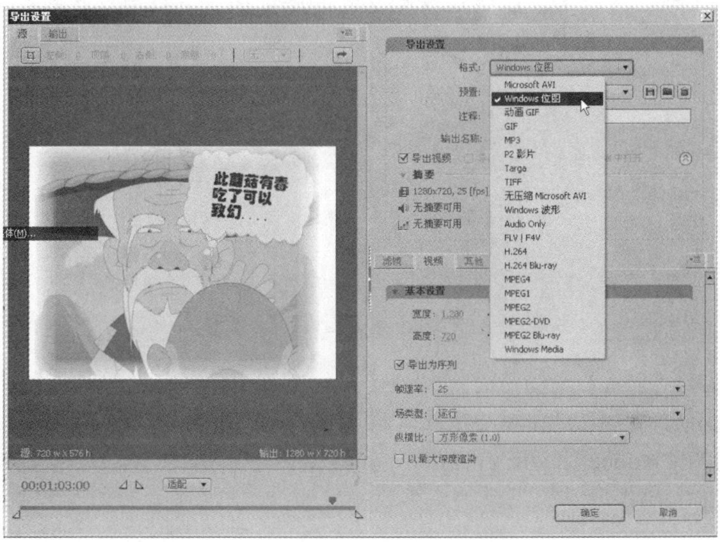

图 2-314　选择“Windows 位图”命令

4）在启动的“Adobe Media Encoder”软件窗口中单击“开始队列”按钮，即可输出单帧画面。

2.7.3　单独输出音频

通过 Premiere Pro CS4，除了可以将项目文件输出为影片文件和单帧图片外，还可以将项目片断中的音频部分单独输出为所要类型的音频文件。具体操作步骤如下。

1）在一个编辑好音频内容的项目文件中，选择“文件 | 导出 | 媒体”命令，然后在弹出的“导出设置”对话框的“格式”下拉列表中选择“Windows 波形”命令，如图 2-315 所示。接着设置好“输出名称”选项。

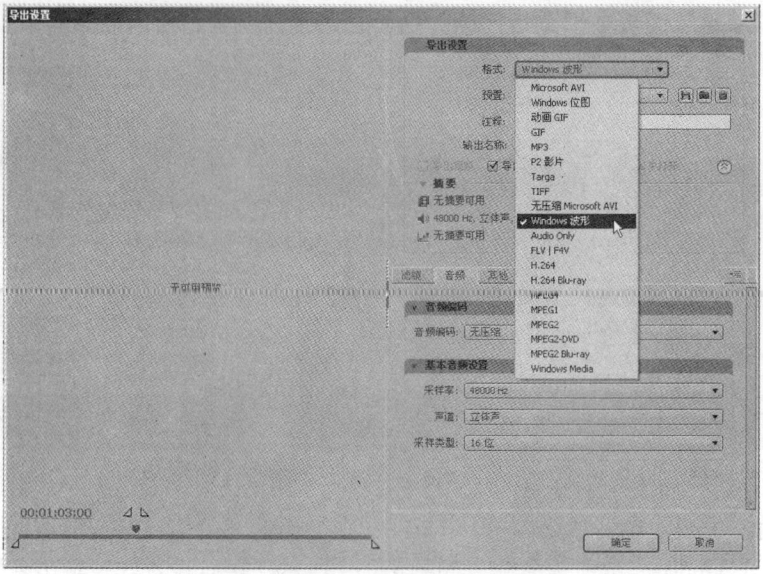

图 2-315　选择“Windows 波形”命令

2）选择“音频”选项卡，然后对音频文件的压缩模式、样品速率等基本属性进行设置，如图 2-316 所示。

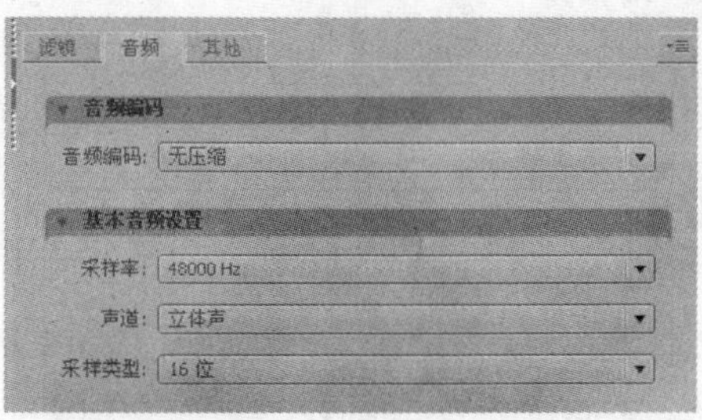

图 2-316　“音频”选项卡

3）设置完毕后，单击“确定”按钮，此时会自动启动“Adobe Media Encoder”软件。

4）在启动的“Adobe Media Encoder”软件窗口中单击“开始队列”按钮，即可将编辑好的文件以音频形式输出。

2.8　课后练习

1. 填空题

1）Premiere Pro CS4 提供了 5 种模式的界面，它们分别是 _______ 模式界面、_______ 模式界面、_______ 模式界面、_______ 模式界面和 _______ 模式界面。

2)选择“_____|_____|_____”命令,可以在弹出的对话框中设置静止图像默认持续时间。

3）在 Premiere Pro CS4 中的运动效果可分为 ______ 运动、______ 运动、______ 运动和 ______ 运动 4 种。

2. 选择题

1）下列哪些属于 Premiere Pro CS4 可导入的图像格式？（ ）

A. PSD　　B. JPEG　　C. TGA　　D. WMV

2）_______ 工具用于改变一段素材的入点和出点，保持其总长度不变，并且不影响相邻的其他素材。( )

A. 　　B. 　　C. 　　D. 

3）下列哪个按钮是设置入点的按钮？（ ）

A. 　　B. 　　C. 　　D. 

4）下列哪个按钮用于改变片段的播放速度？（ ）

A. 　　B. 　　C. 　　D. 

3. 问答题

1）简述添加透明效果的方法。

2）简述影片的输出方法。

第 2 部分　基础实例演练

第3章　关键帧动画和时间线嵌套

本章重点

关键帧动画是 Premiere Pro CS4 制作动画的基础，时间线嵌套则可以方便用户在多序列间进行操作。通过本章学习，读者应掌握制作关键帧动画和时间线嵌套的方法。

3.1　制作风景宣传动画效果

要点：

本例将制作 4 幅风景图片逐一进入画面，然后同时翻转充满整个画面的效果，如图 3-1 所示。通过本例的学习，读者应掌握设置 PAL 制式的静止图片持续时间、复制粘贴关键帧，以及位置和旋转动画的制作方法。

图 3-1　风景宣传动画效果

操作步骤：

1. 编辑图片素材

1）新建项目文件。方法：启动 Premiere Pro CS4，然后单击“新建项目”按钮，如图 3-2 所示。接着在弹出的“新建项目”对话框中的“名称”文本框中输入“风景宣传动画效果”，如图 3-3 所示，单击“确定”按钮。最后在弹出的“新建序列”对话框中选择“DV-PAL”文件夹中的“标准 48kHz”，如图 3-4 所示，单击“确定”按钮。

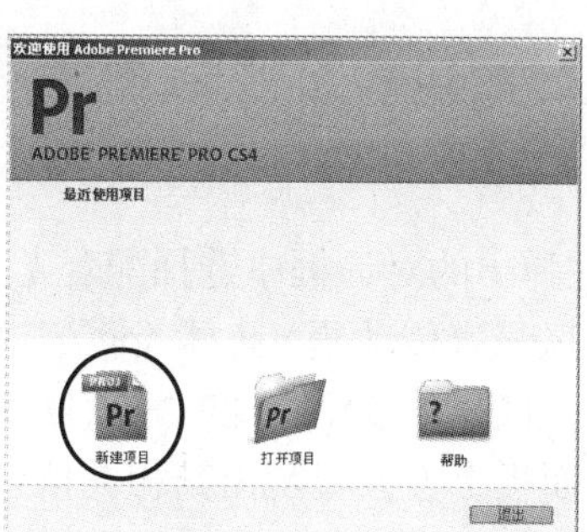

图 3-2　单击“新建项目”按钮

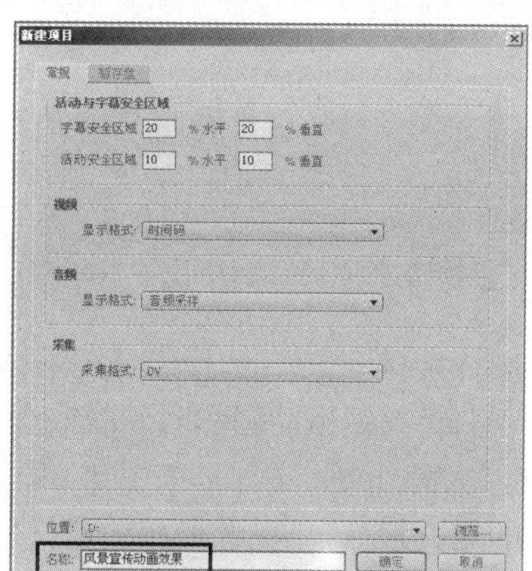

图 3-3　“名称”文本框中输入“风景宣传动画效果”

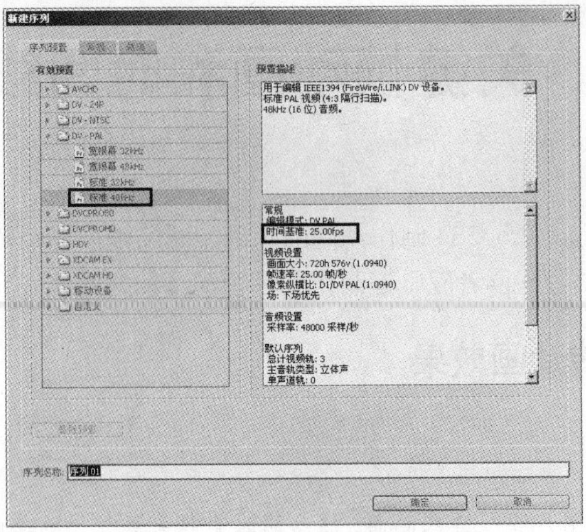

图 3-4　选择“标准 48kHz”

2）设置静止图片默认持续时间为 6 秒。方法：选择“编辑 | 参数 | 常规”命令，在弹出的对话框中设置“静帧图像默认持续时间”为 150 帧，如图 3-5 所示。然后在“参数”对话框左侧选择“媒体”，再在右侧将“不确定的媒体时间基准”设置为 25.00fps，如图 3-6 所示，单击“确定”按钮。

提示：在前面“序列预置”选项卡中，我们将DV-PAL的“时间基准”设为25.00fps，此时将“静帧图像默认持续时间”设为150帧，这样导入的图像长度默认就会是6秒。

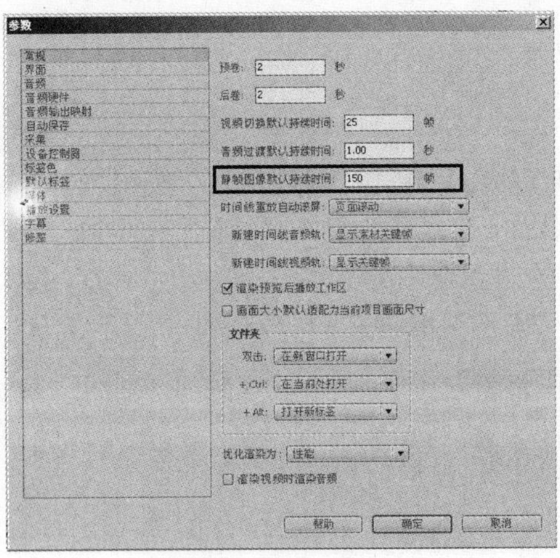

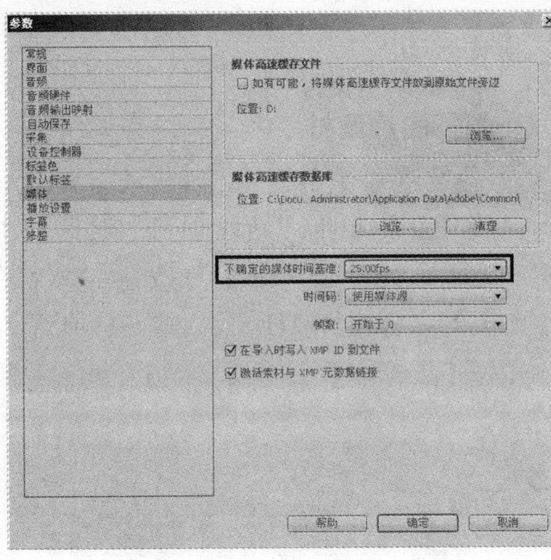

图 3-5　设置“静帧图像默认持续时间”为 150 帧　　图 3-6　将“不确定的媒体时间基准”设置为 25.00fps

3）导入图片素材。方法：选择“文件 | 导入”命令，在弹出的对话框中选择配套光盘中的“素材及结果 \ 第 3 章 关键帧动画和时间线嵌套 \3.1 制作风景宣传动画 \ 丛林 .jpg”、“高山 .jpg”、“田野 .jpg”、“大海 .jpg”文件，如图 3-7 所示。单击“打开”按钮。此时“项目”面板中会显示出导入的相关素材，并在选中相关素材后，“项目”面板上方会显示出其相关信息，如图 3-8 所示。

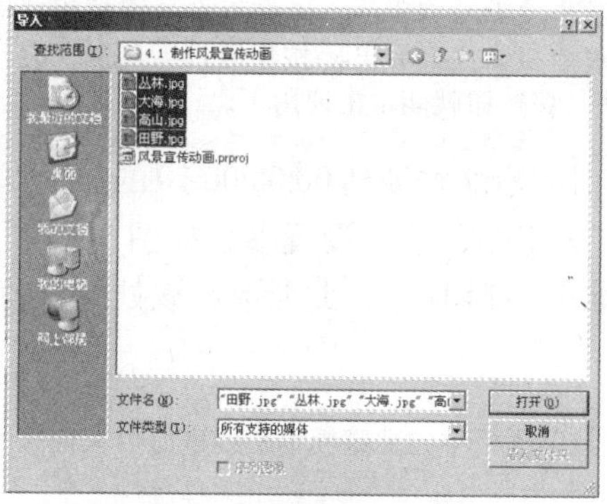

图 3-7　选择导入的图片

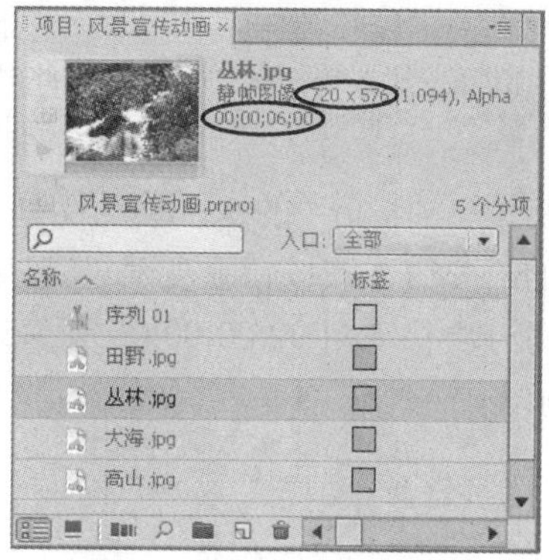

图 3-8　显示出相关信息

2. 制作图片水平移动动画

1）将“项目”面板中的“丛林.jpg”拖入“时间线”面板的“视频 1”轨道中，入点为 00:00:00:00，如图 3-9 所示，效果如图 3-10 所示。

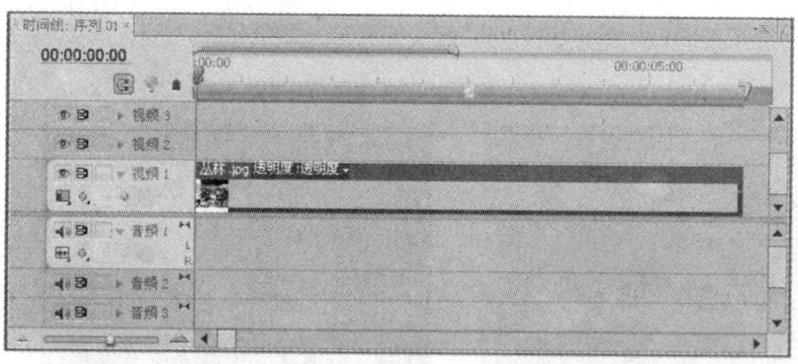

图 3-9　将“丛林.jpg”拖入“视频 1”轨道中

图 3-10　画面效果

2）将“丛林.jpg”图片的大小缩小一半。方法：选择“时间线”面板中的“丛林.jpg”素材，然后在“特效控制台”面板中单击“运动”左侧的小三角，展开“运动”参数，接着将“缩放比例”设为 50.0，如图 3-11 所示，效果如图 3-12 所示。

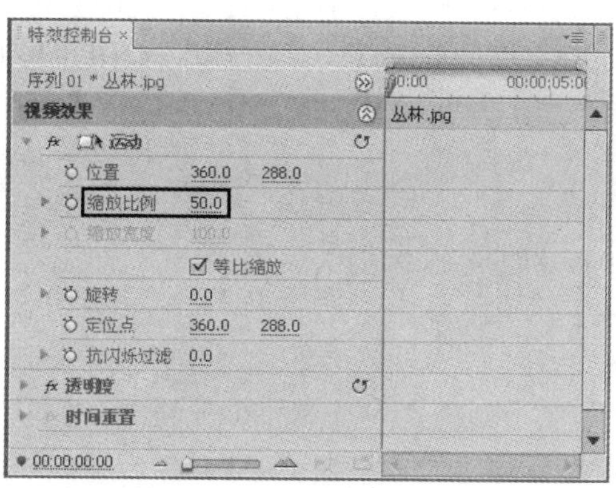

图 3-11　将“缩放比例”设为 50.0

图 3-12　将“缩放比例”设为 50.0 后的效果

提示：单击按钮，按钮变为状态，此时可以显示出关键帧编辑线，以便查看关键帧相关信息；单击按钮，按钮变为状态，此时将隐藏关键帧编辑线；如果按钮显示为灰色，表示窗口宽度不够，此时将“特效控制台”面板拉宽一些，该按钮就能正常使用了。

3）制作“丛林.jpg”的水平移动动画。方法：将时间滑块移动到 00:00:00:10 的位置，单击“位置”前的按钮，该按钮会变为，表示设置了关键帧，然后设置参数如图 3-13 所示。接着将时间滑块移动到 00:00:00:00 处，设置参数如图 3-14 所示，此时会在该处会自动添加一个关键帧。

提示：按住键盘上的“+”或“-”键，可以对“时间线”面板中的关键帧编辑线进行放大或缩小显示。

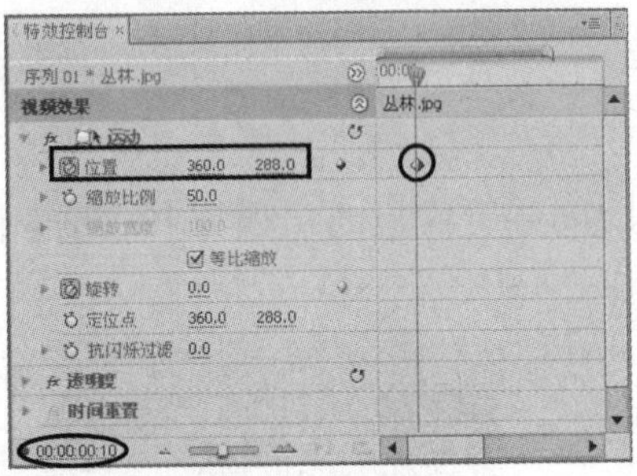

图 3-13　在 00:00:00:10 设置“位置”参数

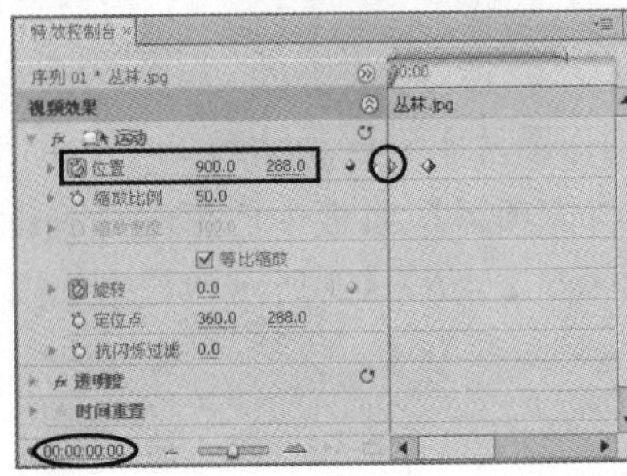

图 3-14　在 00:00:00:00 设置“位置”参数

4）按下〈Enter〉键，预览动画，即可看到“丛林.jpg”图片由右往左运动到窗口中央的效果，如图 3-15 所示。

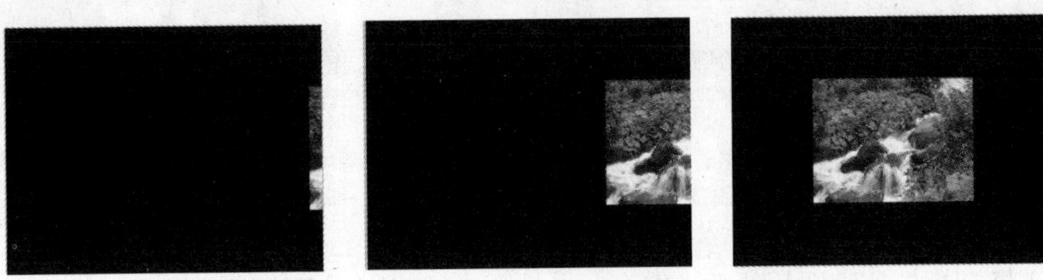

图 3-15　“丛林.jpg”图片从右运动到窗口中央的效果

5）将其他图片素材拖入“时间线”面板。方法：从“项目”面板中将“高山.jpg”拖入“视频 2”中，入点为 00:00:00:10。然后从“项目”面板中将“田野.jpg”拖入“视频 3”轨道中，入点为 00:00:00:20。接着将“大海.jpg”拖到“视频 3”轨道上方的空白处，此时会自动产生一个“视频 4”轨道，最后将“大海.jpg”的入点移动到 00:00:01:05 的位置，如图 3-16 所示。

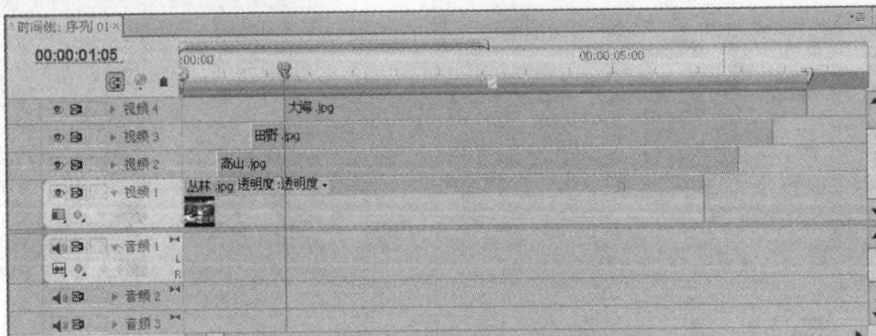

图 3-16　“时间线”面板

6）通过复制粘贴关键帧的方式，制作“视频 2”轨道中的“高山 . jpg”素材从由右往左运动到窗口中央的效果。方法：在“时间线”面板中选择“视频 1”轨道中的“丛林 .jpg”素材，然后进入“特效控制台”面板，将时间滑块移动到 00:00:00:00 处，右击“运动”参数，接着从弹出的快捷菜单中选择“复制”命令，如图 3-17 所示，复制“运动”参数。再选择“视频 2”轨道中的“高山 . jpg”素材，进入“特效控制台”面板，最后将时间滑块定位在 00:00:00:10 处，右击“运动”参数，从弹出的快捷菜单中选择“粘贴”命令，如图 3-18 所示，从而将“视频 1”轨道上的“运动”参数复制到“视频 2”轨道中，如图 3-19 所示。此时在“节目”面板中单击▶按钮，即可看到“高山 . jpg”素材从由右往左运动到窗口中央的效果，如图 3-20 所示。

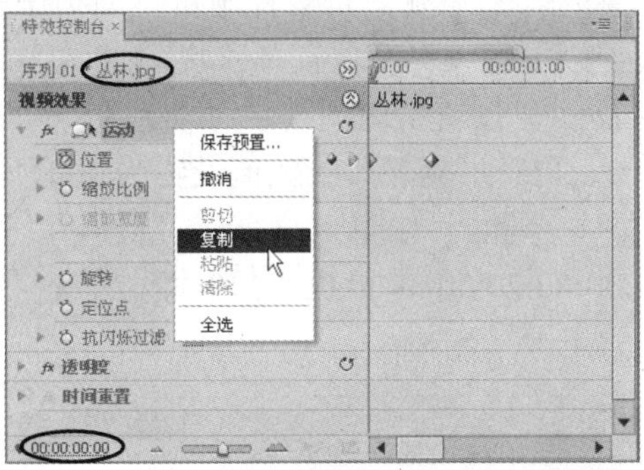

图 3-17　选择“复制”命令

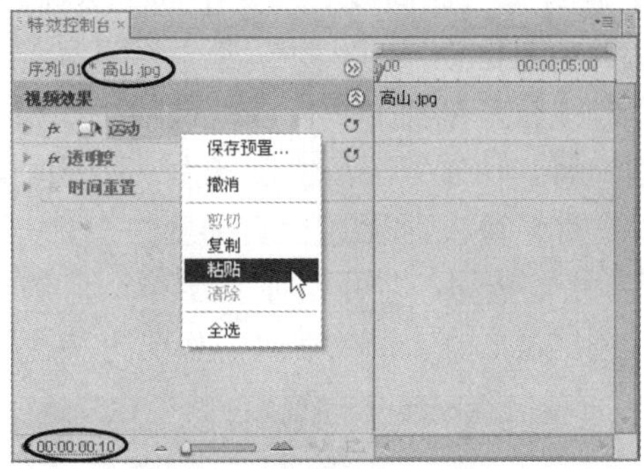

图 3-18　选择“粘贴”命令

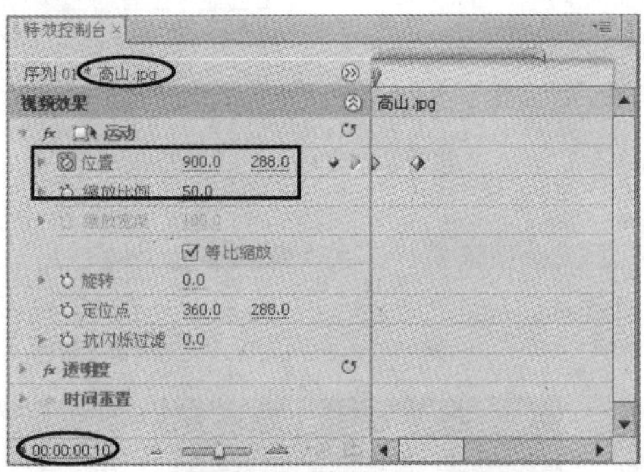

图 3-19　粘贴关键帧后的效果

图 3-20　“高山 .jpg”素材从右运动到窗口中央的效果

7）同理，分别在“视频 2”的 00:00:00:20 处和“视频 3”的 00:00:01:05 处粘贴“视频 1”的“运动”关键帧，此时在“节目”面板中单击▶按钮，即可看到 4 幅图片逐一从右运动到窗口中央的效果，如图 3-21 所示。

图 3-21　4 幅图片逐一从右运动到窗口中央的效果

3. 制作多画面旋转动画

1）制作“丛林.jpg”的旋转动画。方法：为了便于观看效果，下面隐藏“视频 2”～“视频 4”，再选择“时间线”面板中的“丛林.jpg”素材，然后在“特效控制台”面板中将时间滑块移动到 00:00:02:00 的位置单击“位置”后的按钮，插入一个位置关键帧。再单击“旋转”前面的按钮，添加一个旋转关键帧，如图 3-22 所示。接着将时间滑块移动到 00:00:02:10 的位置，将“位置”的数值设置为（180.0，144.0），再将“旋转”的数值设置为 360，当输入“360”回车确认后，数值会自动变为“1 × 0.0°”，即一个圆周，如图 3-23 所示。最后在“节目”面板中单击按钮，即可看到“丛林.jpg”图片在 00:00:20:00 ～ 00:00:02:10 的位置从窗口中央旋转到屏幕的左上部的效果，如图 3-24 所示。

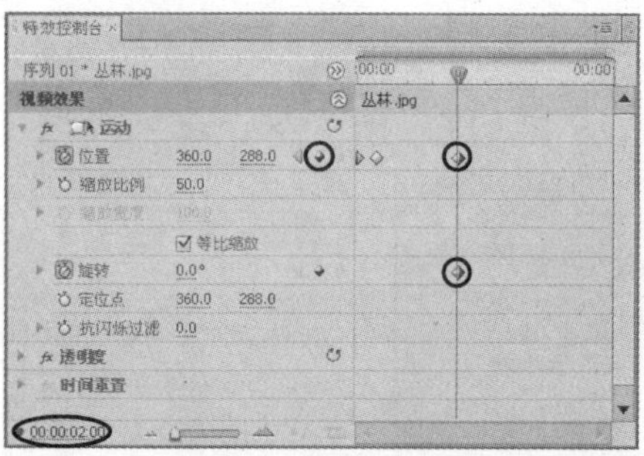

图 3-22　在 00:00:02:00 处添加“位置”和“旋转”关键帧

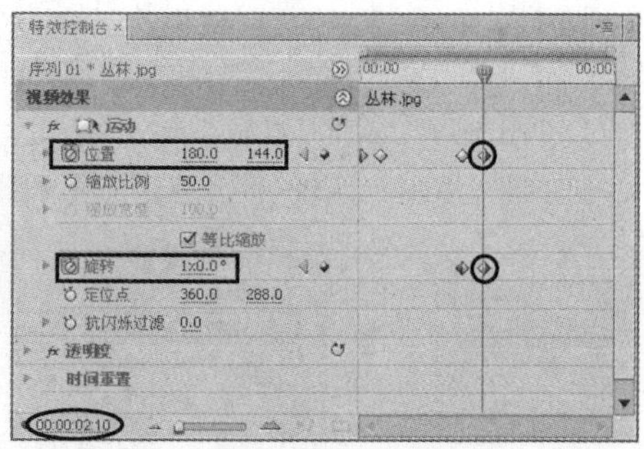

图 3-23　在 00:00:02:10 处添加“位置”和“旋转”关键帧

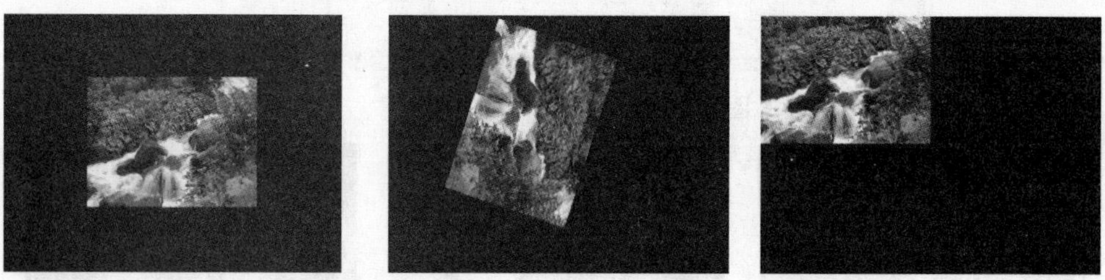

图 3-24　“丛林.jpg”图片从窗口中央旋转到屏幕的左上部的效果

2）制作“高山.jpg”的旋转动画。方法：恢复“视频 2”的显示，再选择“时间线”面板中的“高山.jpg”素材，然后在“特效控制台”面板中将时间滑块移动到 00:00:02:00 的位置单击“位置”后的按钮，插入一个位置关键帧。再单击“旋转”前面的按钮，添加一个旋转关键帧，如图 3-25 所示。接着将时间滑块移动到 00:00:02:10 的位置，将“位置”的数值设置为（540.0，144.0），再将“旋转”的数值设置为 -360，当输入“-360”回车确认后，数值会自动变为“−1 × 0.0°”，即一个圆周，如图 3-26 所示。最后在“节目”面板中单击按钮，即可看到“高山 .jpg”图片在 00:00:02:00 ~ 00:00:02:10 的位置从窗口中央旋转到屏幕的右上部的效果，如图 3-27 所示。

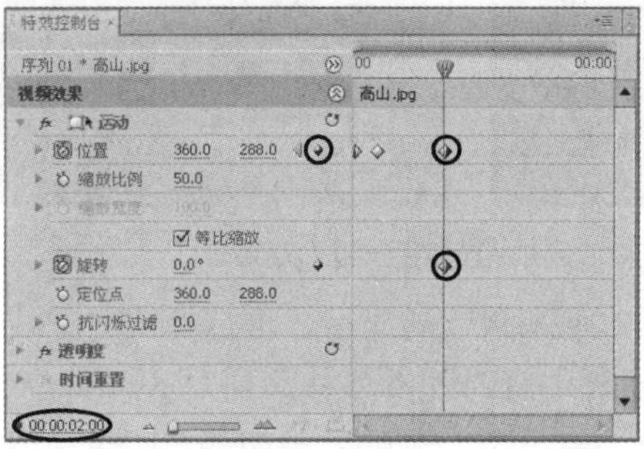

图 3-25　在 00:00:02:00 处添加“位置”和“旋转”关键帧

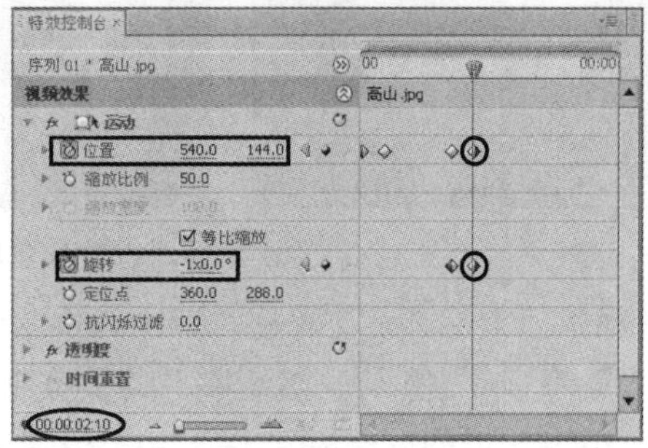

图 3-26　在 00:00:02:10 处添加“位置”和“旋转”关键帧

图 3-27　“高山 .jpg”图片从窗口中央旋转到屏幕的右上部的效果

3）制作“田野 .jpg”的旋转动画。方法：恢复“视频 3”的显示，再选择“时间线”面板中的“田野 .jpg”素材，然后在“特效控制台”面板中将时间滑块移动到 00:00:02:00 的位置单击“位置”后的按钮，插入一个位置关键帧。再单击“旋转”前面的按钮，添加一个旋转关键帧，如图 3-28 所示。接着将时间滑块移动到 00:00:02:10 的位置，将“位置”的数值设置为 (180.0,432.0)，再将“旋转”的数值设置为 360，此时数值会自动变为“1 × 0.0°”，如图 3-29 所示。最后在“节目”面板中单击按钮，即可看到“田野 .jpg”图片在 00:00:02:00 ~ 00:00:02:10 的位置从窗口中央旋转到屏幕的左下部的效果，如图 3-30 所示。

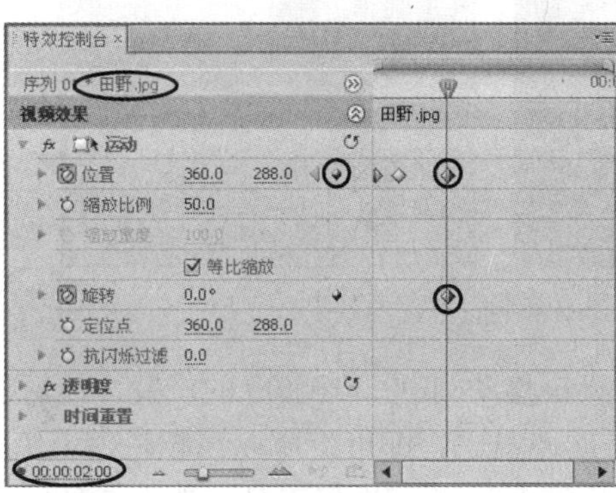

图 3-28　在 00:00:02:00 处添加“位置”和“旋转”关键帧

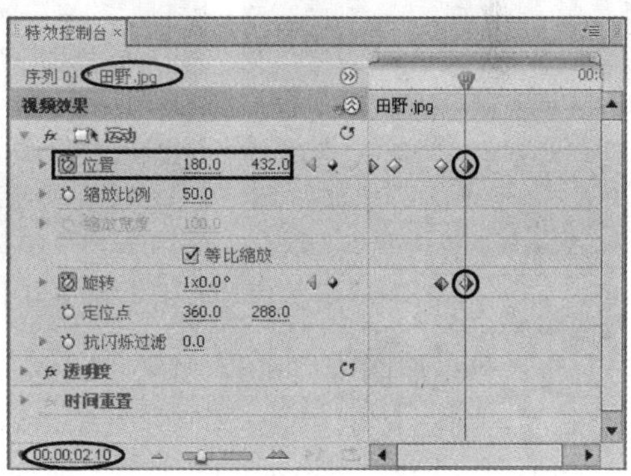

图 3-29　在 00:00:02:10 处添加“位置”和“旋转”关键帧

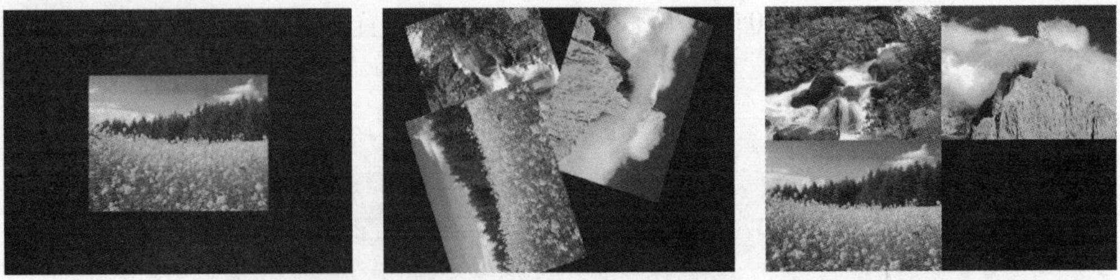

图 3-30 “田野 .jpg”图片从窗口中央旋转到屏幕的左下部的效果

4）制作“大海 .jpg”的旋转动画。方法：恢复“视频 4”的显示，再选择“时间线”面板中的“大海 .jpg”素材，然后在“特效控制台”面板中将时间滑块移动到 00:00:02:00 的位置单击“位置”后的按钮，插入一个位置关键帧。再单击“旋转”前面的按钮，添加一个旋转关键帧，如图 3-31 所示。接着将时间滑块移动到 00:00:02:10 的位置，将“位置”的数值设置为(540.0,432.0),再将“旋转”的数值设置为 -360,此时数值会自动变为“-1 × 0.0°”，如图 3-32 所示。最后在“节目”面板中单击按钮，即可看到“大海 .jpg”图片在 00:00:02:00 ~ 00:00:02:10 的位置从窗口中央旋转到屏幕的右下部的效果，如图 3-33 所示。

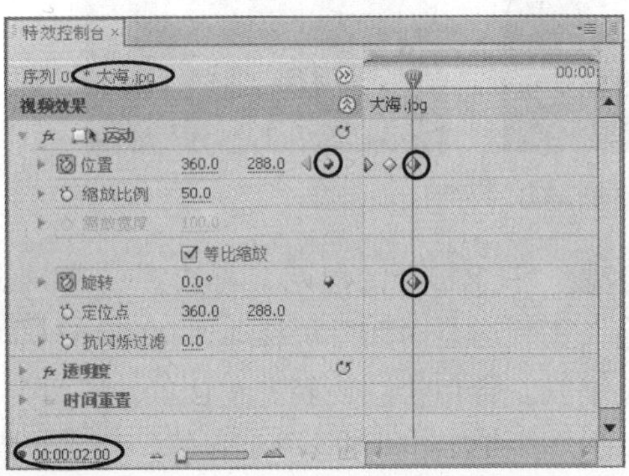

图 3-31 在 00:00:02:00 处添加“位置”和“旋转”关键帧

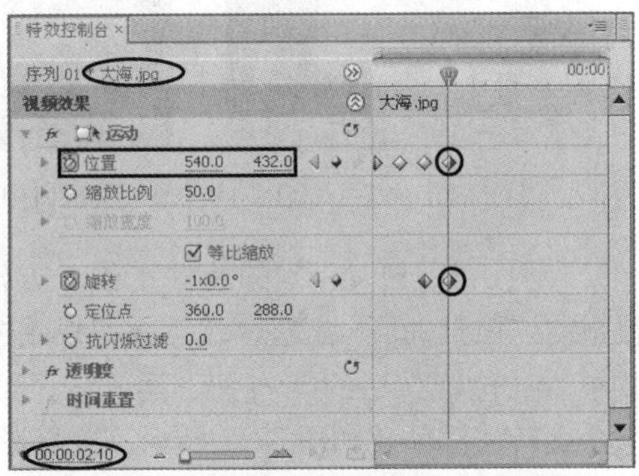

图 3-32 在 00:00:02:10 处添加“位置”和“旋转”关键帧

图 3-33 “大海 .jpg”图片从窗口中央旋转到屏幕的右下部的效果

5）将 5 秒以后的素材进行切除。方法：将时间滑块移动到 00:00:05:00 的位置，然后选择工具箱中的（剃刀工具），按住〈Shift〉键，在该处单击，即可将所以视频轨道上第 5 秒前后的素材剪切开，如图 3-34 所示。然后利用工具箱中的（选择工具）选中 5 秒以后的素材，按〈Delete〉键进行删除，结果如图 3-35 所示。

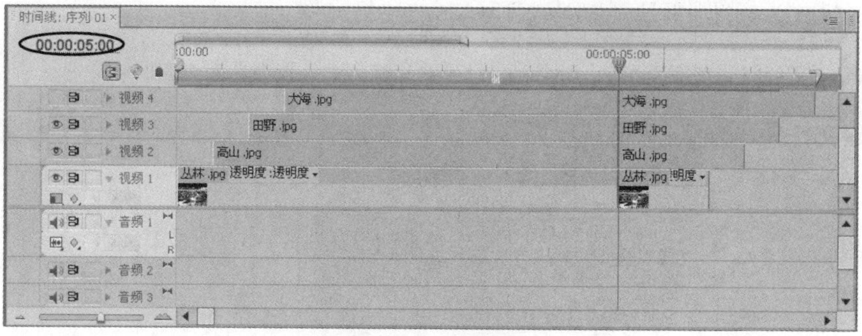

图 3-34　裁剪素材

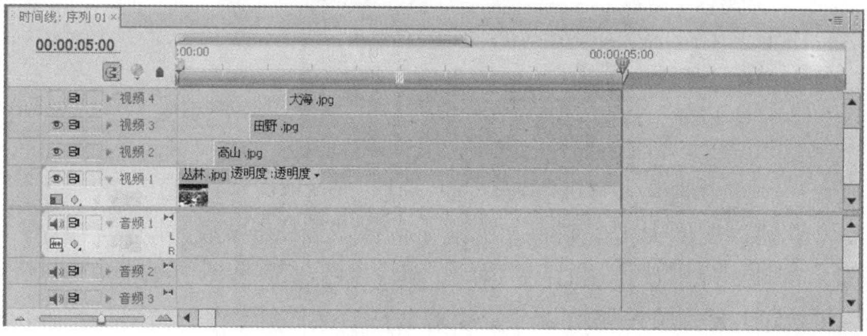

图 3-35　删除多余素材后的效果

6)至此,制作整个风景宣传动画制作完毕。选择“文件|导出|媒体”命令,将其输出为“风景宣传动画效果 .avi”文件。

3.2　制作多画面展示效果

要点:

本例将制作多画面展示效果，如图 3-36 所示。通过本例的学习，读者应掌握设置 NTSC 制式的静止图片持续时间、利用文件夹来管理素材以及时间线嵌套的应用。

图 3-36　多画面展示效果

操作步骤:

1. 建立素材文件夹并导入素材

1) 启动 Premiere Pro CS4，然后单击“新建项目”按钮，新建一个名称为“多画面展示效果”，编辑模式为标准 48kHz 的 DV-NTSC 制的项目文件。

提示：DV-NTSC的时间基准为30fps，也就是1秒钟有30帧。这一点在后面设置时要注意。

2）创建文件夹。方法：单击“项目”面板下方的（新建文件夹）按钮，创建“10 帧”和“1 秒”两个文件夹，如图 3-37 所示。

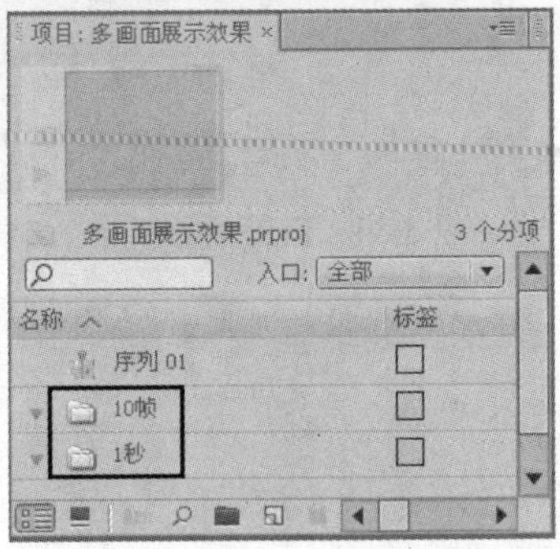

图 3-37　创建“10 帧”和“1 秒”两个文件夹

3）导入“10 帧”文件夹中的素材。方法：选择“编辑 | 参数 | 常规”命令，在弹出的对话框中设置“静帧图像默认持续时间”为 10 帧，如图 3-38 所示，单击“确定”按钮。然后双击“10 帧”文件夹，进入编辑状态。接着选择“文件 | 导入”命令，在弹出的对话框中选择配套光盘中的“素材及结果 \ 第 3 章 关键帧动画和时间线嵌套 \3.2 制作多画面展示效果 \01.jpg~15.jpg”文件，如图 3-39 所示。

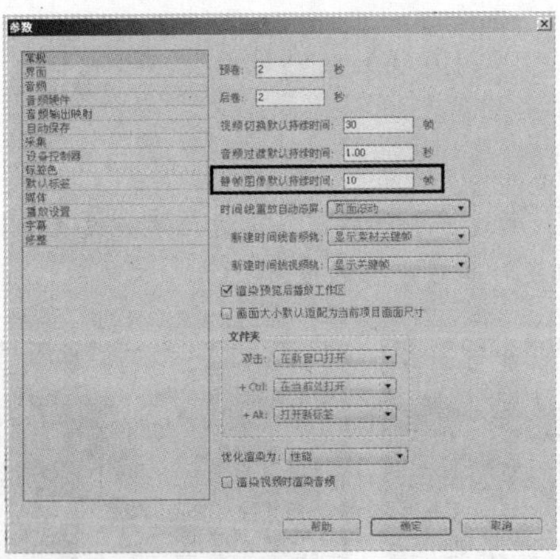

图 3-38　设置“静帧图像默认持续时间”为 10 帧

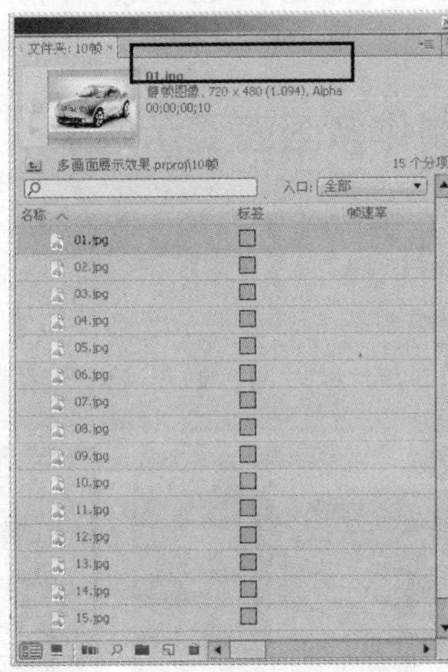

图 3-39　导入“01.jpg~15.jpg”图片文件

4）导入“1 秒”文件夹中的素材。方法：单击按钮，从“10 帧”文件夹返回上级，然后选择“编辑 | 参数 | 常规”命令，在弹出的对话框中设置“静帧图像默认持续时间”为 30 帧（即 NTSC 制式的 1 秒），单击“确定”按钮。接着双击“1 秒”文件夹，选择“文件 | 导入”命令，导入配套光盘中的“素材及结果 \ 第 3 章 关键帧动画和时间线嵌套 \3.2 制作多画面展示效果 \01.jpg~05.jpg”文件，如图 3-40 所示。

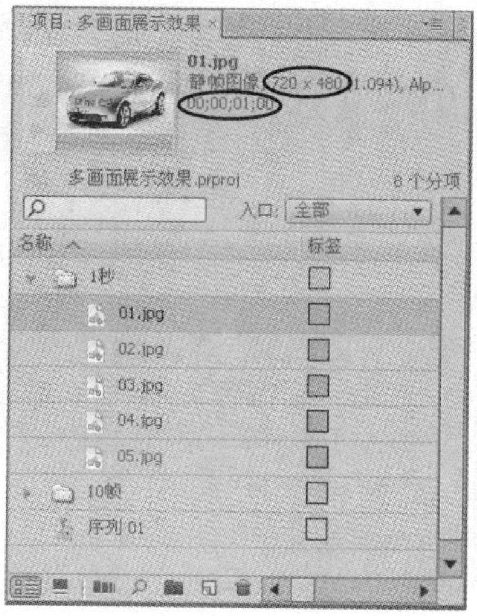

图 3-40　导入“01.jpg~05.jpg”图片文件

2. 编辑序列01和序列02

1）编辑“序列 01”。方法：选择“10 帧”文件夹，将其拖入“时间线”面板中“视频 1”轨道中，入点为 00:00:00:00 秒。此时该文件夹中的 15 幅图片会依次放入到时间线中，总长度为 150 帧（即 5 秒），如图 3-41 所示。

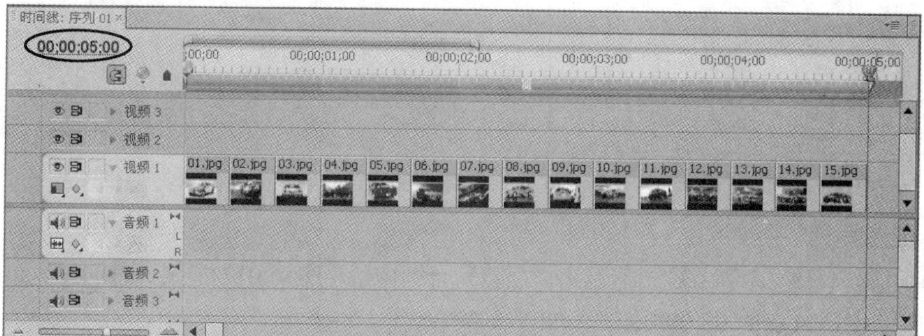

图 3-41　将“10 帧”文件夹拖入“视频 1”轨道中

2）新建“序列 02”。方法：在“项目”面板空白处右击，从弹出的快捷菜单中选择“新建分项 | 序列”命令，如图 3-42 所示。然后在弹出的对话框中设置新建的“序列 02”，如图 3-43 所示，单击“确定”按钮，此时“项目”面板中会产生一个名称为“序列 02”的新序列，如图 3-44 所示。

提示：单击“项目”面板下方的（新建分项）按钮，也可弹出相同的快捷菜单。

3）编辑“序列 02”。方法：选择“1 秒”文件夹，将其拖入“时间线”面板中“视频 2”轨道中，入点为 00:00:00:00。此时该文件夹中的 5 幅图片会依次放入到时间线中，总长度为 150 帧（即 5 秒），如图 3-45 所示。

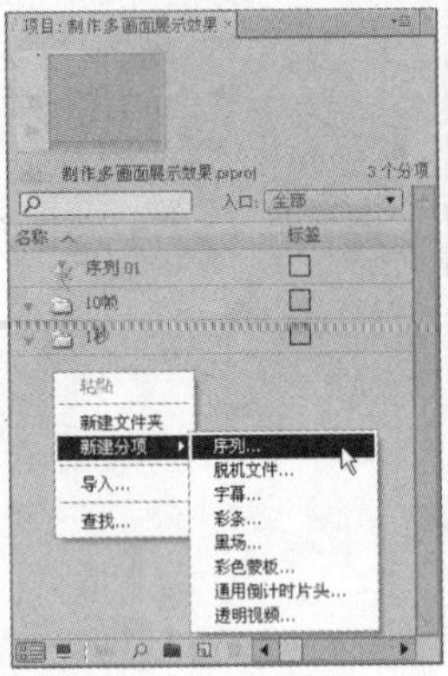

图 3-42　选择“序列”命令

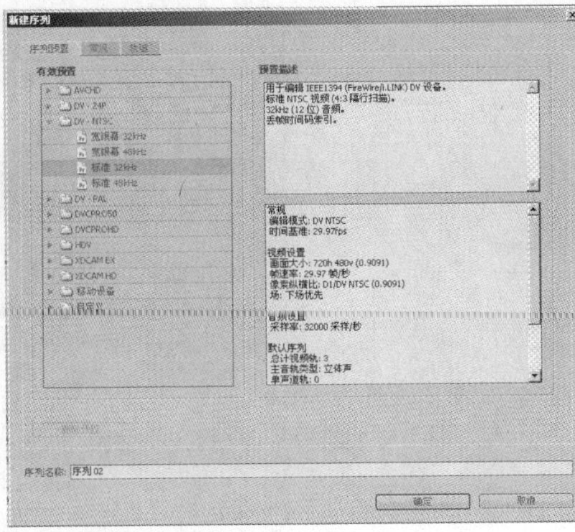

图 3-43　设置“序列 02”的参数

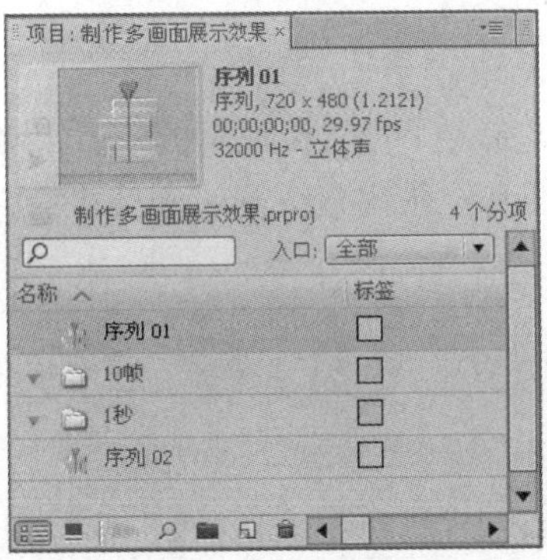

图 3-44　“项目”面板

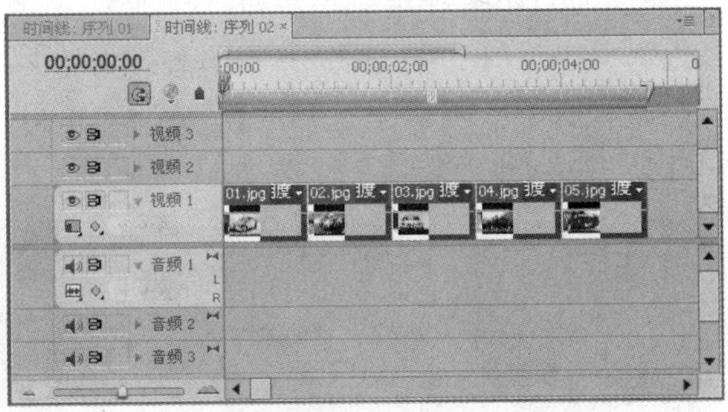

图 3-45　“时间线：序列 02”面板

3. 嵌套序列

1) 同理，新建“序列 03”。然后将“项目”面板中的“序列 01”拖入“时间线”面板的“视频 1”轨道中，入点为 00:00:00:00，如图 3-46 所示。

2) 将音频和视频进行分离。方法：右击“时间线”面板“视频 1”轨道中的“序列 01”素材，从弹出的快捷菜单中选择“解除视音频链接”命令，即可将二者进行分离。然后选择分离出的音频，按〈Delete〉键，将其进行删除，结果如图 3-47 所示。

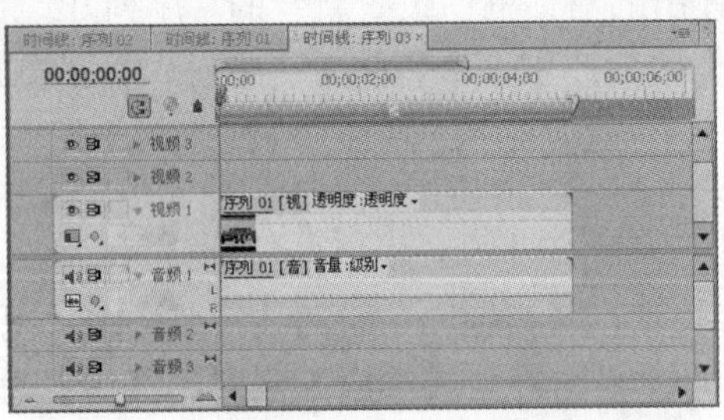

图 3-46　将“序列 01”拖入“视频 1”轨道中

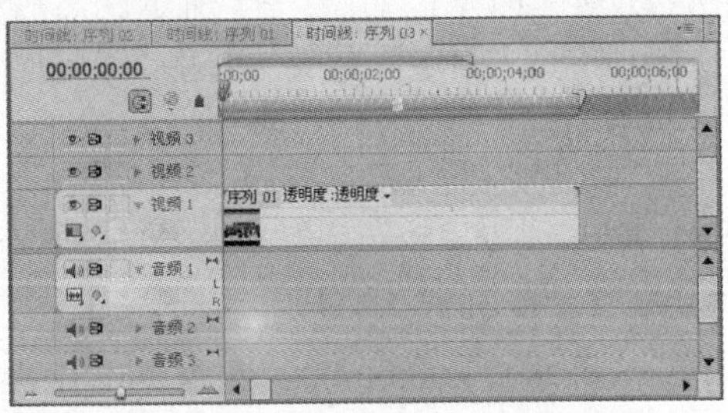

图 3-47　删除“音频”后的效果

3) 将“视频 1”轨道中的“序列 01”素材复制到“视频 2”和“视频 3”中。方法：选择“时间线”面板“视频 1”轨道中的“序列 01”素材，按快捷键〈Ctrl+C〉进行复制，然后选择“视频 2”轨道，使其处于高亮状态，再将时间滑块定位在 00:00:00:00 的位置，按快捷键〈Ctrl+V〉进行粘贴，结果如图 3-48 所示。接着选择“视频 3”轨道，使其处于高亮状态，再将时间滑块定位在 00:00:00:00 的位置，按快捷键〈Ctrl+V〉进行粘贴，结果如图 3-49 所示。

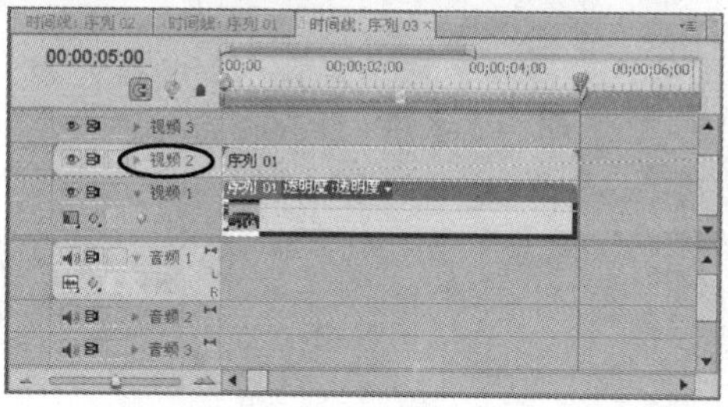

图 3-48　将“序列 01”粘贴到“视频 2”轨道中

图 3-49　将“序列 01”粘贴到“视频 3”轨道中

4）选择“项目”面板中的“序列 02”素材，然后将其拖入“时间线”面板的“视频 3”轨道上方的空白处，此时会自动产生一个“视频 4”轨道来放置“序列 02”，如图 3-50 所示。接着将“序列 02”的视频和音频进行分离，并删除分离后的音频，结果如图 3-51 所示。

提示：在进行多个序列嵌套时，某一序列不可以嵌套其本身，例如，“序列03”嵌套“序列02”，“序列02”嵌套了“序列01”，那么“序列01”就不能嵌套“序列02”或“序列03”了。

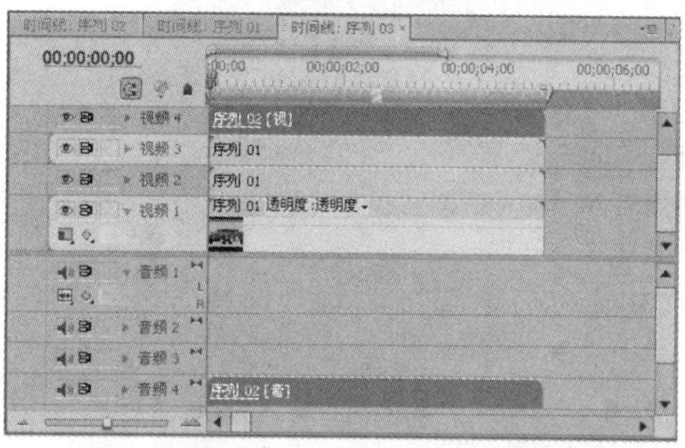

图 3-50　将“序列 02”粘贴到“视频 4”轨道中

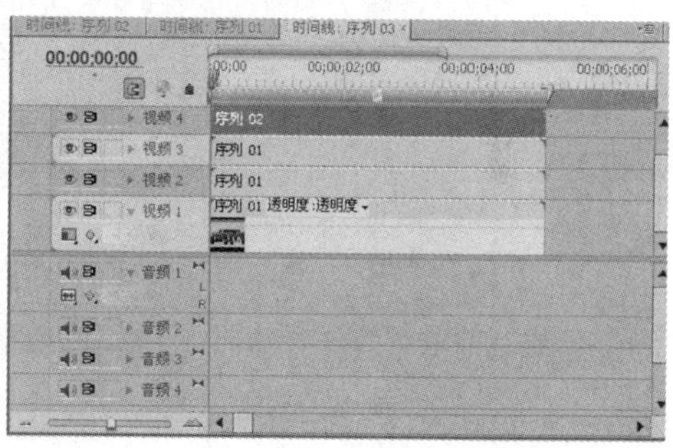

图 3-51　删除“序列 02”的音频

4. 调整“序列01”和“序列02”的位置和比例

下面分别对 4 个视频轨道上的“序列 01”和“序列 02”的比例和位置进行修改，使其在屏幕中同时显示。

1）选中最上层“视频 4”轨道中的“序列 02”素材，然后在“特效控制台”面板中将“缩放比例”的数值设置为“60.0”，将“位置”的数值设置为（250.0，240.0），如图 3-52 所示。

2）选择“视频 3”轨道上的“序列 01”素材，然后在“特效控制台”面板中取消勾选“等比缩放”复选框，以便分别修改“缩放高度”和“缩放宽度”。接着将“缩放高度”的数值设置为 18.0，将“缩放宽度”的数值设置为 25.0。最后将“位置”的数值设置为（580，140），如图 3-53 所示。

3）同理，将“视频 2”轨道上的“序列 01”的将“缩放高度”的数值设置为 18.0，将“缩放宽度”的数值设置为 25.0，将“位置”的数值设置为（580.0，240.0），如图 3-54 所示。

4）同理，将“视频 1”轨道上的“序列 01”的将“缩放高度”的数值设置为 18.0，将“缩放宽度”的数值设置为 25.0，将“位置”的数值设置为（580.0，340.0），如图 3-55 所示。

图 3-52 设置“视频 4”轨道上的“序列 02”素材的位置和比例

图 3-53 设置“视频 3”轨道上的“序列 01”素材的位置和比例

图 3-54 设置“视频 2”轨道上的“序列 01”素材的位置和比例

图 3-55　设置"视频 1"轨道上的"序列 01"素材的位置和比例

5）至此，制作整个多画面的展示效果制作完毕。选择"文件 | 导出 | 媒体"命令，将其输出为"多画面展示效果 .avi"文件。

3.3　课后练习

1）利用配套光盘中的"素材及结果 \ 第 3 章 关键帧动画和时间线嵌套 \ 课后练习 \ 练习 1"中的"汽车 1.bmp"、"汽车 2.bmp"和"汽车 3.bmp"图片，使用设置关键帧的方法，制作汽车画面一次从满屏的尺寸缩小排列到屏幕中的效果，如图 3-56 所示。结果可参考配套光盘中的"素材及结果 \ 第 3 章 关键帧动画和时间线嵌套 \ 课后练习 \ 练习 1\ 练习 1.prproj"文件。

图 3-56　练习 1 的效果

2）利用配套光盘中的"素材及结果 \ 第 3 章 关键帧动画和时间线嵌套 \ 课后练习 \ 练习 2"中的 4 组图片，使用时间线嵌套的方法，制作 4 幅画面不断变化的效果，如图 3-57 所示。结果可参考配套光盘中的"素材及结果 \ 第 3 章 关键帧动画和时间线嵌套 \ 课后练习 \ 练习 2\ 练习 2.prproj"文件。

图 3-57　练习 2 的效果

第4章 视频切换的应用

本章重点

在电视节目及电影制作过程中，视频切换是连接素材时常用的手法。通过应用视频切换，整部作品的流畅感会得到提升，并使得画面更富有表现力。通过本章学习，读者应掌握常用视频切换的使用方法。

4.1 制作四季过渡效果

要点：

本例将制作四季过渡的效果，如图 4-1 所示。通过本例的学习，读者应掌握设置视频切换效果的持续时间以及添加默认“交叉叠化”视频切换效果的方法。

图 4-1 四季过渡效果

操作步骤：

1. 编辑图片素材

1）启动 Premiere Pro CS4，然后单击“新建项目”按钮，新建一个名称为“四季过渡效果”，编辑模式为标准 48kHz 的 DV-PAL 制的项目文件。

2）设置静止图片默认持续时间为 3 秒。方法：选择“编辑 | 参数 | 常规”命令，在弹出的对话框中将“视频切换默认持续时间”设置为 25 帧，将“静帧图像默认持续时间”设置为 75 帧，如图 4-2 所示。然后在“参数”对话框左侧选择“媒体”，再在右侧将“不确定的媒体时间基准”设置为 25.00fps，单击“确定”按钮。

3）导入图片素材。方法：选择“文件 | 导入”命令，导入配套光盘中的“素材及结果 \ 第 4 章 视频切换的应用 \4.1 制作四季过渡效果 \ 春 .jpg”、“夏 .jpg”、“秋 .jpg”和“冬 .jpg”文件，如图 4-3 所示。

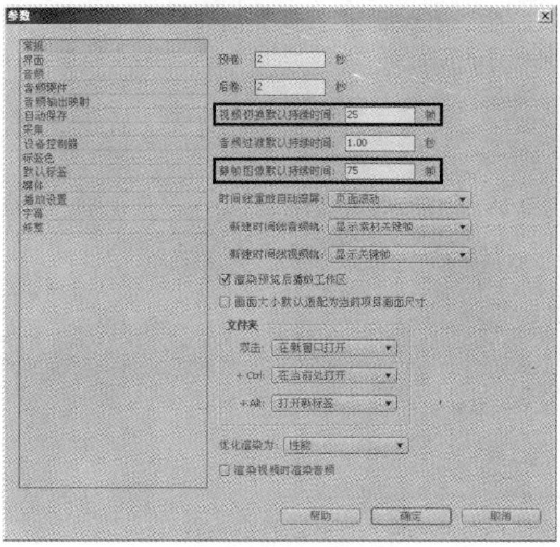

图 4-2　设置静止图片默认持续时间

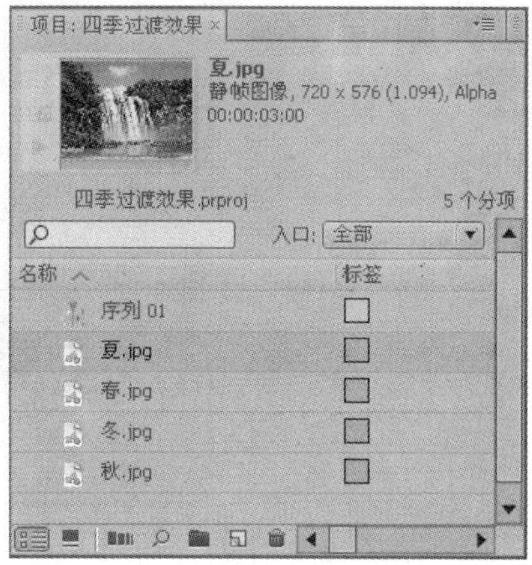

图 4-3　“项目”面板

4）在“项目”面板中按住〈Ctrl〉键，依次选择“春.jpg”、“夏.jpg”、“秋.jpg”和“冬.jpg”素材，然后将它们拖入“时间线”面板的“视频 1”轨道中，入点为 00:00:00:00。此时“时间线”面板会按照素材选择的先后顺序将素材依次排列，如图 4-4 所示。

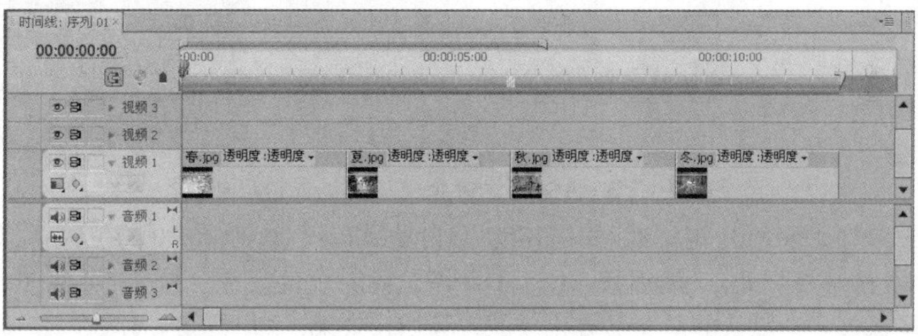

图 4-4　“时间线”面板

2. 添加默认视频切换效果

1）将时间滑块移动到 00:00:03:00 的位置，然后按组合键〈Ctrl+D〉，此时软件会在第 1 段素材“春.jpg”和第 2 段素材“夏.jpg”之间自动添加一个默认的“交叉叠化”的视频切换效果，如图 4-5 所示。

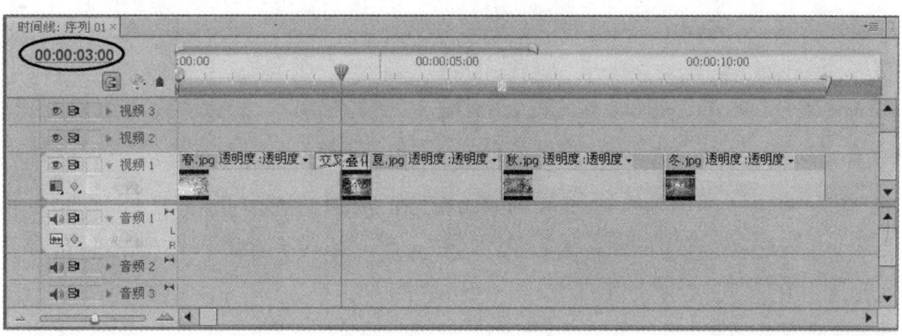

图 4-5　在“春.jpg”和“夏.jpg”素材之间自动添加一个默认的“交叉叠化”的视频切换效果

提示：如果要对“交叉叠化”的参数进行调整，可以在“时间线”面板中单击该视频切换，然后在“特效控制台”面板中进行相关参数的设置，如图4-6所示。

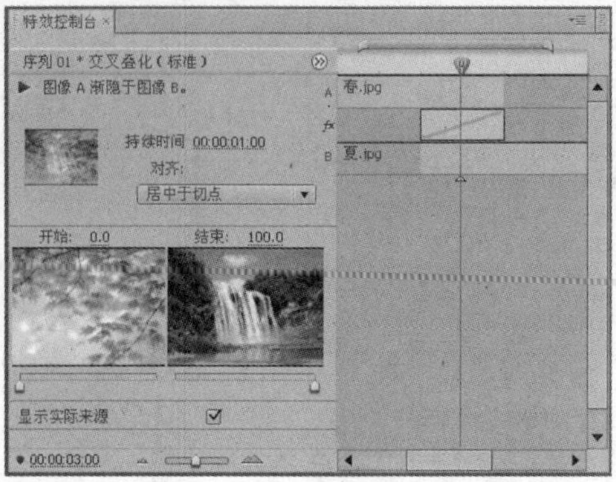

图 4-6　在“特效控制台”面板中调整“交叉叠化”视频切换的参数

2）在“节目”面板中单击▶按钮，即可显示“春.jpg”和“夏.jpg”之间的视频切换效果，如图 4-7 所示。

图 4-7　“春.jpg”和“夏.jpg”之间的视频切换效果

3）按〈Page Down〉键，此时时间滑块会自动跳转到 00:00:06:00 的位置（“夏.jpg”和“秋.jpg”素材的相交处），然后按〈Ctrl+D〉键，此时软件会在“夏.jpg”和“秋.jpg”素材之间自动添加一个默认的“交叉叠化”的视频切换效果，如图 4-8 所示。

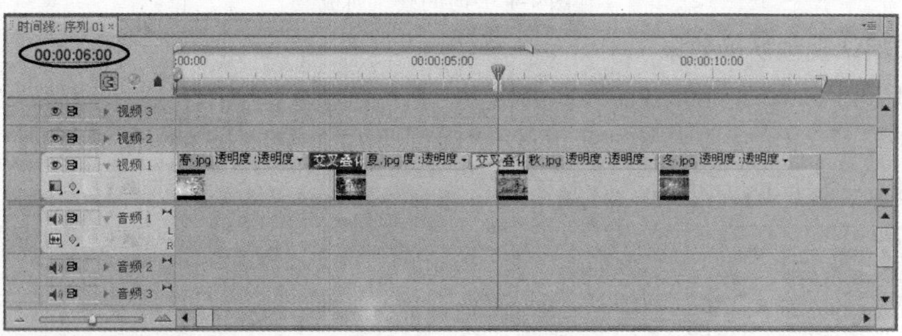

图 4-8　在“夏.jpg”和“秋.jpg”素材之间自动添加一个默认的“交叉叠化”的视频切换效果

4）同理，按〈Page Down〉键，将时间滑块定位到 00:00:09:00 的位置（“秋.jpg”和“冬.jpg”素材的相交处），然后按〈Ctrl+D〉键，在“秋.jpg”和“冬.jpg”素材之间自动添加一个默认的“交叉叠化”的视频切换效果，如图 4-9 所示。

5）至此，完成了整个四季过渡效果制作。选择“文件 | 导出 | 媒体”命令，将其输出为“四季过渡效果.avi”文件。

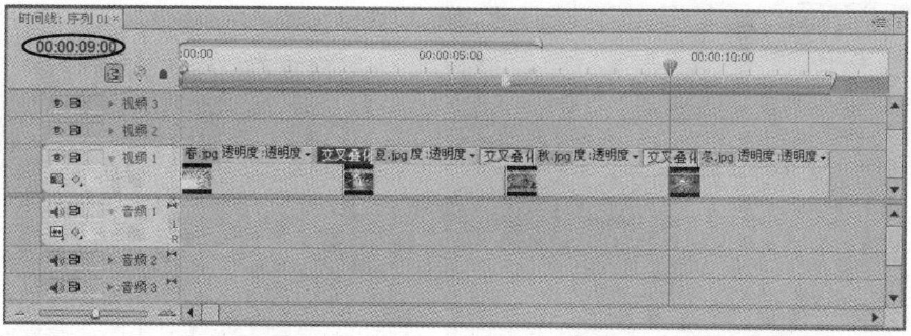

图 4-9　在“秋 .jpg”和“冬 .jpg”素材之间自动添加一个默认的“交叉叠化”的视频切换效果

4.2　制作卷页效果

要点：

本例将制作多种卷页效果，如图 4-10 所示。通过本例学习应掌握导入字幕文件、时间轴嵌套、创建“彩色蒙板”和“卷页”类视频切换效果的综合应用。

图 4-10　卷页效果

操作步骤：

1. 编辑图片素材

1）启动 Premiere Pro CS4，然后单击“新建项目”按钮，新建一个名称为“卷页效果”，编辑模式为标准 48kHz 的 DV-PAL 制的项目文件。

2）设置静止图片默认持续时间为 3 秒。方法：选择“编辑 | 参数 | 常规”命令，在弹出的对话框中将“视频切换默认持续时间”设置为 25 帧，将“静帧图像默认持续时间”设置为 75 帧，如图 4-11 所示。然后在“参数”对话框左侧选择“媒体”，再在右侧将“不确定的媒体时间基准”设置为 25.00fps，单击“确定”按钮。

3）导入图片素材。方法：选择“文件 | 导入”命令，导入配套光盘中的“素材及结果\第 4 章 视频切换的应用\4.2 制作卷页效果\人物插画 .jpg”、“折页 .jpg”、“汽车 .jpg”和“作品欣赏字幕 .prtl”文件，如图 4-12 所示。

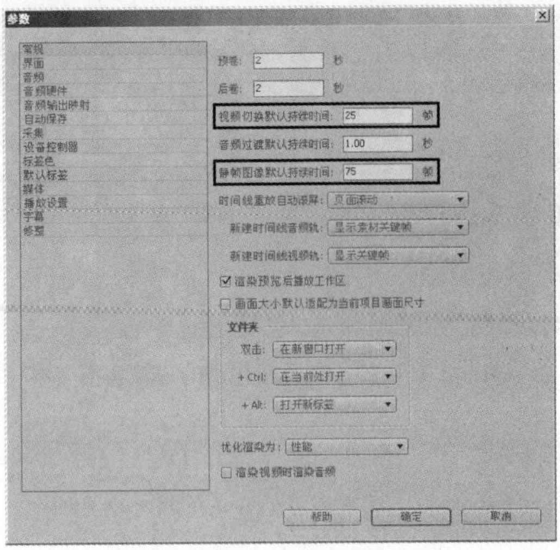

图 4-11 设置静止图片默认持续时间

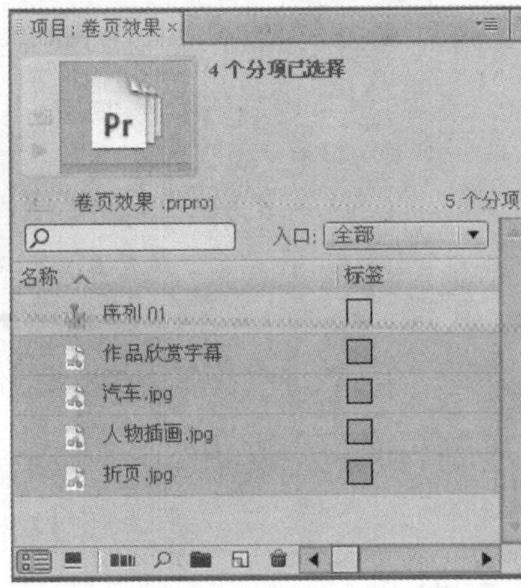

图 4-12 “项目”面板

2. 创建标题画面

1) 制作蓝色背景。方法：单击“项目”面板下方的 （新建分项）按钮，然后从弹出的下拉菜单中选择“彩色蒙板”命令，如图 4-13 所示。接着在弹出的“新建彩色蒙板”对话框中保持默认参数，如图 4-14 所示。单击“确定”按钮，在弹出的“颜色拾取”对话框中设置一种蓝色（RGB 为（0，0，80）），如图 4-15 所示。单击“确定”按钮，最后在弹出的“选择名称”对话框中保持默认名称，如图 4-16 所示，单击“确定”按钮，即可完成蓝色背景的创建，此时“项目”面板如图 4-17 所示。

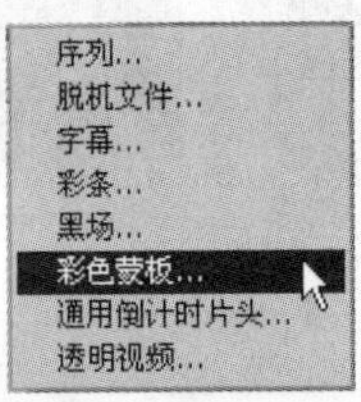

图 4-13 选择“彩色蒙板”命令

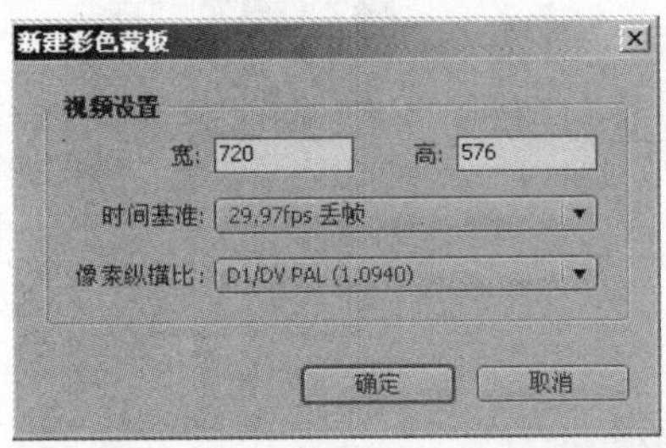

图 4-14 “新建彩色蒙板”对话框

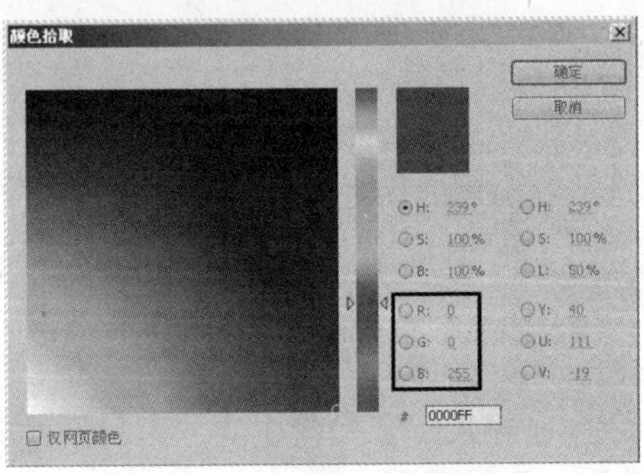

图 4-15 设置一种蓝色

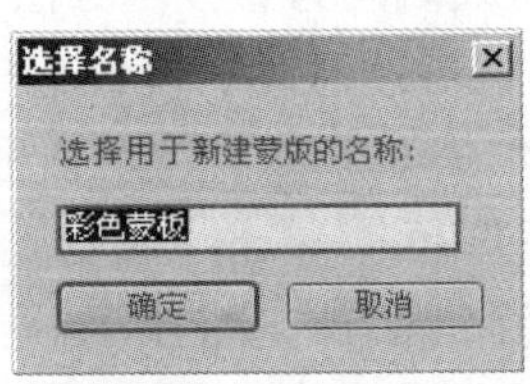

图 4-16 保持默认名称

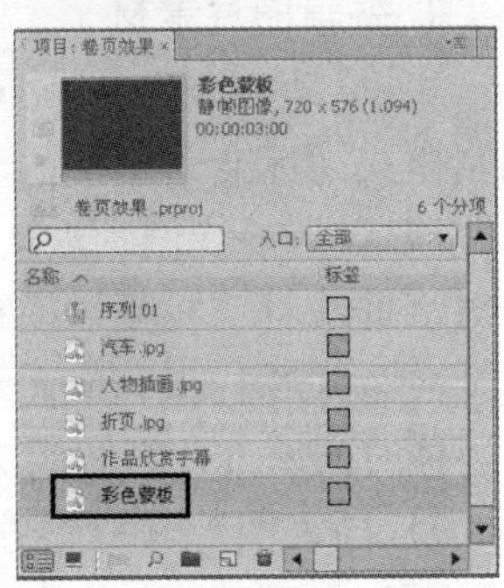

图 4-17 “项目”面板

2）从“项目”面板将“彩色蒙板”素材拖入“时间线”面板的“视频 1”轨道中，然后再将“作品欣赏字幕 .prtl”素材拖入“时间线”面板的“视频 2”轨道中，入点均为 00:00:00:00，如图 4-18 所示，效果如图 4-19 所示。

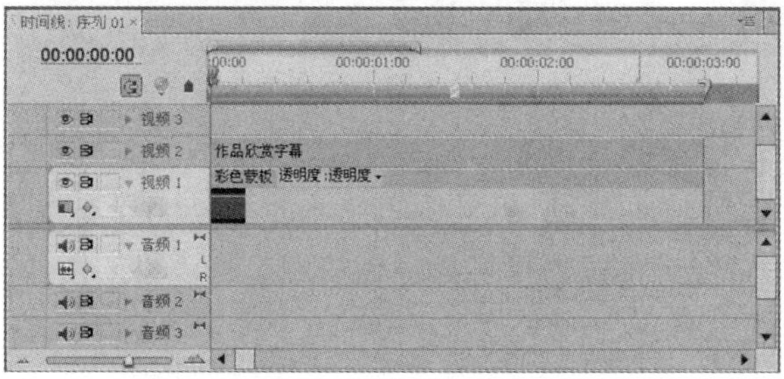

图 4-18 “时间线”面板

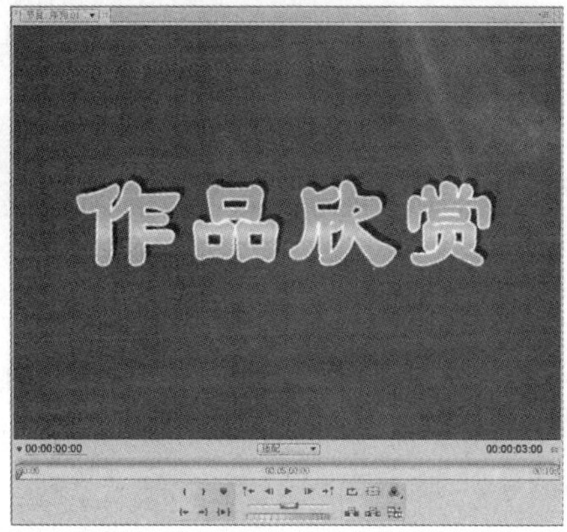

图 4-19 标题画面效果

3. 添加翻页效果

1）翻页效果是在另一个时间线序列中完成的。下面首先创建一个新的序列。方法：单击“项目”面板下方的（新建分项）按钮，如图 4-20 所示，从弹出的下拉菜单中选择“序列”命令，然后在弹出的对话框中设置“序列 02”的参数，如图 4-21 所示，单击“确定”按钮。此时“项目”面板中会产生一个名称为“序列 02”的新序列，如图 4-22 所示。

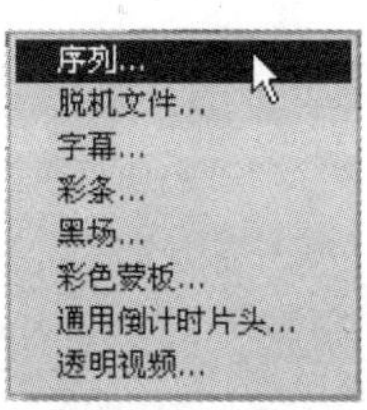

图 4-20 选择“序列”命令

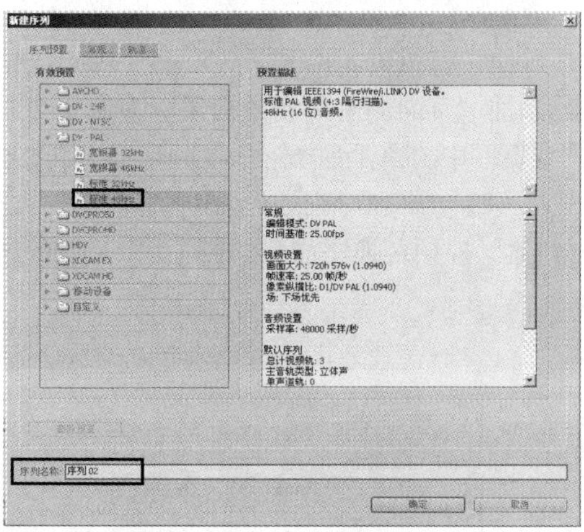

图 4-21 设置“序列 02”的参数

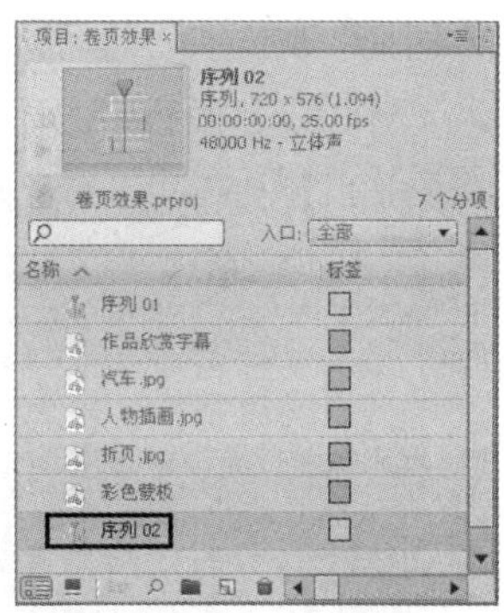

图 4-22 “项目”面板

2）将“项目”面板中的“序列 01”素材拖入“时间线”面板的“视频 1”轨道中，入点为 00:00:00:00，如图 4-23 所示。然后右击“时间线”面板中的“序列 01”素材，从弹出的快捷菜单中选择“解除视音频链接”命令，即可将“序列 01”的视频和音频进行分离。接着选择分离出的音频，按〈Delete〉键，将其进行删除，结果如图 4-24 所示。

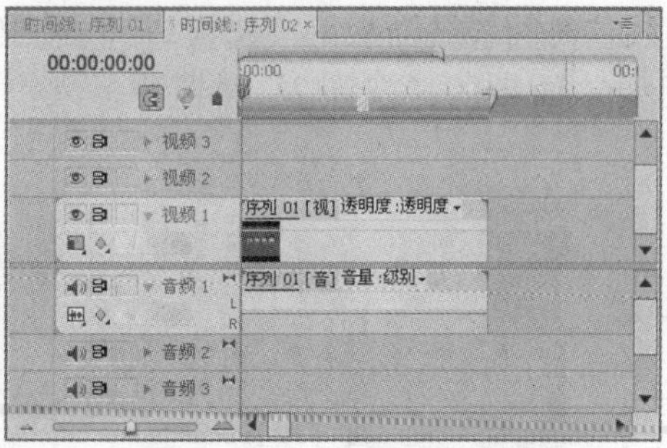

图 4-23 “时间线”面板

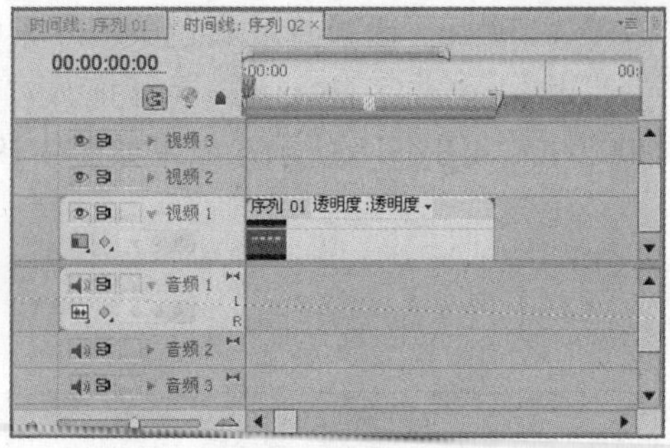

图 4-24 标题画面效果

3）在“项目”面板中按住〈Ctrl〉键，依次选择“人物插画 .jpg”、“折页 .jpg”和“汽车 .jpg”，然后将它们拖入“时间线”面板的“视频 1”轨道中，入点为 00:00:03:00（即与“序列 01”素材结尾处相接）。此时“时间线”面板会按照素材选择的先后顺序将素材依次排列，如图 4-25 所示。

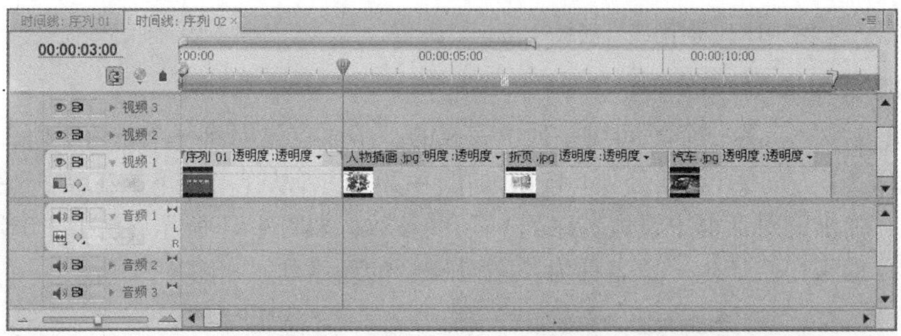

图 4-25 将“人物插画 .jpg”、“折页 .jpg”和“汽车 .jpg”拖入“视频 1”轨道

4）在“序列 01”结尾处添加“页面剥落”卷页效果。方法：在“效果”面板中展开“视频切换”文件夹，然后选择“卷页”中的“页面剥落”视频切换，如图 4-26 所示。接着将其拖入“时间线”面板中的“视频 1”轨道中的“序列 01”素材的结尾处，此时鼠标会变为形状，最后松开鼠标，即可将“页面剥落”视频切换添加到“序列 01”素材的结尾处，如图 4-27 所示。

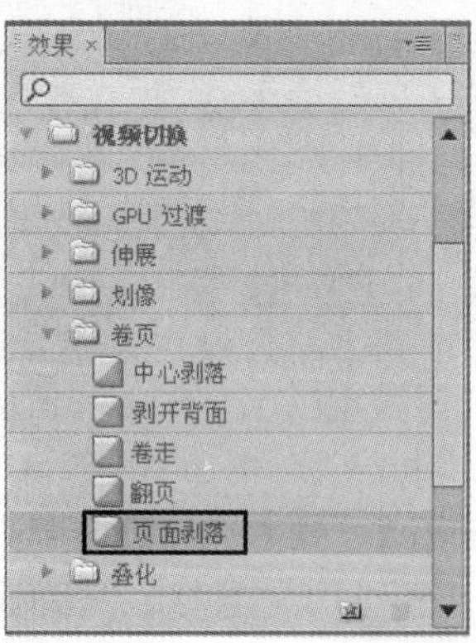

图 4-26 选择“页面剥落”

图 4-27 将“页面剥落”卷页效果添加到“序列 01”素材的结尾处

5）此时在“节目”面板中单击按钮，即可看到“序列 01”与“人物插画 .jpg”素材之间的卷页效果，如图 4-28 所示。

图 4-28　“序列 01”与“人物插画 .jpg”素材之间的卷页效果

6）在“人物插画 .jpg”和“折页 .jpg”之间添加“中心剥落”卷页效果。方法：在“效果”面板中展开“视频切换”文件夹，然后选择“卷页”中的“中心剥落”视频切换，如图 4-29 所示。接着将其拖入“时间线”面板中的“视频 1”轨道中“人物插画 .jpg”和“折页 .jpg”之间的位置，此时鼠标会变为形状，再松开鼠标，即可将“中心剥落”视频切换添加到“人物插画 .jpg”和“折页 .jpg”之间的位置，如图 4-30 所示。此时在“节目”面板中单击按钮，即可看到“人物插画 .jpg”与“折页 .jpg”素材之间的卷页效果，如图 4-31 所示。

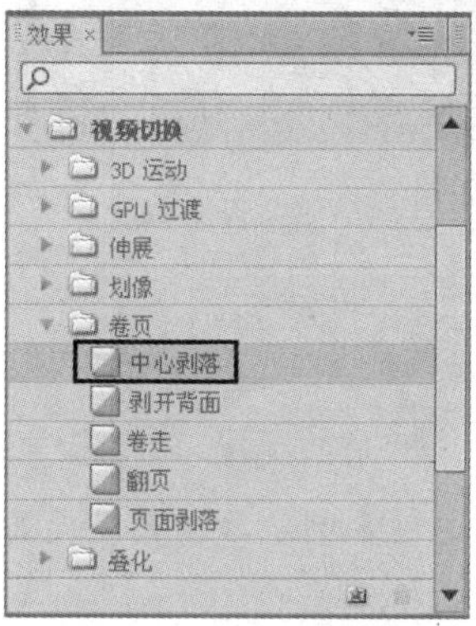

图 4-29　选择“中心剥落”

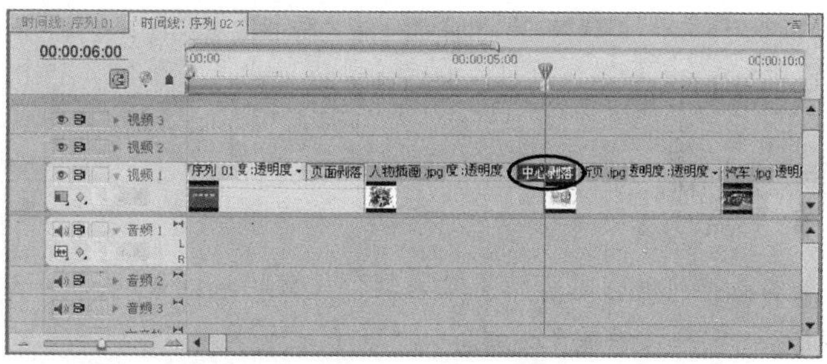

图 4-30　在“人物插画 .jpg”和“折页 .jpg”之间添加“中心剥落”视频切换

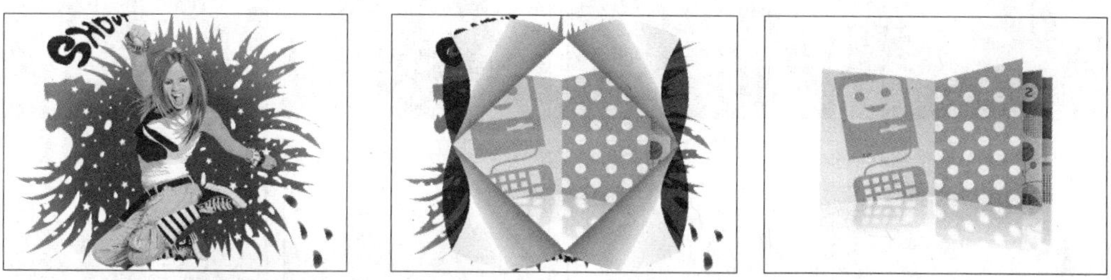

图 4-31　“人物插画 .jpg”与“折页 .jpg”素材之间的卷页效果

7）同理，在“折页 .jpg”和“汽车 .jpg”之间添加“剥开背面”视频切换，如图 4-32 所示。然后在“节目”面板中单击按钮，即可看到“折页 .jpg”与“汽车 .jpg”素材之间的卷页效果，如图 4-33 所示。

8）至此，制作整个卷页效果制作完毕。选择“文件 | 导出 | 媒体”命令，将其输出为“卷页效果 .avi”文件。

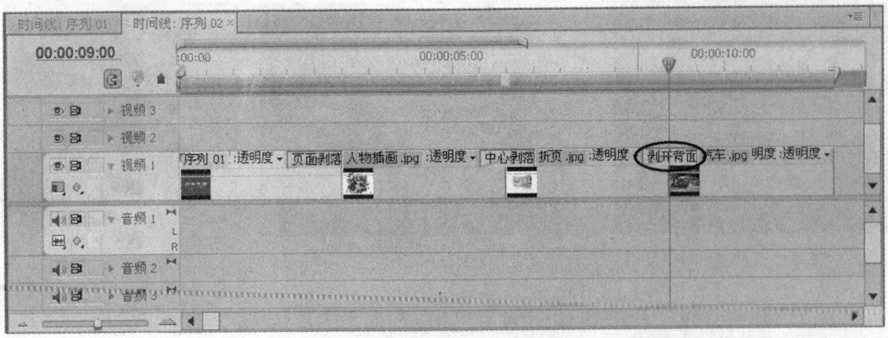

图 4-32 在“折页.jpg”和“汽车.jpg”之间添加“剥开背面”卷页效果

图 4-33 “折页.jpg”与“汽车.jpg”素材之间的卷页效果

4.3 制作自定义视频切换效果

要点：

本例将利用自定义的图像来制作视频切换效果，如图 4-34 所示。通过本例学习应掌握设置“渐变擦除”视频切换效果方法。

图 4-34 自定义视频切换效果

操作步骤：

1. 编辑图片素材

1）启动 Premiere Pro CS4，然后单击“新建项目”按钮，新建一个名称为“自定义视频切换效果”，编辑模式为标准 48kHz 的 DV-PAL 制的项目文件。

2）设置静止图片默认持续时间为 3 秒。方法：选择“编辑 | 参数 | 常规”命令，在弹出的对话框中将“视频切换默认持续时间”设置为 25 帧，将“静帧图像默认持续时间”设置为 75 帧。然后在“参数”对话框左侧选择“媒体”，再在右侧将“不确定的媒体时间基准”设置为 25.00fps，单击“确定”按钮。

3）导入图片素材。方法：选择“文件 | 导入”命令，导入配套光盘中的“素材及结果 \ 第 4 章 视频切换的应用 \4.3 制作自定义视频切换效果 \ 鲜花 1.jpg”、“鲜花 2.jpg”、“鲜花 3.jpg”和“鲜花 4.jpg”文件，如图 4-35 所示。

4）在“项目”面板中按住〈Ctrl〉键，依次选择“鲜花 1.jpg”、“鲜花 2.jpg”、“鲜花 3.jpg”和“鲜花 4.jpg”素材，然后将它们拖入“时间线”面板的“视频 1”轨道中，入点为 00:00:00:00。此时“时间线”面板会按照素材选择的先后顺序将素材依次排列，如图 4-36 所示。

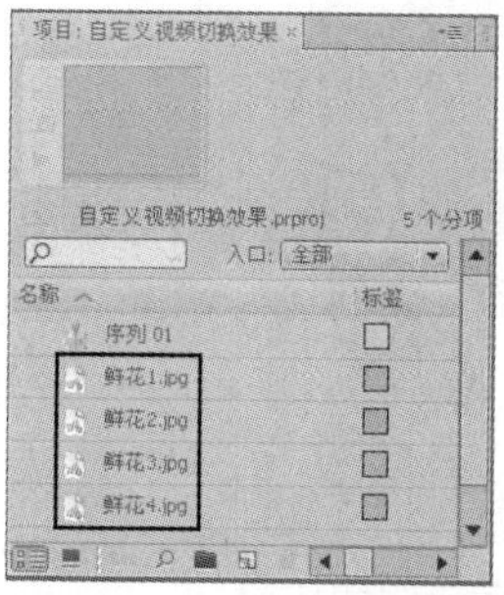

图 4-35　“项目”面板

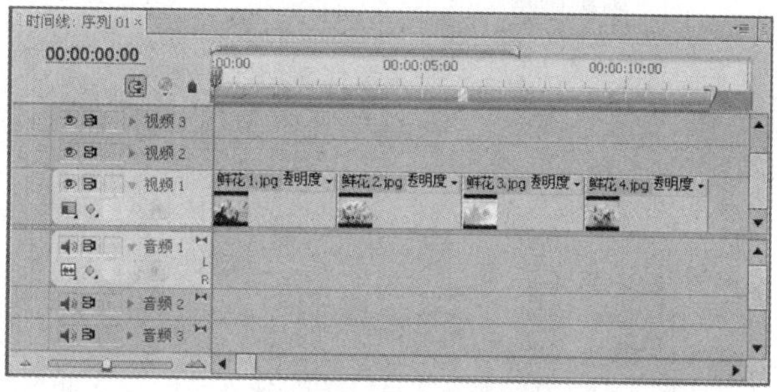

图 4-36　“时间线”面板

2. 添加自定义转场效果

1）在“鲜花 1.jpg”和“鲜花 2.jpg”之间添加“渐变擦除”视频切换。方法：在“效果”面板中展开“视频切换”文件夹，然后选择“擦除”中的“渐变擦除”视频切换，如图 4-37 所示。再将其拖入“时间线”面板中的“视频 1”轨道中“鲜花 1.jpg”和“鲜花 2.jpg”之间的位置，此时鼠标会变为形状，接着松开鼠标。然后，在弹出的图 4-38 所示的“渐变擦除设置”对话框中单击“选择图像”按钮，最后在弹出的“打开”对话框中选择配套光盘中的“素材及结果 \ 第 4 章 视频切换的应用 \4.3 制作自定义视频切换效果 \ 对称灰度图 .jpg”图片，如图 4-39 所示，单击“打开”按钮，回到“渐变擦除设置”对话框，如图 4-40 所示，再单击“确定”按钮。即可将“渐变擦除”视频切换添加到“鲜花 1.jpg”和“鲜花 2.jpg”之间的位置，如图 4-41 所示。

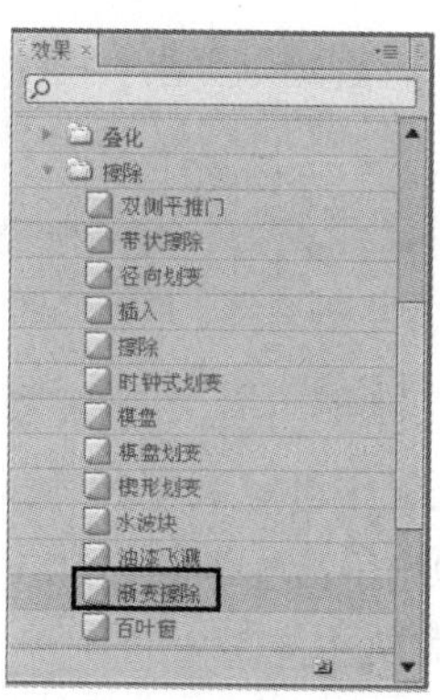

图 4-37　选择“渐变擦除”

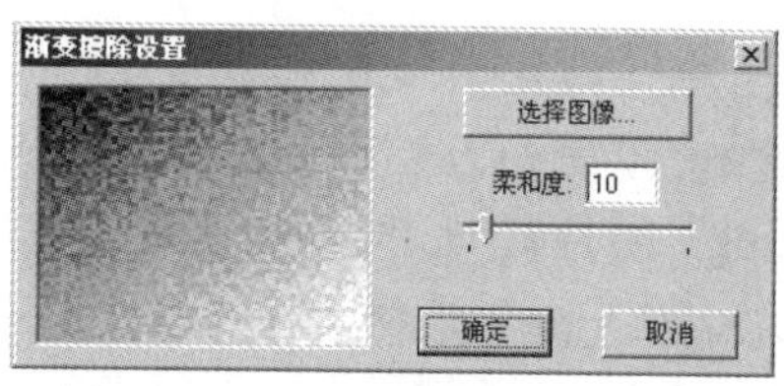

图 4-38　“渐变擦除设置”对话框

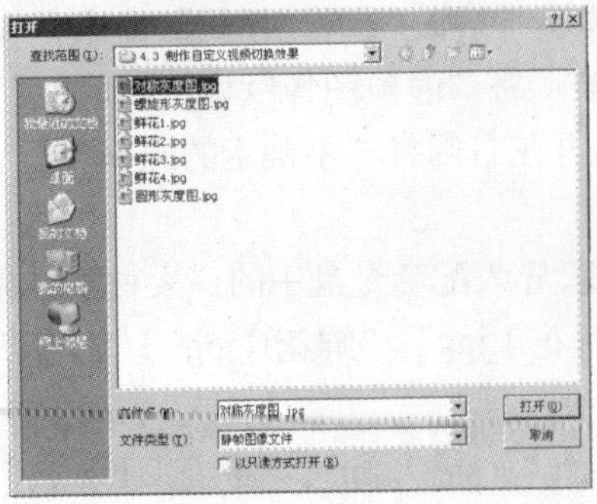

图 4-39　选择“对称灰度图 .jpg”图片

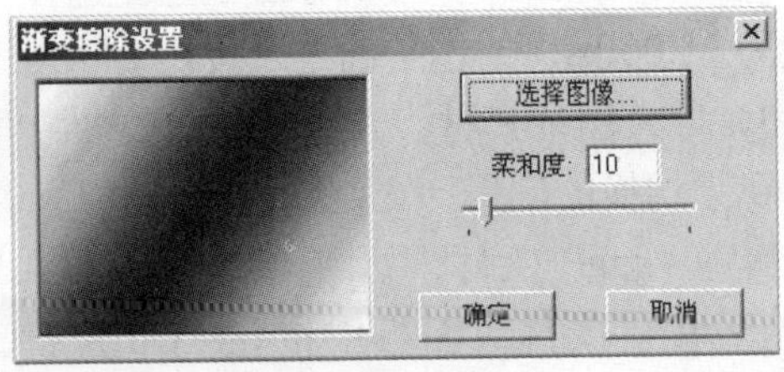

图 4-40　选择“对称灰度图 .jpg”后的效果

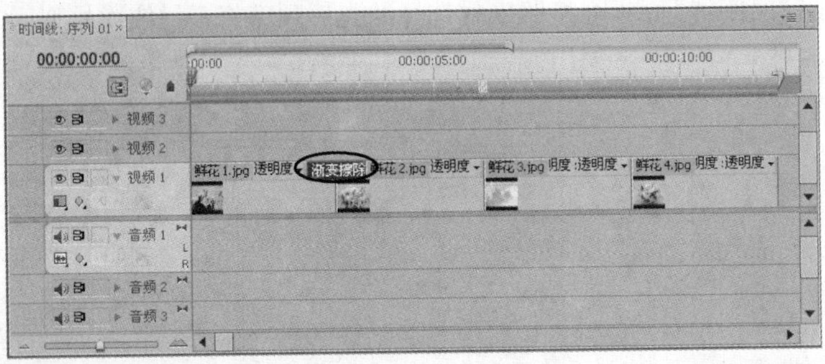

图 4-41　在“鲜花 1.jpg”和“鲜花 2.jpg”之间添加“渐变擦除”视频切换

2）在“节目”面板中单击▶按钮，即可看到“鲜花 1.jpg”与“鲜花 2.jpg”素材之间的渐变擦除效果，如图 4-42 所示。

提示：如果要对“渐变擦除”的图像进行替换，可以在“时间线”面板中选择要替换的“渐变擦除”视频切换，然后在“特效控制台”面板中单击“自定义”按钮，如图4-43所示，在弹出的对话框中进行替换。

图 4-42　“鲜花 1.jpg”与“鲜花 2.jpg”素材之间的渐变擦除效果

图 4-43　单击“自定义”按钮

3）同理，在“鲜花 2”和“鲜花 3”之间添加“渐变擦除”视频切换，并选择擦除图像（选择配套光盘中的“素材及结果 \ 第 4 章 视频切换的应用 \4.3 制作自定义视频切换效果 \ 螺旋形灰度图 .jpg”图片），如图 4-44 所示。然后在“节目”面板中单击▶按钮，即可看到“鲜花 2.jpg”与“鲜花 3.jpg”素材之间的渐变擦除效果，如图 4-45 所示。

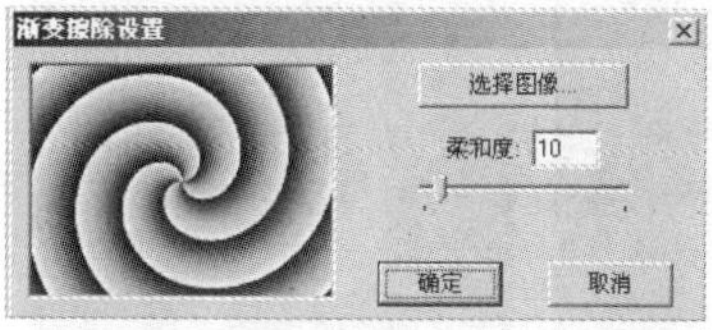

图 4-44　选择"螺旋形灰度图 .jpg"后的效果

图 4-45　"鲜花 2.jpg"与"鲜花 3.jpg"素材之间的渐变擦除效果

4）同理，在"鲜花 3"和"鲜花 4"之间添加"渐变擦除"视频切换，并选择擦除图像(选择配套光盘中的"素材及结果\第 4 章 视频切换的应用\4.3 制作自定义视频切换效果\圆形灰度图 .jpg"图片)，如图 4-46 所示。此时"时间线"面板如图 4-47 所示。然后在"节目"面板中单击▶按钮，即可看到"鲜花 3.jpg"与"鲜花 4.jpg"素材之间的渐变擦除效果，如图 4-48 所示。

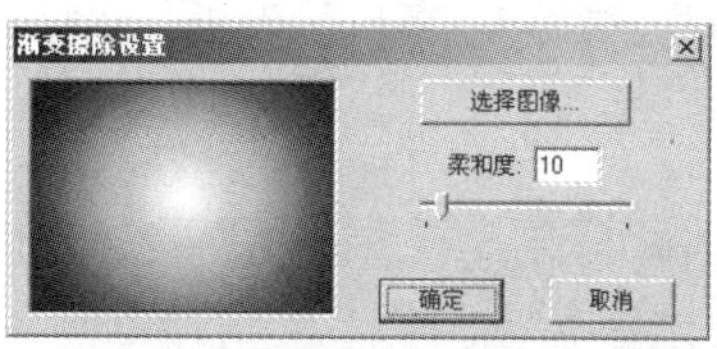

图 4-46　选择"圆形灰度图 .jpg"后的效果

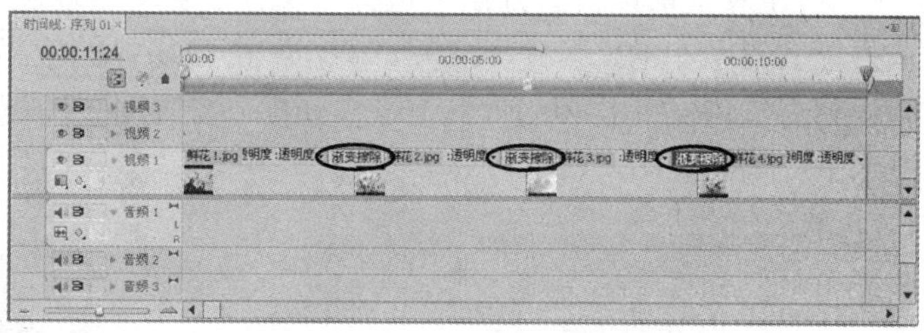

图 4-47"时间线"面板

图 4-48　"鲜花 3.jpg"与"鲜花 4.jpg"素材之间的渐变擦除效果

5）至此，制作自定义视频切换效果制作完毕。选择"文件 | 导出 | 媒体"命令，将其输出为"自定义视频切换效果 .avi"文件。

4.4　制作画中画的广告效果

要点：

本例将制作电视中经常见到的穿插在节目片尾的广告效果，如图 4-49 所示。通过本例的学习，读者应掌握以文件夹的方式导入素材和多种常用视频切换效果的综合应用。

操作步骤：

1. 制作背景

1）启动 Premiere Pro CS4，然后单击"新建项目"按钮，新建一个名称为"画中画的广告效果"，编辑模式为标准 48kHz 的 DV-PAL 制的项目文件。

图 4-49 画中画的广告效果

2）导入背景素材。方法：选择“文件 | 导入”命令，然后在弹出的“导入”对话框中选择配套光盘中的“素材及结果 \ 第 4 章 视频切换的应用 \4.4 制作画中画的广告效果 \ 风景 001. jpg”文件，如图 4-50 所示，单击“打开”按钮，此时该素材会被导入“项目”面板，如图 4-51 所示。

图 4-50 选择“风景 001. jpg”素材

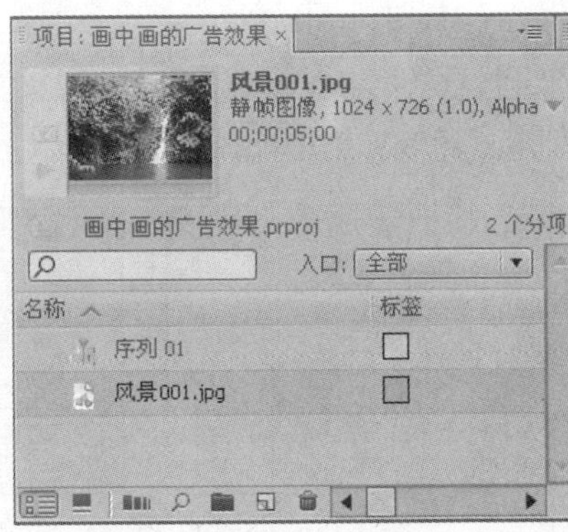

图 4-51 “项目”面板

3）将“风景 001.jpg”素材放入时间线，并设置时间长度为 12 秒。方法：从“项目”面板中将“风景 001. jpg”素材拖入“时间线”面板的“视频 1”轨道中，入点为 00:00:00:00，然后右击“视频 1”轨道中的“风景 001. jpg”素材，从弹出的快捷菜单中选择“速度 / 持续时间”命令，接着在弹出的“素材速度 / 持续时间”对话框中设置“持续时间”为 00:00:12:00，如图 4-52 所示，单击“确定”按钮，此时“时间线”面板如图 4-53 所示。

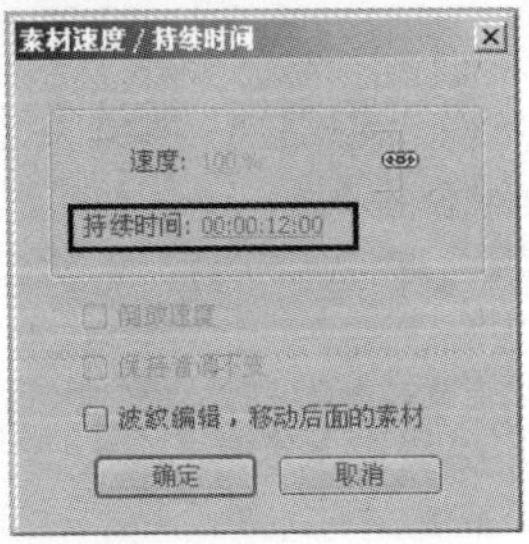

图 4-52 设置持续时间

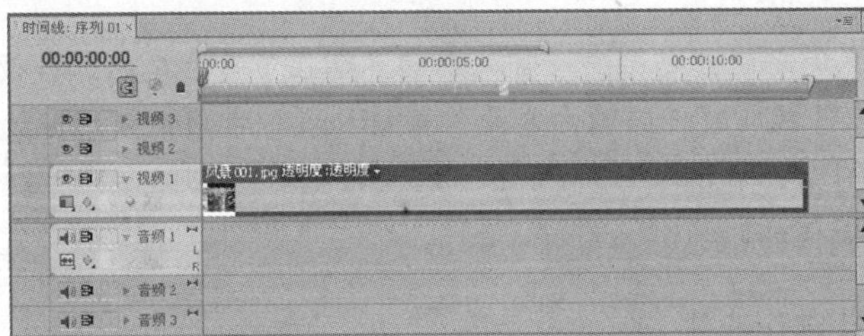

图 4-53 “时间线”面板

4）此时“风景 001. jpg”素材画面尺寸过大，如图 4-54 所示，下面调整该素材的大小。方法：选择“视频 1”轨道上的“风景 001. jpg”素材，然后在“特效控制台”面板中展开“运动”参数，将“缩放比例”设置为 80.0，如图 4-55 所示，效果如图 4-56 所示。

图 4-54　“风景 001. jpg”的源大小

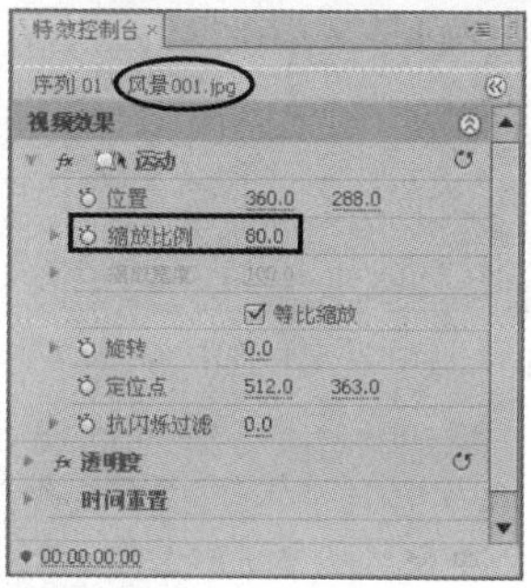

图 4-55　调整“缩放比例”

图 4-56　调整“缩放比例”后的效果

2. 制作视频广告图片的视频切换效果

1）导入广告素材。方法：选择“文件 | 导入”命令，然后在弹出的“导入”对话框中选择配套光盘中的“素材及结果 \ 第 4 章 视频切换的应用 \4.4 制作画中画的广告效果 \ 手表”文件夹，如图 4-57 所示，单击“导入文件夹”按钮，此时整个文件夹的素材都会被导入“项目”面板，如图 4-58 所示。

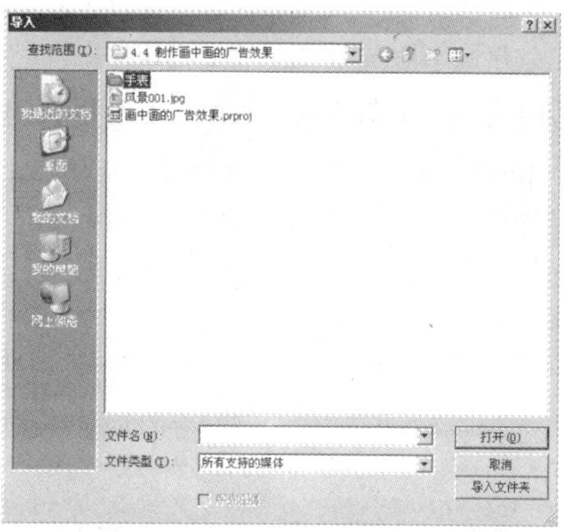

图 4-57　选择“手表”文件夹

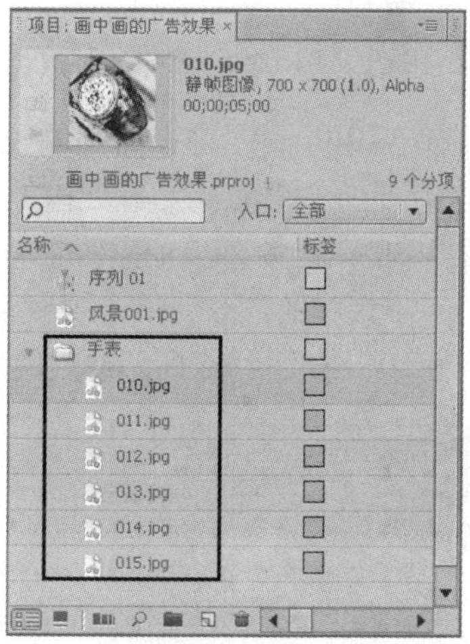

图 4-58　“项目”面板

2）从“项目”面板中将“010. jpg”素材拖入“时间线”面板的“视频 2”轨道中，入点为 00:00:00:00，然后将该素材的持续时间设置为 00:00:02:00，此时“时间线”面板如图 4-59 所示，效果如图 4-60 所示。

3）此时“010. jpg”素材的尺寸过大，下面调整其大小。方法：选择“视频 2”轨道上的“010. jpg”素材，然后在“特效控制台”面板中展开“运动”参数，将“缩放比例”设置为 50.0，如图 4-61 所示，效果如图 4-62 所示。

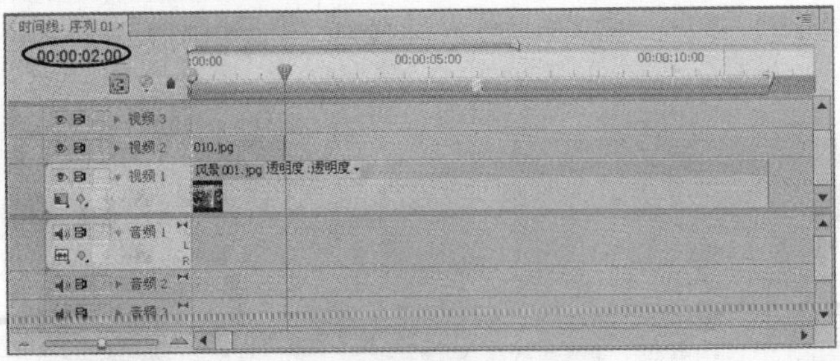

图 4-59　将“010. jpg”素材拖入“视频 2”轨道中

图 4-60　画面效果

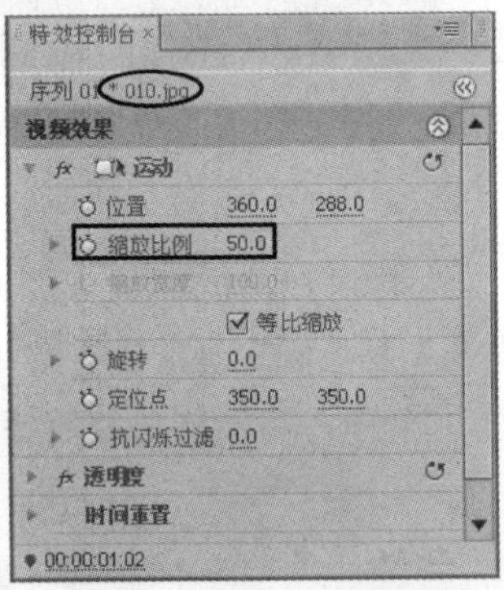

图 4-61　调整“ 010.jpg”素材的缩放比例

图 4-62　调整“ 010.jpg”素材的缩放比例后的效果

4）制作“010. jpg”素材开头的视频切换效果。方法：在“效果”面板中展开“视频切换”文件夹，然后选择“滑动”文件夹中的“滑动带”视频切换，如图 4-63 所示。接着将其拖入“时间线”面板中的“视频 2”轨道中的“010. jpg”素材的开始处，如图 4-64 所示。最后选择添加给“010. jpg”素材的“滑动带”视频切换，进入“特效控制台”面板，再将“持续时间”设置为 00:00:00:20，如图 4-65 所示。此时在“节目”面板中单击▶按钮，效果如图 4-66 所示。

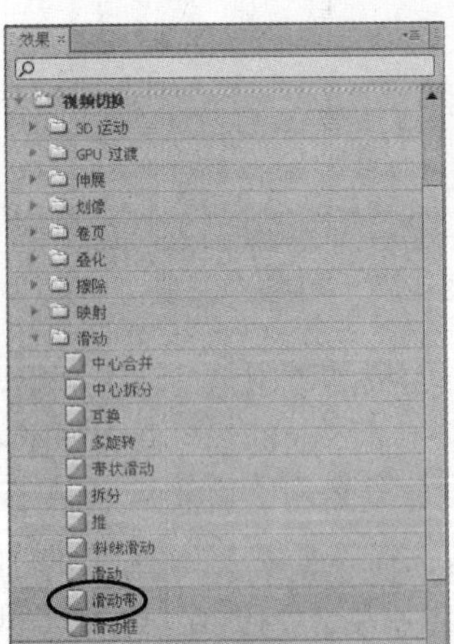

图 4-63　选择“滑动带”视频切换

图 4-64　将“滑动带”视频添加到“010. jpg”素材的开始处

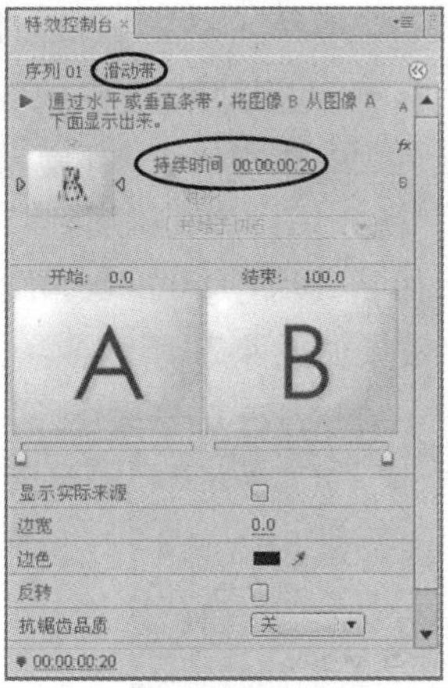

图 4-65　设置“滑动带”视频切换的持续时间

图 4-66　“010. jpg”素材的开始处的视频切换效果

5）制作“010. jpg”素材结尾处的视频切换效果。方法：在“效果”面板中展开“视频切换”文件夹，然后将“擦除”文件夹中的“油漆飞溅”视频切换拖入“时间线”面板中的“视频 2”轨道中的“010. jpg”素材的结尾处，如图 4-67 所示。最后选择添加给“010. jpg”素材的“油漆飞溅”视频切换，进入“特效控制台”面板，再将“持续时间”设置为 00:00:00:20，如图 4-68 所示。此时在“节目”面板中单击▶按钮，效果如图 4-69 所示。

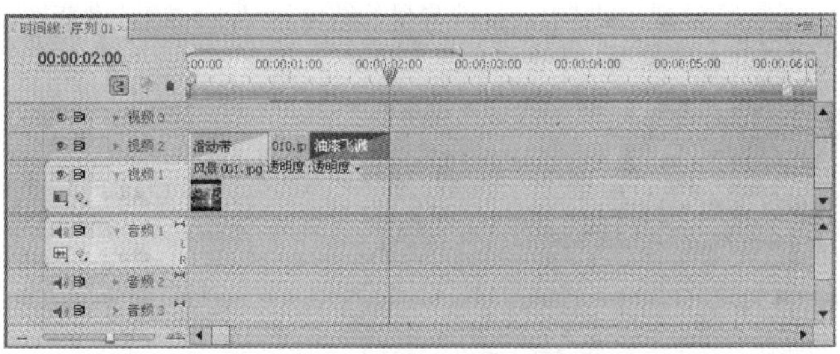

图 4-67　将“油漆飞溅”视频切换添加到“010. jpg”素材的结尾处

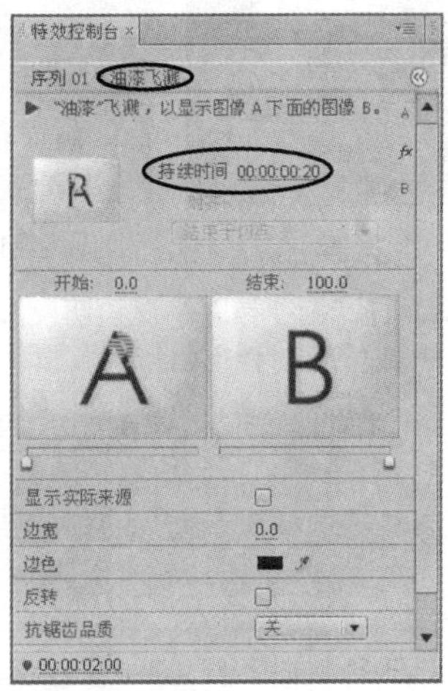

图 4-68　设置“油漆飞溅”视频切换的持续时间

图 4-69　“010. jpg”素材结尾处的视频切换效果

6）同理，制作“011. jpg”素材的开头和结尾处的视频切换效果。方法：从“项目”面板中将“011. jpg”素材拖入“时间线”面板的“视频 2”轨道中，入点为 00:00:04:00，然后将该素材的持续时间也设置为 00:00:02:00，再将该素材的“缩放比例”设置为 50.0。接着将“效果”面板“视频切换”文件夹“擦除”中的“百叶窗”和“ 渐变擦除”视频切换分别添加到“视频 2”轨道中的“011. jpg”素材的开头和结尾处，并将它们的“持续时间”设置为 00:00:00:20，此时“时间线”面板如图 4-70 所示。在“节目”面板中单击▶按钮，效果如图 4-71 所示。

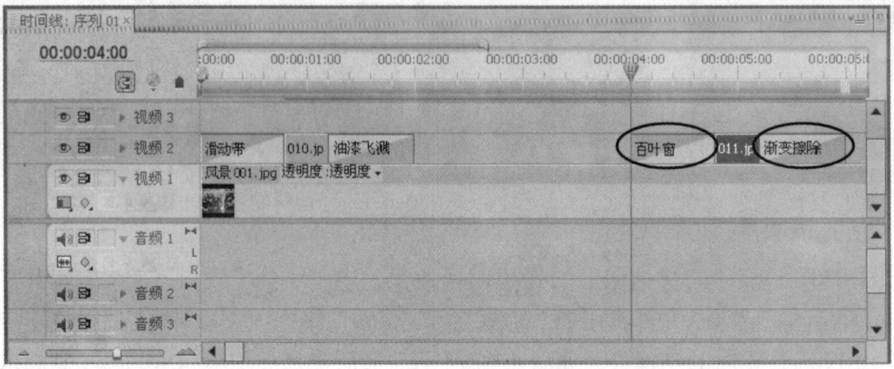

图 4-70　给“011. jpg”素材的开头和结尾处添加视频切换

图 4-71　“011. jpg”素材的视频切换效果

提示：将“渐变擦除”视频切换添加到 “视频2”轨道中的“011. jpg”素材的结尾处时，会弹出“渐变擦除设置”对话框，此时将“柔和度”设置为0即可，如图4-72所示。

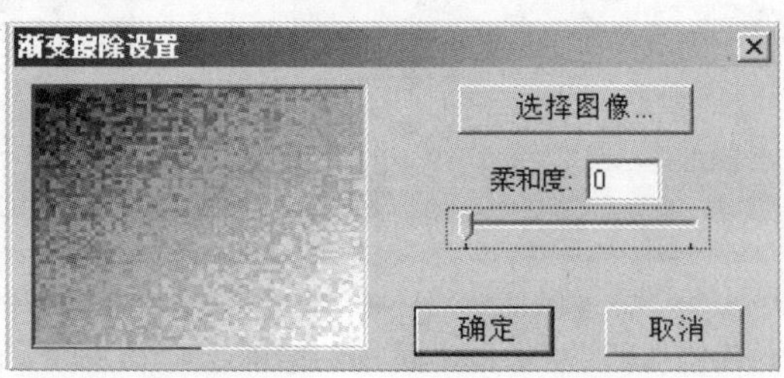

图 4-72　将“柔和度”设置为 0

7）同理，从“项目”面板中将“012. jpg”素材拖入“时间线”面板的“视频 2”轨道中，入点为 00:00:08:00，然后将该素材的持续时间也设置为 00:00:02:00。再将该素材的“缩放比例”设置为 50.0。接着将“效果”面板“视频切换”文件夹“3D 运动”中的“向上折叠”和“卷页”中的“ 卷走”视频切换分别添加到“视频 2”轨道中的“012. jpg”素材的开头和结尾处，并将它们的“持续时间”设置为 00:00:00:20，此时“时间线”面板如图 4-73 所示。在“节目”面板中单击▶按钮，效果如图 4-74 所示。

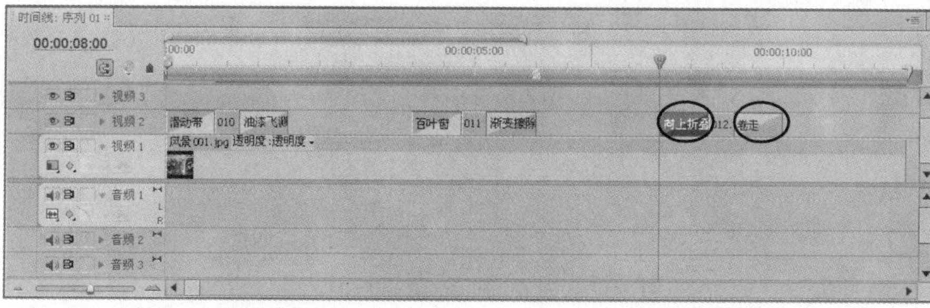

图 4-73　给“012. jpg”素材的开头和结尾处添加视频切换

图 4-74　“012. jpg”素材的视频切换效果

8）同理，从“项目”面板中将“013. jpg”素材拖入“时间线”面板的“视频 3”轨道中，入点为 00:00:02:00，然后将该素材的持续时间也设置为 00:00:02:00。再将该素材的“缩放比例”设置为 50.0。接着将“效果”面板“视频切换”文件夹“3D 运动”中的“摆入”和“擦除”中的“渐变擦除”视频切换分别添加到“视频 3”轨道中的“013. jpg”素材的开头和结尾处，并将它们的“持续时间”设置为 00:00:00:20，此时“时间线”面板如图 4-75 所示。在“节目”面板中单击▶按钮，效果如图 4-76 所示。

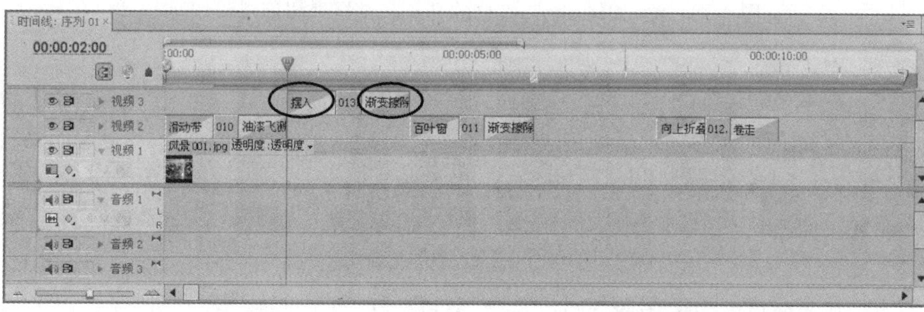

图 4-75　给“013. jpg”素材的开头和结尾处添加视频切换

图 4-76　“013. jpg”素材的视频切换效果

提示：将“渐变擦除”视频切换添加到“视频2”轨道中的“013. jpg”素材的结尾处时，会弹出“渐变擦除设置”对话框，此时将“柔和度”设置为10即可，如图4-77所示。

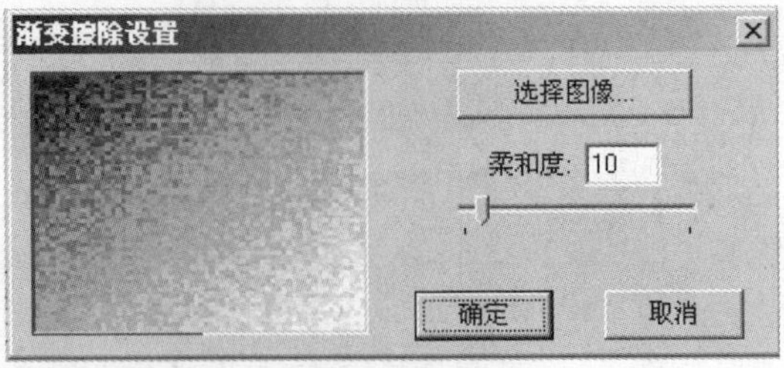

图 4-77　将“柔和度”设置为 10

9）同理，从“项目”面板中将“014. jpg”素材拖入“时间线”面板的“视频 3”轨道中，入点为 00:00:06:00，然后将该素材的持续时间也设置为 00:00:02:00。再将该素材的“缩放比例”设置为 50.0。接着将“效果”面板“视频切换”文件夹“滑动”中的“带状滑动”和“3D 运动”中的“立方体旋转”视频切换分别添加到“视频 3”轨道中的“014. jpg”素材的开头和结尾处，并将它们的“持续时间”设置为 00:00:00:20，此时“时间线”面板如图 4-78 所示。在“节目”面板中单击▶按钮，效果如图 4-79 所示。

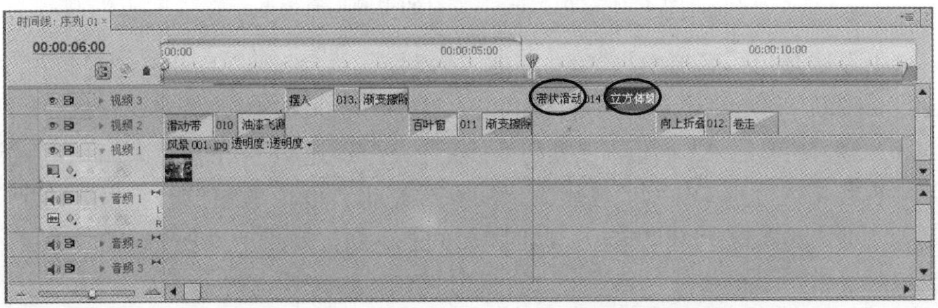

图 4-78　给“014. jpg”素材的开头和结尾处添加视频切换

图 4-79　“014. jpg”素材的视频切换效果

10）同理，从“项目”面板中将“015. jpg”素材拖入“时间线”面板的“视频 3”轨道中，入点为 00:00:10:00，然后将该素材的持续时间也设置为 00:00:02:00。再将该素材的“缩放比例”设置为 50.0。接着将“效果”面板“视频切换”文件夹“缩放”中的“缩放框”和“滑动”中的“带状滑动”视频切换分别添加到“视频 3”轨道中的“014. jpg”素材的开头和结尾处，并将它们的“持续时间”设置为 00:00:00:20，此时“时间线”面板如图 4-80 所示。在“节目”面板中单击▶按钮，效果如图 4-81 所示。

11）至此，整个画中画的广告效果制作完毕。选择“文件 | 导出 | 媒体”命令，将其输出为“画中画的广告效果 .avi”文件。

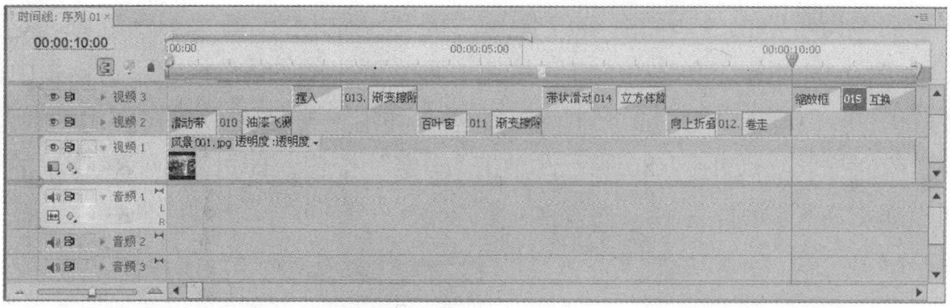

图 4-80　给“015. jpg”素材的开头和结尾处添加视频切换

图 4-81　“015. jpg”素材的视频切换效果

4.5　制作多层切换效果

要点：

本例将制作多层上的多张图片一起进行转场的效果，如图 4-82 所示。通过本例的学习，读者应掌握制作字幕、调整图片的位置和大小、复制和粘贴关键帧参数以及常用视频切换效果的综合应用。

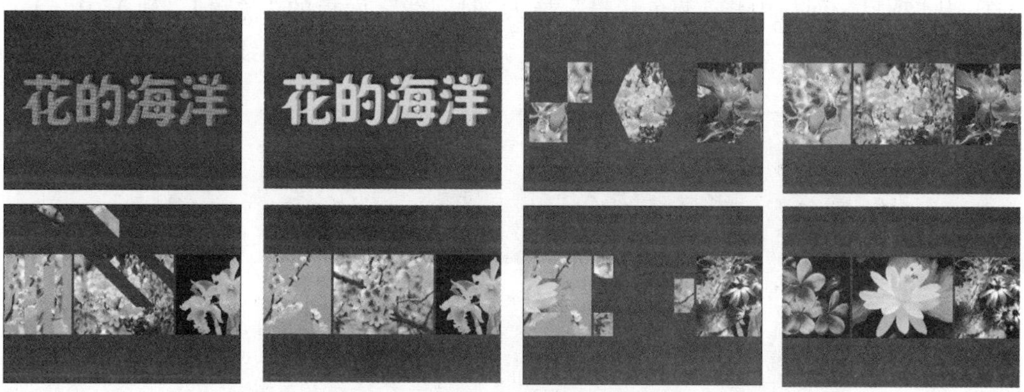

图 4-82　多层切换效果

操作步骤：

1. 制作蓝色背景

1）启动 Premiere Pro CS4，然后单击“新建项目”按钮，新建一个名称为“多层切换效果”，编辑模式为标准 48kHz 的 DV-PAL 制的项目文件。

2）制作蓝色背景。方法：单击“项目”面板下方的（新建分项）按钮，然后从弹出的快捷菜单中选择“彩色蒙板”命令，如图 4-83 所示。接着在弹出的“新建彩色蒙板”对话框中保持默认参数，如图 4-84 所示，单击“确定”按钮。再在弹出的“颜色拾取”对话框中设置一种蓝色（RGB 为（0，0，200）），如图 4-85 所示，单击“确定”按钮，最后在弹出的“选择名称”对话框中输入“蓝色背景”，如图 4-86 所示，单击“确定”按钮，即可完成蓝色背景的创建，此时“项目”面板如图 4-87 所示。

图 4-83 选择“彩色蒙板”命令

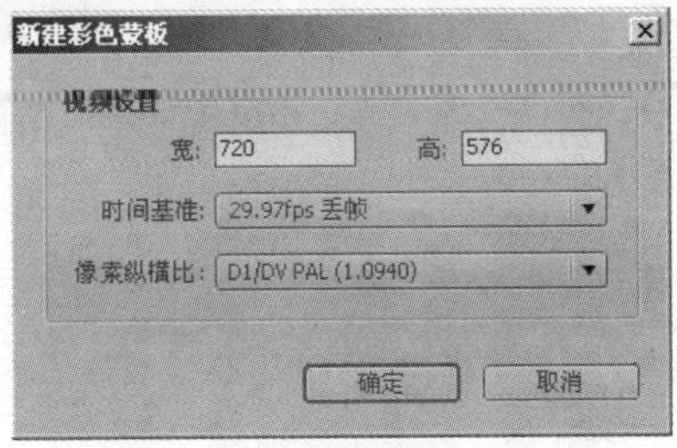

图 4-84 “新建彩色蒙板”对话框

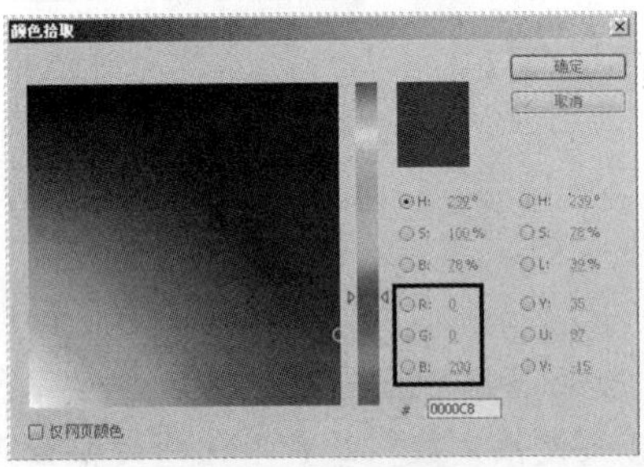

图 4-85 设置颜色

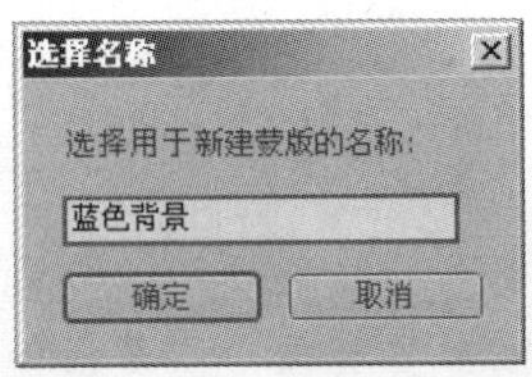

图 4-86 输入“蓝色背景”

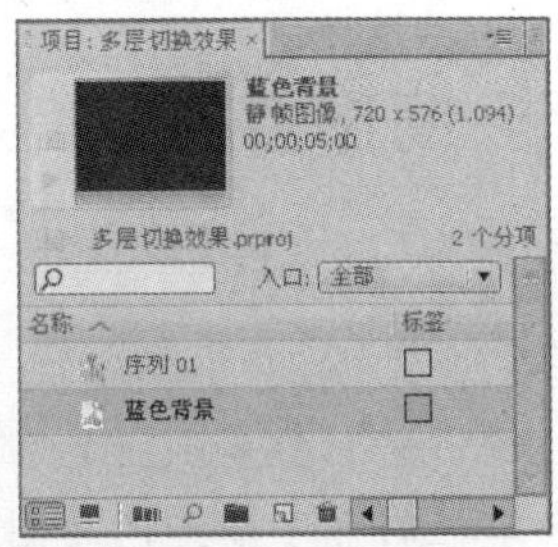

图 4-87 “项目”面板

3）从“项目”面板中将“蓝色背景”拖入“时间线”面板的“视频 1”轨道中，入点为 00:00:00:00，然后设置该素材的持续时间设置为 18 秒，此时“时间线”面板如图 4-88 所示。

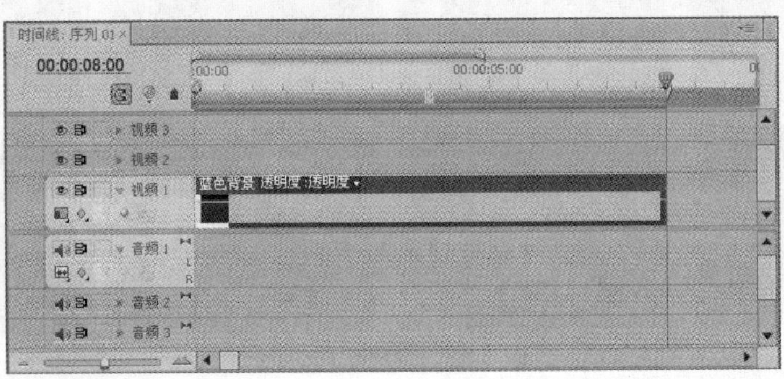

图 4-88 “时间线”面板

2. 制作“花的海洋”字幕

1）单击“项目”面板下方的 （新建分项）按钮，从弹出的快捷菜单中选择“字幕”命令，然后在弹出的“新建字幕”对话框中的“名称”文本框中输入“花的海洋”，如图 4-89 所示，单击“确定”按钮，进入“花的海洋”字幕的设计窗口，如图 4-90 所示 。

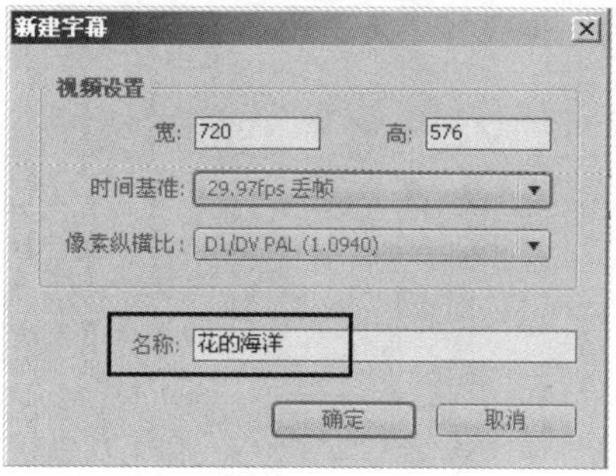

图 4-89　输入“花的海洋”

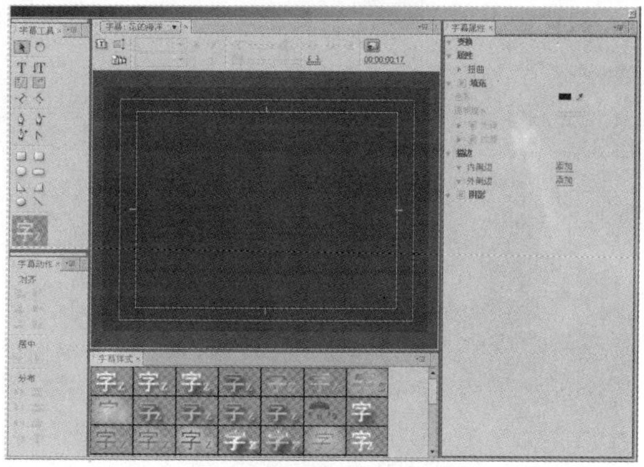

图 4-90　“花的海洋”字幕的设计窗口

2）输入文字。方法：选择“字幕工具”面板中的 T（文字工具），然后在“字幕面板”编辑窗口中输入“花的海洋”4 个字，接着在“字幕属性”面板中设置“字体”为 HYXiuYingJ，“字体大小”为 120.0。再分别单击“字幕动作”面板中的（垂直居中）和（水平居中）按钮，将文字居中对齐。最后将“填充”区域下的“色彩”设置为黄色（RGB（255，255，0）），如图 4-91 所示。

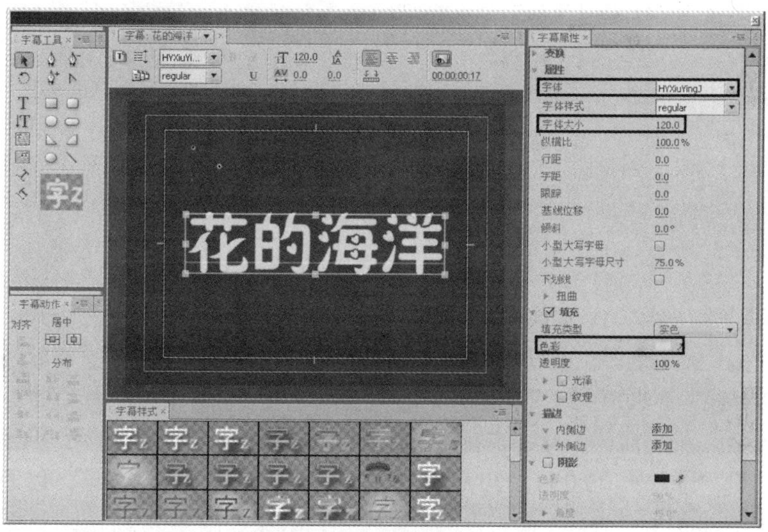

图 4-91　输入文字

3）对文字进行进一步设置。方法：单击“描边”区域中“外侧边”右侧的“添加”命令，然后在添加的外侧边中将“类型”设置为“凸出”，将“大小”设置为 25.0，将“填充类型”设置为“4 色渐变”。接着将“色彩”左上角的颜色数值设置为 RGB（250，110，0），将右上角的颜色数值设置为 RGB（250，70，100），将右下角的颜色数值设置为 RGB（0，120，200），将左下角的颜色数值设置为 RGB（50，240，20）。最后勾选“阴影”复选框，效果如图 4-92 所示。

4）单击字幕设计窗口右上角的按钮，关闭字幕设计窗口，此时创建的“花的海洋”字幕会自动添加到“项目”面板中，如图 4-93 所示。

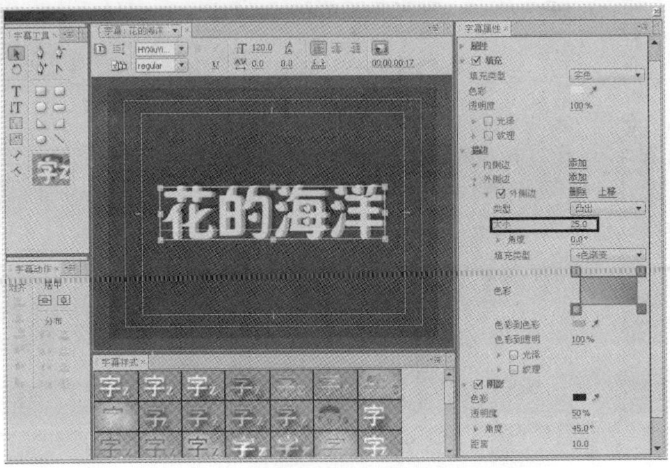

图 4-92 设置“描边”和“阴影”参数

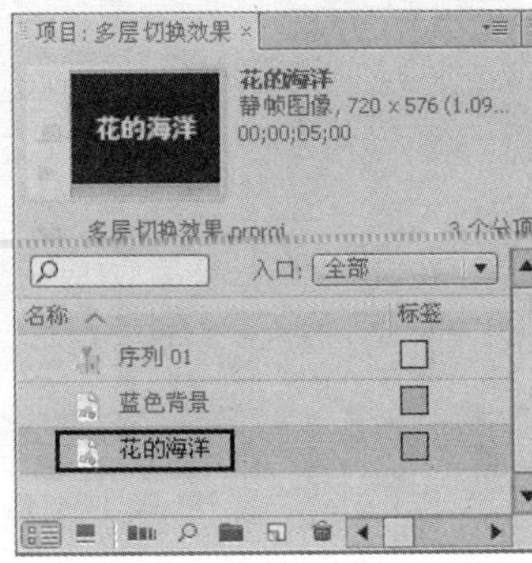

图 4-93 “项目”面板

3. 制作“花的海洋”字幕的视频切换效果

1) 将“花的海洋”字幕素材拖入“时间线”面板。方法：从“项目”面板中将“花的海洋”字幕素材拖入“时间线”面板的“视频 2”轨道中，入点为 00:00:00:00。然后将该素材的持续时间设置为 00:00:02:00，如图 4-94 所示。

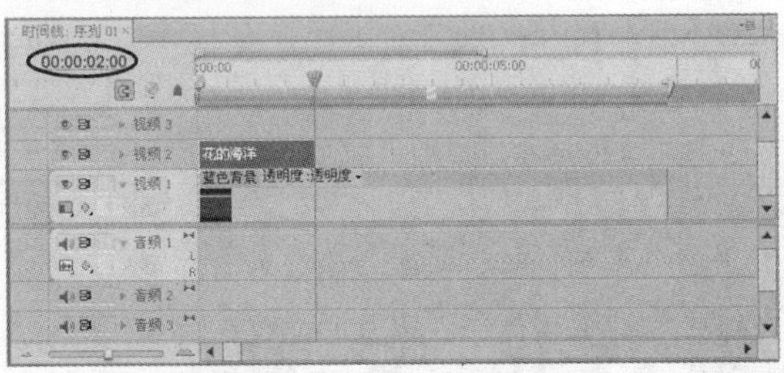

图 4-94 “时间线”面板

2) 制作“花的海洋”字幕素材开头的视频切换效果。方法：在“效果”面板中展开“视频切换”文件夹，然后选择“叠化”文件夹中的“抖动溶解”视频切换，如图 4-95 所示。接着将其拖入“时间线”面板“视频 2”轨道中的“花的海洋”字幕素材的开始处，如图 4-96 所示。最后选择添加给“花的海洋”字幕素材的“抖动溶解”视频切换，进入“特效控制台”面板，再将“持续时间”设置为 00:00:00:20，并勾选“显示实际来源”复选框，以便观察转场效果，如图 4-97 所示。此时在“节目”面板中单击▶按钮，效果如图 4-98 所示。

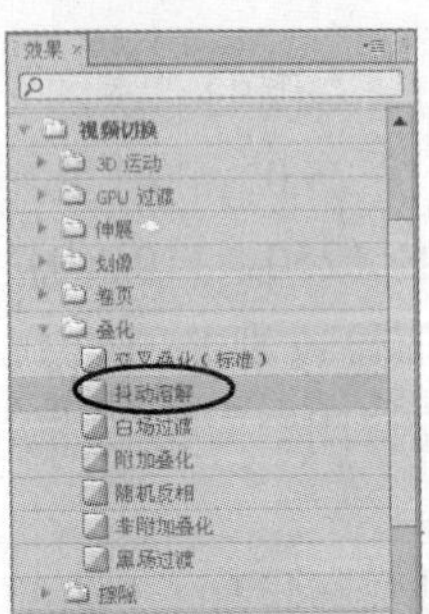

图 4-95 选择“抖动溶解”

图 4-96 将“抖动溶解”视频切换添加给“花的海洋”字幕素材的开始处

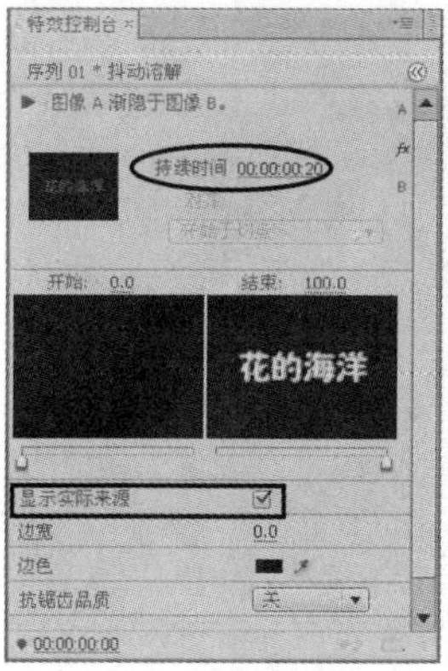

图 4-97　设置“抖动溶解”的参数　　　图 4-98 “花的海洋”字幕素材的开始处的视频切换效果

4. 制作图片的视频切换效果

1）导入鲜花素材。方法：选择“文件 | 导入”命令，然后在弹出的“导入”对话框中选择配套光盘中的“素材及结果 \ 第 4 章 视频切换的应用 \4.5 制作多层切换效果 \ 鲜花”文件夹，如图 4-99 所示，单击“导入文件夹”按钮，此时整个文件夹的素材都会被导入“项目”面板，如图 4-100 所示。

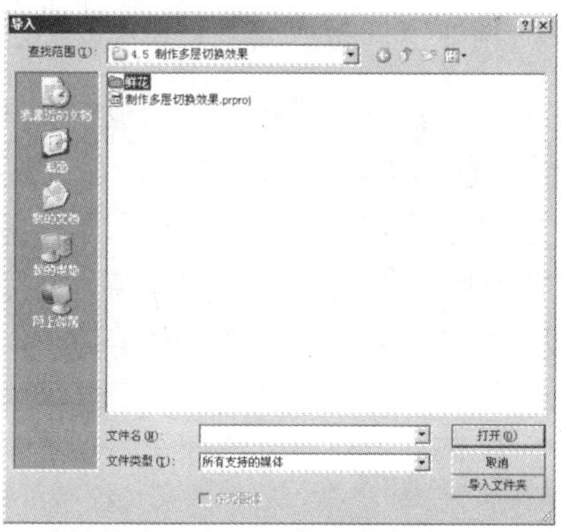

图 4-99　选择“鲜花”文件夹

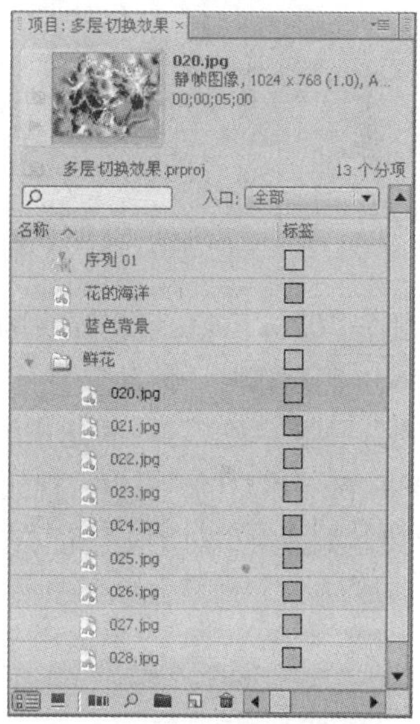

图 4-100 “项目”面板

2）从“项目”面板中将“020. jpg”素材拖入“时间线”面板的“视频 2”轨道中，入点为 00:00:02:00，然后将该素材的持续时间设置为 00:00:02:00，此时“时间线”面板如图 4-101 所示，效果如图 4-102 所示。

3）调整“020. jpg”素材的尺寸和位置。方法：选择“视频 2”轨道上的“020. jpg”素材，然后在“特效控制台”面板中展开“运动”参数，将“缩放比例”设置为 25.0，将“位置”坐标设置为（120.0，288.0）如图 4-103 所示，效果如图 4-104 所示。

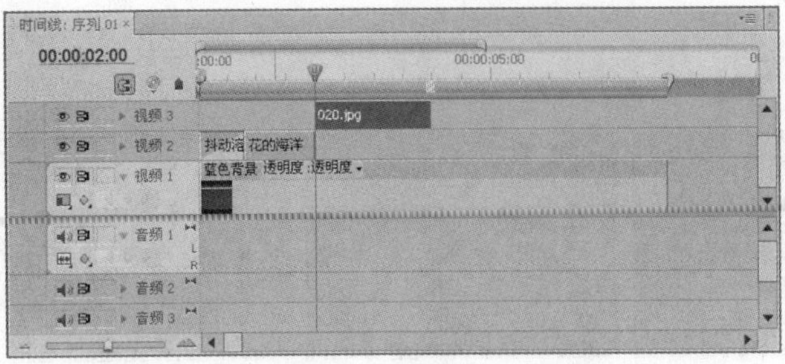

图 4-101　将“020. jpg”素材拖入“视频 2”轨道中

图 4-102　画面效果

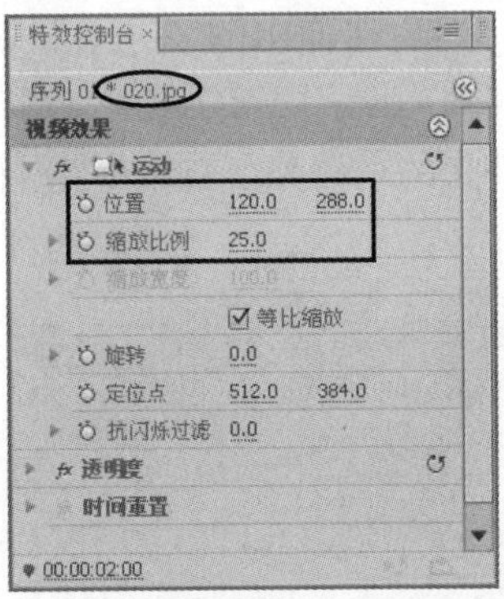

图 4-103　调整“020. jpg”素材的尺寸和位置

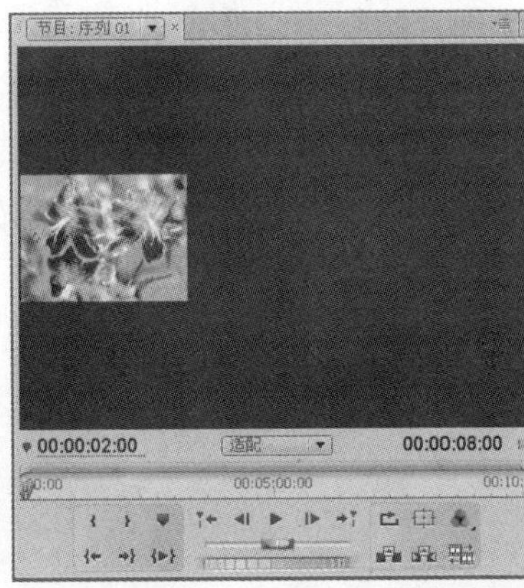

图 4-104　调整“020. jpg”素材的尺寸和位置后的画面效果

4）制作“020. jpg”素材开头的视频切换效果。方法：在“效果”面板中展开“视频切换”文件夹，然后选择“擦除”文件夹中的“棋盘”视频切换，如图 4-105 所示。接着将其拖入“时间线”面板“视频 3”轨道中的“020. jpg”素材的开始处，如图 4-106 所示。最后选择添加给““020. jpg”素材的“棋盘”视频切换，进入“特效控制台”面板，再将“持续时间”设置为 00:00:00:10，如图 4-107 所示。此时在“节目”面板中单击▶按钮，效果如图 4-108 所示。

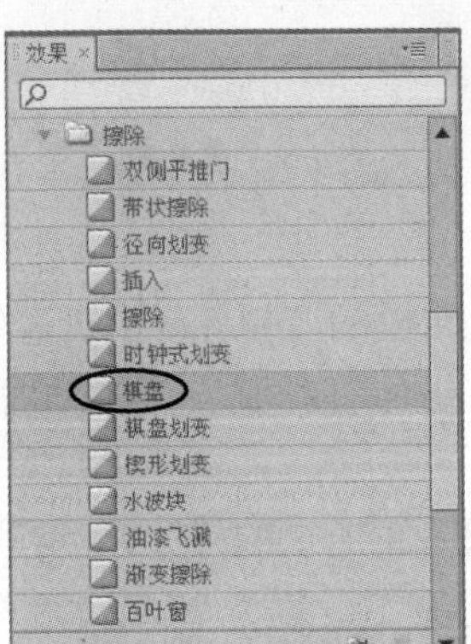

图 4-105　选择“棋盘”视频切换

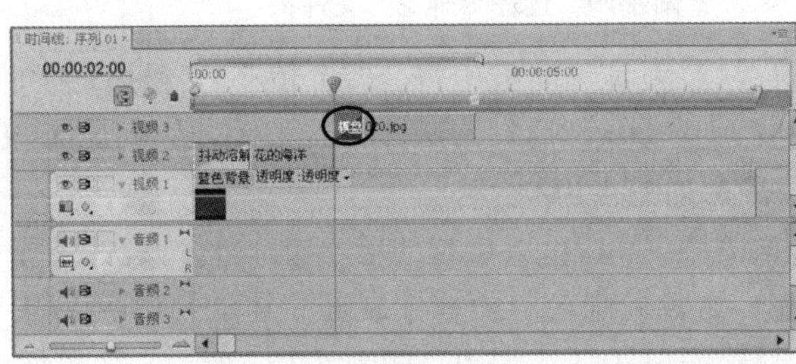

图 4-106　将“棋盘”视频切换添加给“020. jpg”素材的开始处

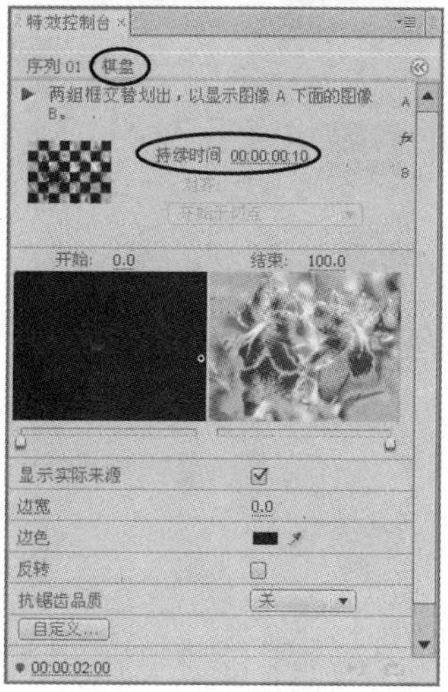

图 4-107　设置“棋盘”视频切换的持续时间

图 4-108　“020. jpg”素材的开始处的视频切换效果

5）同理，制作“021. jpg”素材开头的视频切换效果。方法：从“项目”面板中将“021 jpg”素材拖入“时间线”面板的“视频 3”轨道上方，此时会自动产生一个“视频 4”轨道，然后将其入点设置为 00:00:02:00，再将该素材的持续时间设置为 00:00:02:00。接着选择“视频 4”轨道上的“021. jpg”素材，在“特效控制台”面板中展开“运动”参数，将“缩放比例”设置为 25.0，将“位置”坐标设置为（360.0，288.0）如图 4-109 所示，效果如图 4-110 所示。最后将“效果”面板“视频切换”文件夹“划像”中的“划像形状”视频切换拖入“时间线”面板“视频 4”轨道中的“021. j pg”素材的开始处，如图 4-111 所示。再将“划像形状”视频切换的“持续时间”也设置为 00:00:00:10，如图 4-112 所示。此时在“节目”面板中单击▶按钮，效果如图 4-113 所示。

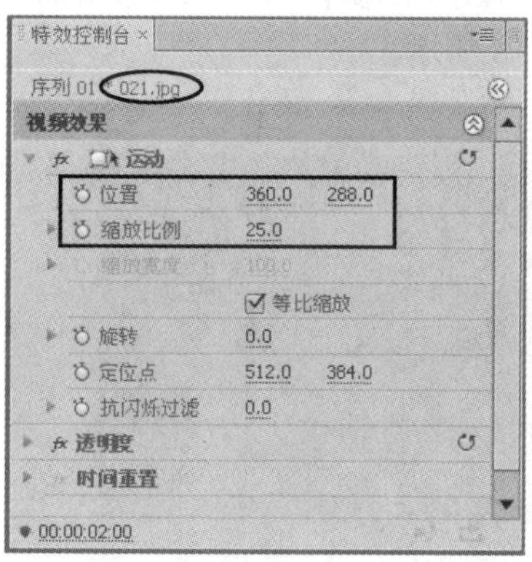

图 4-109　调整“021. jpg”素材的尺寸和位置

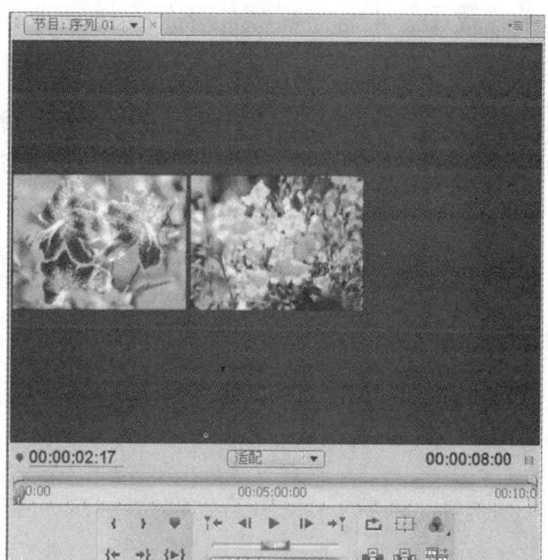

图 4-110　调整“021. jpg”素材的尺寸和位置后的画面效果

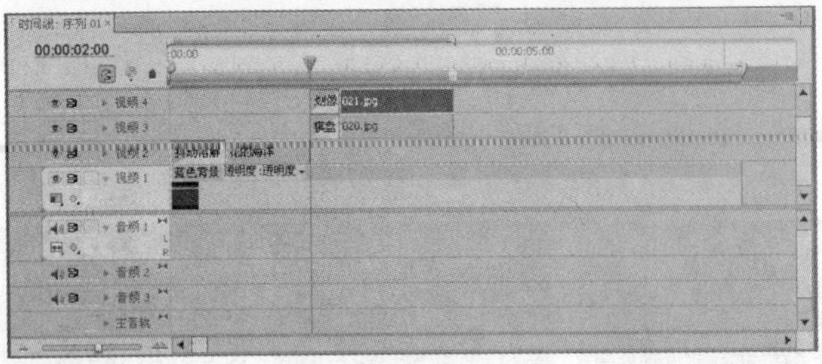

图 4-111　将“划像形状”视频切换添加给“021. jpg”素材的开始处

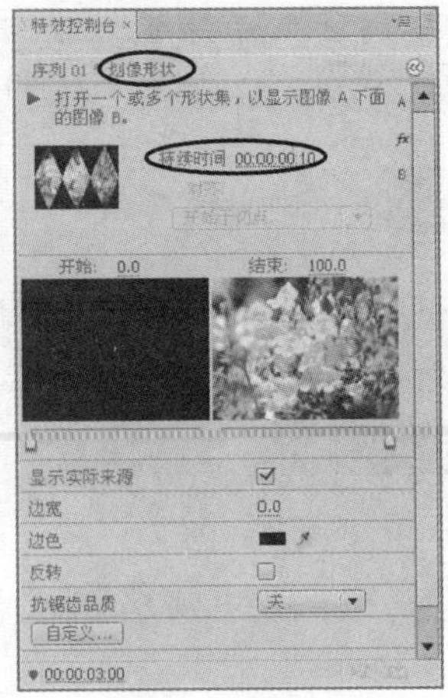

图 4-112　设置“划像形状”视频切换的持续时间

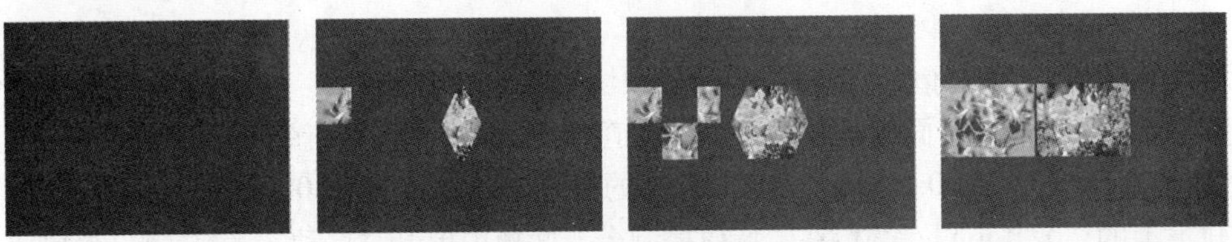

图 4-113　视频切换效果

6）同理，制作“022. jpg”素材开头的视频切换效果。方法：从“项目”面板中将“022 jpg”素材拖入“时间线”面板的“视频 4”轨道上方，此时会自动产生一个“视频 5”轨道，然后将其入点设置为 00:00:02:00，再将该素材的持续时间设置为 00:00:02:00。接着选择“视频 5”轨道上的“022. jpg”素材，在“特效控制台”面板中展开“运动”参数，将“缩放比例”设置为 25.0，将“位置”坐标设置为（600.0，288.0）如图 4-114 所示，效果如图 4-115 所示。最后将“效果”面板“视频切换”文件夹“划像”中的“筋斗过渡”视频切换拖入“时间线”面板“视频 5”轨道中的“022. jpg”素材的开始处，如图 4-116 所示。再将“筋斗过渡”视频切换的“持续时间”也设置为 00:00:00:10，如图 4-117 所示。此时在“节目”面板中单击▶按钮，观看 00:00:02:00 ~ 00:00:04:00 间的视频切换效果，如图 4-118 所示。

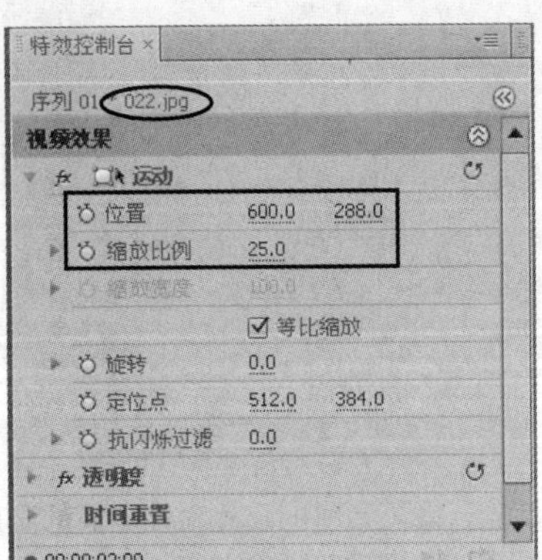

图 4-114　调整“022. jpg”素材的尺寸和位置

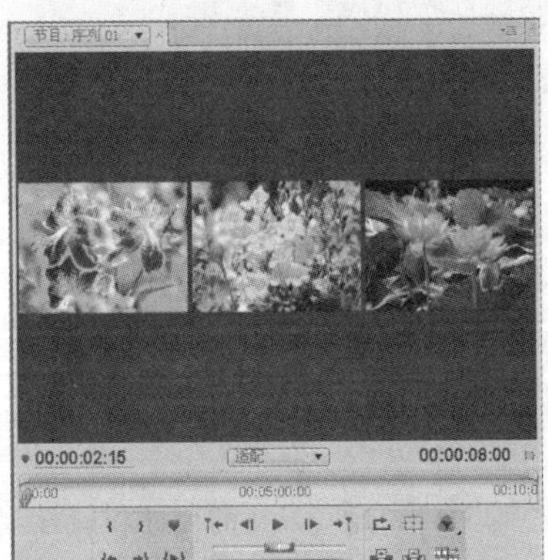

图 4-115　调整“022. jpg”素材的尺寸和位置后的画面效果

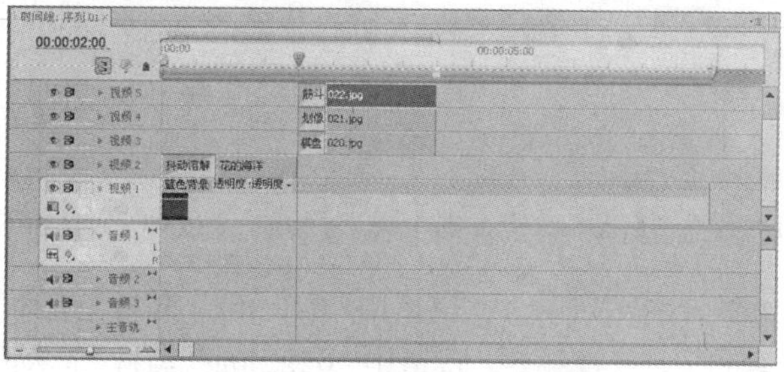

图 4-116　将“筋斗过渡”视频切换拖入“022. jpg”素材的开始处

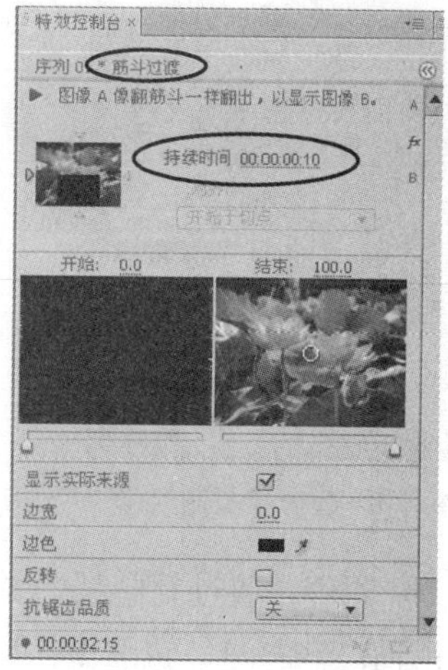

图 4-117　设置“筋斗过渡”视频切换的持续时间

图 4-118　00:00:02:00 ~ 00:00:04:00 间的视频切换效果

7）从“项目”面板中分别将“023. jpg”、“024. jpg”和“025. jpg”素材拖入“时间线”面板的“视频 3”、“视频 4”和“视频 5”轨道中，并将这些素材的入点均设置为 00:00:04:00，再将这些该素材的持续时间均设置为 00:00:02:00，此时“时间线”面板如图 4-119 所示。

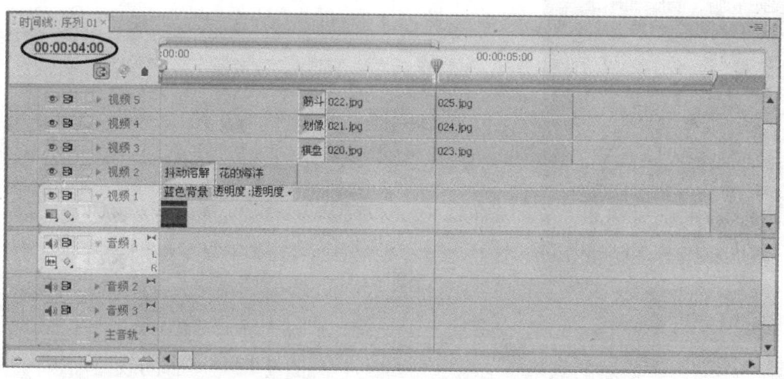

图 4-119 “时间线”面板

8）将“020. jpg”素材的“位置”和“缩放比例”参数粘贴到“023. jpg”素材。方法：选择“视频 3”轨道上的“020. jpg”素材，进入“特效控制台”面板，然后右击“运动”参数，从弹出的快捷菜单中选择“复制”命令，如图 4-120 所示，复制“运动”参数。接着选择“视频 3”轨道中的“023. jpg”素材，进入“特效控制台”面板，右击“运动”参数，从弹出的快捷菜单中选择“粘贴”参数，如图 4-121 所示，从而将“020.jpg”素材的“运动”参数复制给“023.jpg”素材，如图 4-122 所示。

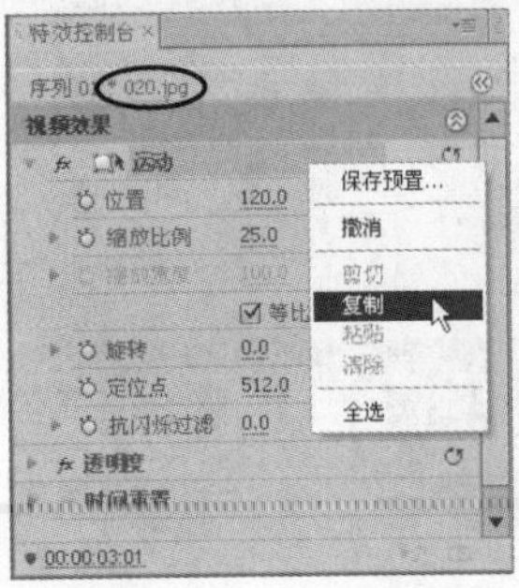

图 4-120　选择“复制”命令

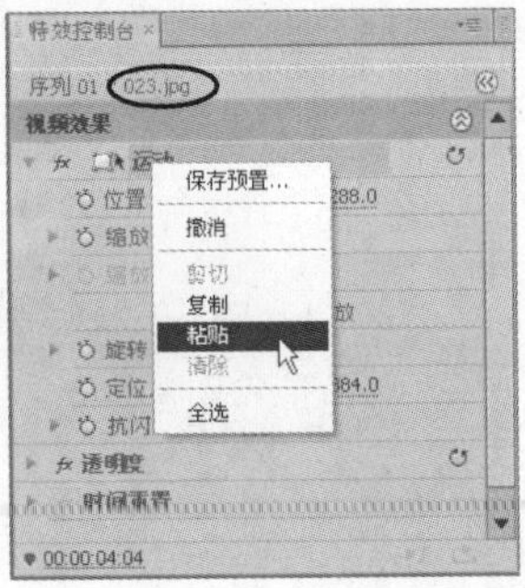

图 4-121　选择“粘贴”命令

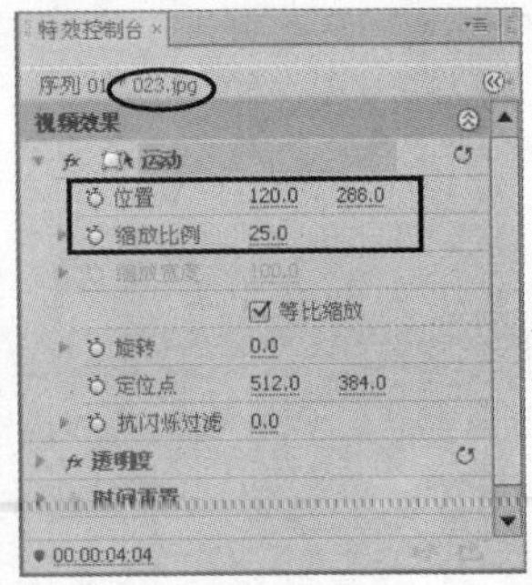

图 4-122　“粘贴”“运动”属性后的效果

9）同理，通过复制粘贴关键帧的方式，将“视频 4”轨道中“021. jpg”素材“运动”参数粘贴给“视频 4”轨道中“024. jpg”素材；将“视频 5”轨道中“022. jpg”素材“运动”参数粘贴给“视频 5”轨道中“025. jpg”素材。此时将时间滑块移动到 00:00:04:00 处，即可看到粘贴“运动”参数后的效果，如图 4-123 所示。

10）制作“023. jpg”、“024. jpg”和“025. jpg”素材开头的视频切换效果。方法：将“效果”面板“视频切换”文件夹“滑动”中的“滑动带”视频切换，拖入“时间线”面板“视频 3”轨道中的“023. j pg”素材的开始处。然后将“视频切换”文件夹“滑动”中的“斜线滑动”视频切换，拖入“时间线”面板“视频 4”轨道中的“024. j pg”素材的开始处。接着将“视频切换”文件夹“擦除”中的“径向划变”视频切换，拖入“时间线”面板“视频 5”轨道中的“025. j pg”素材的开始处。最后分别选择添加的视频切换，进入“特效控制台”面板，将这些视频切换的“持续时间”均设置为 00:00:00:10，此时“时间线”面板如图 4-124 所示。此时在“节目”面板中单击▶按钮，观看 00:00:04:00 ~ 00:00:06:00 间的视频切换效果，如图 4-125 所示。

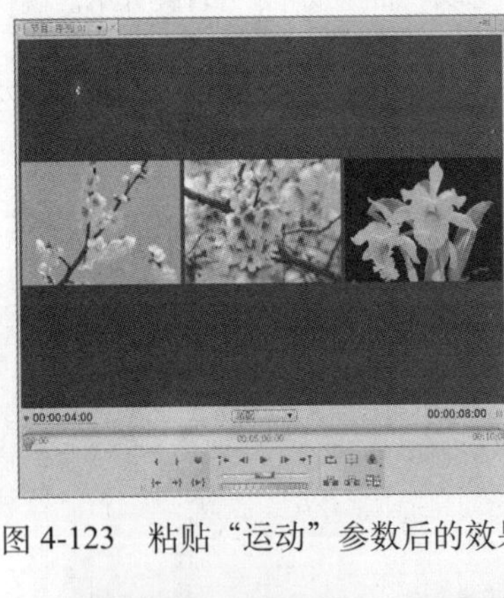

图 4-123　粘贴“运动”参数后的效果

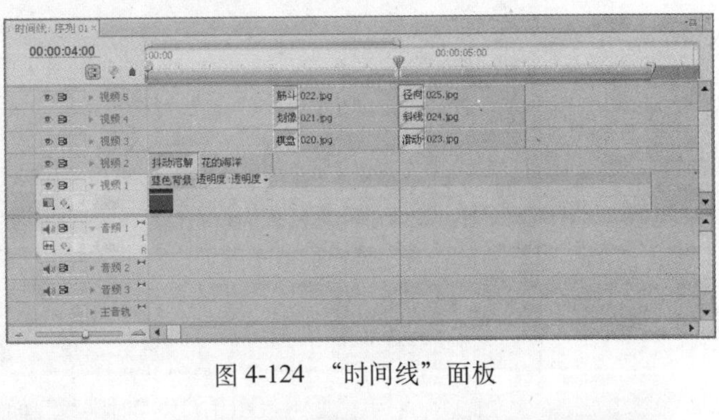

图 4-124　“时间线”面板

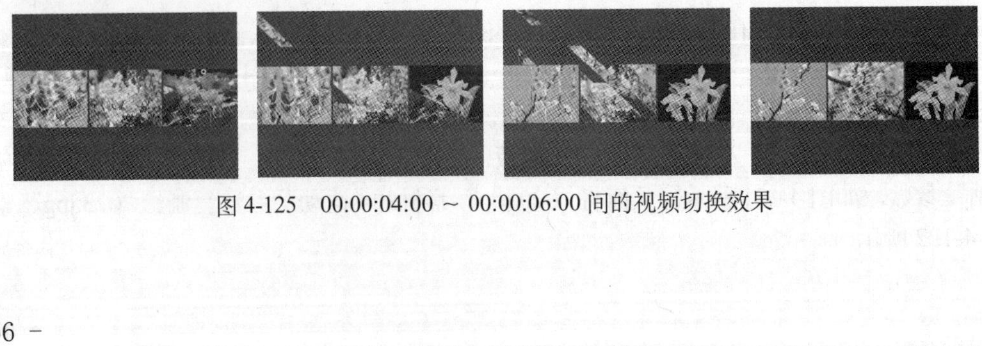

图 4-125　00:00:04:00 ~ 00:00:06:00 间的视频切换效果

11）从“项目”面板中分别将“026. jpg”、“027. jpg”和“028. jpg”素材拖入“时间线”面板的“视频 3”、“视频 4”和“视频 5”轨道中，并将这些素材的入点均设置为 00:00:06:00，再将这些该素材的持续时间均设置为 00:00:02:00，此时“时间线”面板如图 4-126 所示。

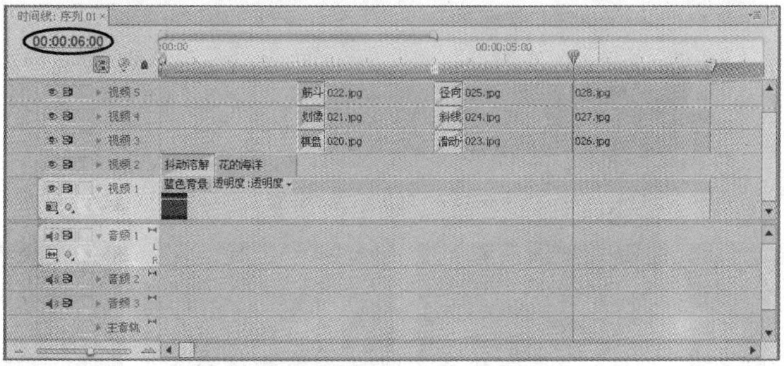

图 4-126 “时间线”面板

12）同理，通过复制粘贴关键帧的方式，将“视频 3”轨道中“020. jpg”素材“运动”参数粘贴给“视频 3”轨道中“026. jpg”素材；将“视频 4”轨道中“021. jpg”素材“运动”参数粘贴给“视频 4”轨道中“027. jpg”素材；将“视频 5”轨道中“022. jpg”素材“运动”参数粘贴给“视频 5”轨道中“028. jpg”素材。此时将时间滑块移动到 00:00:06:00 处，即可看到粘贴“运动”参数后的效果，如图 4-127 所示。

图 4-127　粘贴“运动”参数后的效果

13）制作“026. jpg”、“027. jpg”和“028. jpg”素材开头的视频切换效果。方法：将“效果”面板“视频切换”文件夹“擦除”中的“时钟式划变”视频切换，拖入“时间线”面板“视频 3”轨道中的“026. jpg”素材的开始处。然后将“视频切换”文件夹“滑动”中的“带状滑动”视频切换，拖入“时间线”面板“视频 4”轨道中的“027. jpg”素材的开始处。接着将“视频切换”文件夹“划像”中的“星形划像”视频切换，拖入“时间线”面板“视频 5”轨道中的“028. jpg”素材的开始处。最后分别选择添加的视频切换，进入“特效控制台”面板，将这些视频切换的“持续时间”均设置为 00:00:00:10，此时“时间线”面板如图 4-128 所示。此时在“节目”面板中单击▶按钮，观看 00:00:06:00 ～ 00:00:08:00 间的视频切换效果，如图 4-129 所示。

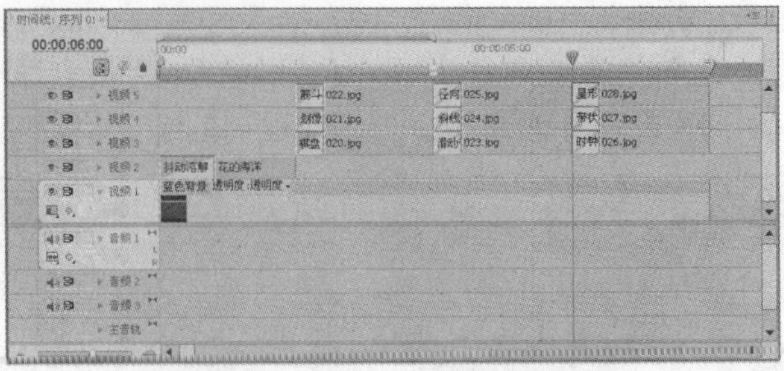

图 4-128 “时间线”面板

图 4-129　00:00:06:00 ~ 00:00:08:00 间的视频切换效果

14）至此，整个多层切换效果制作完毕。选择“文件 | 导出 | 媒体”命令，将其输出为“多层切换效果 .avi”文件。

4.6　课后练习

1）利用配套光盘中的“素材及结果 \ 第 4 章 视频切换的应用 \ 课后练习 \ 练习 1”中的“春 .bmp”、“夏 .bmp”、“秋 .bmp”和“冬 .bmp”图片，制作图片过渡效果，如图 4-130 所示。结果可参考配套光盘中的“素材及结果 \ 第 4 章 视频切换的应用 \ 课后练习 \ 练习 1\ 练习 1.prproj”文件。

图 4-130　练习 1 的效果

2）利用配套光盘中的“素材及结果 \ 第 4 章 视频切换的应用 \ 课后练习 \ 练习 2\01.bmp ~ 07.bmp”中的图片，制作翻页效果，如图 4-131 所示。结果可参考配套光盘中的“素材及结果 \ 第 4 章 视频切换的应用 \ 课后练习 \ 练习 2\ 练习 2.prproj”文件。

图 4-131　练习 2 的效果

第5章　视频特效的应用

本章重点

对于一个剪辑人员来说，掌握视频特效的应用是非常必要的。视频特效技术对于影片的好与坏起着决定性的作用，巧妙地为影片素材添加各式各样的视频特效，可以使影片具有强烈的视觉感染力。通过本章学习，读者应掌握常用视频特效的使用方法。

5.1　制作变色的汽车效果

要点：

本例将制作不断变色的汽车效果，如图 5-1 所示。通过本例的学习，读者应掌握 Photoshop 中多边形套索工具的使用，以及在 Premiere Pro CS4 中分层导入 psd 文件、利用“色彩平衡 (HLS)”特效进行校色和添加默认“交叉叠化”视频切换效果的方法。

图 5-1　变色的汽车效果

操作步骤：

1. 编辑图片素材

1）启动 Photoshop CS4，然后执行菜单中的“文件 | 打开”命令，打开配套光盘中的“素材及结果 \ 第 5 章 视频特效的应用 \5.1 制作变色的汽车效果 \ 汽车 .jpg”图片，如图 5-2 所示。

图 5-2 “汽车 .jpg”图片

2）将汽车从背景中分离出来，以便下面在 Premiere Pro CS4 中进行处理。方法：选择

工具箱中的 （多边形套索工具），选取汽车选区，如图 5-3 所示。然后选择“编辑 | 复制”命令，复制汽车选区，接着选择“编辑 | 粘贴”命令，将汽车选区粘贴到一个新的图层上，如图 5-4 所示。

图 5-3　创建汽车选区

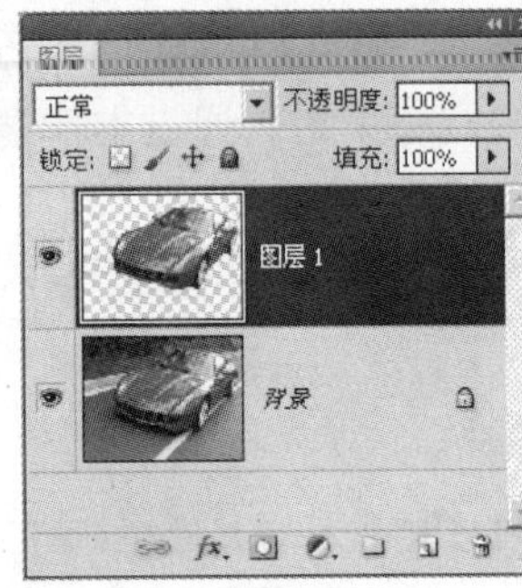

图 5-4　图层分布

3）选择“文件 | 存储为”命令，将其保存为“汽车 .psd”。

2. 制作汽车变色效果

1）新建项目文件。方法：启动 Premiere Pro CS4，然后单击“新建项目”按钮，如图 5-5 所示。接着在弹出的“新建项目”对话框中的“名称”文本框中输入“变色的汽车效果”，如图 5-6 所示，单击“确定”按钮。最后在弹出的“新建序列”对话框中选择“DV-PAL”文件夹中的“标准 48kHz”，如图 5-7 所示，单击“确定”按钮。

2）导入素材。方法：选择“文件 | 导入”命令，然后在弹出的“导入”对话框中选择刚才保存的配套光盘中的“素材及结果\5.1 制作变色的汽车效果\ 汽车 .psd”文件，如图 5-8 所示，单击“打开”按钮。接着在弹出的“导入分层文件：汽车”对话框中设置参数如图 5-9 所示，单击“确定”按钮，此时“项目”面板如图 5-10 所示。

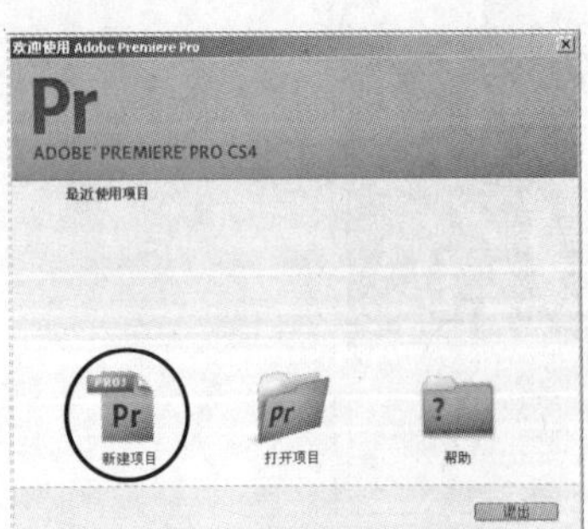

图 5-5　单击“新建项目”按钮

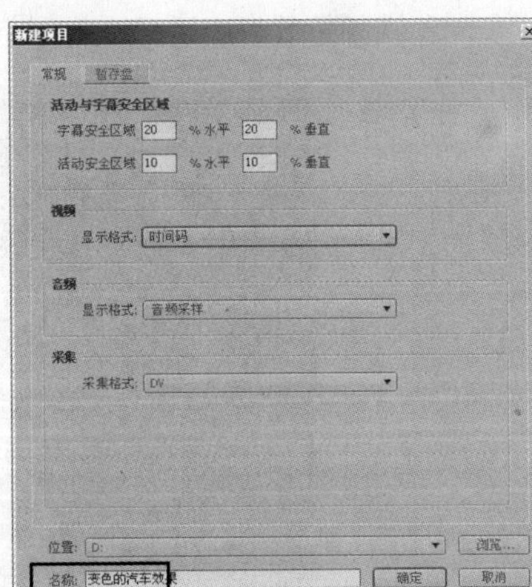

图 5-6　在“名称”文本框中输入“变色的汽车效果”

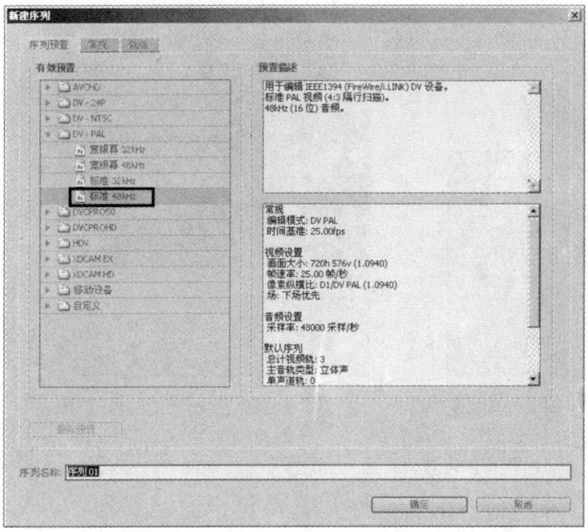

图 5-7　选择“标准 48kHz”

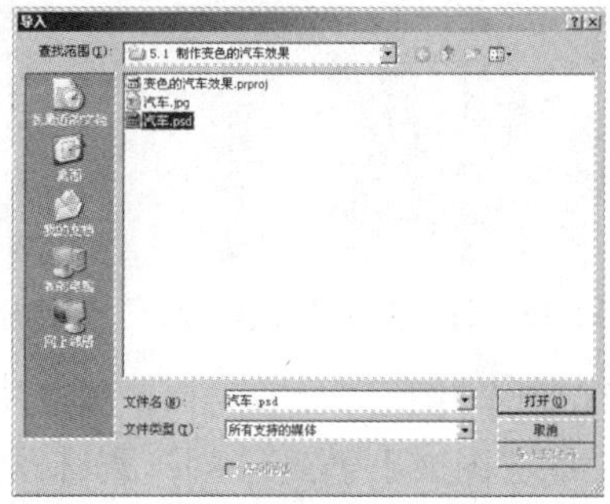

图 5-8　选择“汽车 .psd”

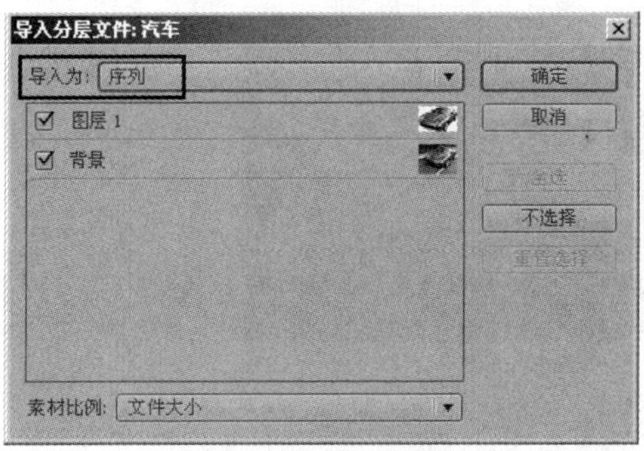

图 5-9　选择“序列”

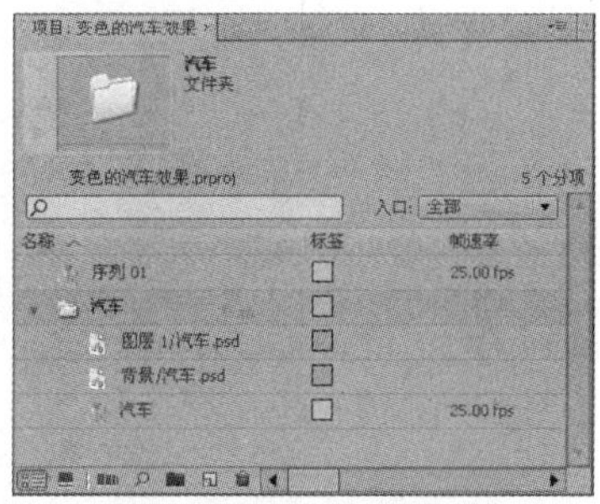

图 5-10　“项目”面板

3）删除“项目”面板中多余的素材。方法：在“项目”面板中选择“汽车”序列文件，然后单击“项目”面板下方的按钮，即可将其删除，此时“项目”面板如图 5-11 所示。

4）设置“图层 1/ 汽车 .psd”图片的持续时间长度为 2 秒。方法：右击“项目”面板中“图层 1/ 汽车 .psd”素材，从弹出的快捷菜单中选择“速度 / 持续时间”命令，接着在弹出的“素材速度 / 持续时间”对话框中设置“持续时间”为 00:00:02:00，如图 5-12 所示，单击“确定”按钮。

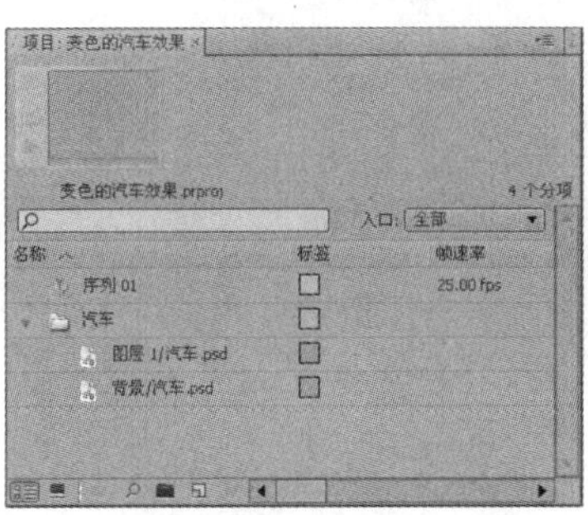

图 5-11　删除多余素材后的“项目”面板

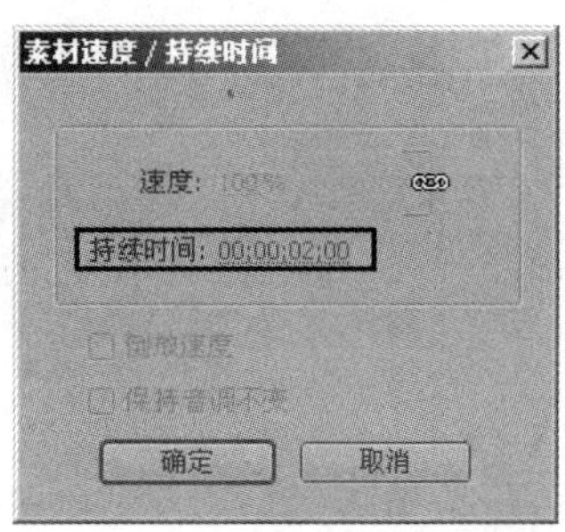

图 5-12　设置“持续时间”为 00:00:02:00

5）将“项目”面板中的“图层 1/ 汽车 .psd”素材拖入“时间线”面板的“视频 2”轨道中，入点为 00:00:00:00，如图 5-13 所示，效果如图 5-14 所示。

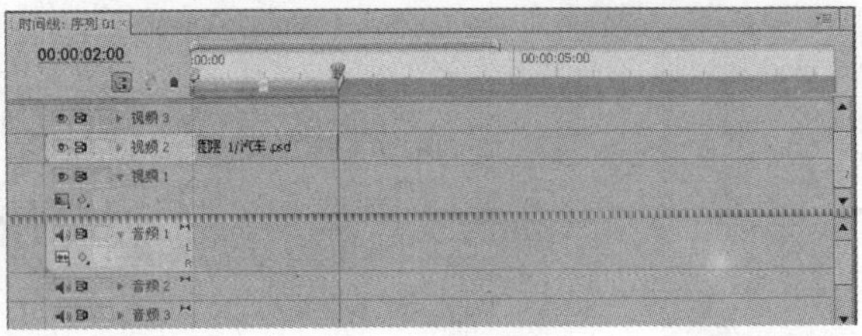

图 5-13　将“图层 1/ 汽车 .psd”素材拖入“视频 2”轨道中

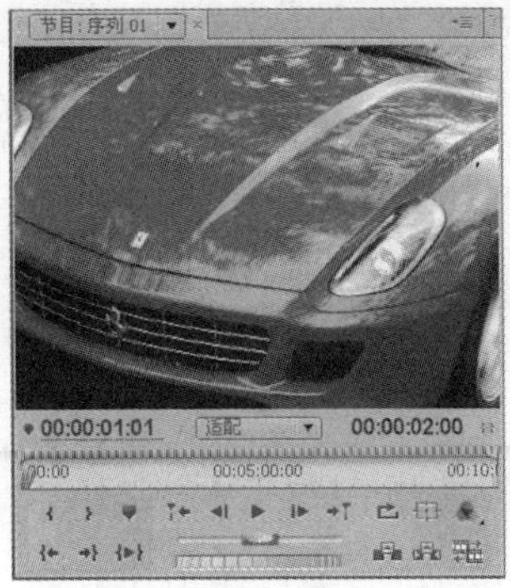

图 5-14　源素材的显示效果

6）此时“图层 1/ 汽车 .psd”素材尺寸过大，下面调整该素材的大小。方法：选择“视频 2”轨道上的“图层 1/ 汽车 .psd”素材，然后在“特效控制台”面板中展开“运动”参数，将“缩放比例”设置为 50.0，效果如图 5-15 所示。

图 5-15　调整素材大小

7）选中“视频 2”轨道，使其高亮显示，然后选中时间线中的“图层 1/ 汽车 .psd”素材，按快捷键〈Ctrl+C〉进行复制，接着按〈End〉键，切换到“图层 1/ 汽车 .psd”的结束处，再按快捷键〈Ctrl+V〉进行粘贴，此时“时间线”面板分布如图 5-16 所示。

图 5-16　粘贴素材后的“时间线”面板分布

8）同理，再粘贴两次“图层 1/ 汽车 .psd”素材，此时“视频 2”轨道有 4 段素材，每段 2 秒，时间总长度为 8 秒，如图 5-17 所示。

提示：再次从“项目”面板中拖入素材，也能得到相同的结果。

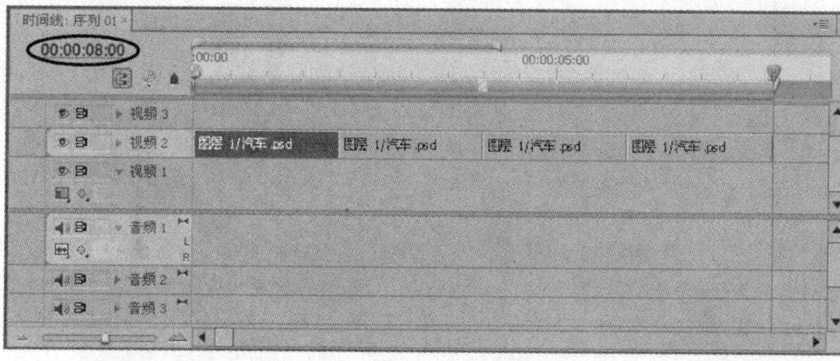

图 5-17　时间线分布

9）从“项目”面板中将“背景 / 汽车 .psd”拖入“时间线”面板的“视频 1”轨道中，入点为 00:00:00:00，然后设置该素材的持续时间设置为 8 秒，从而使“视频 1”和“视频 2”轨道等长，如图 5-18 所示。

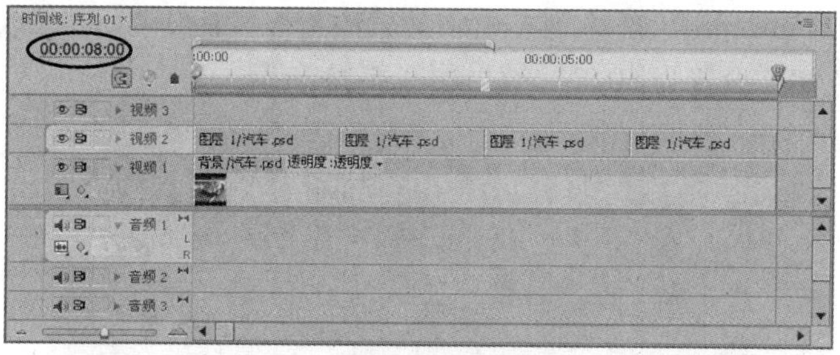

图 5-18　将“背景 / 汽车 .psd”的持续时间设置为 8 秒

10）调整“背景 / 汽车 .psd”素材的大小。方法：选择“视频 1”轨道上的“背景 / 汽车 .psd”，进入“特效控制台”面板将其“缩放比例”也设置为 50.0。

11）在“效果”面板中展开“视频特效”文件夹，然后选择“色彩校正”中的“色彩平衡 (HLS)”特效，如图 5-19 所示。接着将其分别拖入“时间线”面板中的“视频 2”轨道中的第 2~4 段素材上，如图 5-20 所示。

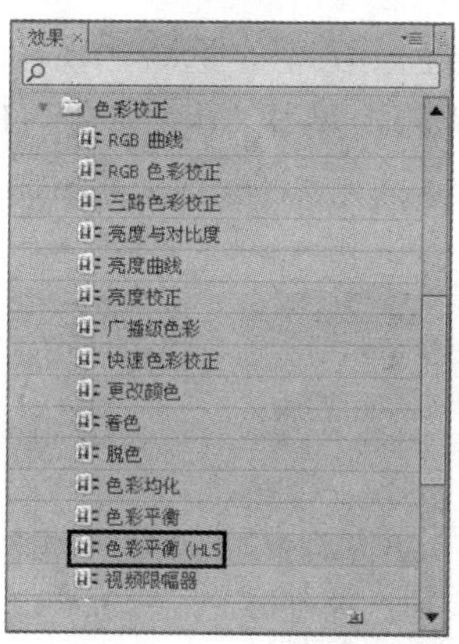

图 5-19　选择“色彩平衡 (HLS)”特效

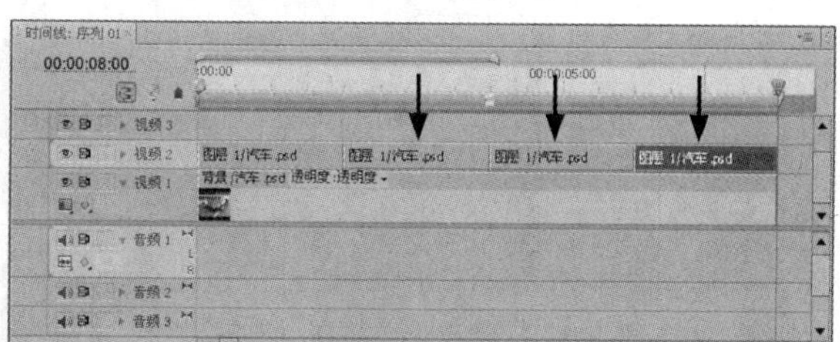

图 5-20　分别给第 2~4 段素材添加“色彩平衡 (HLS)”特效

12）将“视频 2”中的第 2 段素材中的汽车颜色调整为蓝色。方法：选中“视频 2”轨道中第 2 段“图层 1/ 汽车 .psd”素材，然后在“效果控制台”面板中展开“色彩平衡 (HLS)”特效的参数，将“色相”设置为 220.0°，效果如图 5-21 所示。

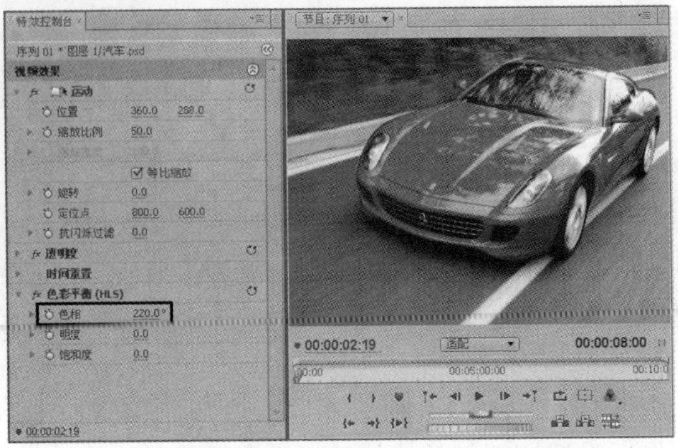

图 5-21　将“色相”设置为 220.0°

13）将“视频 2”中的第 3 段素材中的汽车颜色调整为黄色。方法：选中“视频 2”轨道中第 3 段“图层 1/ 汽车 .psd”素材，然后在“效果控制台”面板中展开“色彩平衡（HLS）”特效的参数，将“色相”设置为 50.0°，效果如图 5-22 所示。

图 5-22　将“色相”设置为 50.0°

14）将“视频 2”中的第 4 段素材中的汽车颜色调整为绿色。方法：选中“视频 2”轨道中第 4 段“图层 1/ 汽车 .psd”素材，然后在“效果控制台”面板中展开“色彩平衡（HLS）”特效的参数，将“色相”设置为 100.0°，效果如图 5-23 所示。

图 5-23　将“色相”设置为 100.0°

3. 在素材间添加视频切换

1）选中“视频 2”轨道，使其高亮显示，然后按〈Page Up〉或〈Page Down〉键，将时间线分别定位在 4 段素材的相交处，接着按〈Ctrl+D〉键，添加默认的“交叉叠化”视频切换，如图 5-24 所示。

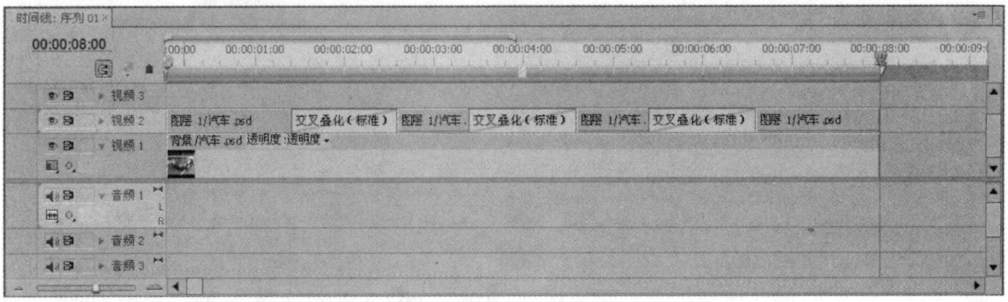

图 5-24　添加默认的“交叉叠化”视频切换

2）至此，整个变色的汽车效果制作完毕。选择“文件 | 导出 | 媒体”命令，将其输出为“变色的汽车效果 .avi”文件。

5.2　制作金字塔的水中倒影效果

要点：

本例将制作古建筑金字塔的水中倒影效果，如图 5-25 所示。通过本例学习应掌握“镜像”特效、“裁剪”特效、“光照效果”特效和“波形弯曲”特效的综合应用。

图 5-25　金字塔的水中倒影效果

操作步骤：

1. 制作金字塔的倒影效果

1）启动 Premiere Pro CS4，然后单击“新建项目”按钮，新建一个名称为“金字塔的水中倒影效果”，编辑模式为标准 48kHz 的 DV-PAL 制的项目文件。

2）导入图片素材。方法：选择“文件 | 导入”命令，导入配套光盘中的“素材及结果 \ 第 5 章 视频特效的应用 \5.2 制作金字塔的水中倒影效果 \ 金字塔 .jpg”和“水面 .jpg”文件，如图 5-26 所示。

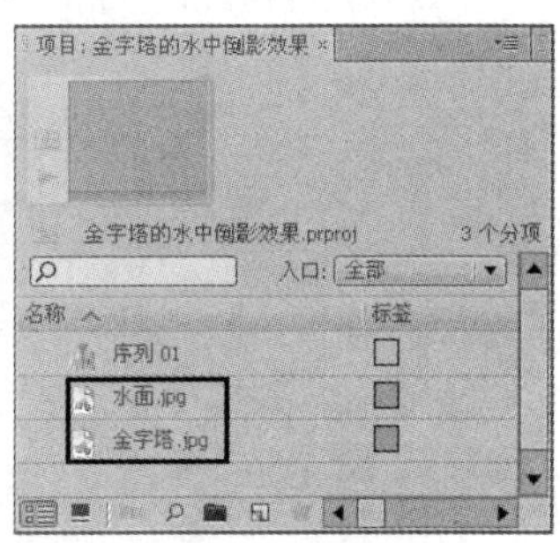

图 5-26　“项目”面板

3）将“项目”面板中的“金字塔.jpg”素材拖入“时间线”面板的“视频 1”轨道中，入点为 00:00:00:00，如图 5-27 所示，效果如图 5-28 所示。

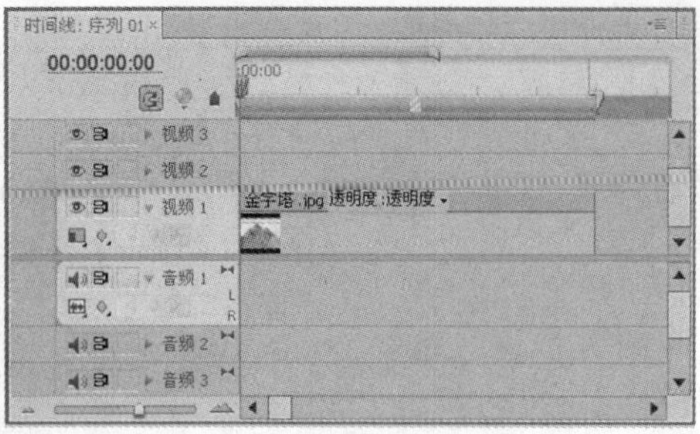

图 5-27 将“金字塔.jpg”素材拖入“视频 1”轨道中

图 5-28 “金字塔.jpg”素材的显示效果

4) 制作金字塔的倒影效果。方法：在“效果”面板中展开“视频特效”文件夹，然后选择“扭曲”中的“镜像”特效，如图 5-29 所示。接着将其拖入“时间线”面板中的“视频 1”轨道中的“金字塔.jpg”素材上。最后进入“特效控制台”面板，调整“镜像”特效参数如图 5-30 所示。

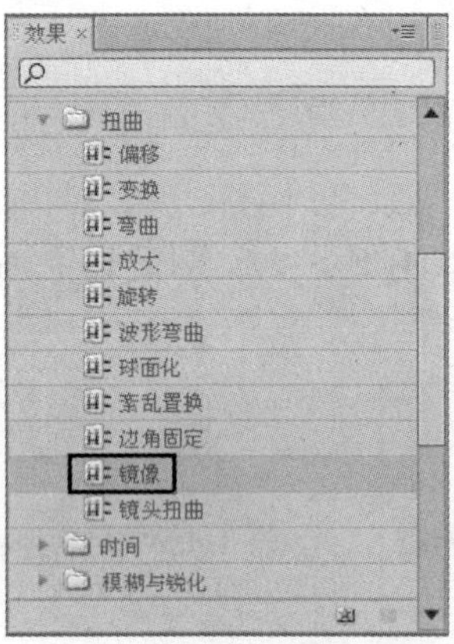

图 5-29 选择“镜像”特效

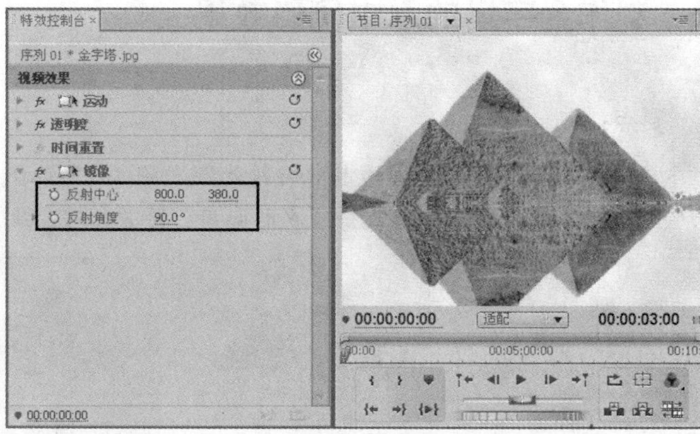

图 5-30 调整“镜像”特效参数后的显示效果

2. 制作动态的水面效果

1）将“项目”面板中的“水面.jpg”素材拖入“时间线”面板的“视频 2”轨道中，入点为 00:00:00:00，如图 5-31 所示，效果如图 5-32 所示。

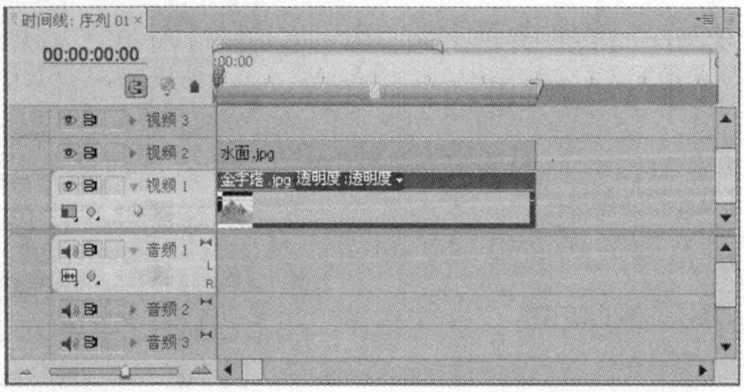

图 5-31 将“水面.jpg”素材拖入“视频 2”轨道中

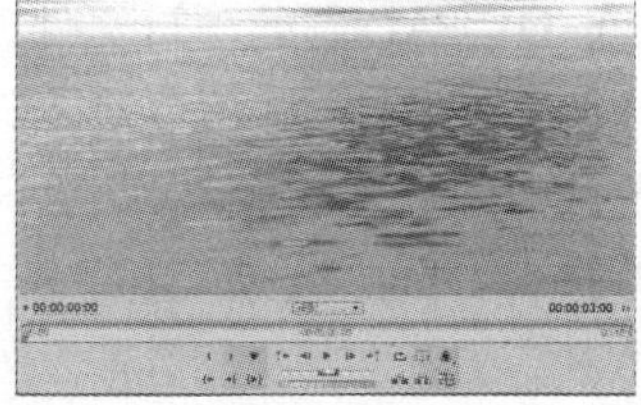

图 5-32 “水面.jpg”素材的显示效果

2）裁剪出水面区域。方法：在“效果”面板中展开“视频特效”文件夹，然后选择“变换”中的“裁剪”特效，如图 5-33 所示。接着将其拖入“时间线”面板中的“视频 2”轨道中的“水面 .jpg”素材上。最后进入“特效控制台”面板，调整“裁剪”特效的参数如图 5-34 所示。

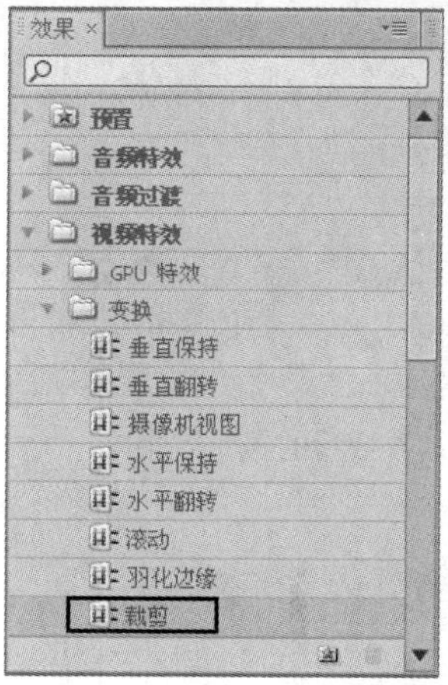

图 5-33　选择“裁剪”特效

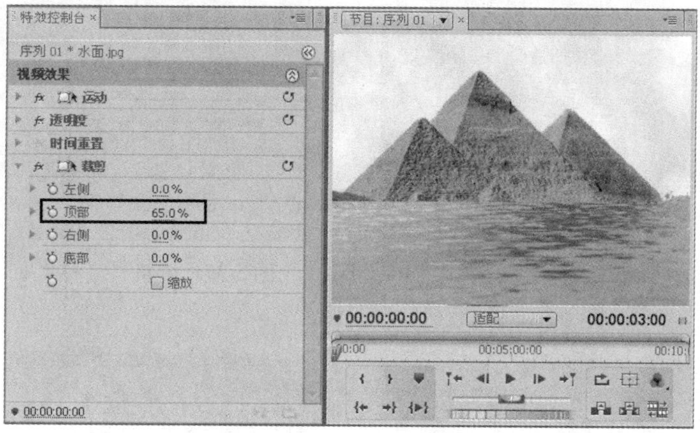

图 5-34　调整“裁剪”特效参数后的显示效果

3）制作水面半透明效果。方法：展开“透明度”选项，将“透明度”的数值设置为 75.0%，如图 5-35 所示。

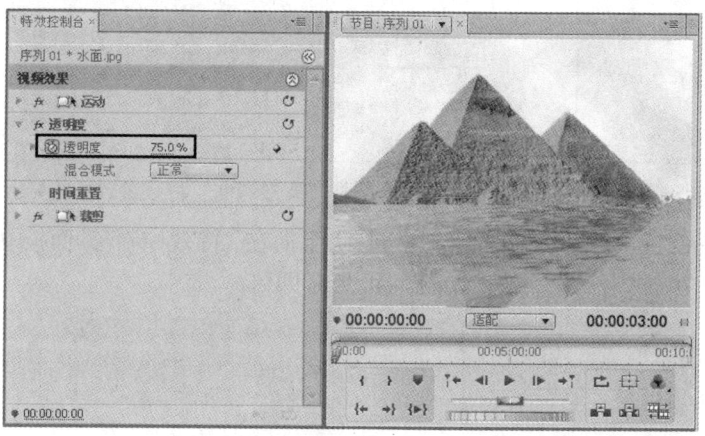

图 5-35　将“透明度”的数值设置为 75.0% 的效果

4）制作水面上的光线反射效果。方法：在“效果”面板中展开“视频特效”文件夹，然后选择“调整”中的“照明效果”特效，如图 5-36 所示。接着将其拖入“时间线”面板中的“视频 2”轨道中的“水面 .jpg”素材上。最后进入“特效控制台”面板，调整“照明效果”特效的参数如图 5-37 所示。

5）制作水面上的动态波纹效果。方法：在“效果”面板中展开“视频特效”文件夹，然后选择“扭曲”中的“波形弯曲”特效，如图 5-38 所示。接着将其拖入“时间线”面板中的“视频 2”轨道中的“水面 .jpg”素材上。最后进入“特效控制台”面板，调整“波形弯曲”特效的参数如图 5-39 所示。

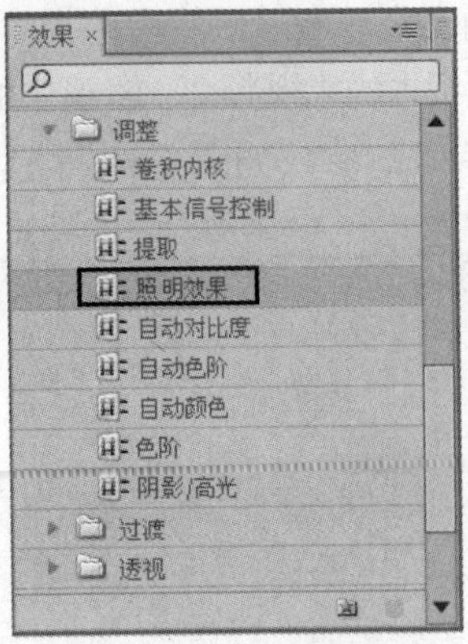

图 5-36　选择“照明效果”特效

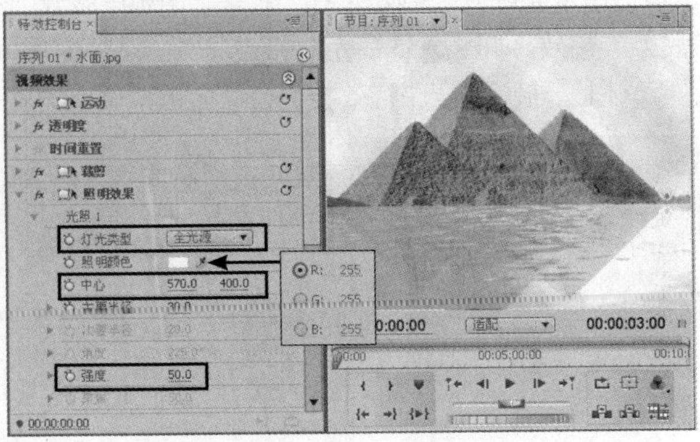

图 5-37　调整“照明效果”特效参数后的显示效果

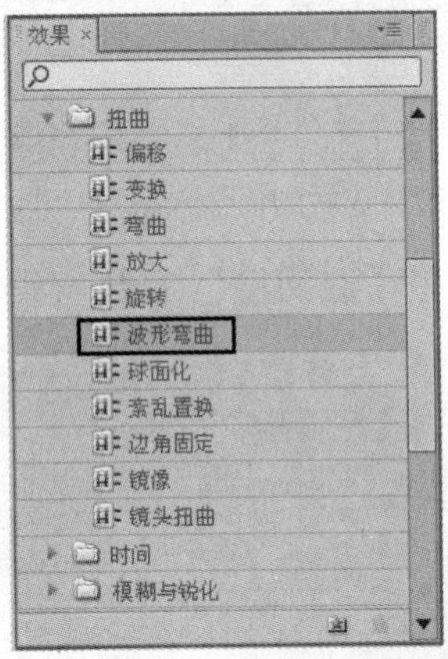

图 5-38　选择“波形弯曲”特效

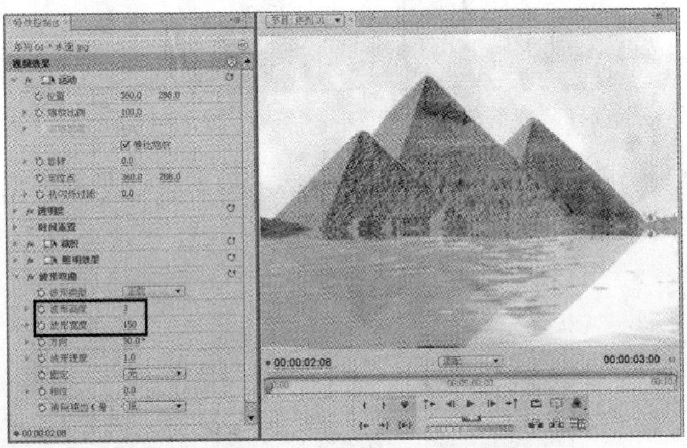

图 5-39　调整“波形弯曲”特效参数后的显示效果

6) 此时水面的位置不是很准确，而且区域过小，下面在“特效控制台”面板中调整“水面 .jpg”素材的“位置”和“缩放比例”参数，如图 5-40 所示即可。

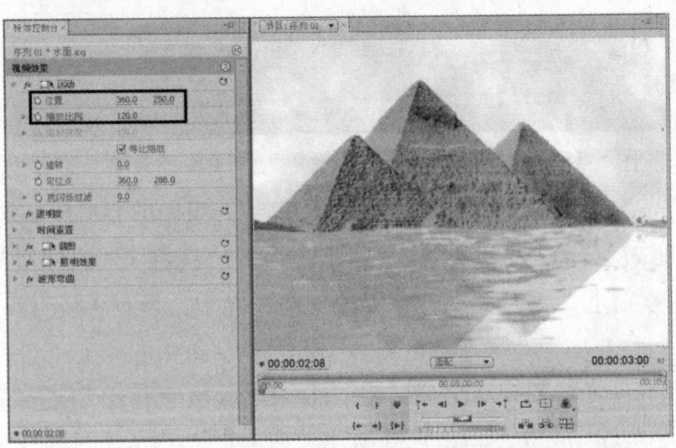

图 5-40　调整“水面 .jpg”素材的“位置”和“缩放比例”参数后的效果

7) 至此，整个金字塔的水中倒影效果制作完毕。选择“文件 | 导出 | 媒体”命令，将其输出为“金字塔的水中倒影效果 .avi”文件。

5.3　制作动态水中倒影效果

要点：

本例将制作文字动态的水中倒影效果，如图 5-41 所示。通过本例的学习，读者应掌握 Photoshop 中的图层在 Premiere Pro CS4 中的应用，以及利用“波形弯曲”特效制作水波荡漾动画的方法。

图 5-41　动态水中倒影效果

操作步骤：

1. 编辑图片素材

1）启动 Photshop CS4 软件，然后选择“文件 | 打开”命令，打开配套光盘中的“素材及结果 \ 第 5 章 视频特效的应用 \5.3 制作动态水中倒影效果 \ 背景 .jpg”文件，如图 5-42 所示。

图 5-42　“背景 .jpg”图片

2）输入文字。方法：选择工具箱中的 T（横排文字工具），然后在图片中输入文字“水中倒影”，字体为“隶书”，字号 150，结果如图 5-43 所示。

图 5-43　输入文字“水中倒影”

3）制作倒影文字效果。方法：在“图层”面板中选择“水中倒影”层，然后将其拖到图层面板下方的 （创建新图层）按钮上，从而产生一个名称为“水中倒影 副本”图层，如图 5-44 所示。接着选择复制后的图层，选择“编辑 | 变换 | 垂直翻转”命令，将其垂直翻转。最后利用工具箱中的 （移动工具）将翻转后的文字向下移动，放置到图片中水的位置，如图 5-45 所示。

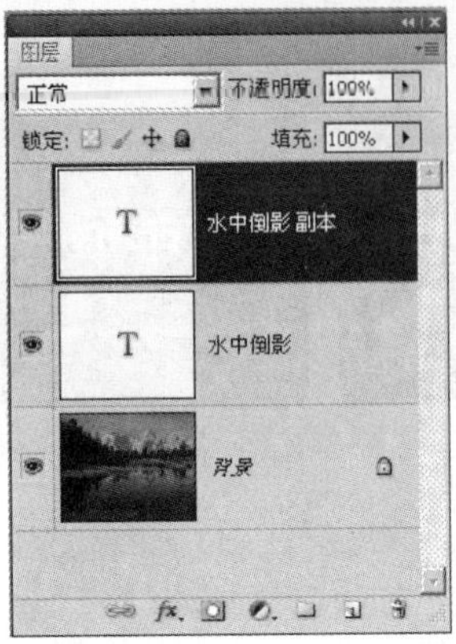

图 5-44　复制出“水中倒影 副本”图层

图 5-45　将文字垂直翻转并调整位置后的效果

4）制作倒影文字的半透明效果。方法：在“图层”面板中选择“水中倒影 副本”层，然后单击图层面板下方的 （添加图层蒙板）按钮，给该层添加一个蒙板，如图 5-46 所示。接着选择工具箱中的 （渐变工具），设置渐变方式为“黑 - 白线性渐变”，再对蒙板从上到下进行填充，结果如图 5-47 所示。

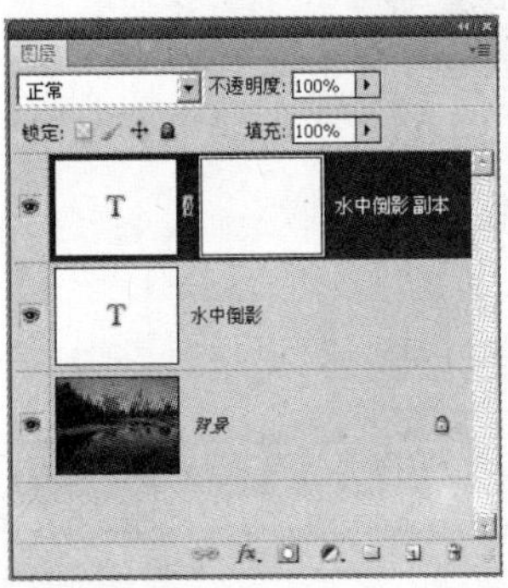

图 5-46　给“水中倒影 副本”层添加图层蒙板

图 5-47　对蒙板进行处理后的效果

5）将图片中水面单独分离出来。方法：选择“背景”层，然后利用工具箱中的 （矩形选框工具）选取图片中的水面部分，如图 5-48 所示。接着选择“编辑 | 复制”命令，进行复制，最后选择“编辑 | 粘贴”命令，进行粘贴，此时会产生一个名称为“图层 1”的图层，如图 5-49 所示。

6）为了便于在 Premiere 中制作倒影文字和水面一起进行波动的效果，下面进行图层合并。方法：将“图层 1”移动到“水中倒影”层的上方，如图 5-50 所示。然后选择“水中倒影 副本”层，单击图层面板右上角的 按钮，从弹出的快捷菜单中选择“向下合并”命令，如图 5-51

图 5-48　选取图片中的水面部分

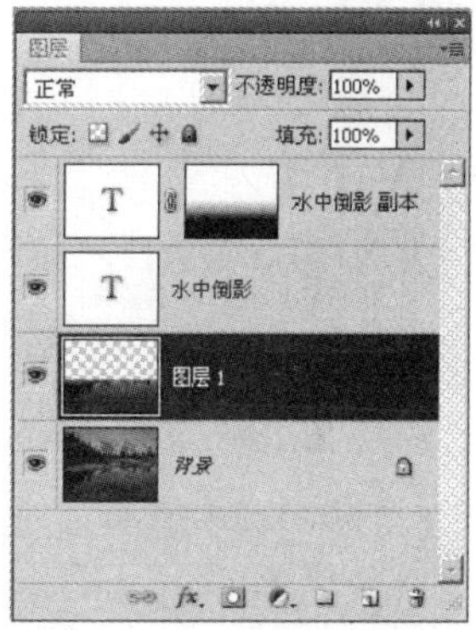

图 5-49　将水面部分单独复制出来

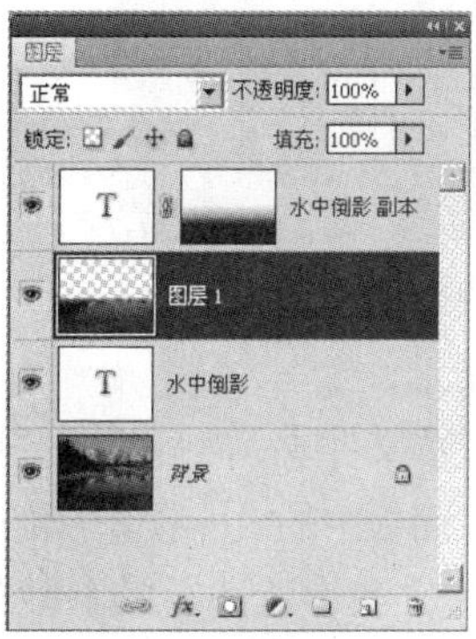

图 5-50　调整图层顺序

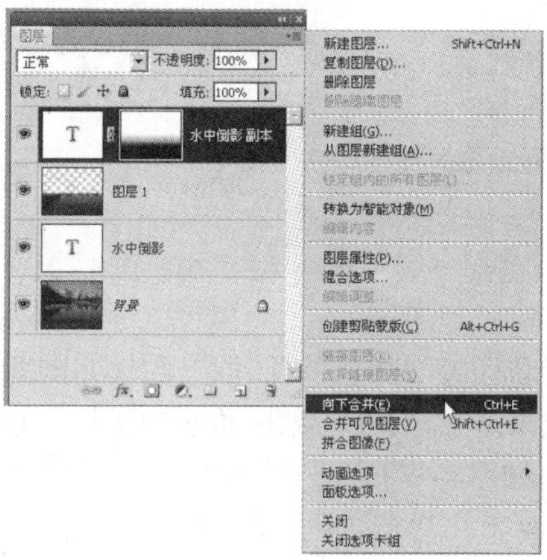

图 5-51　选择“向下合并”命令

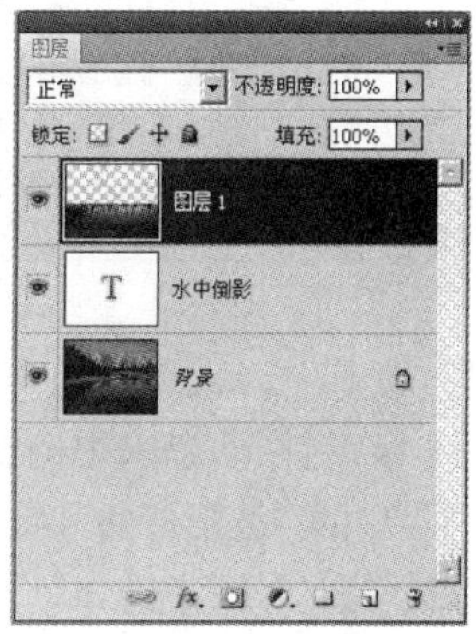

图 5-52　图层分布

所示，结果如图 5-52 所示。

7）选择“文件 | 存储为”命令，将文件保存为“背景 .psd”文件。

2. 制作动态水波效果

1）启动 Premiere Pro CS4，然后单击“新建项目”按钮，新建一个名称为“动态水中倒影效果”，编辑模式为标准 48kHz 的 DV-PAL 制的项目文件。

2）导入图片素材。方法：选择“文件 | 导入”命令，然后在弹出的“导入”对话框中选择配套光盘中的“素材及结果 \ 第 5 章 视频特效的应用 \5.3 制作动态水中倒影效果 \ 背景 .psd”文件，如图 5-53 所示，单击“打开”按钮。接着在弹出的“导入分层文件：背景”对话框中设置参数如图 5-54 所示，单击“确定”按钮，即可将“背景 .psd”文件分层导入到“项目”面板中，如图 5-55 所示。

3）将素材放入时间线。方法：将“项目”面板中的“背景 / 背景 .psd”、“图层 1 / 背景 .psd”和“水中倒影 / 背景．psd”素材分别拖入“时间线”面板的“视频 1”、“视频 2”和“视频

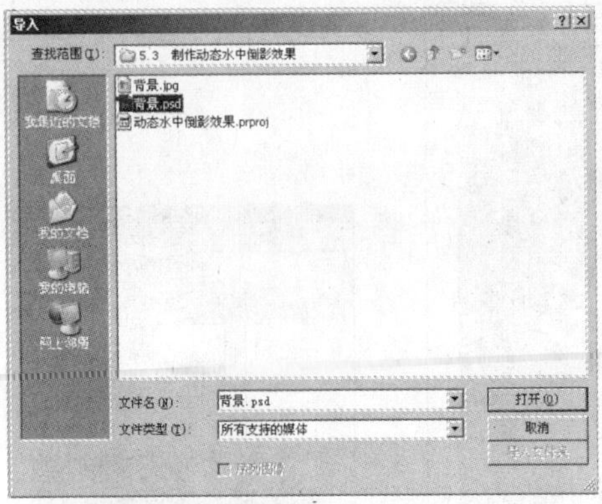

图 5-53 选择“背景 .psd”文件

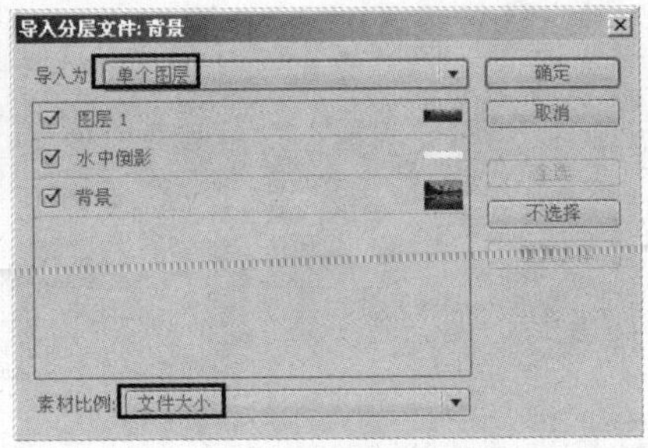

图 5-54 “导入分层文件：背景”对话框

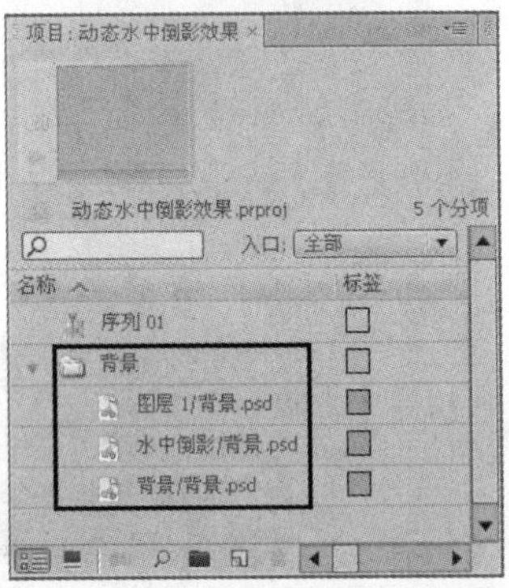

图 5-55 “项目”面板

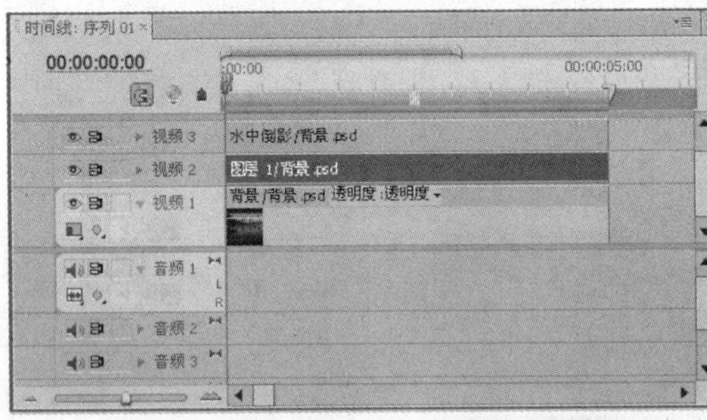

图 5-56 将素材放入“时间线”面板

3”轨道中，入点均为 00:00:00:00，此时“时间线”面板如图 5-56 所示。

4)制作动态水中倒影效果。方法：在“效果”面板中展开“视频特效”文件夹，然后选择“扭曲”中的“波形弯曲”特效，如图 5-57 所示。接着将其拖入“时间线”面板中的“视频 2”轨道中的“图层 1/ 背景 .psd”素材上。最后进入“特效控制台”面板设置“波形弯曲”的参数如

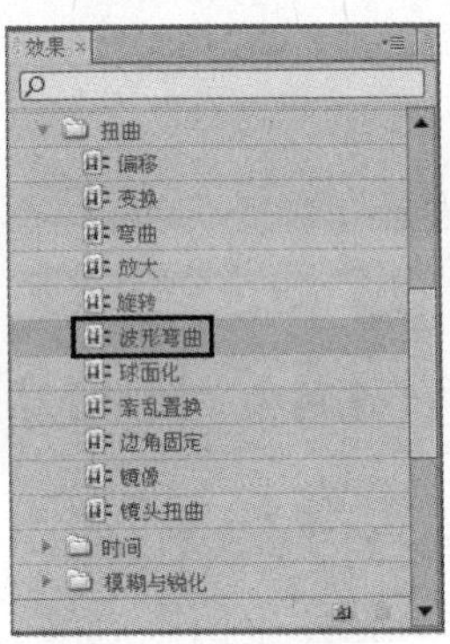

图 5-57 选择“波形弯曲”特效

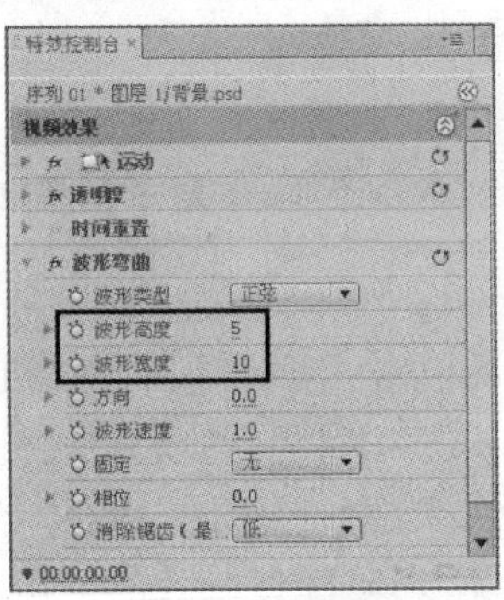

图 5-58 设置“波形弯曲”的参数

图 5-59 设置“波形弯曲”的参数后的效果

图 5-58 所示，效果如图 5-59 所示。

5)至此，整个动态水中倒影效果制作完毕。选择“文件 | 导出 | 媒体”命令，将其输出为“动态水中倒影效果 .avi”文件。

5.4　制作水墨画效果

要点：

本例将制作水墨画效果，如图 5-60 所示。通过本例学习应掌握创建“彩色蒙板”、“黑白”特效、“查找边缘”特效、“自动对比度”特效、“高斯模糊”特效和“亮度键”特效的综合应用。

原图　　　　　　　　结果图

图 5-60　水墨画效果

操作步骤：

1. 将画面处理为水墨效果

1）启动 Premiere Pro CS4，然后单击“新建项目”按钮，新建一个名称为“水墨画效果”，编辑模式为标准 48kHz 的 DV-PAL 制的项目文件。

2）导入图片素材。方法：选择“文件 | 导入”命令，导入配套光盘中的“素材及结果 \ 第 5 章 视频特效的应用 \5.4 制作水墨画效果 \ 风景图片 .tif”和“题词 .tif”文件，如图 5-61 所示。

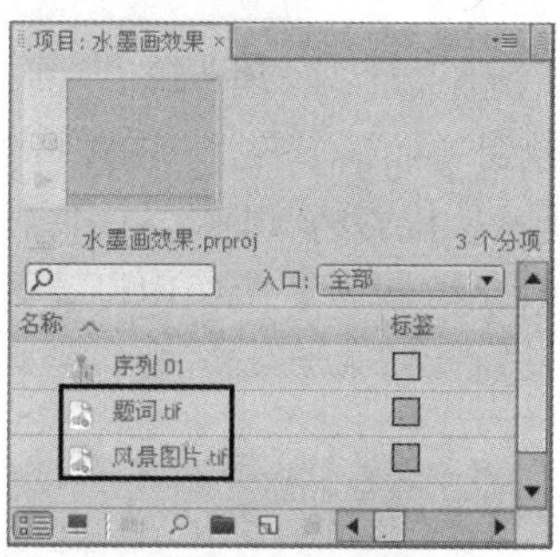

图 5-61 “项目”面板

3）将“项目”面板中的“风景图片 .tif ”拖入“时间线”面板的“视频 2”轨道中，入点为 00:00:00:000，如图 5-62 所示，效果如图 5-63 所示。

4）将彩色图片处理为黑白图片。方法：在“效果”面板中展开“视频特效”文件夹，然后选择“图像控制”中的“黑白”特效，如图 5-64 所示。接着将其拖入“时间线”面板中的“视频 2”轨道中的“风景图片 .tif”素材上，效果如图 5-65 所示。

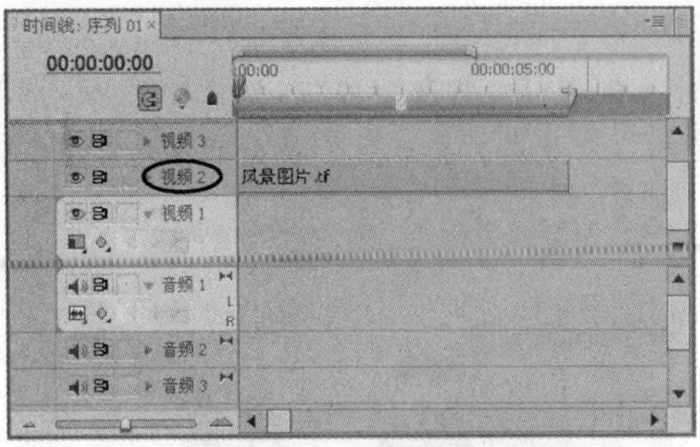

图 5-62 “时间线”面板

图 5-63 画面效果

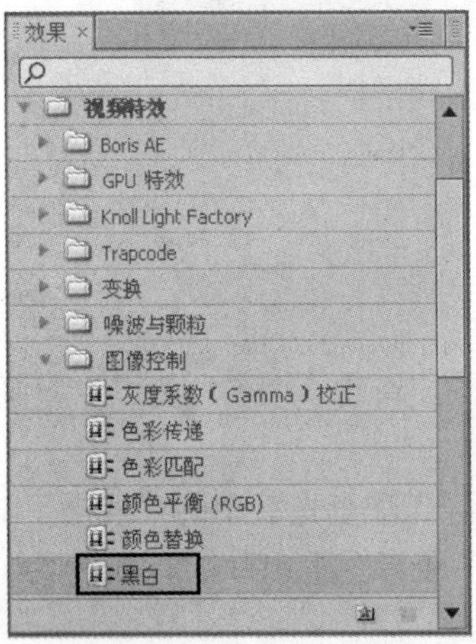

图 5-64 选择“黑白”特效

图 5-65 添加“黑白”特效后的显示效果

5）制作边缘效果。方法：在“效果”面板中展开“视频特效”文件夹，然后选择“风格化”中的“查找边缘”特效，如图 5-66 所示。接着将其拖入“时间线”面板中的“视频 2”轨道中的“风景图片.tif”素材上。最后在“效果控制台”面板中设置参数如图 5-67 所示。

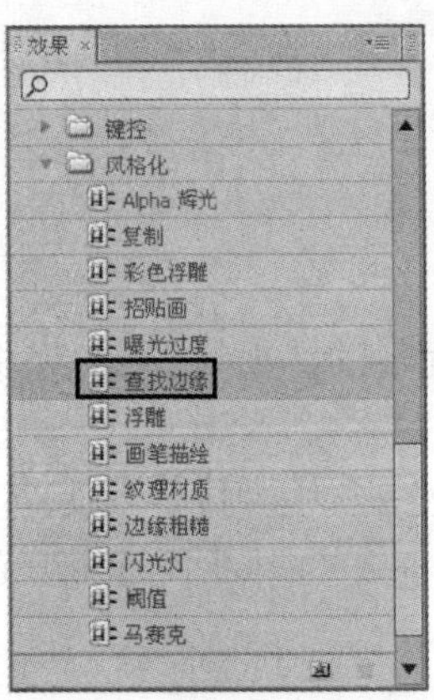

图 5-66 选择“查找边缘”特效

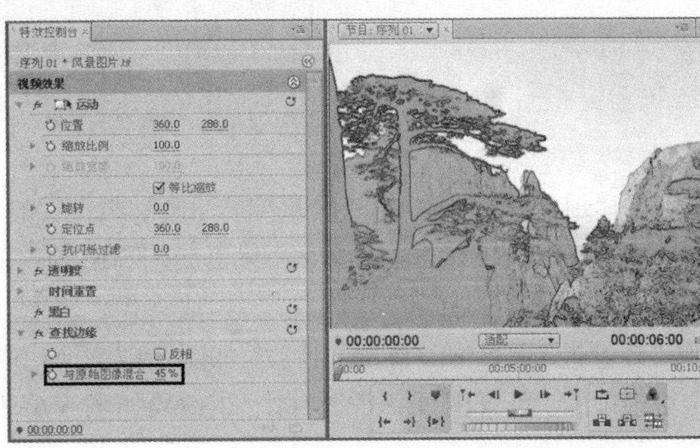

图 5-67 设置“查找边缘”特效后的显示效果

6) 增加图像的对比度。方法：在“效果”面板中展开“视频特效”文件夹，然后选择“调整”中的“自动对比度”特效，如图 5-68 所示。接着将其拖入“时间线”面板中的“视频 2”轨道中的“风景图片 .tif”素材上。最后在“特效控制台”面板中设置参数如图 5-69 所示。

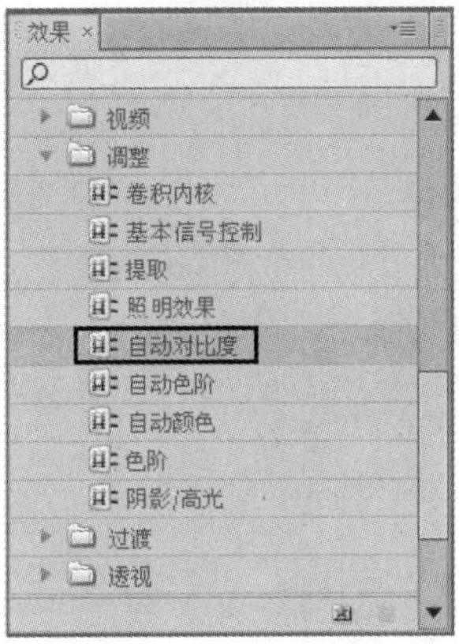

图 5-68　选择“自动对比度”特效

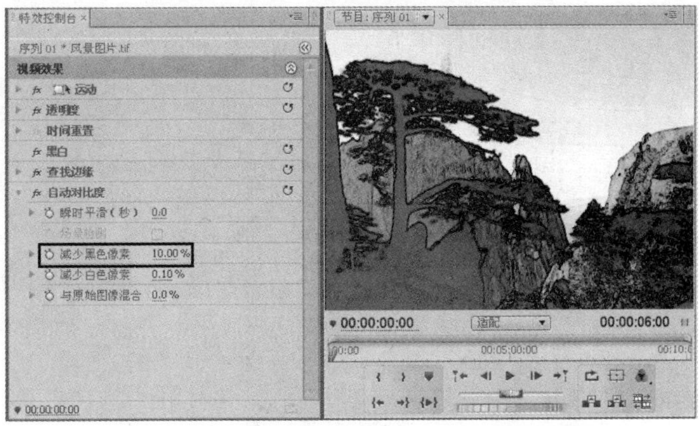

图 5-69　设置“自动对比度”特效后的效果

7）制作画面的模糊效果。在“效果”面板中展开“视频特效”文件夹，然后选择“模糊与锐化”中的“高斯模糊”特效，如图 5-70 所示。接着将其拖入“时间线”面板中的“视频 2”轨道中的“风景图片 .tif”素材上。接着在“特效控制台”面板中设置参数如图 5-71 所示。

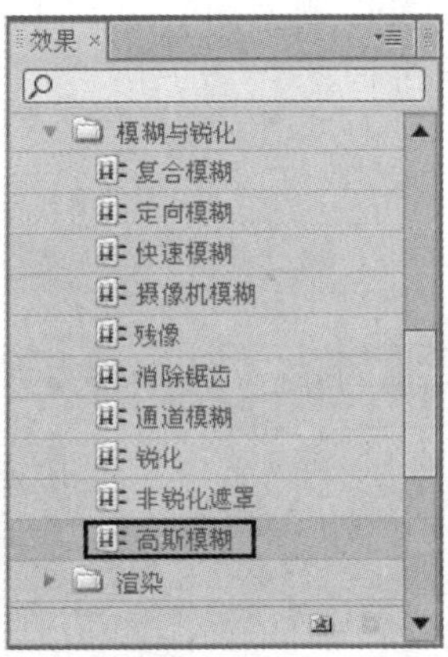

图 5-70　选择“高斯模糊”特效

图 5-71　设置“高斯模糊”特效后的效果

2. 添加题词

1）将“项目”面板中的“题词 .tif”拖入“时间线”面板的“视频 3”轨道中，入点为 00:00:00:00，如图 5-72 所示。

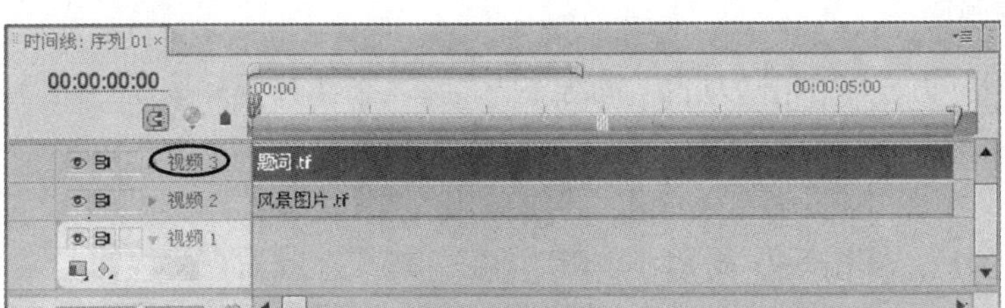

图 5-72　将“题词 .tif”拖入“时间线”面板的“视频 3”轨道中

2）调整“题词 .tif ”素材的位置。方法：选择“视频 3”轨道中的“题词 .tif ”素材，然后在“特效控制台”面板中设置“位置”坐标为（580.0，120.0），如图 5-73 所示，效果如图 5-74 所示。

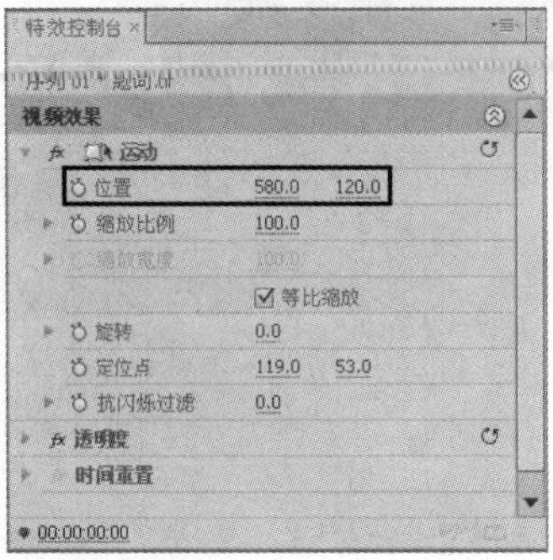

图 5-73 设置“位置”坐标为（580.0，120.0）

图 5-74 设置“位置”坐标后的效果

3）此时题词的背景为白色，没有与水墨画进行很好的融合，下面将白色背景进行去除。方法：在“效果”面板中展开“视频特效”文件夹，然后选择“键控”中的“亮度键”特效，如图 5-75 所示。接着将其拖入“时间线”面板中的“视频 3”轨道中的“题词 .tif”素材上。最后在“特效控制台”面板中设置“亮度键”特效的参数如图 5-76 所示。

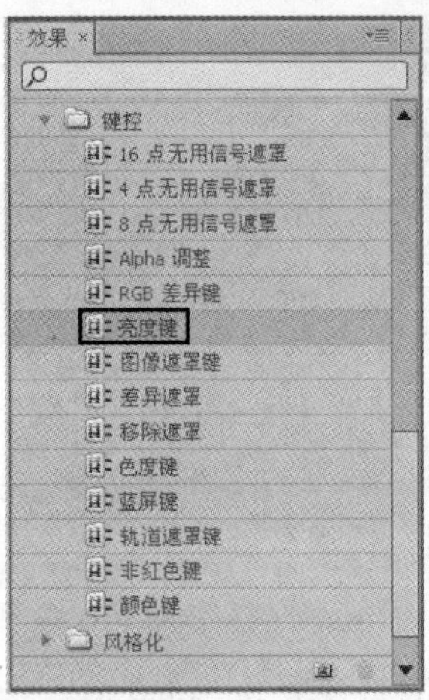

图 5-75 选择“亮度键”特效

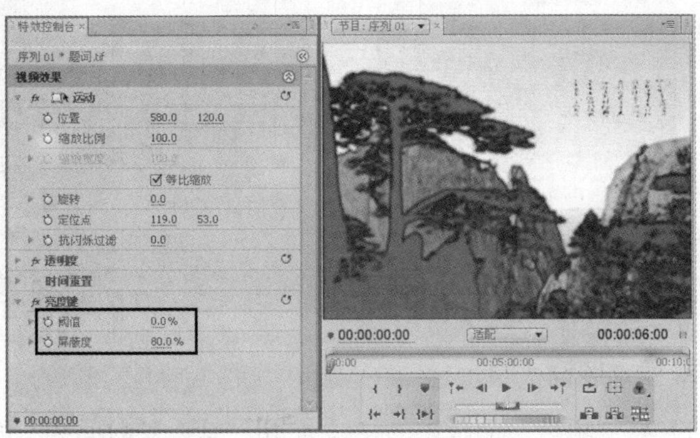

图 5-76 设置“亮度键”特效后的效果

3. 添加装裱画面

1）制作背景。方法：单击“项目”面板下方的（新建分项）按钮，然后从弹出的下拉菜单中选择“彩色蒙板”命令，如图 5-77 所示。接着在弹出的“新建彩色蒙板”对话框中保持默认参数，如图 5-78 所示，单击“确定”按钮。再在弹出的“颜色拾取”对话框中设置一种蓝色（RGB 为（190，190，165）），如图 5-79 所示，单击“确定”按钮，最后在弹出的“选择名称”对话框中保持默认参数，如图 5-80 所示，单击“确定”按钮，即可完成蓝色背景的创建，此时“项目”面板如图 5-81 所示。

图 5-77　选择“彩色蒙板”命令

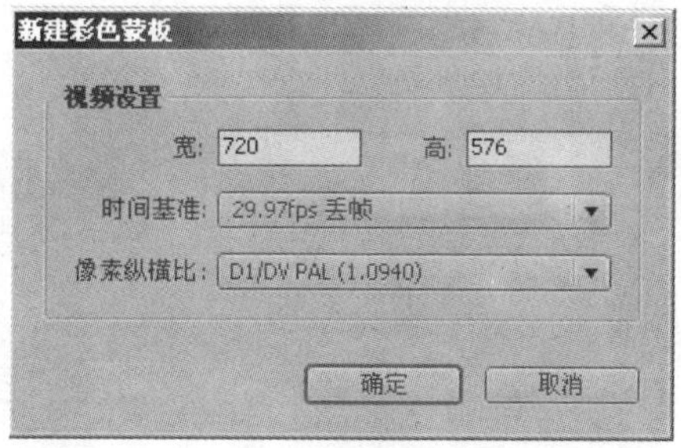

图 5-78　“新建彩色蒙板”对话框

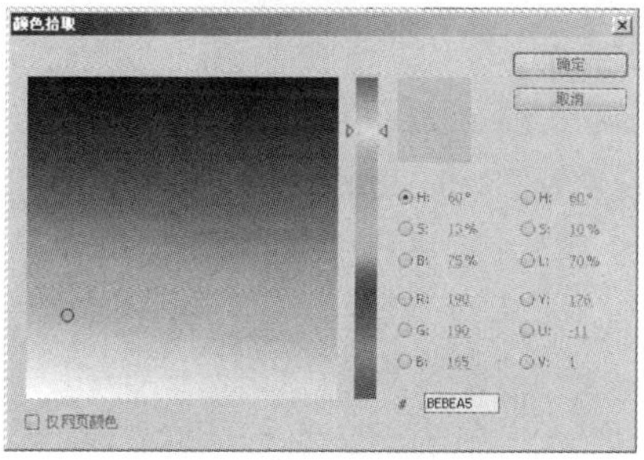

图 5-79　设置颜色

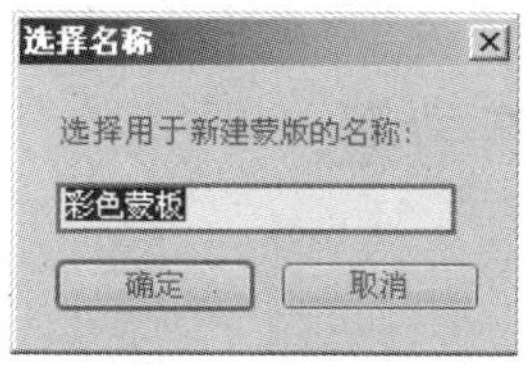

图 5-80　保持默认参数

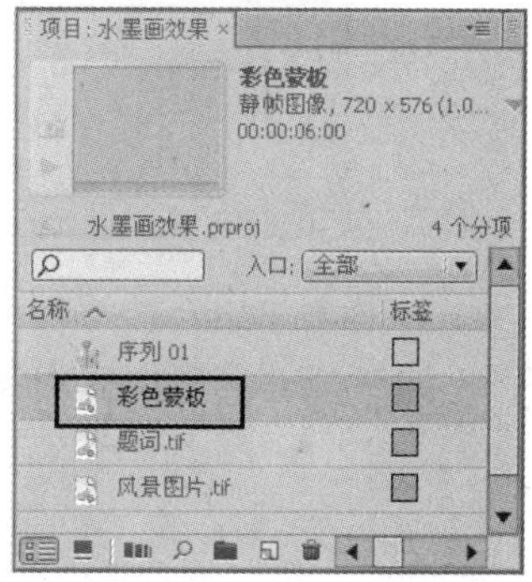

图 5-81　“项目”面板

2）将“项目”面板中的“彩色蒙板”素材拖入“时间线”面板的“视频 1”轨道中，入点为 00:00:00:00，如图 5-82 所示。

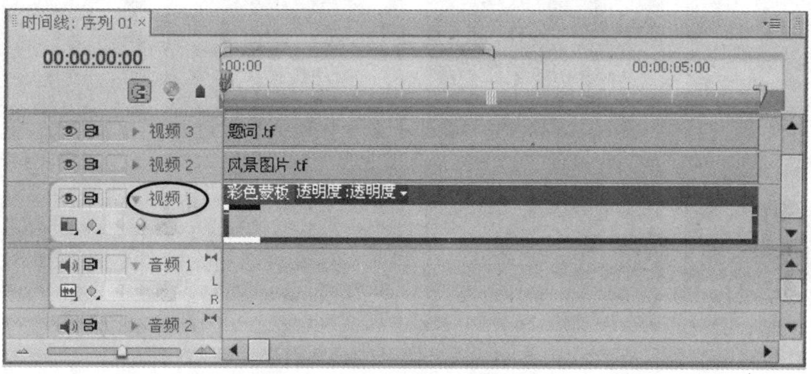

图 5-82　将“彩色蒙板”拖入“时间线”面板的“视频 1”轨道中

3）此时看不到背景效果，这是因为“风景图片 .tif”素材将彩色蒙板遮挡住了，下面选中“视频 2”轨道上的“风景图片 .tif”素材，然后在“效果控制台”面板中取消勾选“等比缩放”复选框，再将“缩放高度”设置为“80.0”，如图 5-83 所示。

4）至此，整个水墨画效果制作完毕。选择“文件 | 导出 | 媒体”命令，将其输出为“水墨画效果 .tga”文件。

图 5-83　将“风景图片.tif”素材“缩放高度”设置为“80.0”后的效果

5.5　制作逐一翻开的画面效果

要点：

本例将制作多幅画面逐个出现，然后再逐一翻开效果，如图 5-84 所示。通过本例学习应掌握改变素材长度的方法，以及“边角固定”视频特效、添加字幕和透明度的综合应用。

图 5-84　逐一翻开的画面效果

操作步骤：

1. 编辑素材图片

1）启动 Premiere Pro CS4，然后单击“新建项目”按钮，新建一个名称为“逐一翻开的画面效果”，编辑模式为标准 48kHz 的 DV-PAL 制的项目文件。

2）导入图片素材。方法：选择“文件 | 导入”命令，导入配套光盘中的“素材及结果\第 5 章 视频特效的应用\5.5 制作逐一翻开的画面效果\风景 1.jpg”、“风景 2.jpg”、“风景 3.jpg”、“风景 4.jpg”和“风景 5.jpg”文件，此时“项目”面板如图 5-85 所示。

3）设置“风景 1.jpg”图片的持续时间长度为 18 秒。方法：右击“项目”面板中“风景 1.jpg”素材，从弹出的快捷菜单中选择“速度 / 持续时间”命令，接着在弹出的“素材速度 / 持续时间”对话框中设置“持续时间”为 00:00:18:00，如图 5-86 所示，单击“确定”按钮。

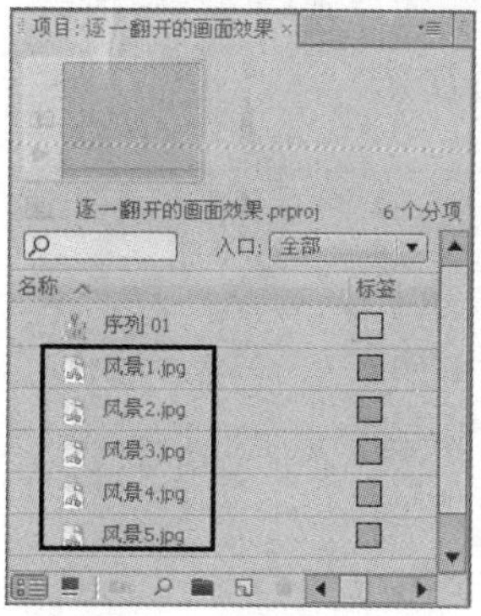

图 5-85　“项目”面板

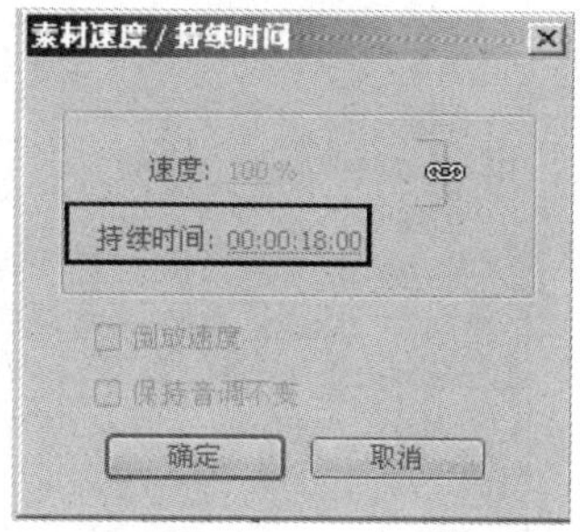

图 5-86　设置“风景 1.jpg”的持续时间

4）同理，在“项目”面板中将“风景 2.jpg”素材的持续时间设置为 15 秒，将“风景 3.jpg”素材的持续时间设置为 12 秒，将“风景 4.jpg”素材的持续时间设置为 9 秒，将“风景 5.jpg”素材的持续时间设置为 6 秒。

5）添加 3 条视频轨道。方法：在“时间线”面板左侧的轨道中右击，从弹出的快捷菜单中选择“添加轨道”命令，如图 5-87 所示。然后在弹出的“添加视音轨”对话框中设置参数如图 5-88 所示，单击“确定”按钮，即可添加 3 条视频轨道，如图 5-89 所示。

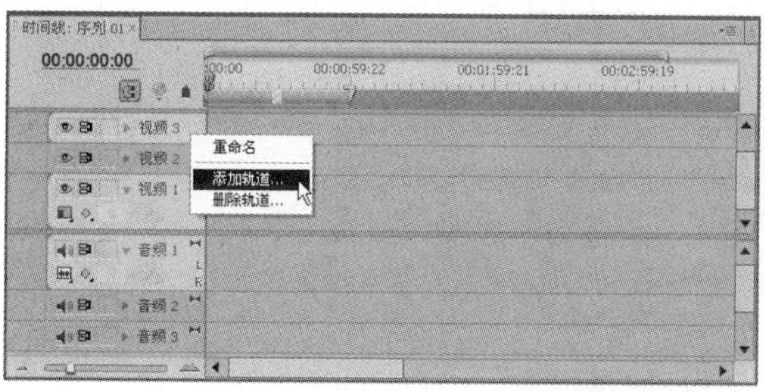

图 5-87　选择“添加轨道”命令

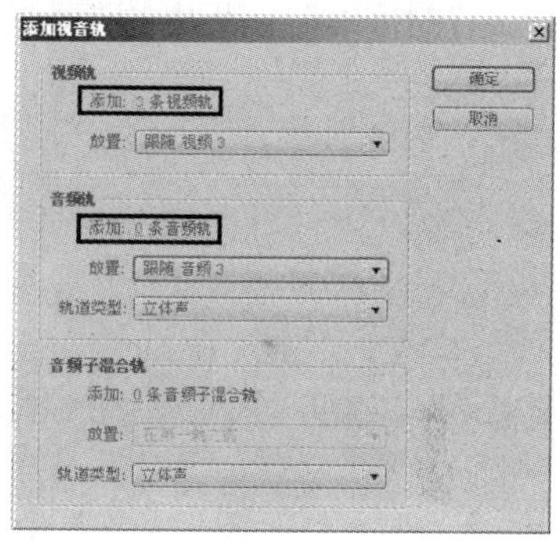

图 5-88　“添加视音轨”对话框

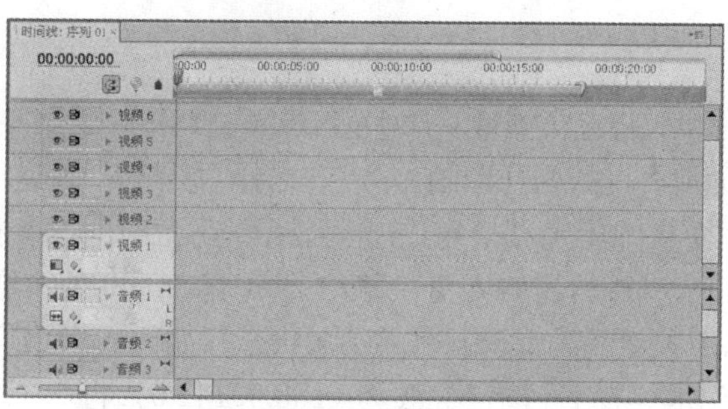

图 5-89　添加 3 条视频轨道的“时间线”面板

6）将“项目”面板中的“风景 1.jpg”素材拖入“时间线”面板的“视频 1”轨道中，入点为 00:00:00:00。然后将“风景 2.jpg”素材拖入“视频 2”轨道中，使之出点为 00:00:18:00（即与“视频 1”轨道的“风景 1.jpg”素材结尾处对齐）。同理，依次将“风景 3.jpg”、“风景 4.jpg”和“风景 5.jpg”素材拖入“视频 3”、“视频 4”和“视频 5”轨道中，并将它们的出点均设置为 00:00:18:00，此时“时间线”面板如图 5-90 所示。

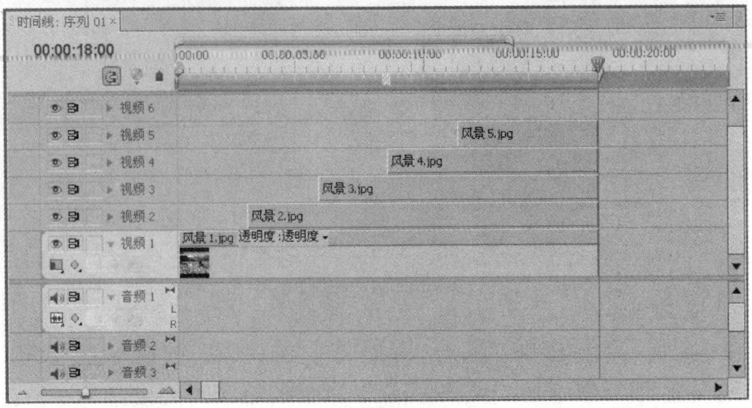

图 5-90 “时间线”面板

2. 制作画面翻开和缩放效果

1）给“风景 1.jpg”～“风景 4.jpg”素材添加“边角固定”特效。方法：在“效果”面板中展开“视频特效”文件夹，然后选择“扭曲”中的“边角固定”特效，如图 5-91 所示。接着分别将其拖入“时间线”面板中的“风景 1.jpg”～“风景 4.jpg”素材上。

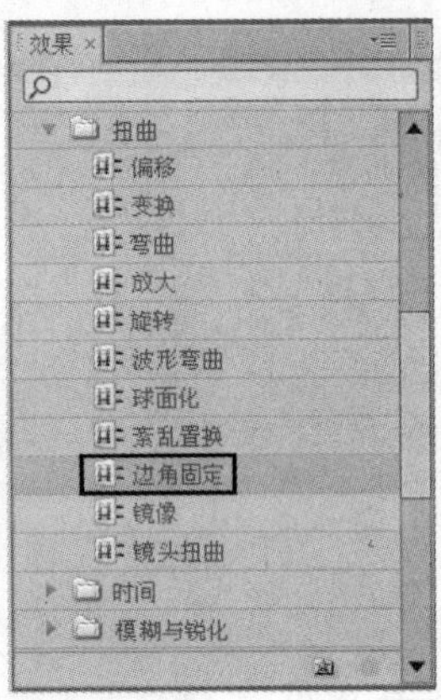

图 5-91 选择“边角固定”特效

2）制作“风景 1.jpg”素材的翻开动画。方法：选择“视频 1”轨道中的“风景 1.jpg”素材，然后在“特效控制台”面板中单击右上角的（显示 / 隐藏时间线）按钮（单击后变为按钮），显示出时间线控制区。接着将时间滑块移动到 00:00:00:00 处，单击“右上”和“右下”前的按钮，在此处添加关键帧，此时按钮变为状态，如图 5-92 所示。接着将时间滑块移动到 00:00:02:00 的位置，将“右上”的坐标改为（180.0，142.0），将“右下”的坐标改为（180.0，432.0），如图 5-93 所示。

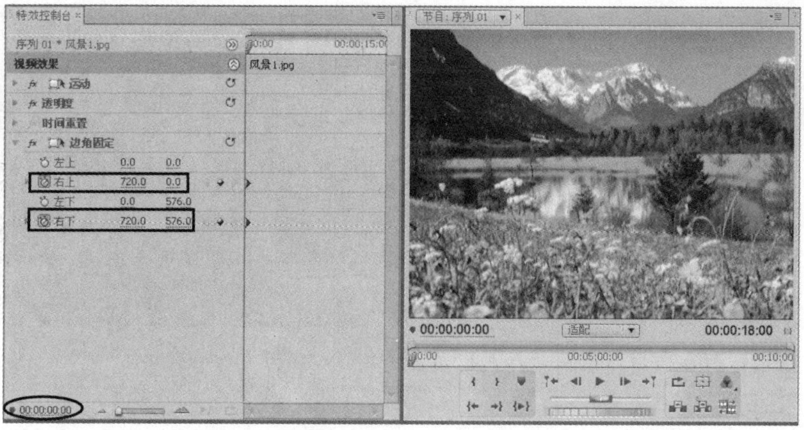

图 5-92　在 00:00:00:00 处添加“右上”和“右下”的关键帧

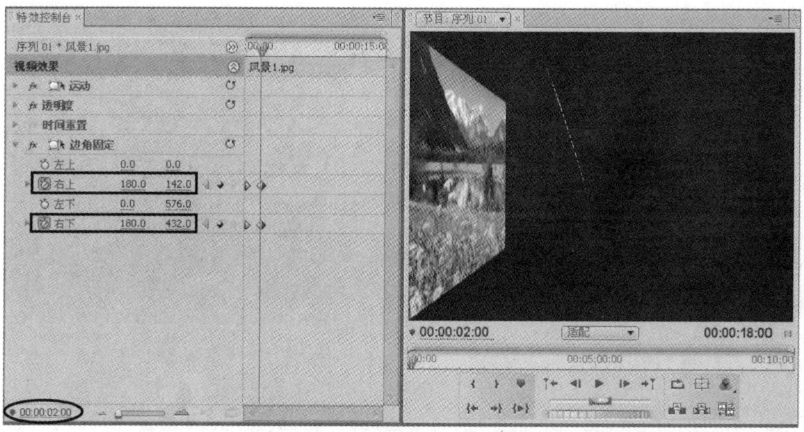

图 5-93　在 00:00:02:00 处调整“右上”和“右下”的坐标

3) 此时在“节目”面板中单击▶按钮，即可看到在 00:00:00:00 ~ 00:00:02:00 间“风景 1.jpg”的画面翻开效果，如图 5-94 所示。

图 5-94　“风景 1.jpg”的画面翻开效果

4) 制作“风景 2.jpg”素材的翻开动画。方法：选择“视频 2”轨道中的“风景 2.jpg”素材，然后在“特效控制台”面板中将时间滑块移动到 00:00:03:00 处，单击“左上”和“左下”前的 按钮，在此处添加关键帧，如图 5-95 所示。接着将时间滑块移动到 00:00:05:00 的位置，将“左上”的坐标改为（540.0，142.0），将“左下”的坐标改为（540.0，432.0），如图 5-96 所示。

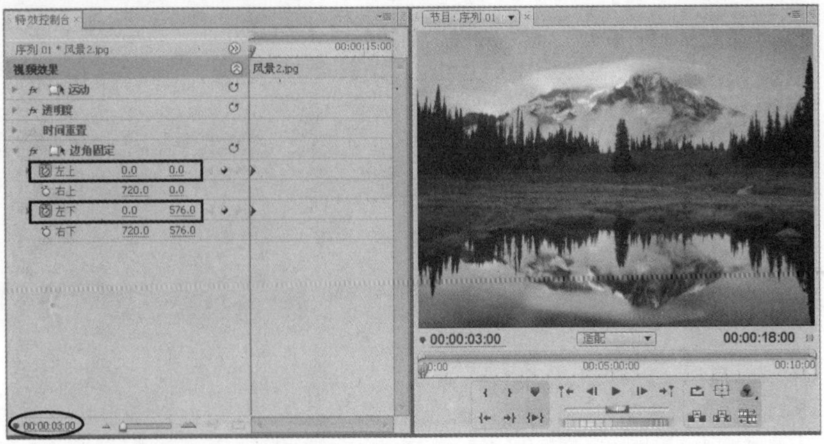

图 5-95　在 00:00:03:00 处添加“左上”和“左下”的关键帧

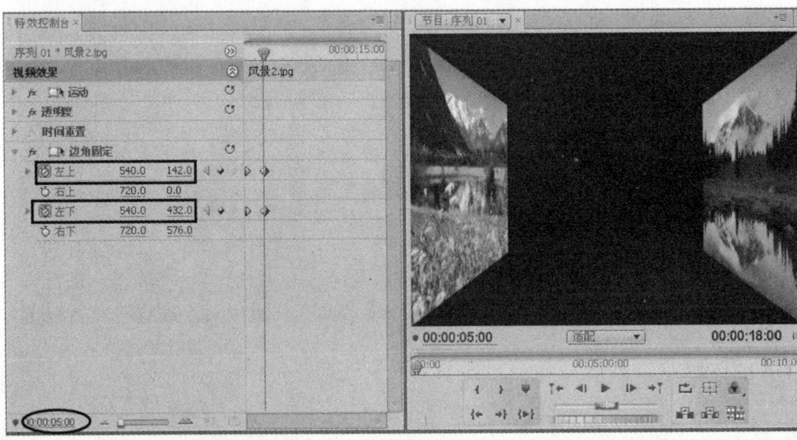

图 5-96　在 00:00:05:00 处调整“左上”和“左下”的坐标

5) 此时在“节目”面板中单击▶按钮，即可看到在 00:00:03:00 ~ 00:00:05:00 间“风景 2.jpg”的画面翻开效果，如图 5-97 所示。

图 5-97　“风景 2.jpg”的画面翻开效果

6) 制作“风景 3.jpg”素材的翻开动画。方法：选择“视频 3”轨道中的“风景 3.jpg”素材，然后在“特效控制台”面板中将时间滑块移动到 00:00:06:00 处，单击“左下”和“右下”前的⏱按钮，在此处添加关键帧，如图 5-98 所示。接着将时间滑块移动到 00:00:08:00 的位置，将“左下”的坐标改为（180.0，142.0），将“右下”的坐标改为（540.0，142.0），如图 5-99 所示。

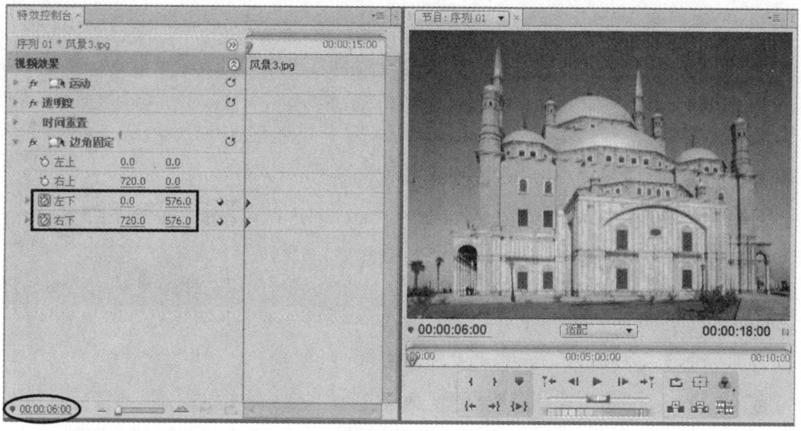

图 5-98　在 00:00:06:00 处添加“左下”和“右下”的关键帧

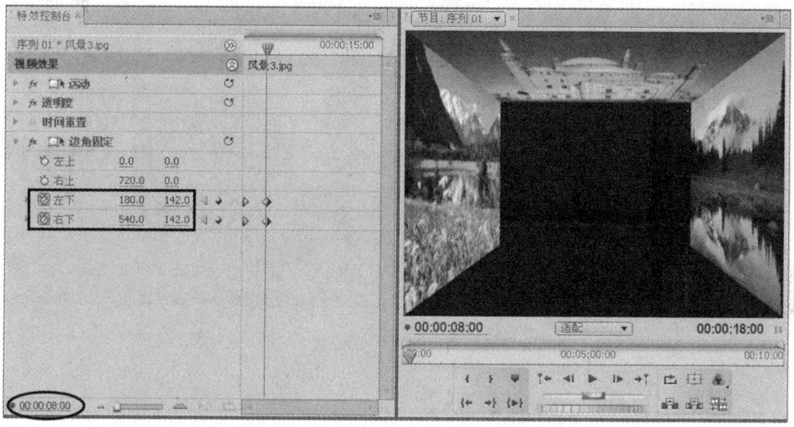

图 5-99　在 00:00:08:00 处调整“左下”和“右下”的坐标

7) 此时在“节目”面板中单击按钮，即可看到在 00:00:06:00 ~ 00:00:08:00 间“风景 3.jpg”的画面翻开效果，如图 5-100 所示。

图 5-100　“风景 3.jpg”的画面翻开效果

8) 制作“风景 4.jpg”素材的翻开动画。方法：选择“视频 4”轨道中的“风景 4.jpg”素材，然后在“特效控制台”面板中将时间滑块移动到 00:00:09:00 处，单击“左上”和“右上”前的按钮，在此处添加关键帧，如图 5-101 所示。接着将时间滑块移动到 00:00:11:00 的位置，将“左上”的坐标改为（180.0，432.0），将“右上”的坐标改为（540.0，432.0），如图 5-102 所示。

图 5-101　在 00:00:09:00 处添加“左上”和“右上”的关键帧

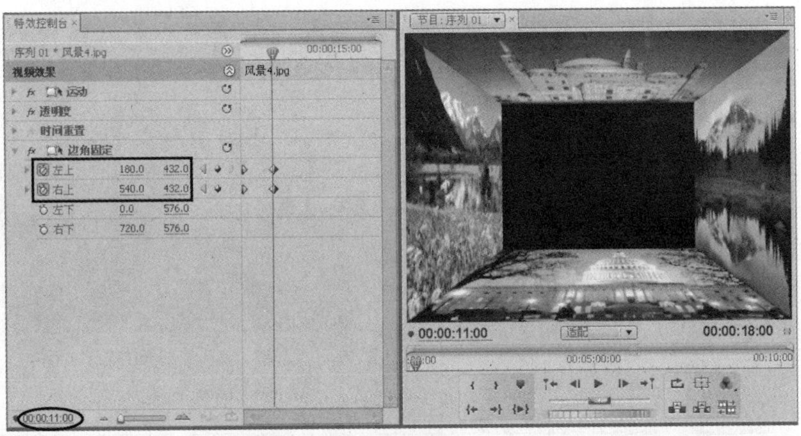

图 5-102　在 00:00:11:00 处调整“左上”和“右上”的坐标

9) 此时在“节目”面板中单击按钮，即可看到在 00:00:09:00 ~ 00:00:11:00 间“风景 4.jpg”的画面翻开效果，如图 5-103 所示。

图 5-103　“风景 4.jpg”的画面翻开效果

10) 制作“风景 5.jpg”素材的缩放动画。方法：选择“视频 5”轨道中的“风景 5.jpg”素材，然后在“特效控制台”面板中将时间滑块移动到 00:00:12:00 处，单击“缩放比例”前的按钮，在此处添加关键帧，如图 5-104 所示。接着将时间滑块移动到 00:00:14:00 的位置，将“缩放比例”的数值设置为 50.0，如图 5-105 所示。

11) 此时在“节目”面板中单击按钮，即可看到在 00:00:12:00 ~ 00:00:14:00 间“风景 5.jpg”的画面缩放效果，如图 5-106 所示。

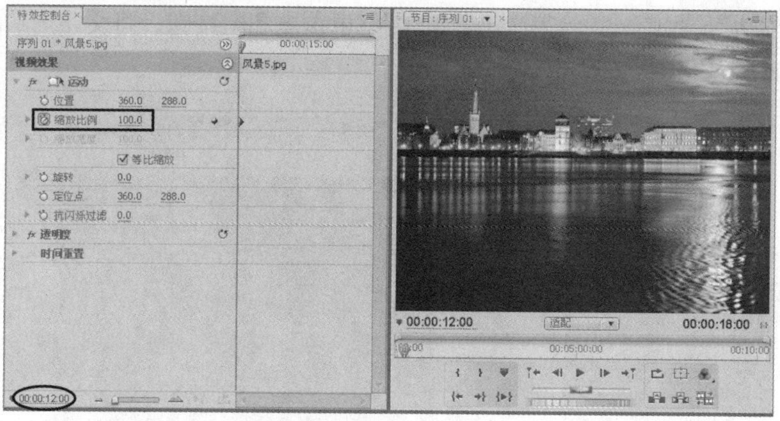

图 5-104　在 00:00:12:00 处添加“缩放比例”的关键帧

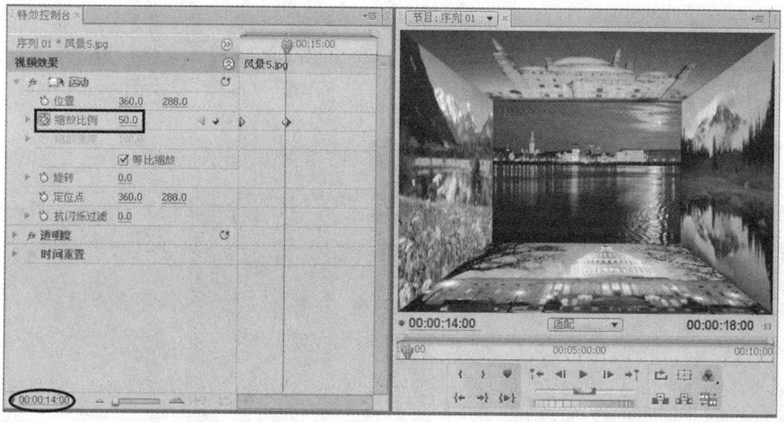

图 5-105　在 00:00:14:00 处将“缩放比例”的数值设置为 50.0

图 5-106　“风景 5.jpg”的画面缩放效果

3. 添加字幕的动画效果

1）单击“项目”面板下方的（新建分项）按钮，从弹出的快捷菜单中选择“字幕”命令，然后在弹出的“新建字幕”对话框中设置参数如图 5-107 所示，单击“确定”按钮，进入“文字”字幕的设计窗口，如图 5-108 所示 。

2）输入文字。方法：选择“字幕工具”面板中的（文字工具），然后在“字幕”面板编辑窗口中输入“世界之窗”4 个字，接着在“字幕属性”面板中设置“字体”为 Adobe Arabic，“字体大小”为 80.0。再将“填充”区域下的“色彩”设置为白色，并设置相应的“内侧边”和“外侧边”。最后在“字幕动作”面板中单击和按钮，将文字居中对齐，效果如图 5-109 所示。

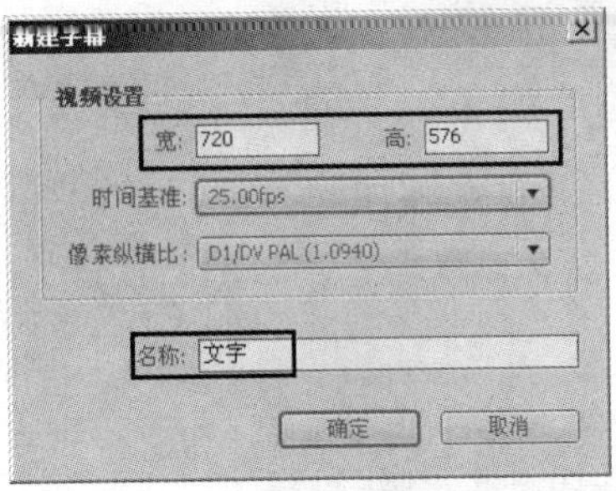

图 5-107 “新建字幕”对话框

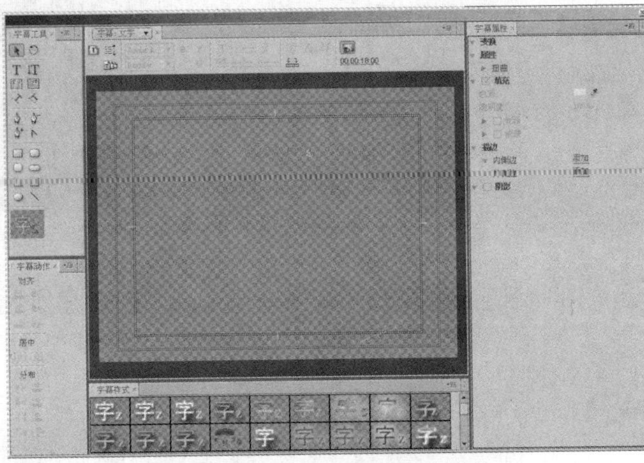

图 5-108 “文字”字幕的设计窗口

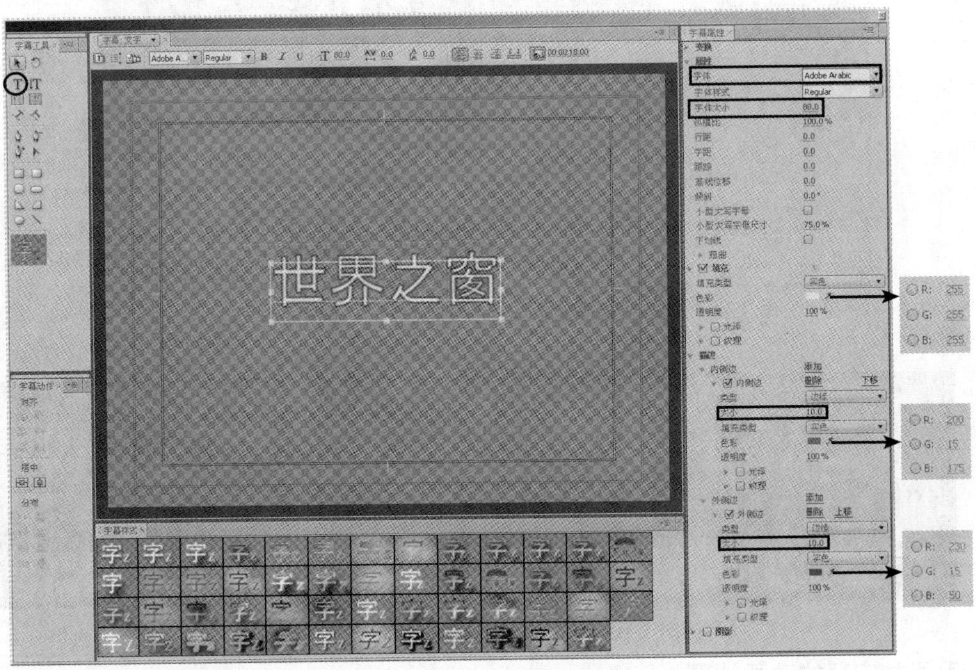

图 5-109 输入文字

3）单击字幕设计窗口右上角的按钮，关闭字幕设计窗口，此时创建的“文字”字幕会自动添加到“项目”面板中，如图 5-110 所示。

4）设置“文字”字幕的持续时间为 4 秒。方法：右击“项目”面板中的“文字”，然后从弹出的快捷菜单中选择“速度 / 持续时间”命令，接着在弹出的“素材速度 / 持续时间”对话框中设置“持续时间”为 00:00:04:00，如图 5-111 所示，单击“确定”按钮。

5）从“项目”面板中将制作好的“文字”字幕素材拖入“时间线”面板的“视频 6”中，并将出点设为与其他视频轨道对齐，如图 5-112 所示。

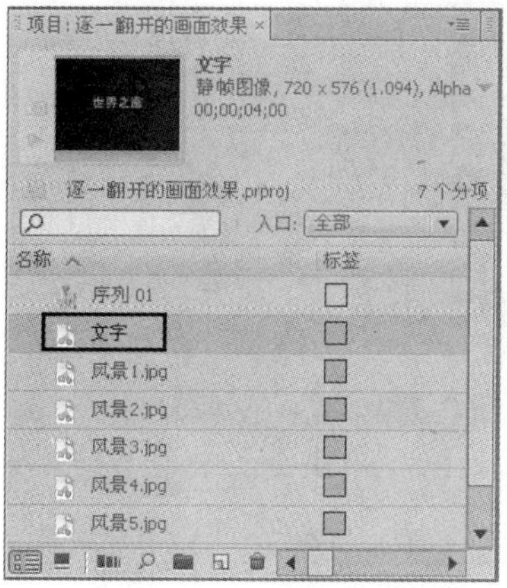

图 5-110　“项目”面板

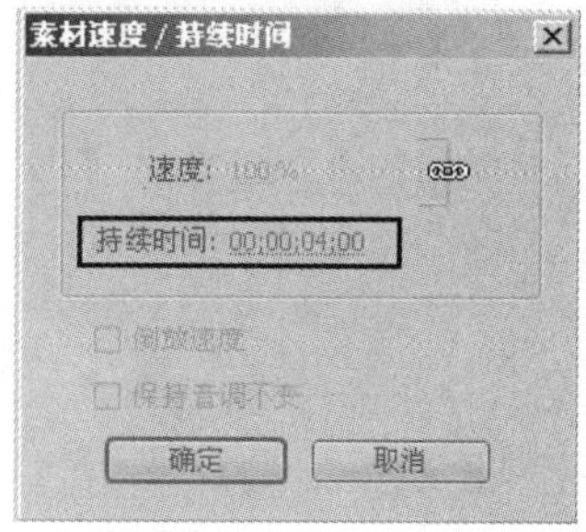

图 5-111　设置“文字”字幕的持续时间

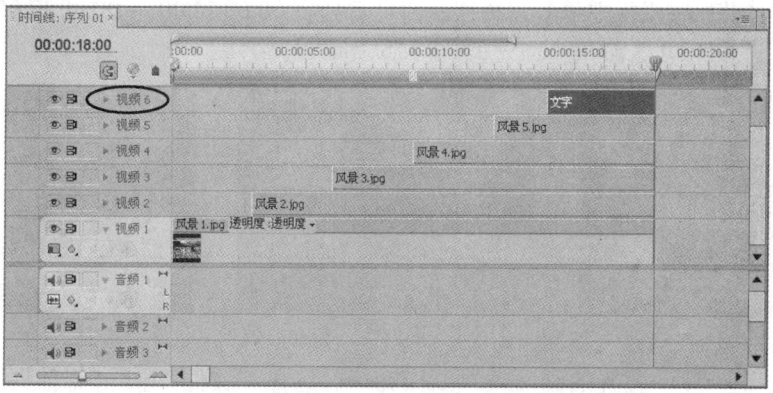

图 5-112　“时间线”面板

6）制作字幕的淡入和缩放效果。方法：选择“时间线”面板中的“文字”字幕素材，然后进入“特效控制台”面板，将时间线移动到 00:00:14:00 的位置，分别单击“缩放比例”和“透明度”选项前面的 按钮，添加关键帧，并将“缩放比例”的数值设置为 600.0，将“透明度”的数值设置为 0.0%，如图 5-113 所示。接着将时间滑块移动到 00:00:17:00 位置，然后将“缩放比例”的数值设置 100.0，将“透明度”的数值设置为 100.0%，如图 5-114 所示。

图 5-113　在 00:00:14:00 的位置添加“缩放比例”和“透明度”关键帧

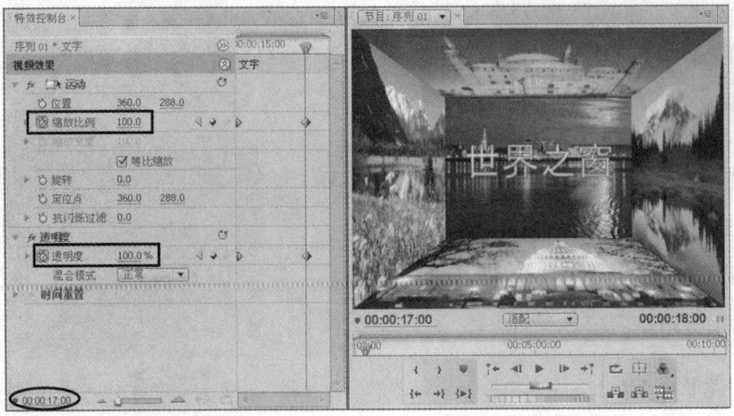

图 5-114　在 00:00:17:00 的位置添加“缩放比例”和“透明度”关键帧

7）此时在“节目”面板中单击▶按钮，即可看到在 00:00:14:00 ~ 00:00:17:00 间文字的淡入和缩放效果，如图 5-115 所示。

图 5-115　文字的淡入和缩放效果

8）至此，整个逐一翻开的画面效果制作完毕。选择“文件 | 导出 | 媒体”命令，将其输出为“逐一翻开的画面效果 .avi”文件。

5.6　制作局部马赛克效果

要点：

本例将制作影片中常见的局部马赛克效果，如图 5-116 所示。通过本例学习应掌握“裁剪”特效和“马赛克”特效的综合应用。

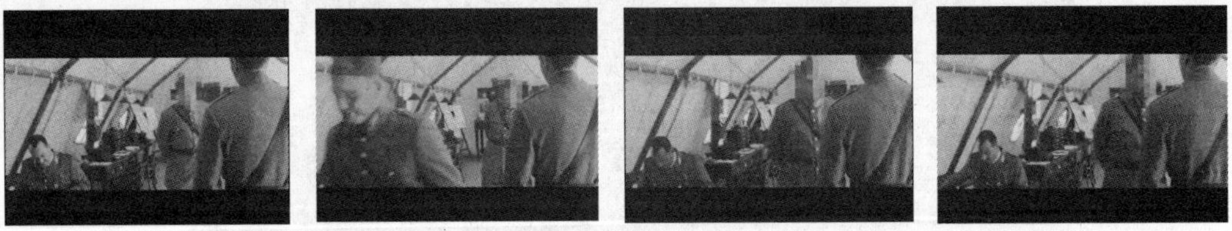

图 5-116　局部马赛克效果

操作步骤：

1. 导入素材

1）启动 Premiere Pro CS4，然后单击“新建项目”按钮，新建一个名称为“局部马赛克效果”，编辑模式为标准 48kHz 的 DV-PAL 制的项目文件。

2）导入视频素材。方法：选择“文件 | 导入”命令，导入配套光盘中的“素材及结果 \ 第 5 章 视频特效的应用 \5.6 制作局部马赛克效果 \ 人物 .avi”文件。然后将其拖入“时间线”面板的“视频 1”轨道中作为背景视频，入点为 00:00:00:00，如图 5-117 所示。

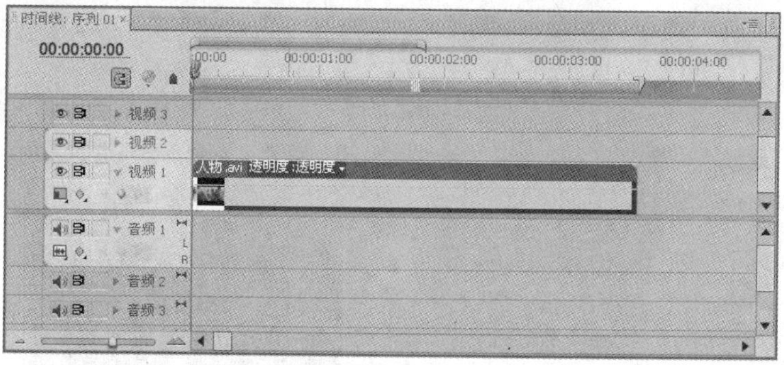

图 5-117　将“人物 .avi”文件拖入“视频 1”轨道中，入点为 00:00:00:00

3）在“时间线”面板中复制素材作为制作马赛克的视频。方法：在“时间线”面板中选择“视频 1”轨道中的“人物 .avi”素材，然后按快捷键〈Ctrl+C〉。接着激活“视频 2”轨道，使其高亮显示，再将时间滑块放置到 00:00:00:00 的位置，按快捷键〈Ctrl+V〉进行粘贴，结果如图 5-118 所示。

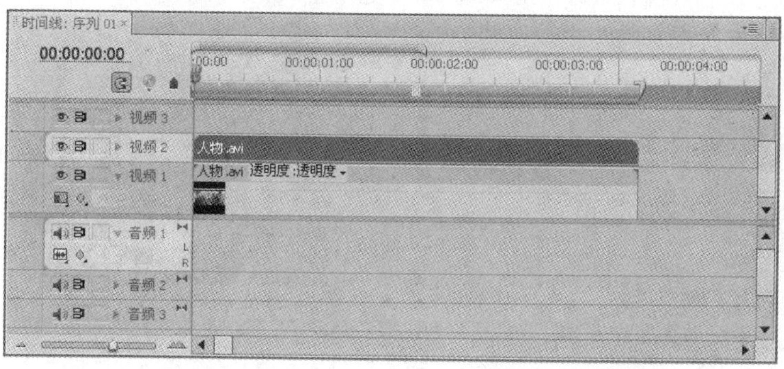

图 5-118　将“视频 1”轨道中的“人物 .avi”素材复制到“视频 2”轨道中

2. 设置动态的马赛克区域

1）在“效果”面板中展开“视频特效”文件夹，然后选择“变换”中的“裁剪”特效，如图 5-119 所示。然后将其拖入“时间线”面板“视频 2”轨道中的“人物 .avi”素材上。

2）为了便于设置马赛克区域，下面隐藏“视频 1”轨道的显示，如图 5-120 所示。

3）选中“视频 2”轨道上的“人物 .avi”素材，然后在“特效控制台”面板中，将时间滑块移动到 00:00:00:00 的位置，单击“左侧”、“顶部”、“右侧”和“底部”前的按钮，插入关键帧，并设置参数如图 5-121 所示。

4）将时间滑块移动到 00:00:01:00 的位置，设置参数如图 5-122 所示。

5）将时间滑块移动到 00:00:02:00 的位置，设置参数如图 5-123 所示。

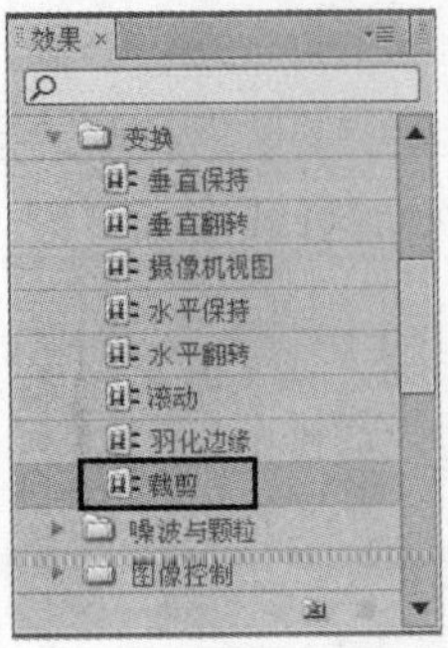

图 5-119　选择“裁剪”特效

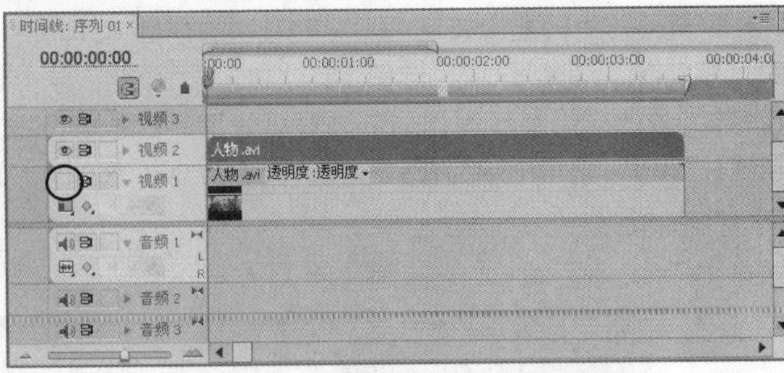

图 5-120　隐藏“视频 1”轨道的显示

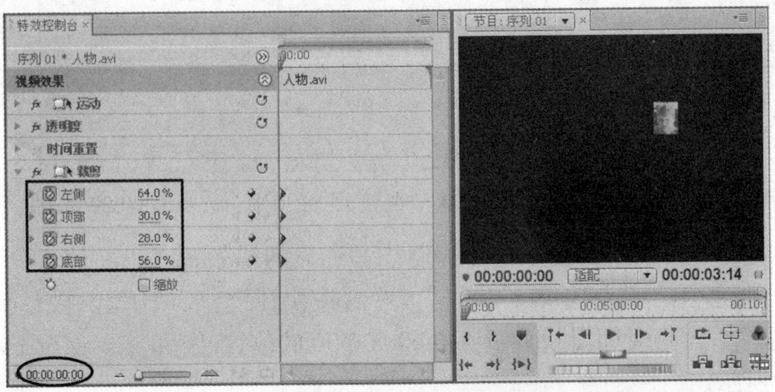

图 5-121　在 00:00:00:00 处设置“裁剪”关键帧

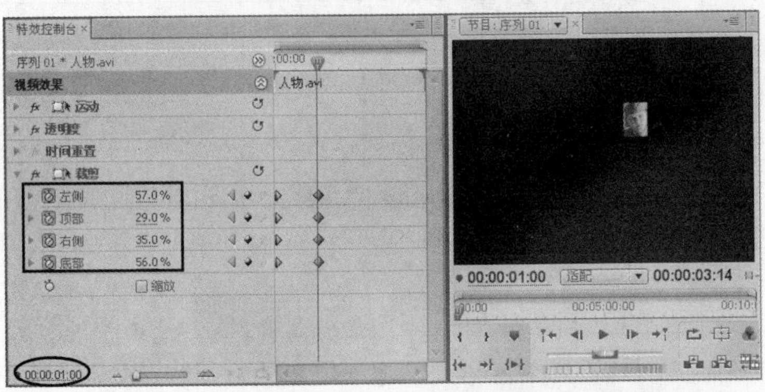

图 5-122　在 00:00:01:00 处设置“裁剪”关键帧参数

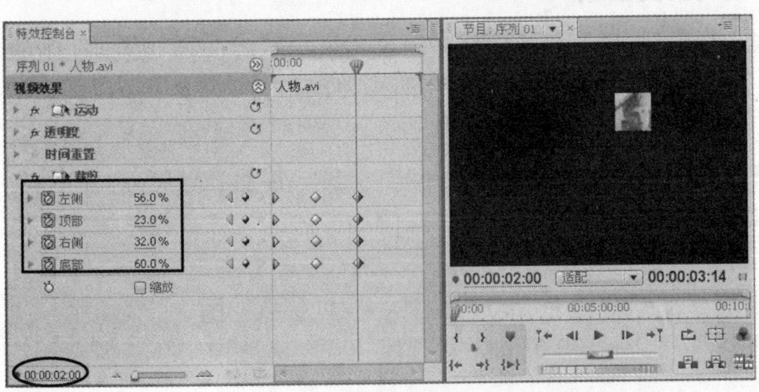

图 5-123　在 00:00:02:00 处设置“裁剪”关键帧参数

6）将时间滑块移动到 00:00:03:13 的位置，设置参数如图 5-124 所示。

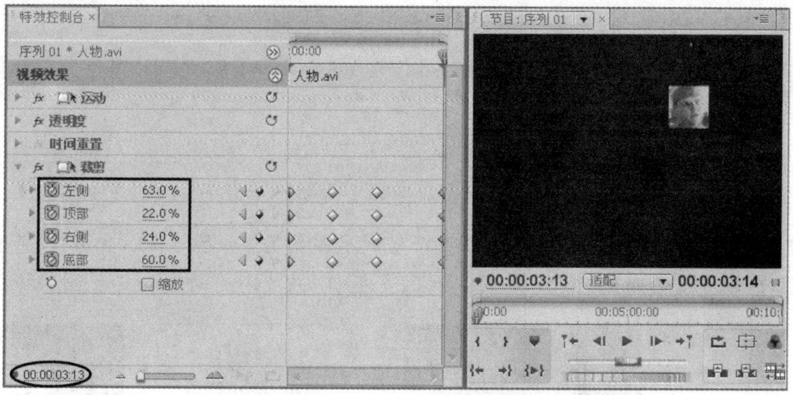

图 5-124　在 00:00:03:13 处设置“裁剪”关键帧参数

3. 制作马赛克效果

1）在“效果”面板中展开“视频特效”文件夹，然后选择“风格化”中的“马赛克”特效，如图 5-125 所示。接着分别将其拖入“时间线”面板中的“视频 2”轨道上的“人物 .avi”素材上。

2）选择“视频 2”轨道上的“人物 .avi”素材，然后在“特效控制台”面板中设置“马赛克”特效的参数如图 5-126 所示。

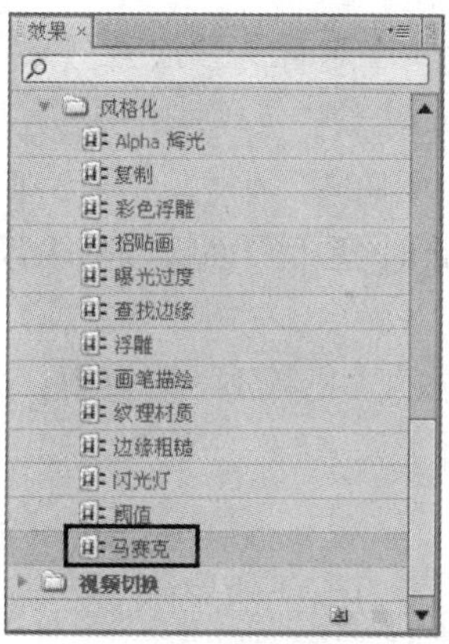

图 5-125　选择“马赛克”特效

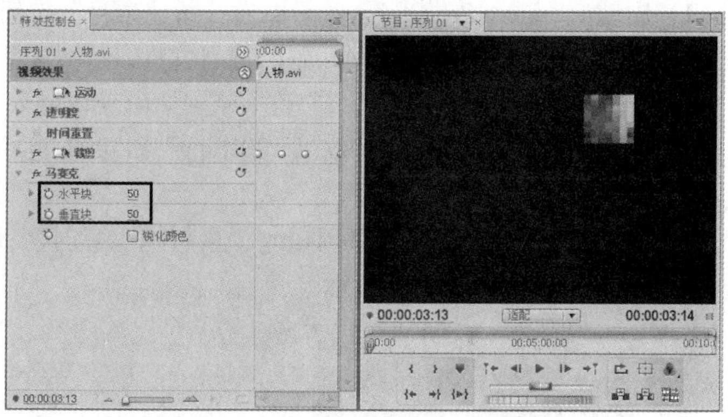

图 5-126　设置“马赛克”特效的参数

3）在“时间线”面板中恢复“视频 1”轨道的显示，如图 5-127 所示。

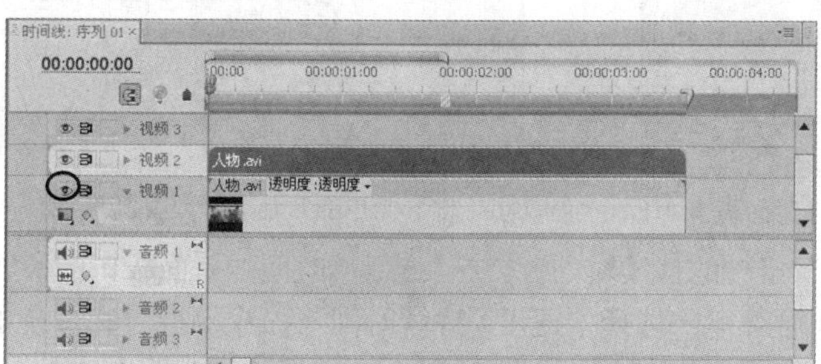

图 5-127　恢复“视频 1”轨道的显示

4）至此，整个局部马赛克制作完毕。选择“文件 | 导出 | 媒体”命令，将其输出为“局部马赛克效果 .avi”文件。

5.7 制作底片效果

要点：

本例将制作在相机按下快门的一瞬间所产生的底片效果，如图 5-128 所示。通过本例的学习，读者应掌握设置素材持续时间、利用字幕制作取景框，以及“闪光灯”和“反相”特效的综合应用。

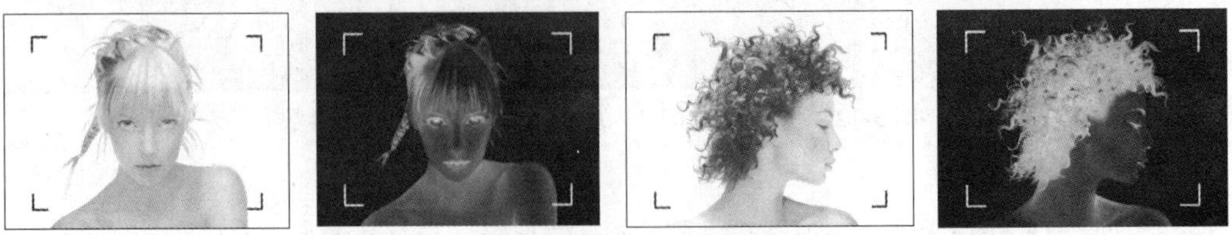

图 5-128　底片效果

操作步骤：

1. 将素材放入时间线

1）启动 Premiere Pro CS4，然后单击“新建项目”按钮，新建一个名称为“底片效果”，编辑模式为标准 48kHz 的 DV-PAL 制的项目文件。

2）导入素材。方法：选择“文件 | 导入”命令，导入配套光盘中的“素材及结果\第 5 章 视频特效的应用\5.7 制作底片效果\001. jpg”和“002. jpg”文件，此时“项目”面板如图 5-129 所示。

3）将“项目”面板中的“001. jpg”素材拖入“时间线”面板的“视频 1”轨道中，入点为 00:00:00:00，如图 5-130 所示。

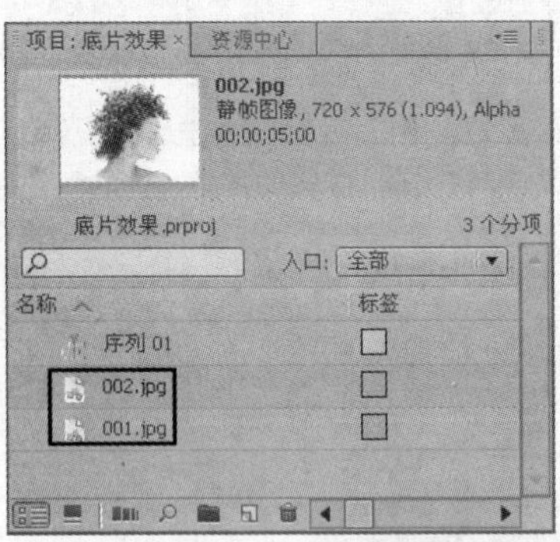

图 5-129　“项目”面板

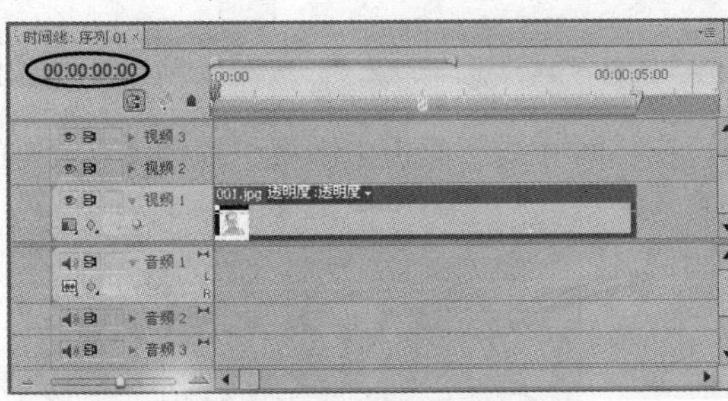

图 5-130　将“001.jpg”拖入“时间线”面板的“视频 1”轨道中

4）修改“001. jpg”素材的持续时间。方法：选择“时间线”面板中的“001. jpg”素材，然后右击，从弹出的快捷菜单中选择“速度 / 持续时间”命令，接着在弹出的“素材速度 / 持续时间”对话框中设置“持续时间”为 00:00:01:05，如图 5-131 所示，单击“确定”按钮，此时“时间线”面板，如图 5-132 所示。

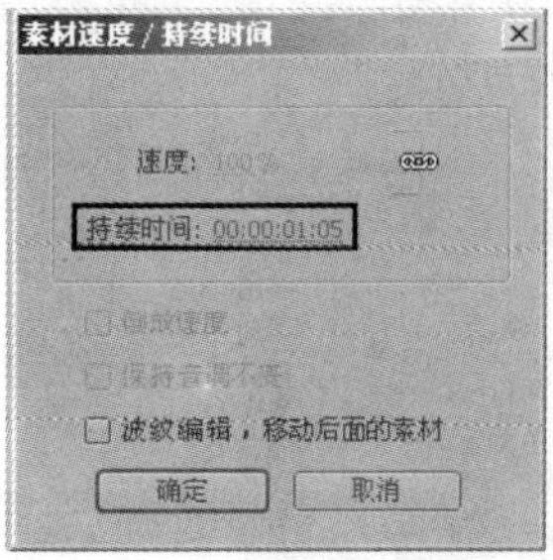

图 5-131　设置“持续时间”为 00:00:01:05

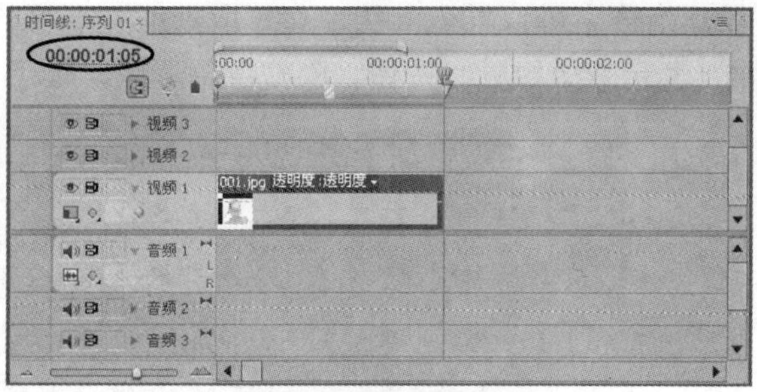

图 5-132　调整“持续时间”后的素材

5）同理，将“项目”面板中的“002. jpg”素材拖入“时间线”面板的“视频 1”轨道中，使“001. jpg”和“002. jpg”素材首尾相接。然后将“002. jpg”素材的“持续时间”也设置为 00:00:01:05，此时“时间线”面板分布如图 5-133 所示。

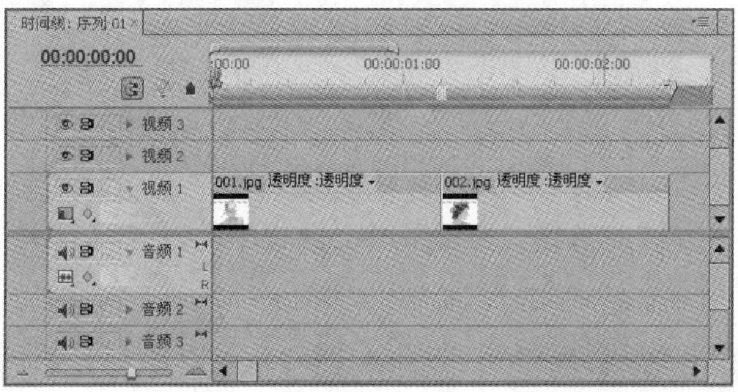

图 5-133　“时间线”面板

2. 创建取景框

1）新建“取景框”字幕。方法：单击“项目”面板下方的 （新建分项）按钮，从弹出的快捷菜单中选择“字幕”命令，然后在弹出的“新建字幕”对话框中设置参数如图 5-134 所示，单击“确定”按钮，进入“取景框”字幕的设计窗口，如图 5-135 所示 。

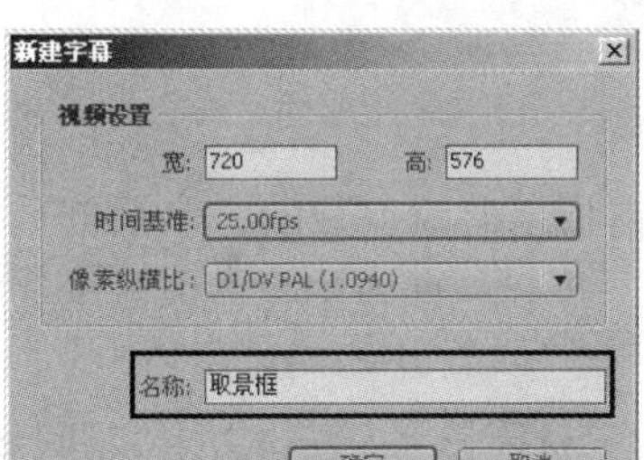

图 5-134　新建“取景框”字幕

图 5-135　“取景框”字幕的设计窗口

2）隐藏字幕背景。方法：在“取景框”字幕的设计窗口中单击“字幕”面板属性栏中的 （显示背景视频）按钮，隐藏字幕背景，效果如图 5-136 所示。

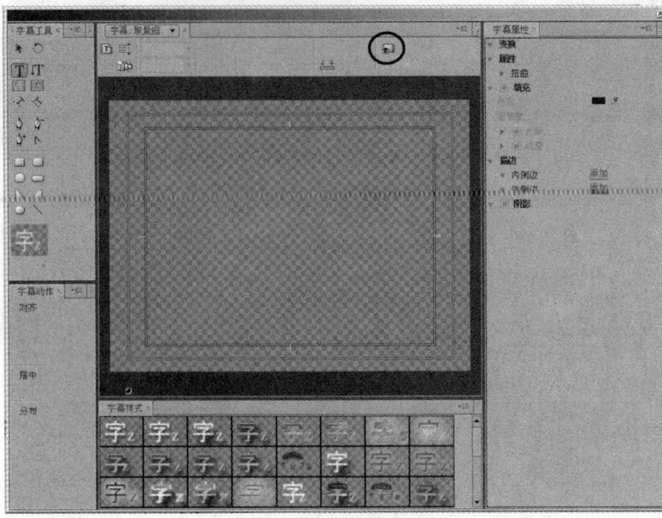

图 5-136　隐藏字幕背景后的效果

3）绘制取景框。方法：选择“字幕工具”面板中的 （直线工具），然后在“字幕”面板编辑窗口中绘制线段，如图 5-137 所示。

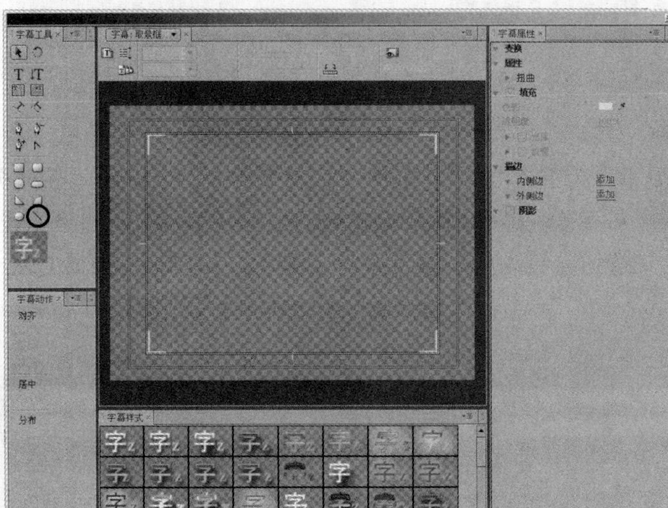

图 5-137　绘制取景框

4）单击字幕设计窗口右上角的 按钮，关闭字幕设计窗口，此时创建的“取景框”字幕会自动添加到“项目”面板中，如图 5-138 所示。然后从“项目”面板中将“取景框”字幕拖入“时间线”面板的“视频 3”轨道中。

5）将“取景框”字幕的时间长度设置为与“视频 1”上的素材等长。方法：右击“时间线”面板中的“取景框”素材，然后从弹出的快捷菜单中选择“速度 / 持续时间”命令，接着在弹出的“素材速度 / 持续时间”对话框中将“持续时间”设置为 00:00:02:10，如图 5-139 所示，单击"确定"按钮，从而使"取景框"字幕的长度与"视频 1"的素材等长，此时"时间线"面板分布如图 5-140 所示。

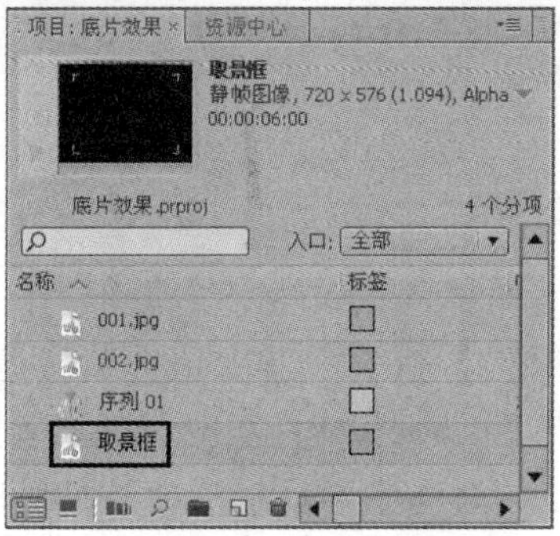

图 5-138　"项目"面板

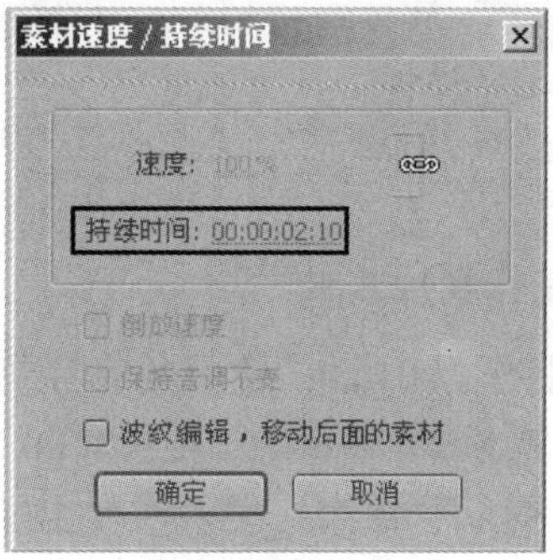

图 5-139　调整"取景框"字幕的持续时间

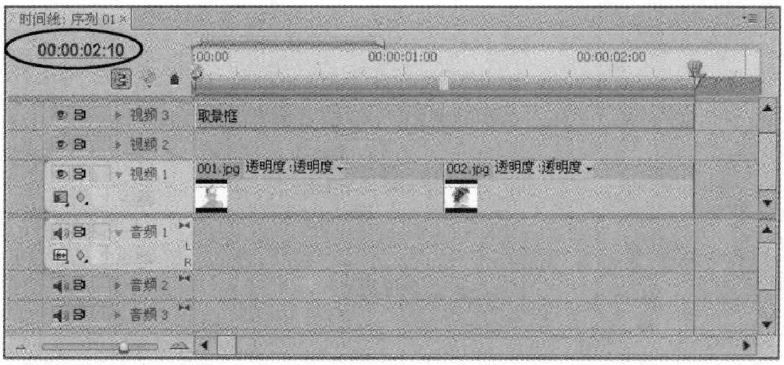

图 5-140　"时间线"面板的分布

6）制作取景框的闪光效果。方法：在"效果"面板中展开"视频特效"文件夹，然后选择"风格化"中的"闪光灯"特效，如图 5-141 所示。接着将其拖入"时间线"面板中的"视频 3"轨道上的"取景框"素材上。最后在"特效控制台"面板中将"闪光灯"特效的"明暗闪动颜色"设置为黑色，如图 5-142 所示。此时在"节目"面板上单击▶按钮，即可看到取景框的黑白闪光效果，如图 5-143 所示。

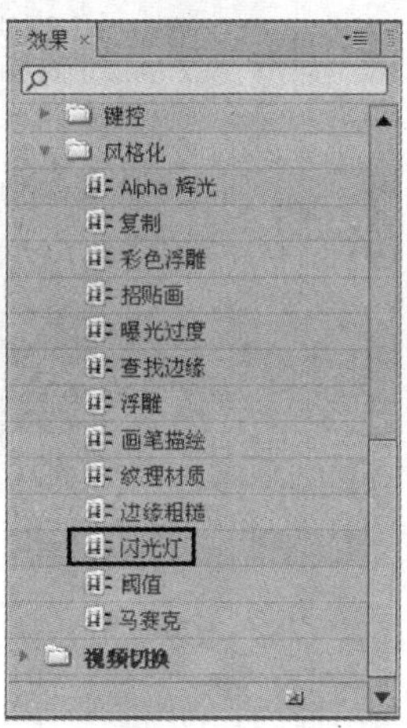

图 5-141　选择"闪光灯"特效

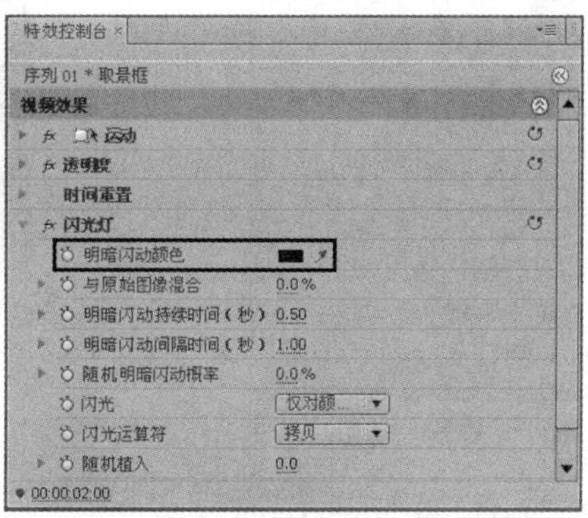

图 5-142　将"明暗闪动颜色"设置为黑色

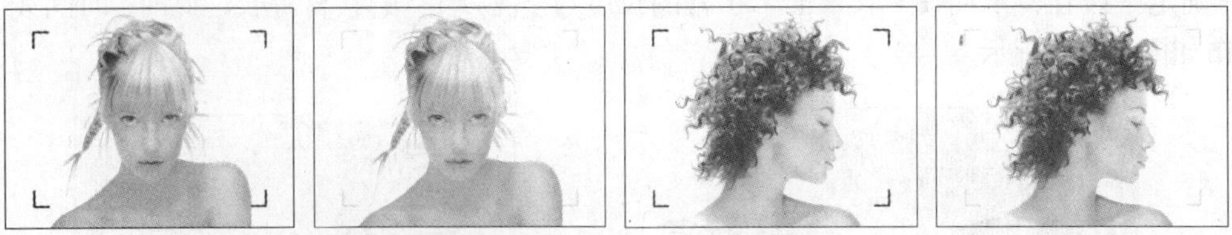

图 5-143　取景框的黑白闪光效果

3. 制作底片效果

1）制作“001.jpg”素材的底片效果。方法：从“项目”面板中将“001. jpg”素材拖入“时间线”面板的“视频 2”轨道中，入点为 00:00:00:21。然后右击该素材，从弹出的快捷菜单中选择“速度 / 持续时间”命令，接着在弹出的“素材速度 / 持续时间”对话框中将“持续时间”设置为 00:00:00:04，如图 5-144 所示，单击“确定”按钮，此时“时间线”面板分布如图 5-145 所示。

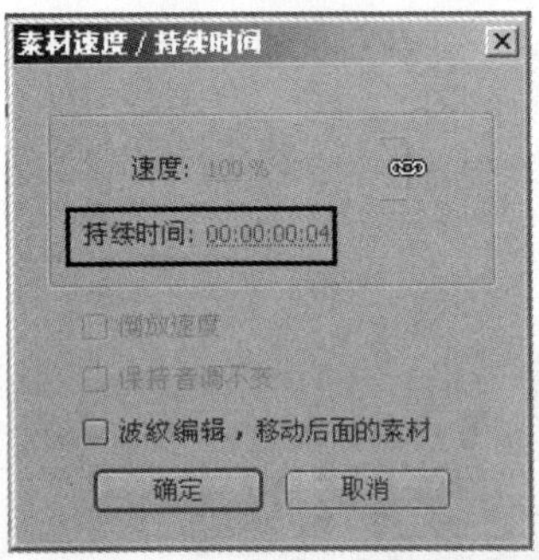

图 5-144　设置持续时间

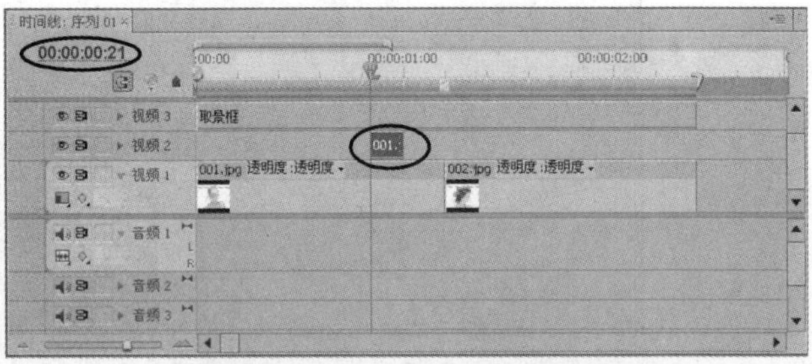

图 5-145　“时间线”面板的分布

2）在“效果”面板中展开“视频特效”文件夹，然后选择“通道”中的“反相”特效，如图 5-146 所示。接着将其拖入“时间线”面板中的“视频 2”轨道上的“001. jpg”素材上，效果如图 5-147 所示。

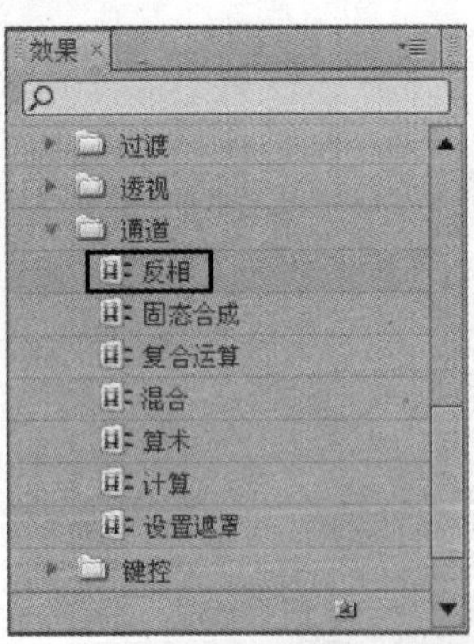

图 5-146　选择“反相”特效

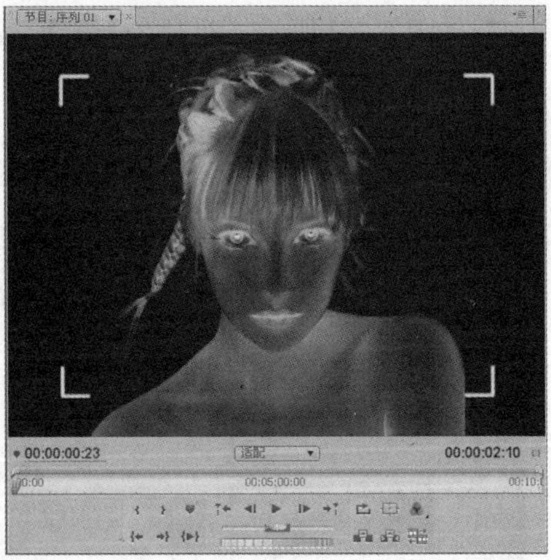

图 5-147　“反相”效果

3）制作“002. jpg”素材的底片效果。方法：从“项目”面板中将“002. jpg”素材拖入“时间线”面板的“视频 2”轨道中，入点为 00:00:01:21。然后将该素材的“持续时间”也设置为 00:00:00:04，此时“时间线”面板分布，如图 5-148 所示。

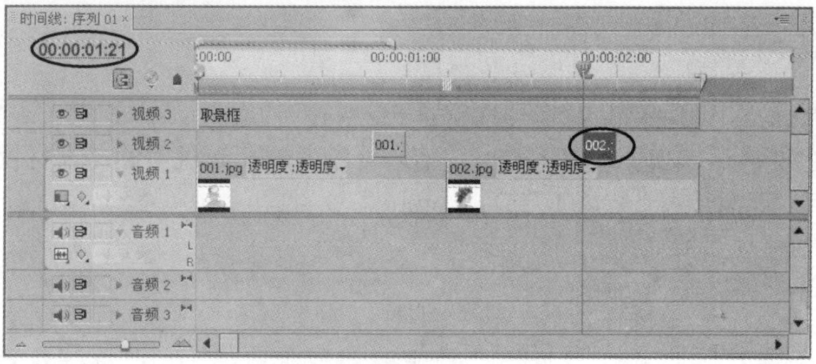

图 5-148　“时间线”面板的分布

4) 在“效果”面板中同样选择“通道”中的“反相”特效，然后将其拖入“时间线”面板中的“视频 2”轨道上的“002. jpg”素材上，效果如图 5-149 所示。接着在“特效控制台”面板中展开“反相”特效的参数，将“通道”设置为“明亮度”，如图 5-150 所示，效果如图 5-151 所示。

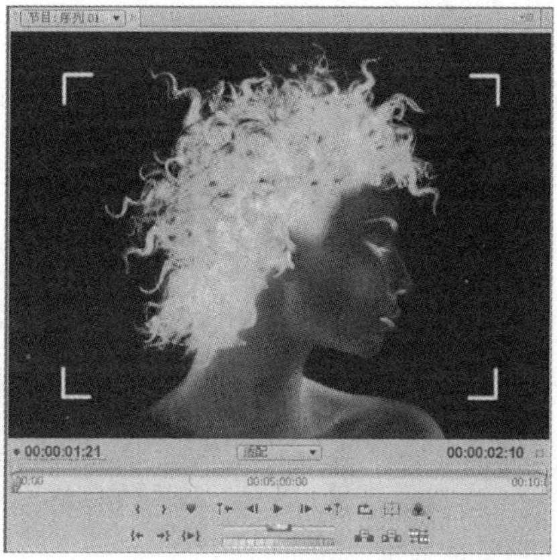

图 5-149　给“002. jpg”添加“反相”特效的效果

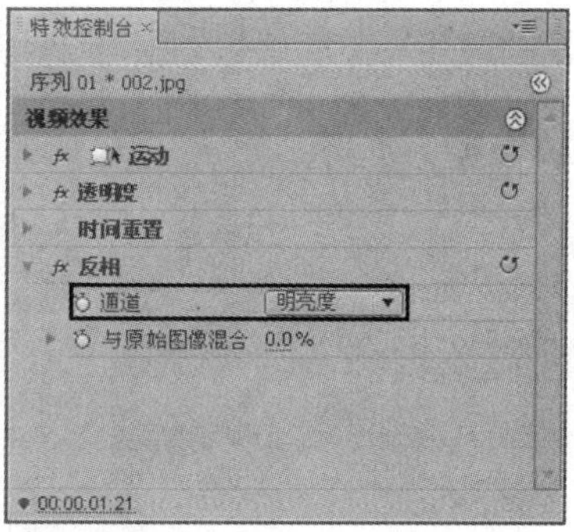

图 5-150　将“通道”设置为“明亮度”

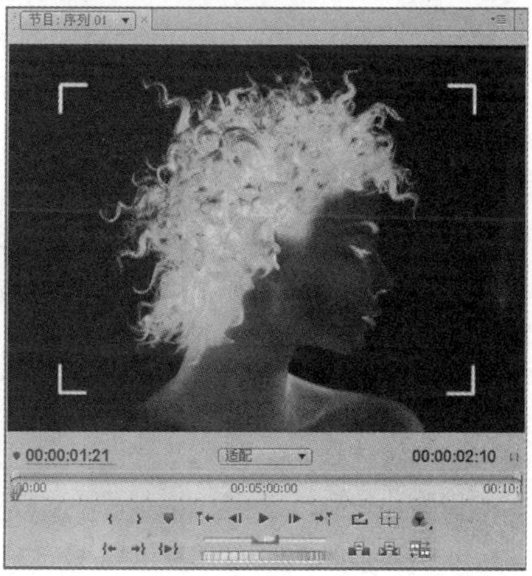

图 5-151　将“通道”设置为“明亮度”的效果

5) 至此，整个底片效果制作完毕。选择“文件 | 导出 | 媒体”命令，将其输出为“底片效果 .avi”文件。

5.8 课后练习

1) 利用配套光盘中的“素材及结果 \ 第 5 章 视频特效的应用 \ 课后练习 \ 练习 1\ 汽车 .psd”图片，制作变色的汽车，如图 5-152 所示。结果可参考配套光盘中的“素材及结果 \ 第 5 章 视频特效的应用 \ 课后练习 \ 练习 1\ 练习 1.prproj”文件。

图 5-152 练习 1 的效果

2) 利用配套光盘中的“素材及结果 \ 第 5 章 视频特效的应用 \ 课后练习 \ 练习 2\ 人物 .avi”图片，制作马赛克效果，如图 5-153 所示。结果可参考配套光盘中的“素材及结果 \ 第 5 章 视频特效的应用 \ 课后练习 \ 练习 2\ 练习 2.prproj”文件。

图 5-153 练习 2 的效果

3) 利用配套光盘中的“素材及结果 \ 第 5 章 视频特效的应用 \ 课后练习 \ 练习 3\m1.avi”、“m2.avi”、“m3.avi”、“m4.avi”、“m5.avi”和“m6.avi”图片，制作画面翻开效果，如图 5-154 所示。结果可参考配套光盘中的“素材及结果 \ 第 5 章 视频特效的应用 \ 课后练习 \ 练习 3\ 练习 3.prproj”文件。

图 5-154 练习 3 的效果

第6章　字幕的应用

本章重点

字幕是现代影视节目中的重要组成部分，其用途是向观众传递一些视频画面所无法表达或难以表现的内容，以使观众们能够更好地理解影片含义。比如在如今各式各样的广告中，字幕的应用就越来越频繁，这些精美的字幕不仅能够起到为影片增色的目的，还能够直接向观众传递商品信息或消费理念。在 Premiere Pro CS4 中，利用字幕设计窗口可以创建用户所需的各种字幕。通过本章的学习，读者应掌握 Premiere Pro CS4 中字幕的具体使用方法和使用技巧。

6.1　制作随图片逐个出现的字幕效果

要点：

本例将制作随图片逐个出现的字幕效果，如图 6-1 所示。通过本例的学习，读者应掌握简单文字字幕的方法。

图 6-1　随图片逐个出现的字幕效果

操作步骤：

1. 编辑图片素材

1）启动 Premiere Pro CS4，然后单击“新建项目”按钮，新建一个名称为“随图片逐个出现的字幕效果”，编辑模式为标准 48kHz 的 DV-PAL 制的项目文件。

2）设置静止图片默认持续时间为 4 秒。方法：选择“编辑 | 参数 | 常规”命令，在弹出的对话框中将“视频切换默认持续时间”设置为 25 帧，将“静帧图像默认持续时间”设置为 100 帧。然后在“参数”对话框左侧选择“媒体”，再在右侧将“不确定的媒体时间基准”设置为 25.00fps，单击“确定”按钮。

3）导入素材。方法：选择“文件 | 导入”命令，导入配套光盘中的“素材及结果\第 6 章 字幕的应用\6.1 制作随图片逐个出现的字幕效果\春天.jpg”、“夏天.jpg”、“秋天.jpg”和“冬天.jpg”文件，此时“项目”面板如图 6-2 所示。

4）在“项目”面板中按住〈Ctrl〉键，依次选择“春天.jpg”、“夏天.jpg”、“秋天.jpg”和“冬天.jpg”素材，然后将它们拖入“时间线”面板的“视频 1”轨道中，入点为 00:00:00:00。此时“时间线”面板会按照素材选择的先后顺序将素材依次排列，如图 6-3 所示。

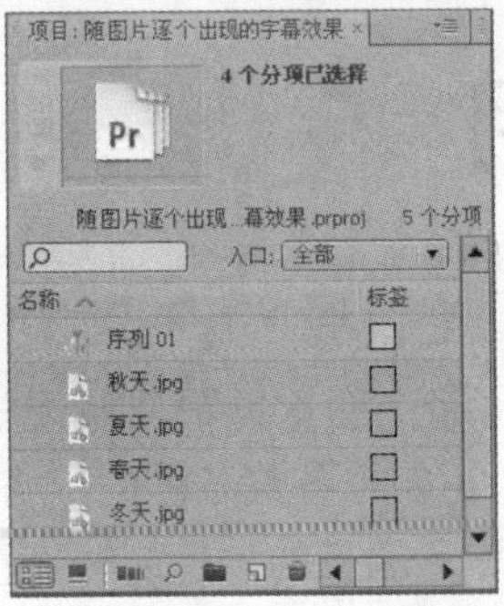

图 6-2 “项目”面板

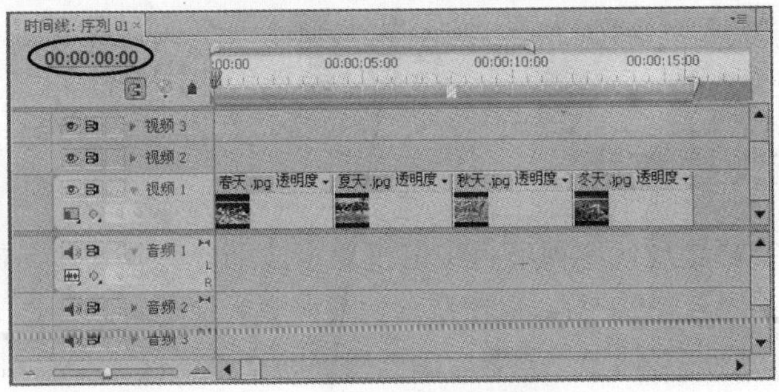

图 6-3 “时间线”面板

2. 在“春天.jpg”画面上添加汉字“春”和英文“Spring”的字幕

1）方法：将时间滑块定位在 00:00:00:00 的位置，然后单击“项目”面板下方的（新建分项）按钮，从弹出的下拉菜单中选择“字幕”命令，接着在弹出的“新建字幕”对话框的“名称”文本框中输入“春天字幕”，如图 6-4 所示，单击“确定”按钮，进入“春天字幕”的字幕设计窗口，如图 6-5 所示 。

提示：将时间滑块定位在00:00:00:00的位置，是为了显示出“春天.jpg”的背景图片，以便调整文字在图片上的相关位置。

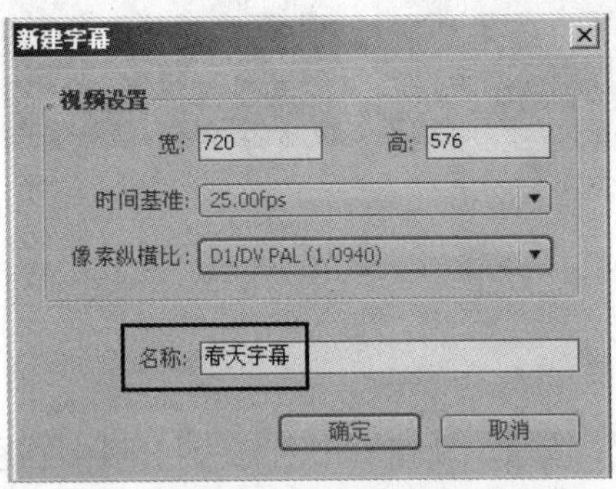

图 6-4 在“名称”文本框中输入“春天字幕”

图 6-5 “春天字幕”的字幕设计窗口

2）在“春天字幕”的字幕设计窗口中，选择“字幕工具”面板中的（文字工具），在字幕设计窗口右上部单击，然后输入文字“春”，并在右侧“属性”面板“字体”选项中设置字体为“Adobe Caslon pro”，字体大小为“160”，如图 6-6 所示。

提示：选择“字幕工具”面板中的（选择工具），可以对文字位置进行再次调整。

3）同理，重新选择“字幕”工具面板中的（文字工具），在“春”字下面单击，然后输入英文“Spring”，并设置字体“Adobe Caslon pro”，字体样式为“Bold”，字体大小为“40.0”，如图 6-7 所示。

4）至此，“春天字幕”制作完毕，下面单击字幕设计窗口右上角的按钮，关闭字幕设计窗口。此时创建的“春天字幕”会自动添加到“项目”面板中，如图 6-8 所示。

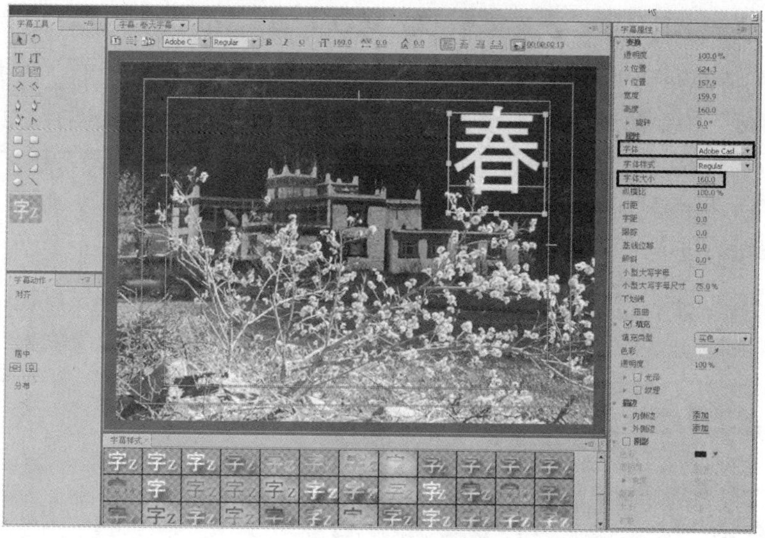

图 6-6　输入文字“春”

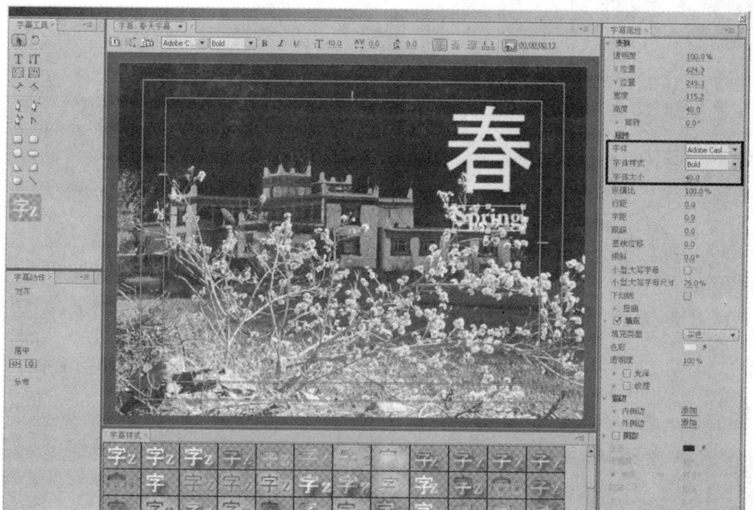

图 6-7　输入文字“Spring”

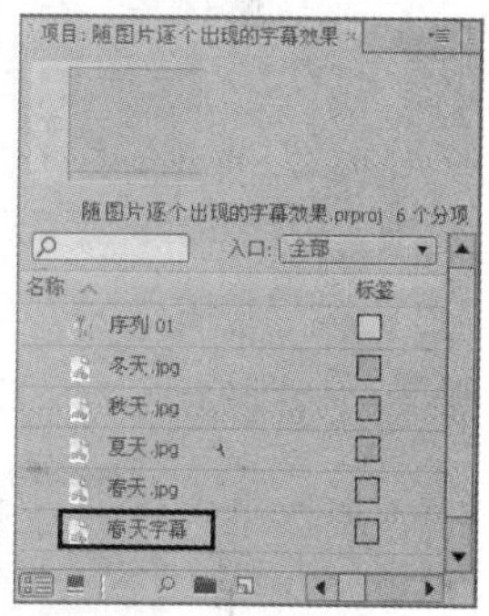

图 6-8　“项目”面板

5）将“春天字幕”字幕拖入“时间线”面板的“视频 2”轨道中，入点为 00:00:00:00 的位置，如图 6-9 所示。

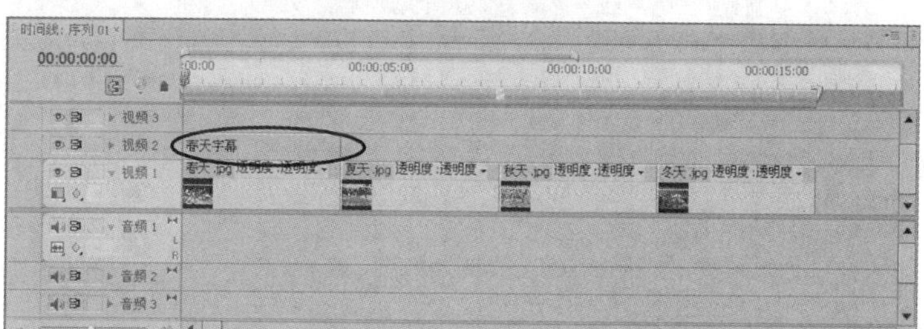

图 6-9　将“春天字幕”拖入“视频 2”轨道中，入点为 00:00:00:00

3. 创建"夏天字幕"、"秋天字幕"和"冬天字幕"3个字幕

1）将时间滑块移到"夏天.jpg"上，然后双击"视频2"轨道中的"春天字幕"素材，进入"春天字幕"的字幕设计窗口，此时视频背景显示为"夏天.jpg"图片，如图6-10所示。

2）单击"春天字幕"的字幕设计窗口左上角的 （基于当前字幕新建字幕）按钮，然后在弹出的"新建字幕"对话框的"名称"文本框中输入"夏天字幕"，如图6-11所示，单击"确定"按钮，进入"夏天字幕"的字幕设计窗口。

提示：在进行字幕制作时，经常会遇到要制作多个风格和版式相同而文字内容不同的字幕，利用"基于当前字幕新建字幕"的功能则可以在当前字幕内容的基础上进行简单的修改，从而完成新字幕的制作。

图6-10 背景显示为"夏天.jpg"图片

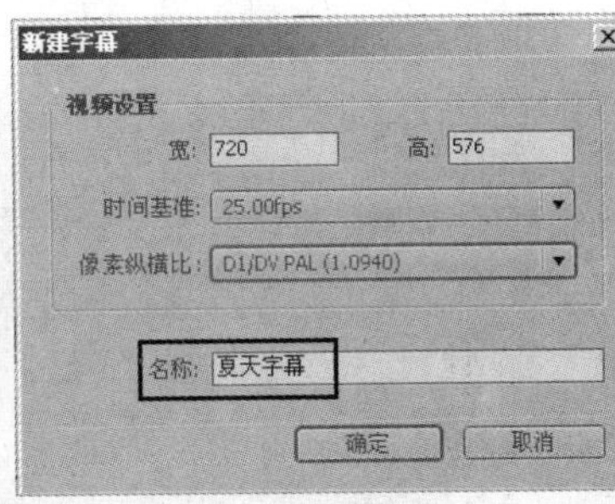

图6-11 在"名称"文本框中输入"夏天字幕"

3）在"夏天字幕"字幕设计窗口中将"春"改为"夏"，将"Spring"改为"Summer"，并将文字移到右下方，如图6-12所示。

图6-12 "夏天字幕"的效果

4）单击字幕设计窗口右上角的⊠按钮，关闭字幕设计窗口，此时“项目”面板如图 6-13 所示。然后将“夏天字幕”拖入“时间线”面板的“视频 2”轨道中与“春天字幕”的结尾对齐，如图 6-14 所示。

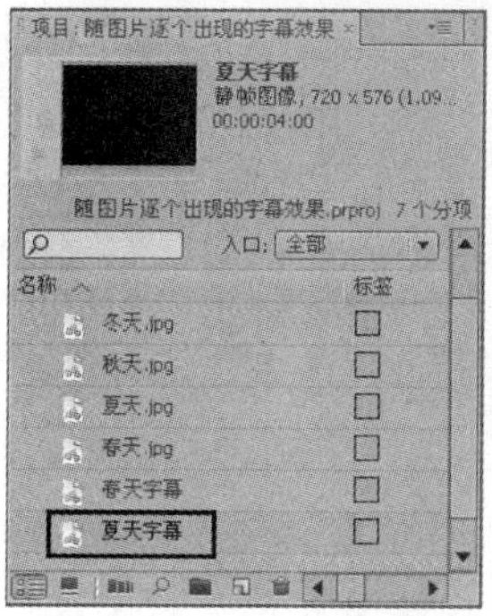

图 6-13 “项目”面板

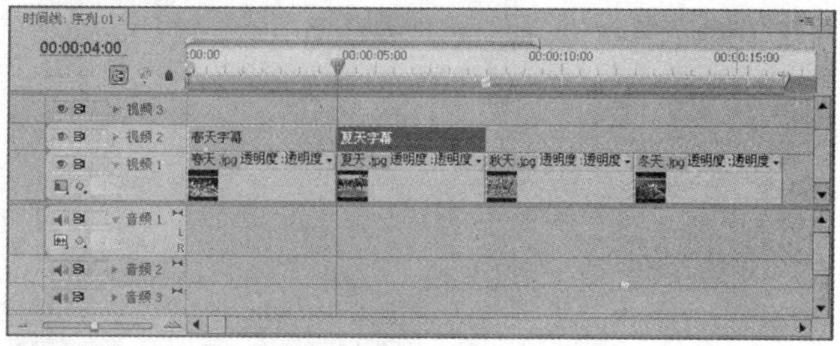

图 6-14　将“夏天字幕”拖入“时间线”面板的“视频 2”轨道中

5）同理，创建“秋天字幕”，如图 6-15 所示。然后将其拖入“时间线”面板的“视频 2”轨道中与“夏天字幕”的结尾对齐，如图 6-16 所示。

图 6-15 “秋天字幕”的效果

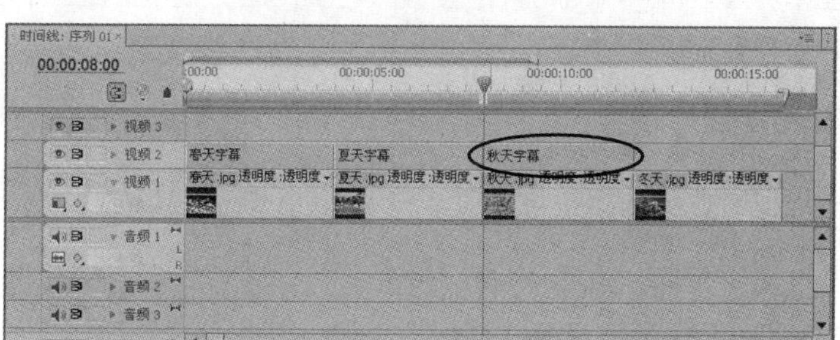

图 6-16　将“秋天字幕”拖入“时间线”面板的“视频 2”轨道中

6）同理，创建“冬天字幕”，如图 6-17 所示。然后将其拖入“时间线”面板的“视频 2”轨道中与“秋天字幕”的结尾对齐，如图 6-18 所示。

图 6-17 “冬天字幕”的效果

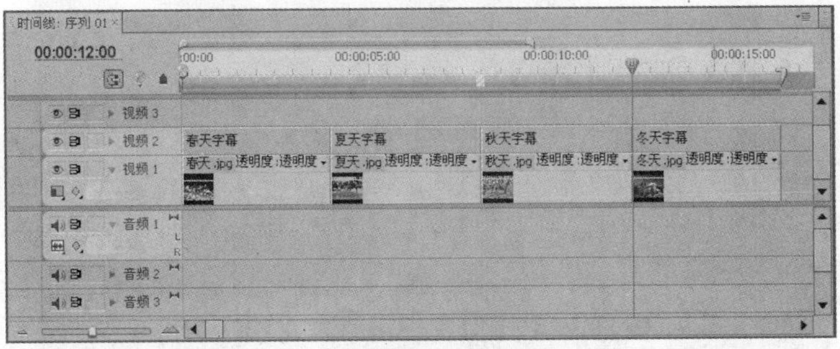

图 6-18 将“冬天字幕”拖入“时间线”面板的“视频 2”轨道中

4. 创建素材之间的视频切换

1）同时选择“视频 1”和“视频 2”轨道，使它们高亮显示。将时间滑块定位在 00:00:04:00 的位置，然后按组合键〈Ctrl+D〉，此时软件会在该处给“视频 1”和“视频 2”添加一个默认的“交叉叠化”的视频切换效果，如图 6-19 所示。

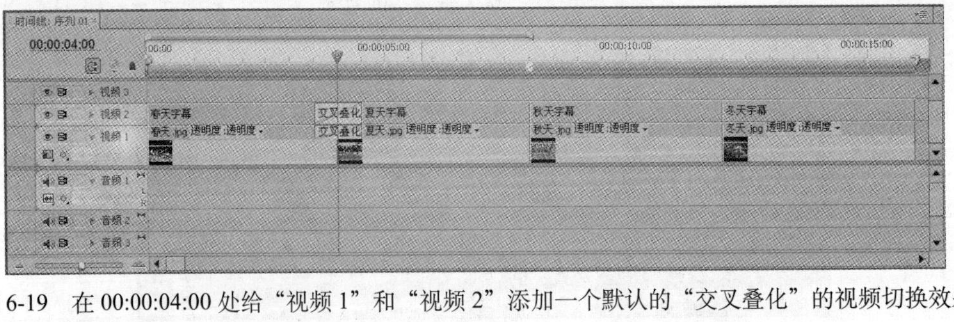

图 6-19 在 00:00:04:00 处给“视频 1”和“视频 2”添加一个默认的“交叉叠化”的视频切换效果

2）在“节目”面板中单击▶按钮，即可看到 00:00:00:00 ～ 00:00:08:00 处素材之间的视频切换效果，如图 6-20 所示。

图 6-20　在 00:00:00:00 ～ 00:00:08:00 处素材之间的视频切换效果

3）按〈Page Down〉键，此时时间滑块会自动跳转到 00:00:08:00 的位置，然后按组合键〈Ctrl+D〉，在此处自动添加一个默认的“交叉叠化”的视频切换效果。接着按键〈Page Down〉，此时时间滑块会自动跳转到 00:00:12:00 的位置，最后按组合键〈Ctrl+D〉，在此处自动添加一个默认的“交叉叠化”的视频切换效果，此时“时间线”面板如图 6-21 所示。

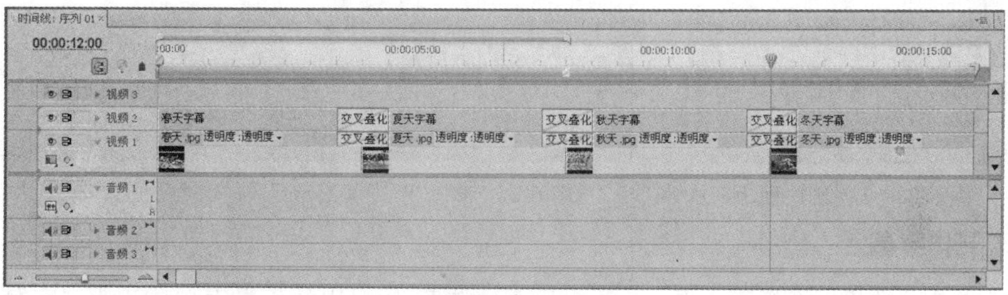

图 6-21　“时间线”面板

4）至此，制作随图片逐个出现的字幕效果制作完毕。选择“文件 | 导出 | 媒体”命令，将其输出为“随图片逐个出现的字幕效果 .avi”文件。

6.2　制作颜色渐变的字幕效果

要点：

本例将制作颜色渐变的字幕效果，如图 6-22 所示。通过本例的学习，读者应掌握颜色渐变字幕的制作方法。

图 6-22　颜色渐变的字幕效果

操作步骤：

1. 制作背景

1）启动 Premiere Pro CS4，然后单击“新建项目”按钮，新建一个名称为“颜色渐变的字幕效果”，编辑模式为标准 48kHz 的 DV-PAL 制的项目文件。

2）导入素材。方法：选择“文件 | 导入”命令，导入配套光盘中的“素材及结果\第 6 章 字幕的应用\6.2 制作颜色渐变的字幕效果\背景 003. jpg”文件，此时“项目”面板如图 6-23 所示。

3）将素材放入时间线。方法：将“项目”面板中的“背景 003. jpg”素材拖入“时间线”面板的“视频 1”轨道中，入点为 00:00:00:00，如图 6-24 所示。

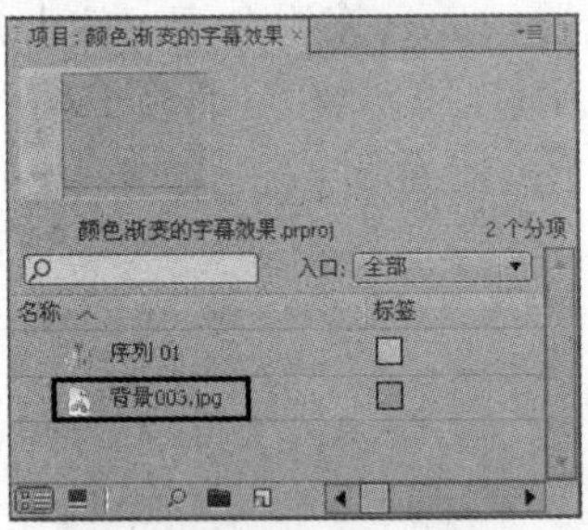

图 6-23 “项目”面板

图 6-24 将“背景 003. jpg”拖入“视频 1”轨道中

2. 制作字幕

1）单击“项目”面板下方的（新建分项）按钮，从弹出的下拉菜单中选择“字幕”命令，然后在弹出的“新建字幕”对话框中保持默认参数，如图 6-25 所示，单击“确定”按钮，进入“字幕 01”的字幕设计窗口，如图 6-26 所示。

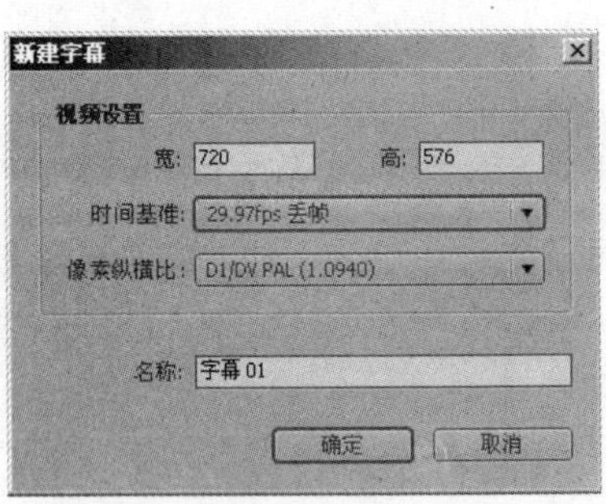

图 6-25 “新建字幕”对话框

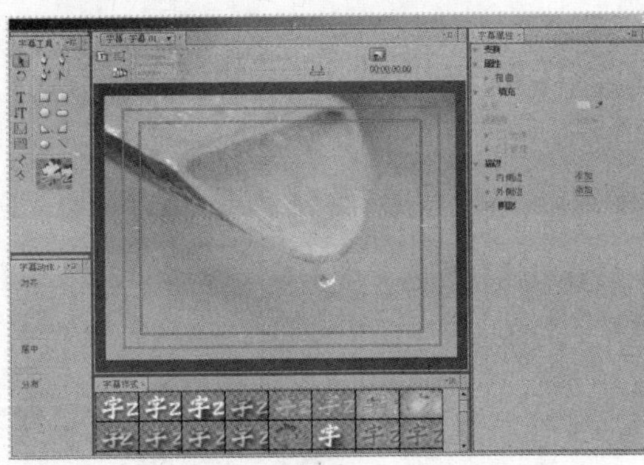

图 6-26 “字幕 01”的字幕设计窗口

2）输入文字。方法：选择“字幕工具”面板中的（垂直文字工具），然后在“字幕面板”编辑窗口中输入“珍惜每一滴水”6 个字，接着在“字幕属性”面板中设置“字体”为 HYShuHunJ，“字体大小”为 80.0，“字距”为 5.0。接着将“填充”区域下的“填充类型”设置为“线性渐变”，再将“色彩”左侧色标设置为一种黄色（RGB（225，235，55）），将右侧色标设置为一种红色（RGB（255，0，0）），效果如图 6-27 所示。

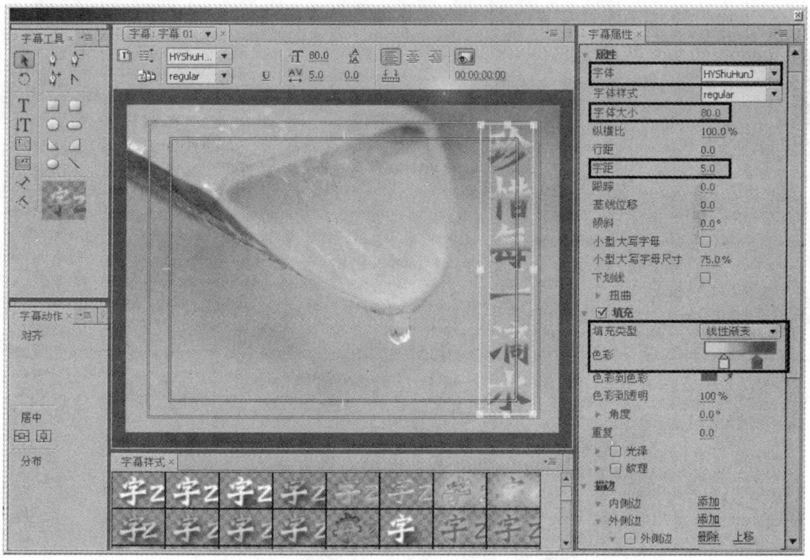

图 6-27　输入文字

3）对文字进行进一步设置。方法：单击“描边”区域中“外侧边”右侧的“添加”命令，然后在添加的外侧边中将“类型”设置为“边缘”，将“大小”设置为 20.0，接着将“色彩”设置为一种淡黄色（RGB（255，255，230））。最后勾选“阴影”文本框，将“角度”设置为 30.0°，“距离”设置为 7.0，“大小”设置为 0.0，“扩散”设置为 0.0，效果如图 6-28 所示。

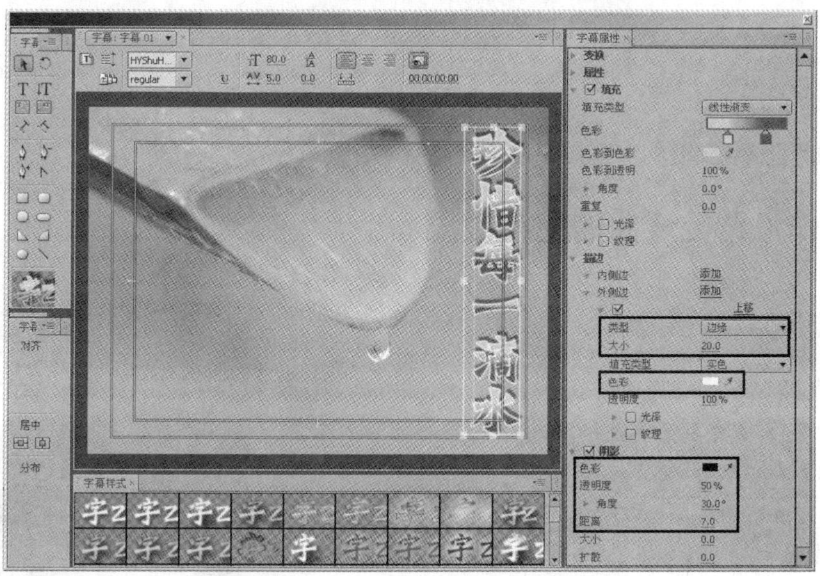

图 6-28　设置“描边”和“阴影”参数

4）单击字幕设计窗口右上角的☒按钮，关闭字幕设计窗口，此时创建的“字幕 01”字幕会自动添加到“项目”面板中，如图 6-29 所示。

5）从“项目”面板中将“字幕 01”字幕拖入“时间线”面板的“视频 2”轨道中，入点为 00:00:00:00，此时“时间线”面板如图 6-30 所示，效果如图 6-31 所示。

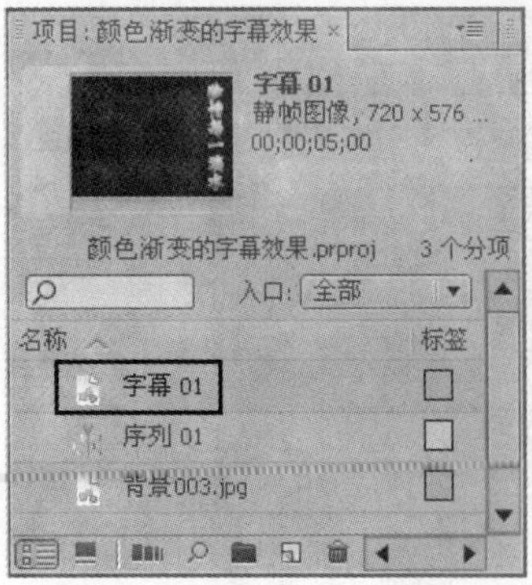

图 6-29 “项目”面板

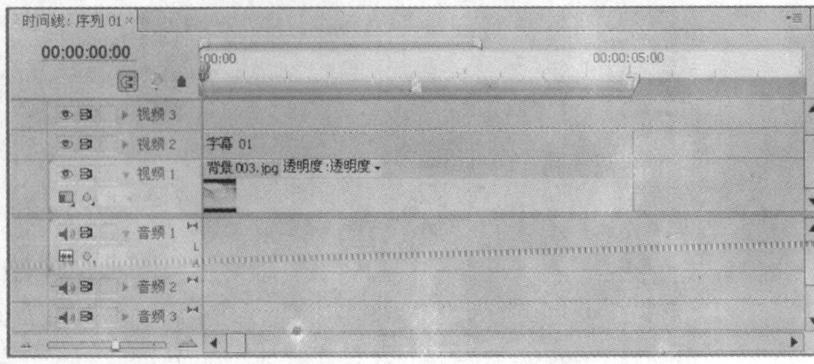

图 6-30 “时间线”面板

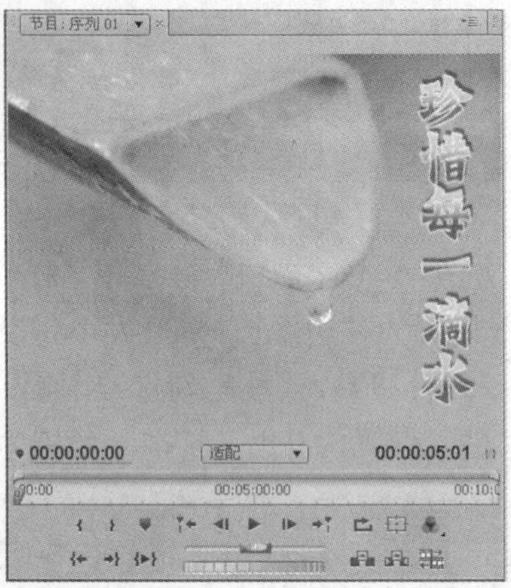

图 6-31 最终效果

6）至此，颜色渐变的字幕效果制作完毕。

6.3 制作沿路径弯曲的文字效果

要点：

图 6-32 沿路径弯曲的文字效果

本例将制作沿路径弯曲的文字效果，如图 6-32 所示。通过本例的学习，读者应掌握利用（垂直路径输入工具）制作沿路径弯曲的文字的方法。

操作步骤：

1. 制作背景

1）启动 Premiere Pro CS5，然后单击“新建项目”按钮，新建一个名称为“沿路径弯曲的文字效果”，编辑模式为标准 48kHz 的 DV-PAL 制的项目文件。

2）导入素材。方法：选择“文件 | 导入”命令，导入配套光盘中的“素材及结果 \ 第 6 章 字幕的应用 \6.3 制作沿路径弯曲的文字效果 \ 背景 020. jpg”文件，此时“项目”面板

如图 6-33 所示。

3）将素材放入时间线。方法：将“项目”面板中的“背景 020. jpg”素材拖入“时间线”面板的“视频 1”轨道中，入点为 00:00:00:00，如图 6-34 所示，画面效果如图 6-35 所示。

4）此时“背景 020. jpg”素材尺寸过大，下面调整该素材的大小。方法：选择“视频 1”轨道上的“背景 020. jpg”素材，然后在“特效控制台”面板中展开“运动”参数，将“缩放比例”设置为 135.0，效果如图 6-36 所示。

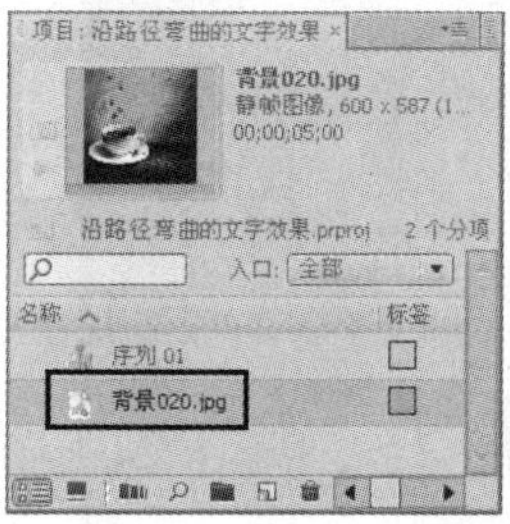

图 6-33　“项目”面板

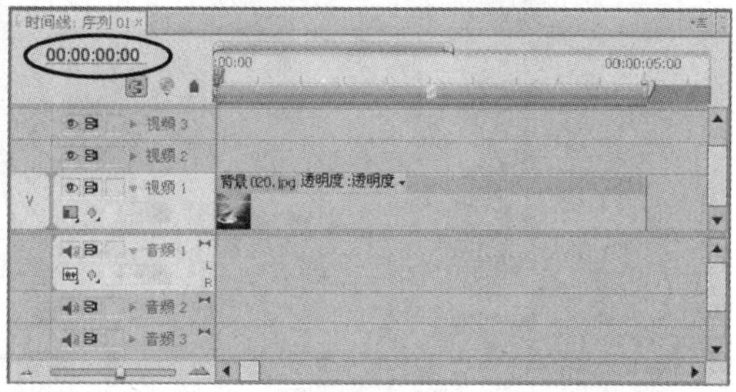

图 6-34　将“背景 020. jpg”拖入“视频 1”轨道中

图 6-35　画面效果

图 6-36　调整“背景 020. jpg”素材的大小

2. 制作字幕

1）单击“项目”面板下方的（新建分项）按钮，从弹出的快捷菜单中选择“字幕”命令，然后在弹出的“新建字幕”对话框中保持默认参数，如图 6-37 所示，单击“确定”按钮，进入“字幕 01”的字幕设计窗口，如图 6-38 所示。

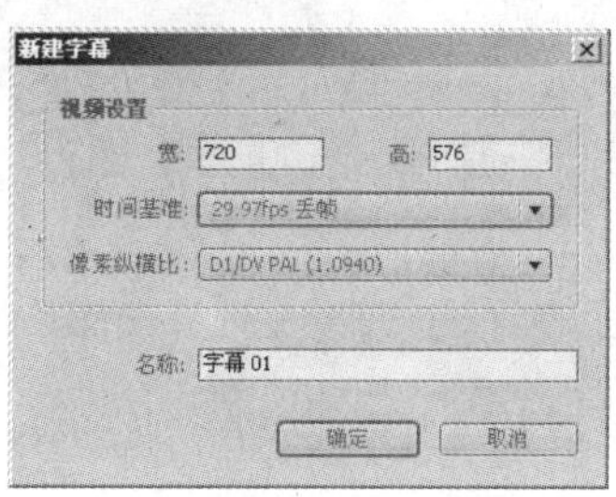

图 6-37　“新建字幕”对话框

图 6-38 “字幕 01”字幕的设计窗口

2）输入沿路径弯曲的文字。方法：选择“字幕工具”面板中的 (路径输入工具)，然后在“字幕面板”编辑窗口中绘制一条路径，如图 6-39 所示，接着再次选择 (路径输入工具) 后，在绘制的路径上单击。此时路径上方会出现一个白色的光标，如图 6-40 所示，此时输入文字“粒粒香浓的咖啡”。最后在“字幕属性”面板中设置“字体”为 HYShuBoJ，“字体大小”为 35.0，“字距”为 15.0。再将“填充”区域下的“色彩”设置为白色（RGB（255, 255, 255）），如图 6-41 所示。

图 6-39 绘制一条路径

图 6-40　路径上方出现一个白色的光标

图 6-41　输入文字“粒粒香浓的咖啡”

3）对文字进行进一步设置。方法：单击“描边”区域中“外侧边”右侧的“添加”命令，然后在添加的外侧边中将“类型”设置为“边缘”，将“大小”设置为 20.0，接着将“色彩”设置为一种黑色（RGB（0，0，0））。最后勾选“阴影”复选框，保持默认的参数，效果如图 6-42 所示。

图 6-42　对文字进行进一步设置后的效果

4）输入垂直排列的文字。方法：选择“字幕工具”面板中的 （垂直文字工具），然后在“字幕面板”编辑窗口中输入文字“哥伦比亚咖啡”。接着在“字幕属性”面板中设置“字体”为 HYYuanDieJ，“字体大小”为 55.0，“字距”为 25.0，其余参数设置与文字“粒粒香浓的咖啡”相同，如图 6-43 所示。

图 6-43　输入文字“哥伦比亚咖啡”

5）单击字幕设计窗口右上角的☒按钮，关闭字幕设计窗口，此时创建的“字幕 01”字幕会自动添加到“项目”面板中，如图 6-44 所示。

6）从“项目”面板中将“字幕 01”字幕拖入“时间线”面板的“视频 2”轨道中，入点为 00:00:00:00，此时“时间线”面板如图 6-45 所示，效果如图 6-46 所示。

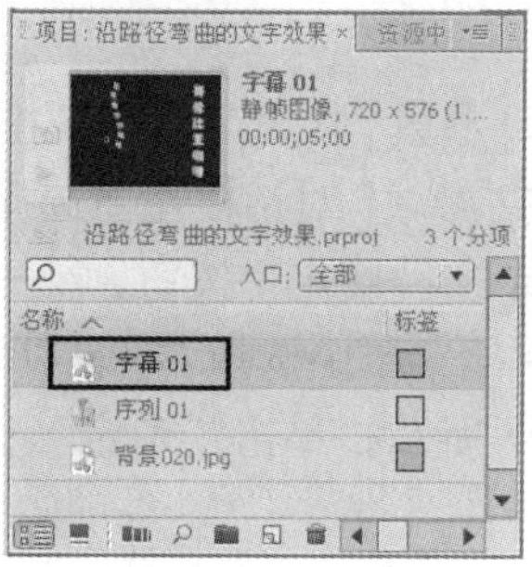

图 6-44　“项目”面板

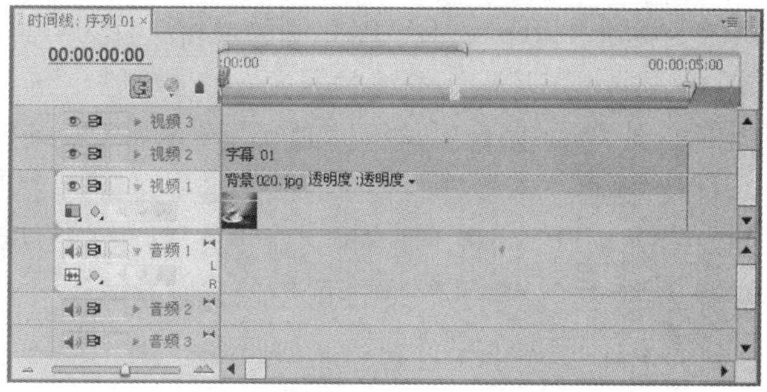

图 6-45　“时间线”面板

图 6-46　最终效果

7）至此，沿路径弯曲的文字效果制作完毕。

6.4　制作滚动字幕效果

要点：

本例将制作影片中经常看到的滚动字幕效果，如图 6-47 所示。通过本例学习应掌握滚动字幕的创建方法。

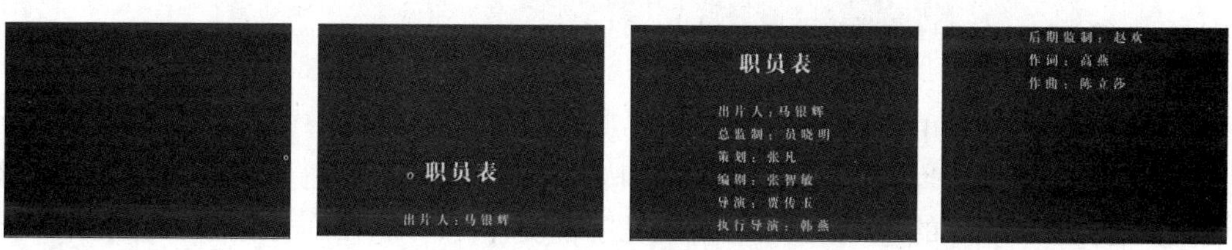

图 6-47　滚动字幕效果

操作步骤：

1. 创建静态字幕

1）启动 Premiere Pro CS4，然后单击“新建项目”按钮，新建一个名称为“滚动字幕效果”，编辑模式为标准 48kHz 的 DV-PAL 制的项目文件。

2）设置静止图片默认持续时间为 6 秒。方法：选择“编辑 | 参数 | 常规”命令，在弹出的对话框中将“静帧图像默认持续时间”设置为 150 帧。然后在“参数”对话框左侧选择“媒体”，再在右侧将“不确定的媒体时间基准”设置为 25.00fps，单击“确定”按钮。

3）单击“项目”面板下方的 （新建分项）按钮，从弹出的快捷菜单中选择“字幕”命令，然后在弹出的“新建字幕”对话框中保持默认参数，如图 6-48 所示，单击“确定”按钮，进入“字幕 01”字幕的设计窗口，如图 6-49 所示。

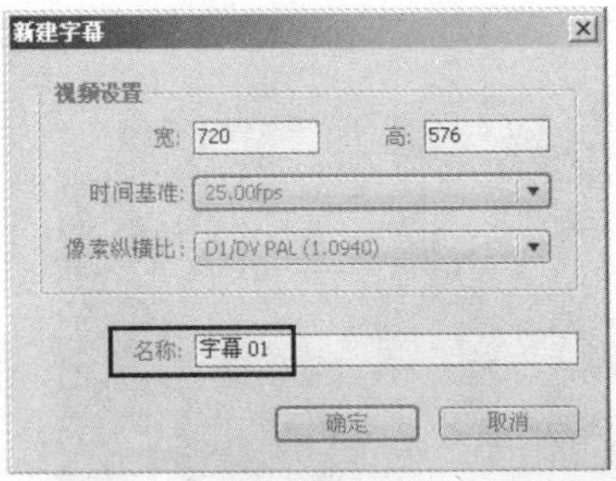

图 6-48 “新建字幕”对话框

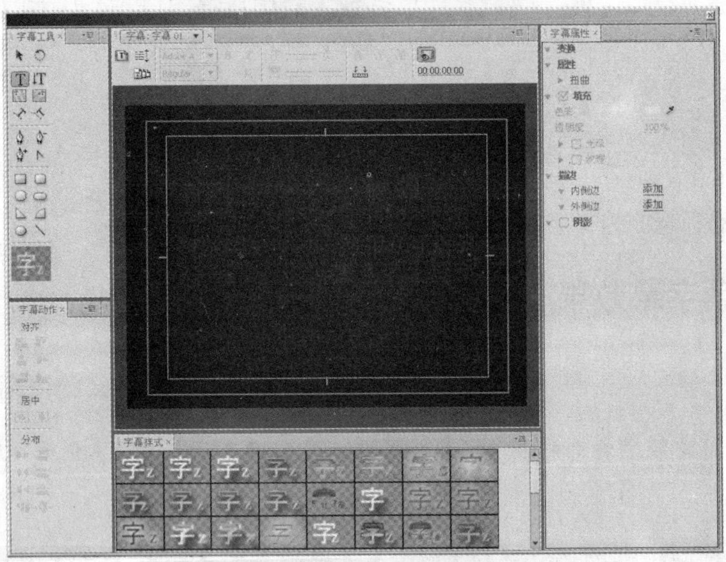

图 6-49 “字幕 01”字幕的设计窗口

4）打开配套光盘中的“素材及结果 \ 第 6 章 字幕的应用 \6.4 制作滚动字幕效果 \text.txt”文件。然后按快捷键〈Ctrl+A〉全选文字，再按快捷键〈Ctrl+C〉进行复制。接着回到字幕设计窗口，选择工具箱中的 （文字工具），在字幕设计窗口中单击，最后按快捷键〈Ctrl+V〉进行粘贴，结果如图 6-50 所示。

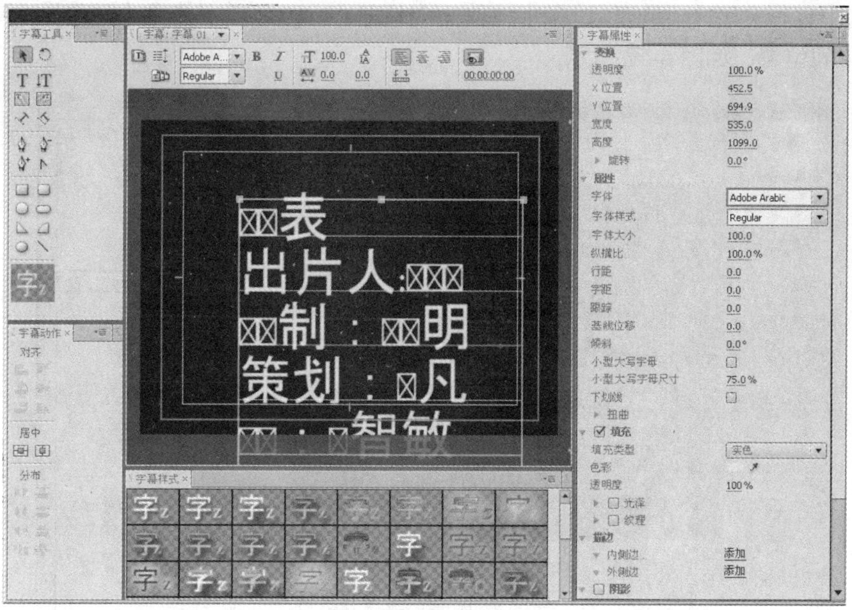

图 6-50　粘贴文字后的效果

5）此时字体显示不正确，这是因为当前字体不适合的原因，下面就来解决这个问题。方法：选中所有字体，将字体改为“HYZhongSongJ”即可。

6）此时文字间距和大小不合适，下面进行调整。方法：选中所有文字，在右侧“字幕属性”面板中设置“字体大小”为 30，“行距”为 30，“字距”为 10，然后单击左侧工具栏中的（水平居中）按钮，将所有文字水平居中对齐，如图 6-51 所示。

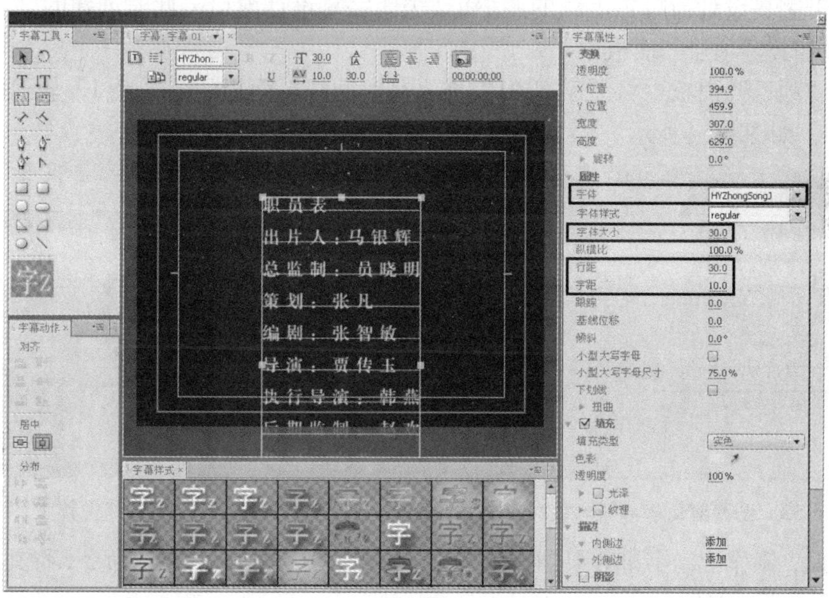

图 6-51　调整文字属性后的效果

7）选中首行文字“职员表”，将字体改为“HYDaSongJ”，“字体大小”改为 50.0，并将文字移动到中间位置，如图 6-52 所示。

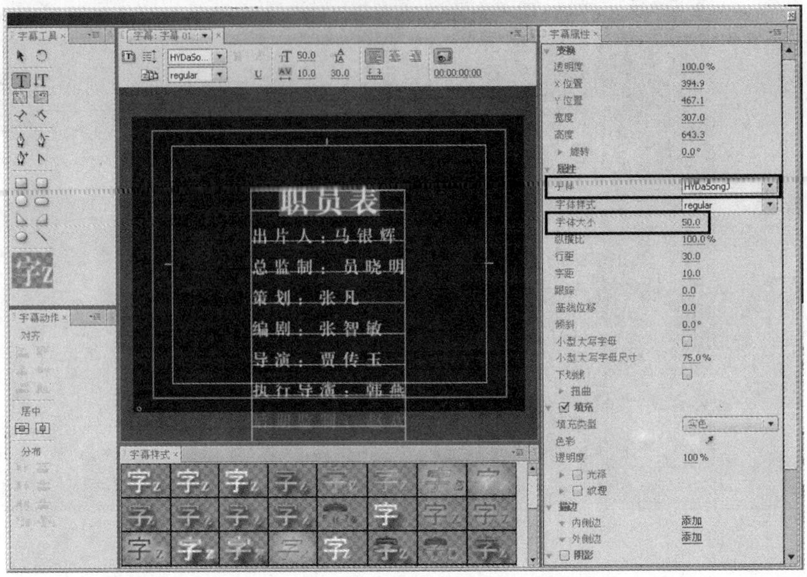

图 6-52 调整“职员表”文字属性后的效果

2. 创建滚动字幕

1）单击字幕设计窗口上方的（滚动 / 游动选项）按钮，从弹出的“滚动 / 游动选项”对话框中单击“滚动”，并选勾选“开始于屏幕外”和“结束于屏幕外”复选框，如图 6-53 所示，单击“确定”按钮。

2）单击字幕设计窗口右上角的按钮，关闭字幕设计窗口，此时创建的“字幕 01”字幕会自动添加到“项目”面板中。

3）从“项目”面板中将“字幕 01”拖入“时间线”面板的“视频 1”轨道中，入点为 00:00:00:00，如图 6-54 所示。

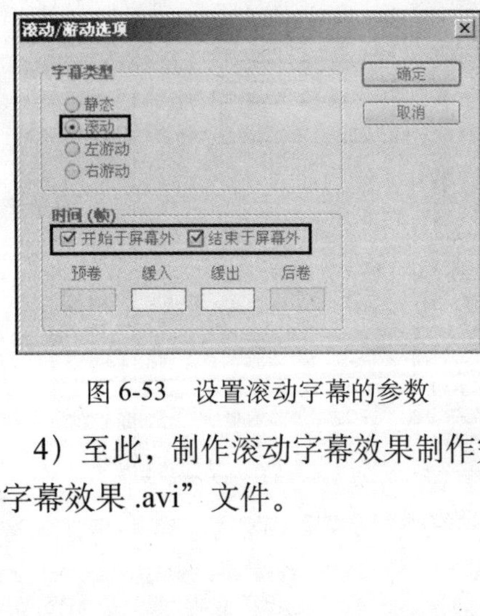

图 6-53 设置滚动字幕的参数

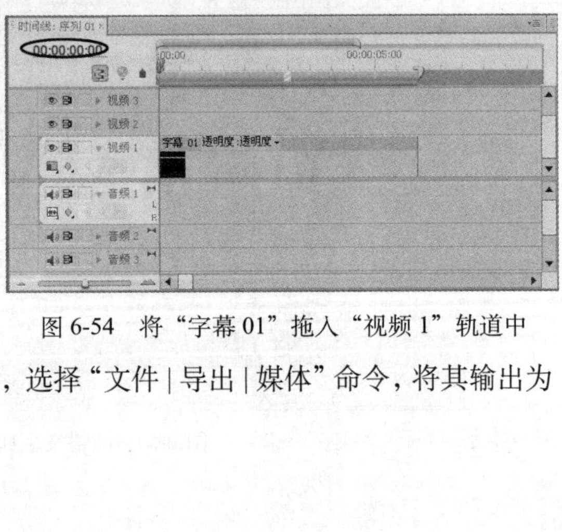

图 6-54 将“字幕 01”拖入“视频 1”轨道中

4）至此，制作滚动字幕效果制作完毕，选择“文件 | 导出 | 媒体”命令，将其输出为“滚动字幕效果 .avi”文件。

6.5　制作游动字幕效果

要点：

本例将制作竖排从左到右的游动字幕效果，如图 6-55 所示。通过本例学习应掌握输入垂直文字、创建游动字幕和字幕样式的应用。

图 6-55　游动字幕效果

操作步骤：

1. 创建静态字幕

1）启动 Premiere Pro CS4，然后单击“新建项目”按钮，新建一个名称为“游动字幕效果”，编辑模式为标准 48kHz 的 DV-PAL 制的项目文件。

2）设置静止图片默认持续时间为 6 秒。方法：选择“编辑 | 参数 | 常规”命令，在弹出的对话框中将“静帧图像默认持续时间”设置为 150 帧。然后在“参数”对话框左侧选择“媒体”，再在右侧将“不确定的媒体时间基准”设置为 25.00fps，单击“确定”按钮。

3）导入素材。方法：选择“文件 | 导入”命令，导入配套光盘中的“素材及结果 \ 第 6 章 字幕的应用 \6.5 制作游动字幕效果 \ 背景 . jpg”文件。

4）将素材放入时间线。方法：将“项目”面板中的“背景 . jpg”素材拖入“时间线”面板的“视频 1”轨道中，入点为 00:00:00:00，如图 6-56 所示，效果如图 6-57 示。

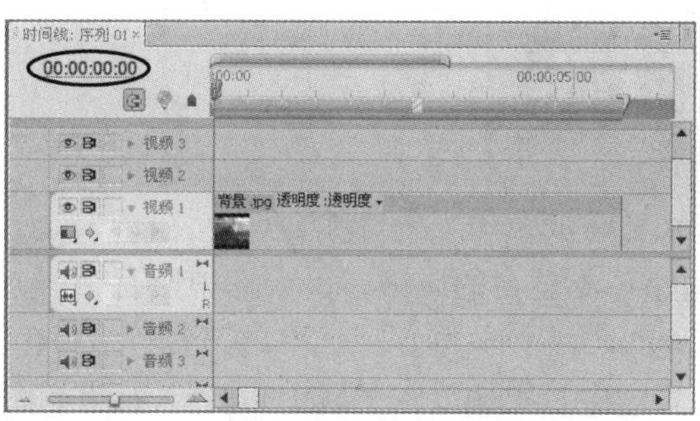

图 6-56　将“背景 . jpg”拖入“视频 1”轨道中

图 6-57　画面效果

5）单击“项目”面板下方的（新建分项）按钮，从弹出的快捷菜单中选择“字幕”命令，然后在弹出的“新建字幕”对话框中保持默认参数，如图 6-58 所示，单击“确定”按钮，进入“字幕 01”的字幕设计窗口，如图 6-59 所示 。

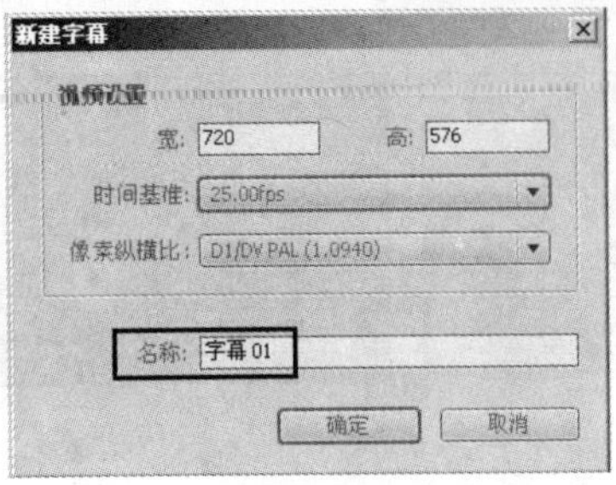

图 6-58 “新建字幕”对话框

图 6-59 “字幕 01”的字幕设计窗口

6）打开配套光盘中的“素材及结果 \ 第 6 章 字幕的应用 \6.5 制作游动字幕效果 \text.txt”文件。然后按快捷键〈Ctrl+A〉全选文字，再按快捷键〈Ctrl+C〉进行复制。接着回到字幕设计窗口，选择工具箱中的 （垂直文字工具），在字幕设计窗口中单击，最后按快捷键〈Ctrl+V〉进行粘贴，结果如图 6-60 所示。

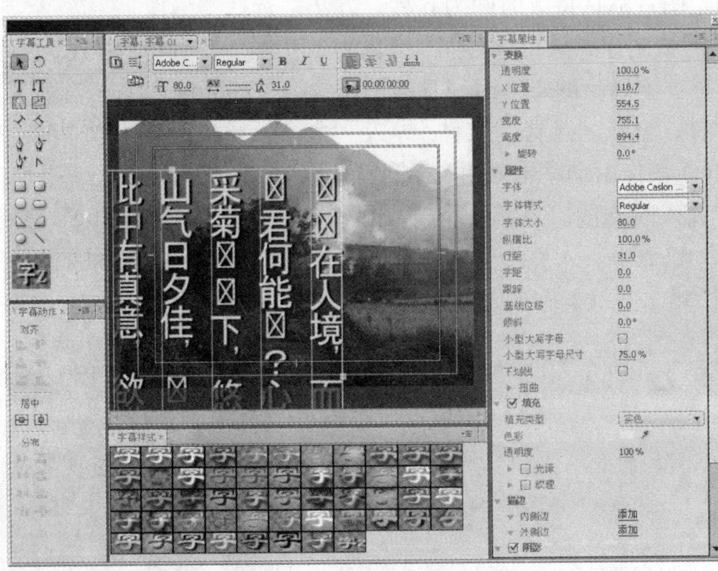

图 6-60 粘贴文字后的效果

7）此时字体显示不正确，这是因为当前字体不适合的原因，下面选中所有字体，在右侧“字幕属性”面板中设置“字体”为“HYDaLiShuJ”，“字体大小”为 20.0，“行距”为 25.0，“字距”为 15.0，然后单击左侧工具栏中的 （垂直居中）和 （水平居中）按钮，结果如图 6-61 所示。

8）制作文字的阴影效果。方法：选中文字，在右侧“字幕属性”面板中展开“阴影”选项，然后设置参数如图 6-62 所示。

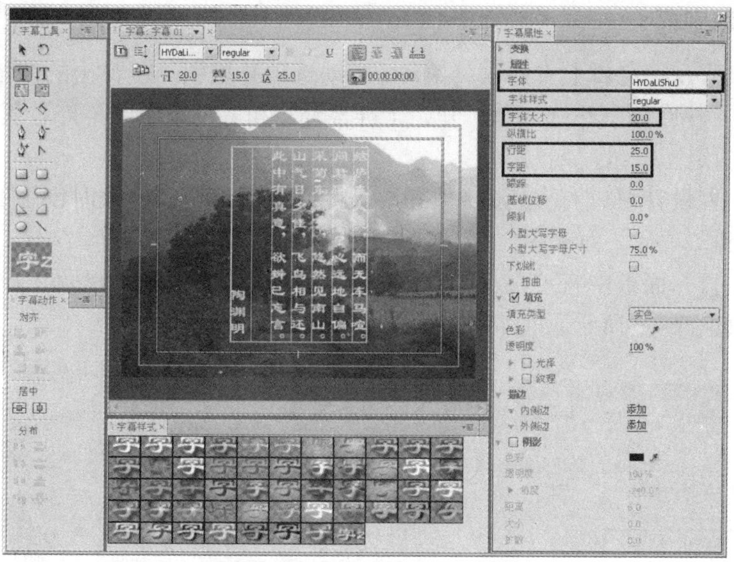

图 6-61　调整字体属性后的效果

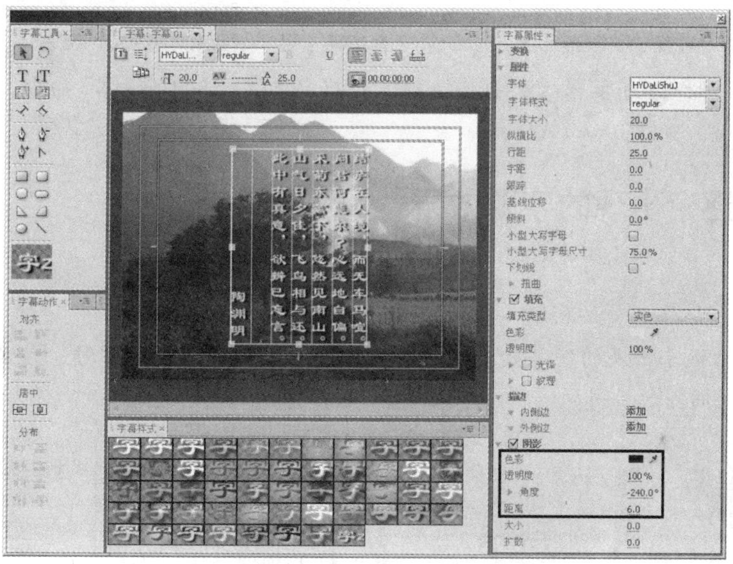

图 6-62　添加文字阴影后的效果

9）为了便于今后继续使用这种阴影样式，下面将该样式进行保存。方法：在字幕设计窗口中单击“字幕样式”面板右上角的按钮，从弹出的下拉菜单中选择“新建样式”命令，然后在弹出的对话框中输入要保存的字幕样式的名称，如图 6-63 所示，单击“确定”按钮，此时该样式就被添加进“字幕样式”面板，如图 6-64 所示。

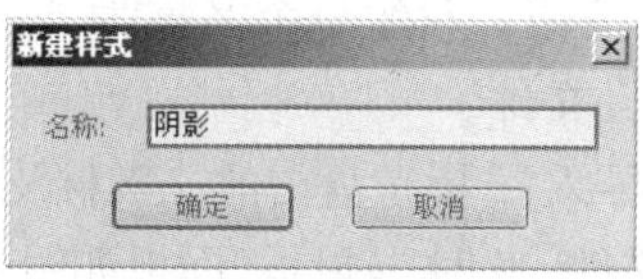

图 6-63　输入字幕样式的名称

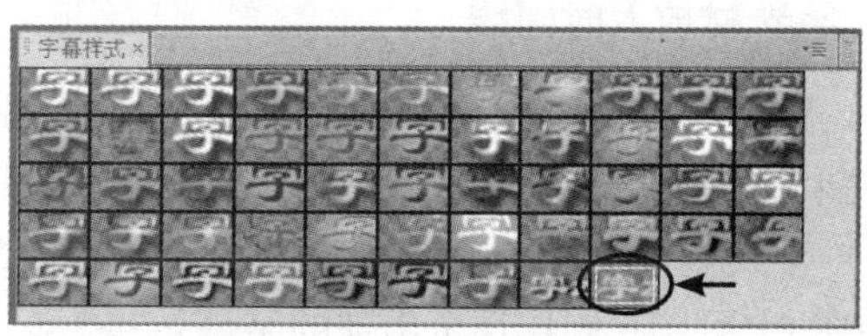

图 6-64　添加的字幕样式

2. 创建游动字幕

1）单击字幕设计窗口上方的▤（滚动 / 游动选项）按钮，从弹出的“滚动 / 游动选项”对话框中单击“右游动”，并选勾选“开始于屏幕外”和“结束于屏幕外”复选框，如图 6-65 所示，单击“确定”按钮。

2）单击字幕设计窗口右上角的⊠按钮，关闭字幕设计窗口，此时创建的“字幕 01”字幕会自动添加到“项目”面板中。

3）从“项目”面板中将“字幕 01”拖入“时间线”面板的“视频 2”轨道中，入点为 00:00:00:00，如图 6-66 所示。

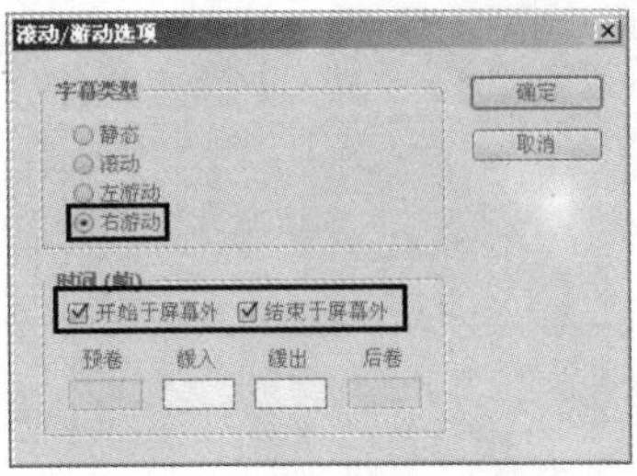

图 6-65　设置游动字幕的参数

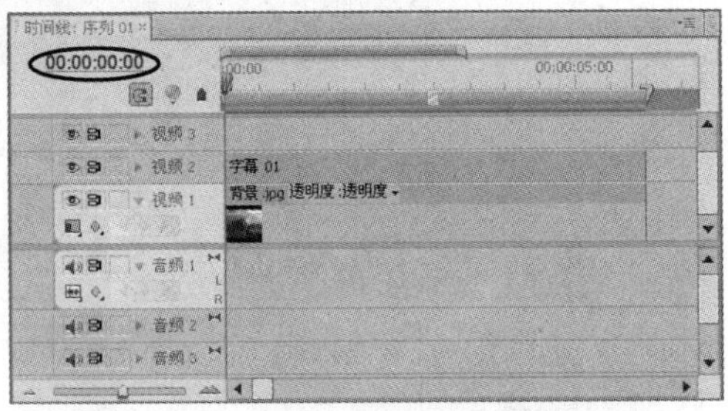

图 6-66　将“字幕 01”拖入“视频 2”轨道中

4）至此，制作滚动字幕效果制作完毕，选择“文件 | 导出 | 媒体”命令，将其输出为“游动字幕效果 .avi”文件。

6.6　制作逐个出现的字幕效果

要点：

本例将制作逐个出现的字幕效果，如图 6-67 所示。通过本例的学习，读者应掌握制作字幕和“裁剪”特效的综合应用。

图 6-67　逐个出现的字幕效果

操作步骤：

1. 将素材放入时间线

1）启动 Premiere Pro CS4，然后单击“新建项目”按钮，新建一个名称为“逐个出现的字幕效果”，编辑模式为标准 48kHz 的 DV-PAL 制的项目文件。

2）导入素材。方法：选择“文件 | 导入”命令，导入配套光盘中的“素材及结果 \ 第 6 章 字幕的应用 \6.6 制作逐个出现的字幕效果 \ 茶 .jpg”文件，此时“项目”面板如图 6-68 所示。

3) 将素材放入时间线。方法：将“项目”面板中的“茶.jpg”素材拖入“时间线”面板的“视频 1”轨道中，入点为 00:00:00:00，如图 6-69 所示。然后将“茶.jpg”素材的持续时间设置为 00:00:03:20。

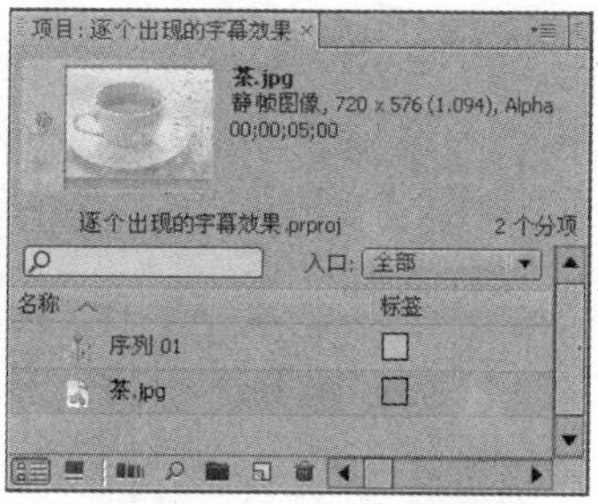

图 6-68　“项目”面板

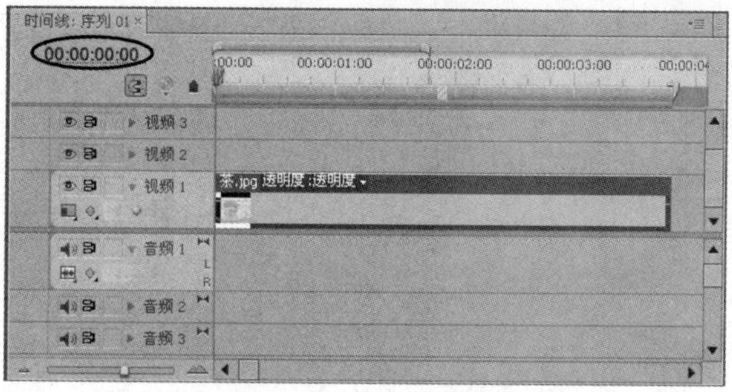

图 6-69　将“茶.jpg”拖入“时间线”面板的“视频 1”轨道中

2. 创建“品味人生”字幕

1) 单击“项目”面板下方的 (新建分项) 按钮，从弹出的下拉菜单中选择“字幕”命令，然后在弹出的“新建字幕”对话框中设置参数如图 6-70 所示，单击“确定”按钮，进入“品味人生”字幕的设计窗口，如图 6-71 所示。

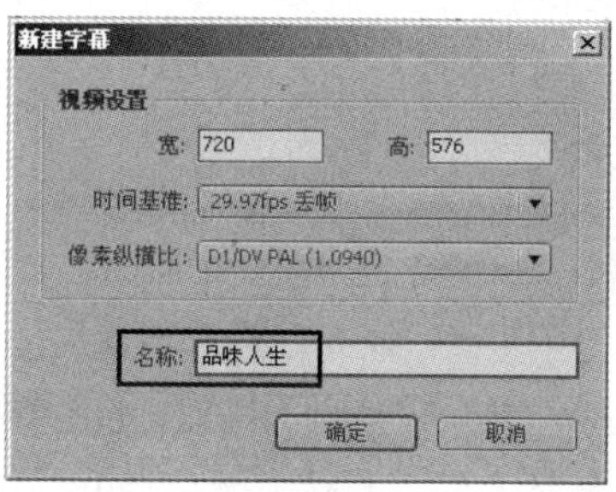

图 6-70　新建“品味人生”字幕

图 6-71　“品味人生”字幕的设计窗口

2) 输入文字。方法：选择“字幕工具”面板中的 T (文字工具)，然后在“字幕”面板编辑窗口中输入“品味人生”4 个字，接着在“字幕属性”面板中设置“字体”为 HYLiHeiJ，“字体大小”为 100.0，“字距”为 7.0。再将“填充”区域下的“色彩”设置为黑色，最后勾选“阴影”复选框，并将“阴影”区域下的“色彩”设置为白色，将“透明度”设置为 95%，“角度”设置为 -200.0°，“距离”设置为 0.0，“大小”设置为“30.0”，“扩散”设置为 60.0，如图 6-72 所示。

3) 单击“字幕动作”面板中的按钮，将文字水平居中对齐。

4) 单击“字幕设计窗口”右上角的按钮，关闭字幕设计窗口，此时创建的“品味人生”字幕会自动添加到“项目”面板中，如图 6-73 所示。

图 6-72 输入文字并设置相关参数

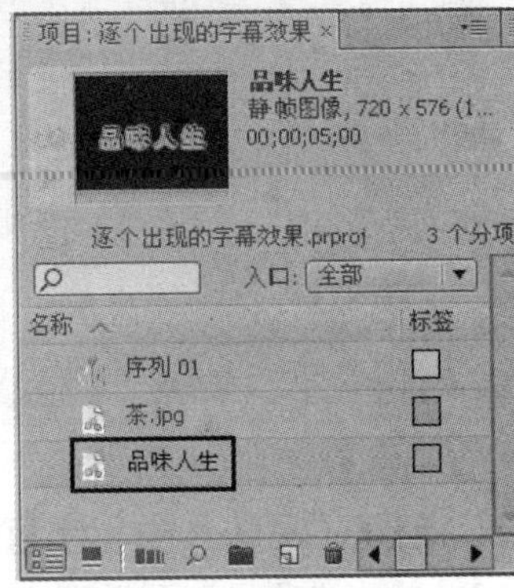

图 6-73 “项目”面板

3. 制作文字“品味人生”逐个出现的效果

1）从“项目”面板中将“品味人生”字幕拖入“时间线”面板的“视频 2”轨道中，然后将该素材的持续时间设置为 00:00:03:20，从而与“视频 1”轨道中的“茶.jpg”素材的等长，此时“时间线”面板分布如图 6-74 所示。

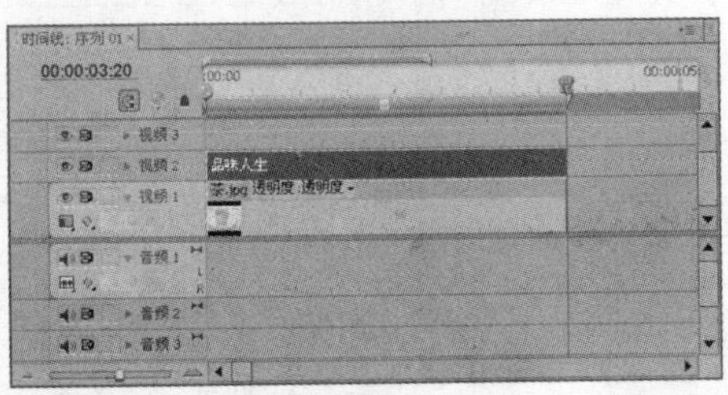

图 6-74 将“品味人生”字幕的持续时间设置为与“视频 1”轨道中的“茶.jpg”素材的等长

2) 在“效果”面板中展开“视频特效”文件夹，然后选择“变换”中的“裁剪”特效，如图 6-75 所示。接着将其拖入“时间线”面板中的“视频 2”轨道上的“品味人生”素材上，效果如图 6-76 所示。

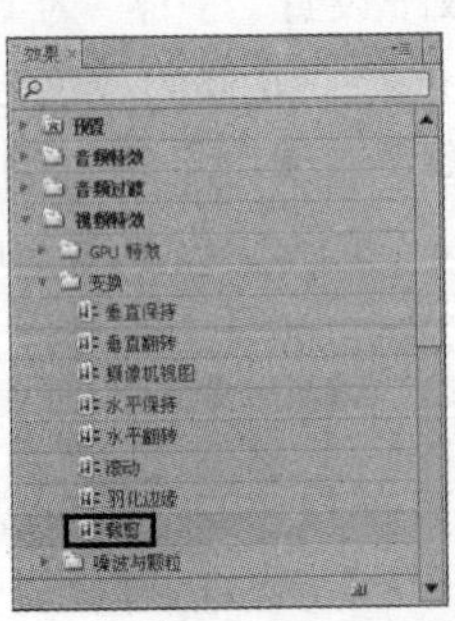

图 6-75 选择“裁剪”特效

图 6-76 添加“裁剪”特效的效果

3）选择“视频 2”轨道上的“品味人生”素材，然后在“特效控制台”面板中展开“裁剪”特效的参数，然后将时间滑块移动到 00:00:00:00 处，单击“右侧”左边的按钮，添加一个关键帧，并将数值设置为 89.0%，如图 6-77 所示。

图 6-77　在 00:00:00:00 处给“右侧”添加关键帧，并将数值设置为 89.0%

4）将时间滑块移动到 00:00:00:12 处，然后将“右侧”的数值设置为 68.0%，此时软件会在该处自动添加一个关键帧，如图 6-78 所示。

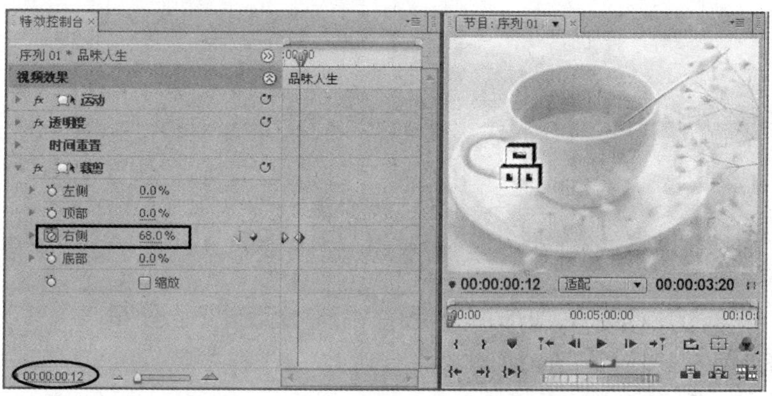

图 6-78　在 00:00:00:12 处将“右侧”的数值设置为 68.0%

5）将时间滑块移动到 00:00:00:21 处，然后将“右侧”的数值设置为 50.0%，如图 6-79 所示。

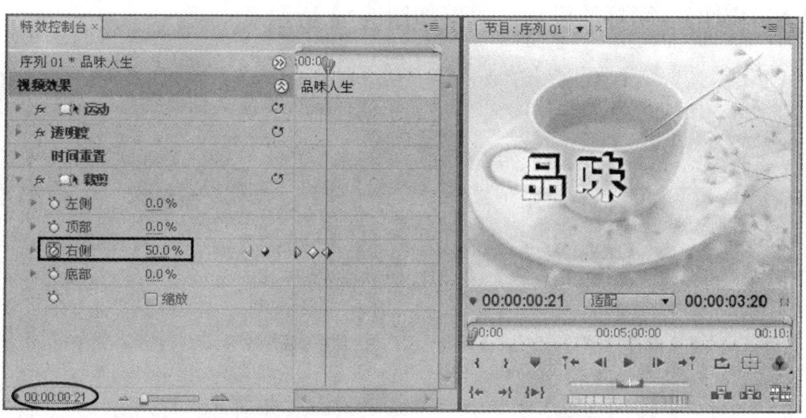

图 6-79　在 00:00:00:21 处将“右侧”的数值设置为 50.0%

6）将时间滑块移动到 00:00:01:15 处，然后将“右侧”的数值设置为 33.0%，如图 6-80 所示。

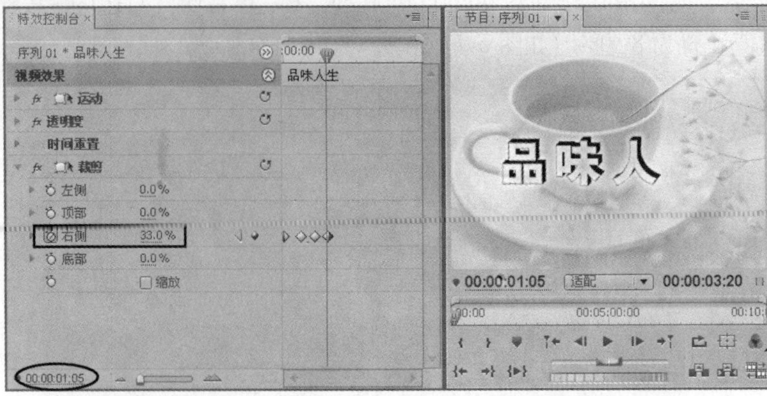

图 6-80　00:00:01:15 处将“右侧”的数值设置为 33.0%

7）将时间滑块移动到 00:00:01:15 处，然后将“右侧”的数值设置为 0.0%，如图 6-81 所示。

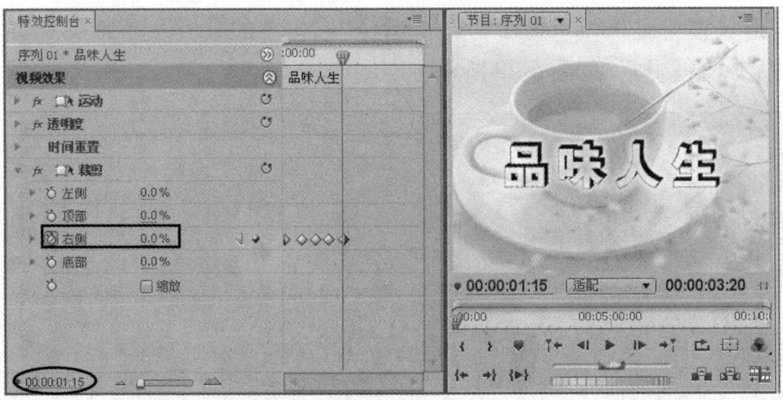

图 6-81　在 00:00:01:15 处将“右侧”的数值设置为 0.0%

4.创建“PINWENRENSHENG”字幕

1）单击“项目”面板下方的（新建分项）按钮，从弹出的下拉菜单中选择“字幕”命令，然后在弹出的“新建字幕”对话框中设置参数如图 6-82 所示，单击“确定”按钮，进入“PINWENRENSHENG”字幕的设计窗口，如图 6-83 所示 。

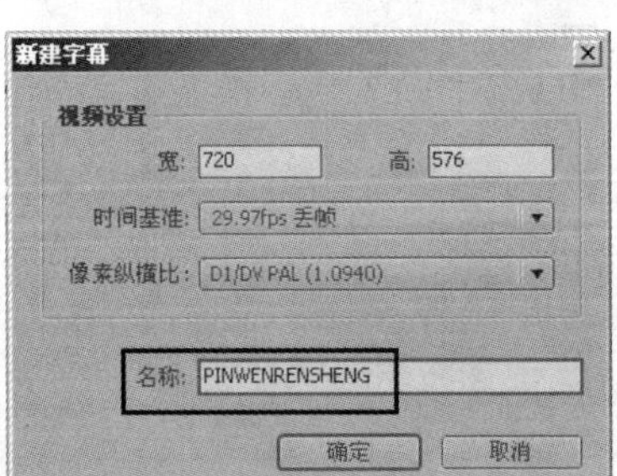

图 6-82　新建“PINWENRENSHENG”字幕

图 6-83　“PINWENRENSHENG”字幕的设计窗口

2）输入文字。方法：选择“字幕工具”面板中的T（文字工具），然后在“字幕面板”编辑窗口中输入“PINWENRENSHENG”，接着在“字幕属性”面板中设置“字体”为 Stencil Std，“字体大小”为 49.0。再将“填充”区域下的“色彩”设置为橙黄色（RGB（230，115，0）），最后勾选“阴影”复选框，并将“阴影”区域下的“色彩”设置为白色，将“透明度”设置为 95%，“角度”设置为 0.0°，“距离”设置为 0.0，“大小”设置为“30.0”，“扩散”设置为 60.0，如图 6-84 所示。

3）单击“字幕动作”面板中的按钮，将文字水平居中对齐。

4）单击字幕设计窗口右上角的按钮，关闭字幕设计窗口，此时创建的“PINWENRENSHENG”字幕会自动添加到“项目”面板中，如图 6-85 所示。

图 6-84　输入文字并设置相关参数

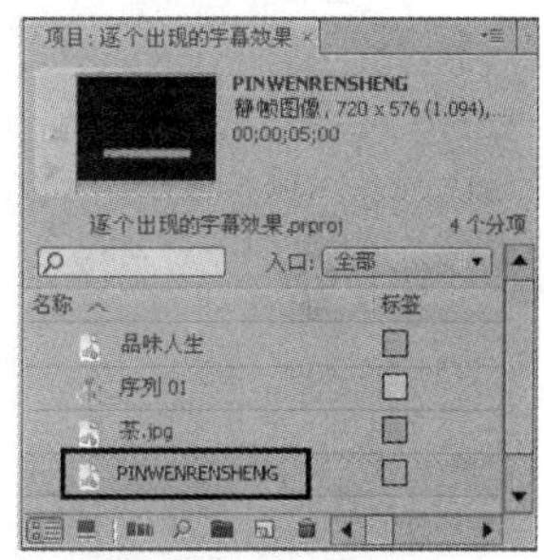

图 6-85　“项目”面板

5. 制作文字“PINWENRENSHENG”逐个出现的效果

1）从“项目”面板中将“品味人生”字幕拖入“时间线”面板的“视频 3”轨道中，然后将该素材的持续时间设置为 00:00:03:20，从而与“视频 1”和“视频 2”轨道上的素材等长，此时“时间线”面板如图 6-86 所示。

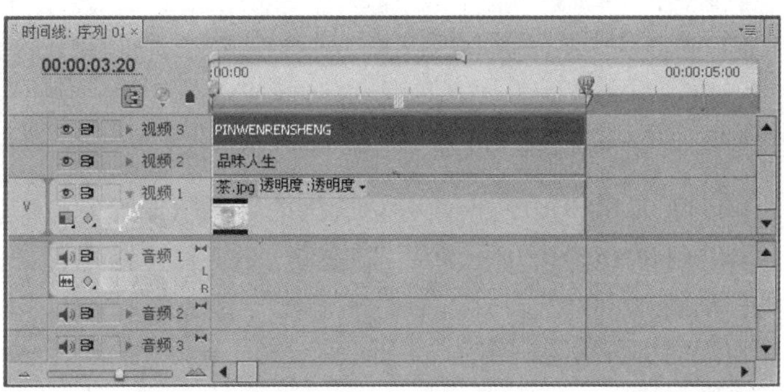

图 6-86　将“PINWENRENSHENG”字幕的持续时间设置为 00:00:03:20

2）在“效果”面板中展开“视频特效”文件夹，然后选择“变换”中的“裁剪”特效，将其拖入“时间线”面板中的“视频 3”轨道上的“PINWENRENSHENG”素材上。

3）选择“视频 3”轨道上的“PINWENRENSHENG”素材，然后在“特效控制台”面板中展开“裁剪”特效的参数，接着将时间滑块移动到 00:00:00:00 处，单击“右侧”左边的按钮，添加一个关键帧，并将数值设置为 89.0%，如图 6-87 所示。

图 6-87　在 00:00:00:00 处将“右侧”的数值设置为 89.0%

4）将时间滑块移动到 00:00:00:13 处，然后将“右侧”的数值设置为 76.0%，此时软件会在该处自动添加一个关键帧，如图 6-88 所示。

图 6-88　在 00:00:00:13 处将“右侧”的数值设置为 76.0%

5）将时间滑块移动到 00:00:01:05 处，然后将“右侧”的数值设置为 51.0%，如图 6-89 所示。

6）将时间滑块移动到 00:00:01:20 处，然后将“右侧”的数值设置为 37.0%，如图 6-90 所示。

7）将时间滑块移动到 00:00:02:10 处，然后将“右侧”的数值设置为 0.0%，如图 6-91 所示。

8）至此，逐个出现的字幕效果制作完毕，选择“文件 | 导出 | 媒体”命令，将其输出为“逐个出现的字幕效果 .avi”文件。

图 6-89　在 00:00:01:05 处将“右侧”的数值设置为 51.0%

图 6-90　在 00:00:01:20 处将“右侧”的数值设置为 37.0%

图 6-91　在 00:00:02:10 处将“右侧”的数值设置为 0.0%

6.7 制作沿一定方向运动的图片效果

要点：

本例将制作沿一定方向运动的图片效果，如图 6-92 所示。通过本例的学习，读者应掌握以文件夹的方式导入素材、制作彩色蒙板、通过拖动的方式快速设置“时间线”面板中素材的持续时间、制作字幕、利用关键帧制作图片的位置动画和复制粘贴关键帧参数的方法。

图 6-92 沿一定方向运动的图片效果

操作步骤：

1. 制作图片的运动效果

1）启动 Premiere Pro CS4，然后单击“新建项目”按钮，新建一个名称为“沿一定方向运动的图片效果”，编辑模式为标准 48kHz 的 DV-PAL 制的项目文件。

2）导入素材。方法：选择“文件 | 导入”命令，然后在弹出的“导入”对话框中选择配套光盘中的“素材及结果 \ 第 6 章 字幕的应用 \6.7 制作沿一定方向运动的图片效果 \ 茶”文件夹，如图 6-93 所示，单击“导入文件夹”按钮，此时整个文件夹的素材都会被导入“项目”面板，如图 6-94 所示。

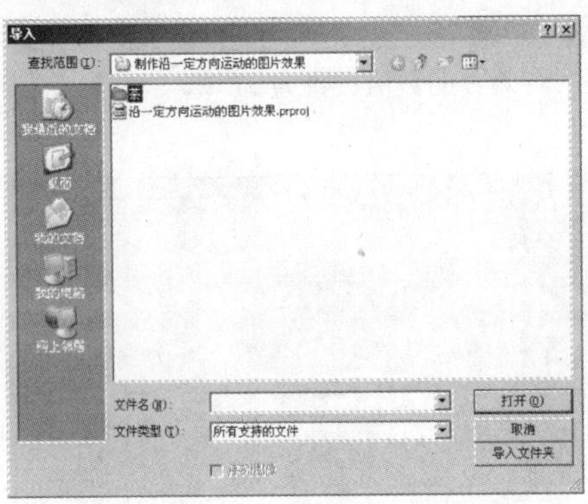

图 6-93 选择“茶”文件夹

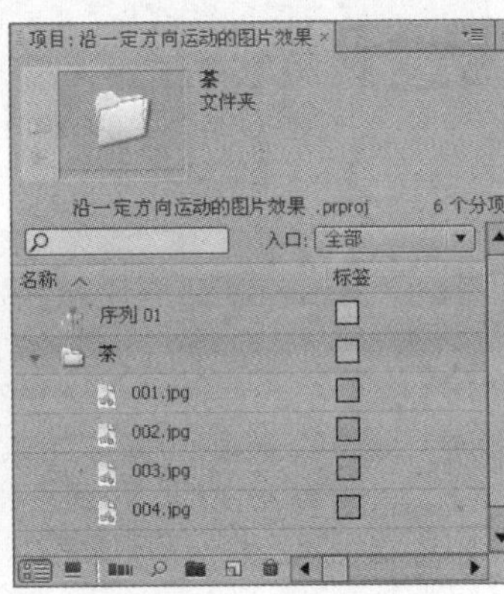

图 6-94 “项目”面板

3）制作蓝色背景。方法：单击“项目”面板下方的（新建分项）按钮，然后从弹出的下拉菜单中选择“彩色蒙板”命令，如图 6-95 所示。接着在弹出的“新建彩色蒙板”对话框中保持默认参数，如图 6-96 所示，单击“确定”按钮。再在弹出的“颜色拾取”对话框中设置一种蓝色（RGB 为（0，0，80）），如图 6-97 所示，单击“确定”按钮，最后在弹出的“选择名称”对话框中输入“蓝色背景”，如图 6-98 所示，单击“确定”按钮，即可完成蓝色背景的创建，此时“项目”面板如图 6-99 所示。

图 6-95　选择“彩色蒙板”命令

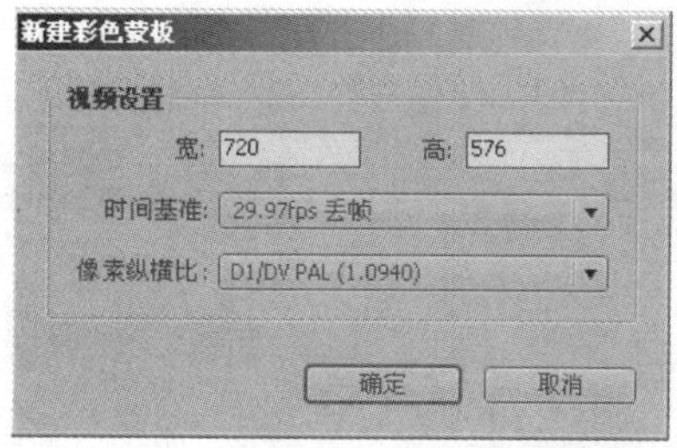

图 6-96　“新建彩色蒙板”对话框

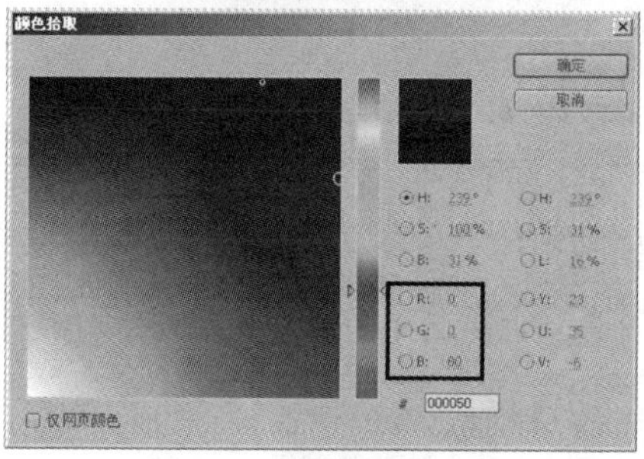

图 6-97　设置一种蓝色

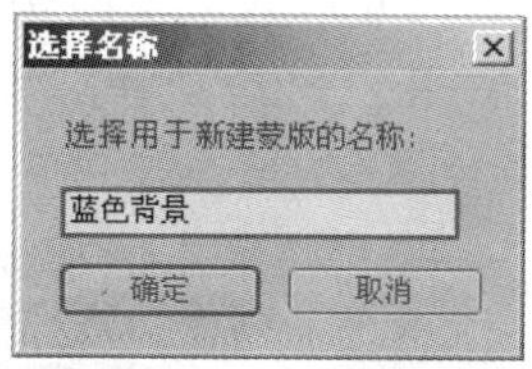

图 6-98　输入“蓝色背景”

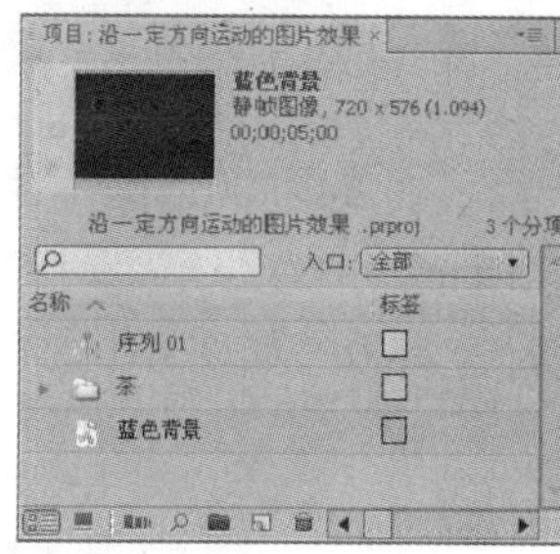

图 6-99　“项目”面板

4）从“项目”面板中将“蓝色背景”拖入“时间线”面板的“视频 1”轨道中，入点为 00:00:00:00，然后设置该素材的持续时间设置为 18 秒，此时“时间线”面板如图 6-100 所示。

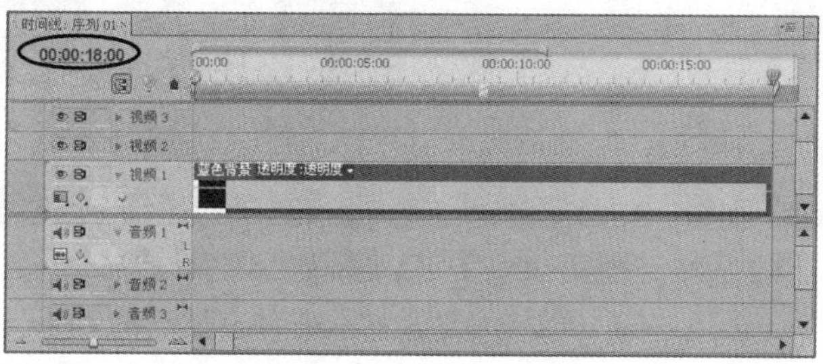

图 6-100　“时间线”面板

5）将“001.jpg”素材放入时间线。方法：从“项目”面板中将“茶”文件夹中的“001.jpg”素材拖入“时间线”面板的“视频 2”轨道中，入点为 00:00:00:00，然后设置该素材的持续时间也设置为 18 秒，使其时间长度与“视频 1”轨道上的素材等长，此时“时间线”面板如图 6-101 所示。

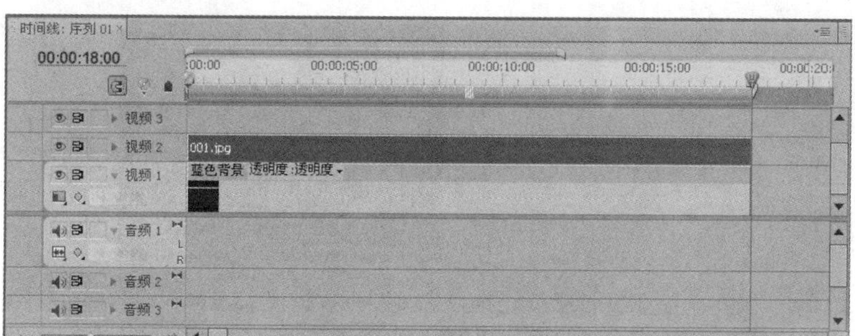

图 6-101　将“001. jpg”素材拖入“时间线”面板，并设置其时间长度与“视频 1”轨道上的素材等长

提示：将鼠标放在“视频2”轨道的“001.jpg”素材结尾处，此时鼠标会变为形状，此时拖动鼠标可以快速将其时间长度设置为与“视频1”轨道上的素材等长，如图6-102所示。

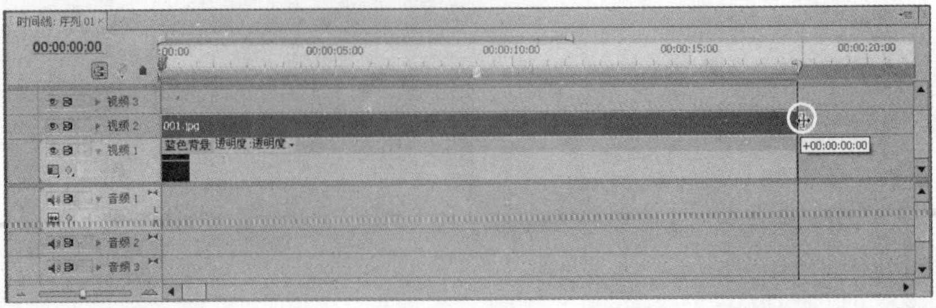

图 6-102 通过拖动的方式将“视频 2”轨道上素材的时间长度设置为与“视频 1”上的素材等长

6）此时“001.jpg”素材的尺寸过大，下面调整该素材的大小。方法：选择“视频 2”轨道上的“001.jpg”素材，然后在“特效控制台”面板中展开“运动”选项，将“缩放比例”设置为 45.0，如图 6-103 所示。

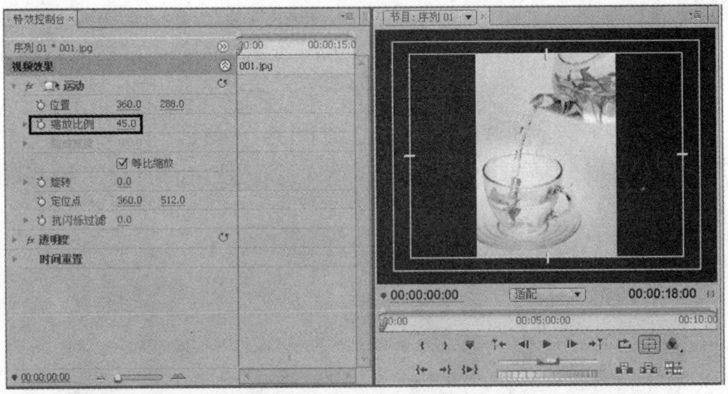

图 6-103 将“001. jpg”素材的“缩放比例”设置为 45.0

7）制作“视频 2”轨道中的“001. jpg”素材从左往右运动的效果。方法：选择“视频 2”轨道上的“001.jpg”素材，然后将时间滑块移动到 00:00:00:00 处，接着在“特效控制台”面板中单击“位置”左边的按钮，添加一个关键帧，并将数值设置为 (-200.0，288.0)，如图 6-104 所示。最后将时间滑块移动到 00:00:06:20 处，将“位置”的数值设置为 (880.0，288.0)，此时软件会在 00:00:06:20 处自动添加一个关键帧，如图 6-105 所示。此时在“节目”面板中单击按钮，即可看到“001. jpg”素材从左往右运动的效果，如图 6-106 所示。

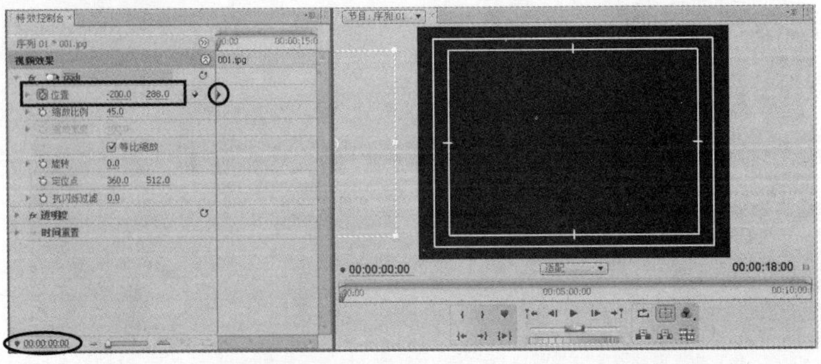

图 6-104 在 00:00:00:00 处添加“位置”关键帧，并设置数值为 (-200.0，288.0)

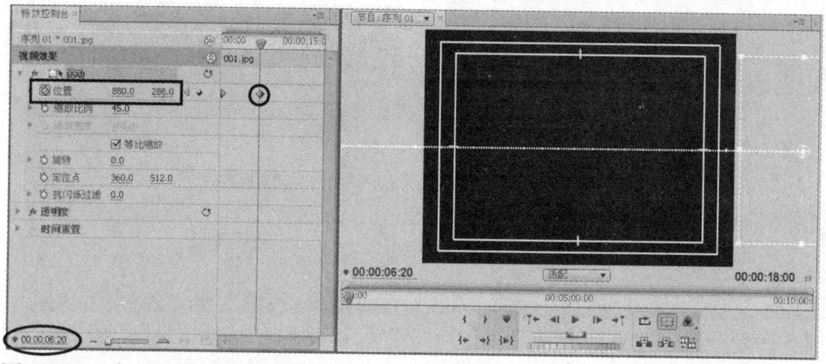

图 6-105　在 00:00:06:20 处添加“位置”关键帧，并设置数值为（880.0，288.0）

图 6-106　“001. jpg”素材从左往右运动的效果

8）将“002. jpg”素材放入时间线。方法：从“项目”面板中将“茶”文件夹中的“002.jpg”素材拖入“时间线”面板的“视频 3”轨道中，入点为 00:00:02:00，然后通过在“002.jpg”素材结尾处进行拖动的方式将其时间长度设置为与“视频 1”和“视频 2”轨道上的素材等长，此时“时间线”面板如图 6-107 所示。

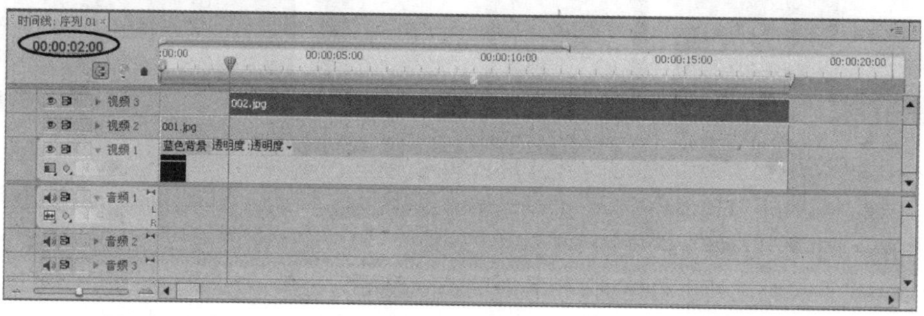

图 6-107　将“002. jpg”素材拖入“视频 3”轨道中，并设置其时间长度

9）通过复制粘贴关键帧的方式，制作“视频 3”轨道中的“002. jpg”素材从左往右运动的效果。方法：选择“视频 2”轨道上的“001. jpg”素材，然后进入“特效控制台”面板，将时间滑块移动到 00:00:00:00 处，右击“运动”参数，接着从弹出的快捷菜单中选择“复制”命令，如图 6-108 所示，复制“运动”参数。再选择“视频 3”轨道中的“002. jpg”素材，进入“特效控制台”面板，最后将时间滑块定位在 00:00:02:00 处，右击“运动”参数，从弹出的快捷菜单中选择“粘贴”命令，如图 6-109 所示，从而将“视频 2”轨道上的“运动”参数复制到“视频 3”轨道中，如图 6-110 所示。此时在“节目”面板中单击▶按钮，即可看到“002. jpg”素材从左往右运动的效果，如图 6-111 所示。

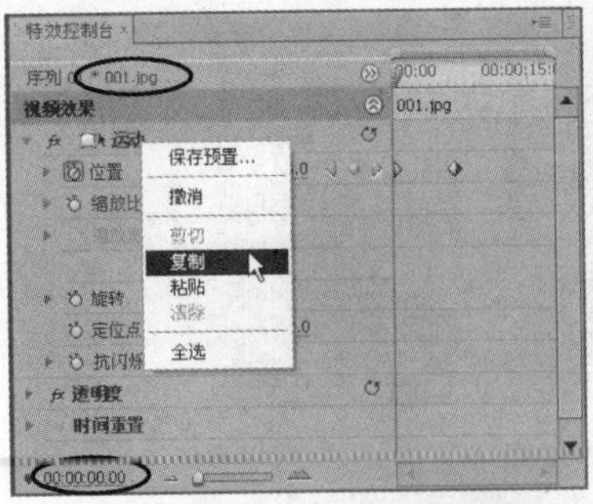

图 6-108 选择“复制”命令

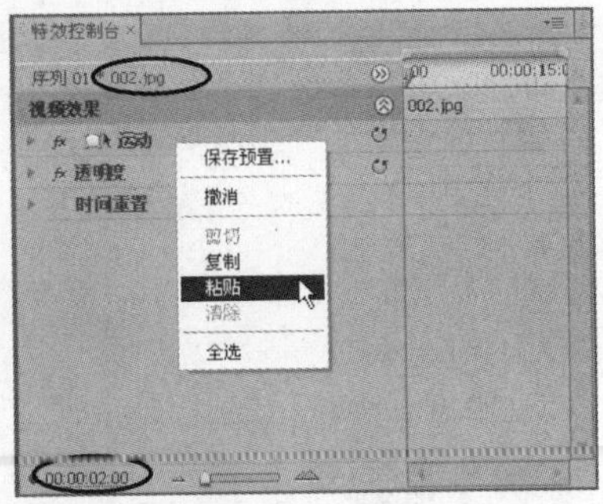

图 6-109 选择“粘贴”命令

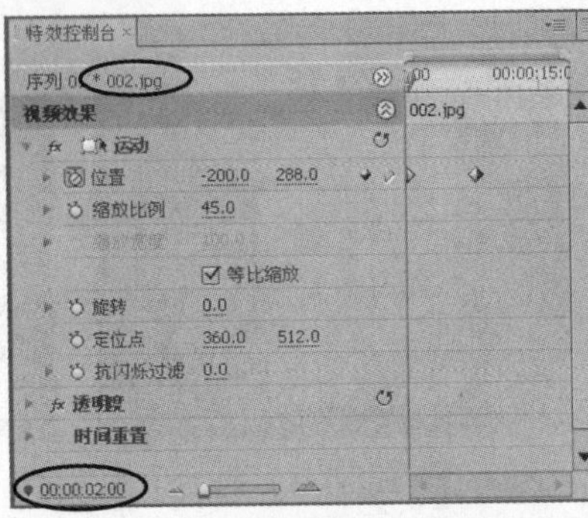

图 6-110 粘贴“运动”参数后的效果

图 6-111 “002. jpg”素材从左往右运动的效果

10) 同理，从“项目”面板中将“茶”文件夹中的“003.jpg”素材拖入“时间线”面板的“视频 3”轨道的上方，此时会自动产生一个“视频 4”轨道，然后将其入点设置为 00:00:04:00，再通过在“003.jpg”素材结尾处进行拖动，将其时间长度设置为与其他轨道上的素材等长，此时“时间线”面板如图 6-112 所示。

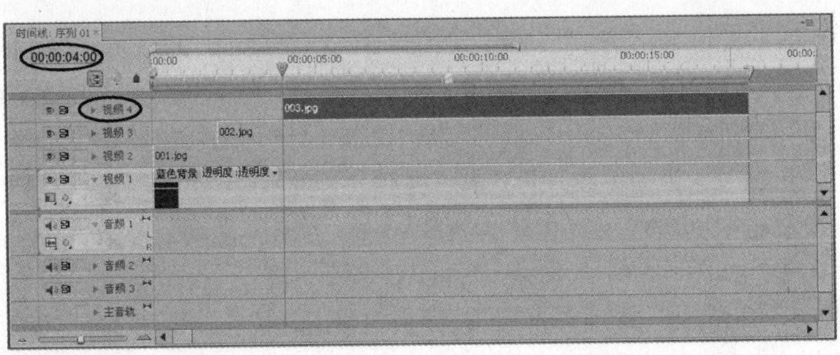

图 6-112 将“003. jpg”素材拖入“视频 4”轨道中，并设置其时间长度

11）同理，通过复制粘贴关键帧的方式，将“视频 2”轨道中“001. jpg”素材 00:00:00:00 处的“运动”参数粘贴到“视频 4”轨道中“003. jpg”素材 00:00:04:00 处，如图 6-113 所示。此时在“节目”面板中单击▶按钮，即可看到“003. jpg”素材从左往右运动的效果，如图 6-114 所示。

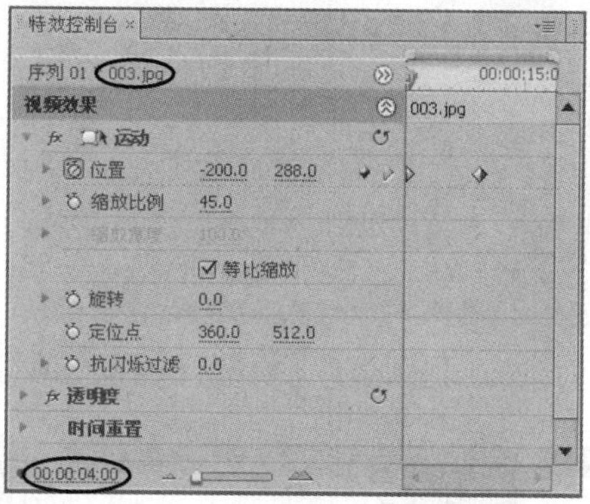

图 6-113　将“001. jpg”素材 00:00:00:00 处的“运动”参数粘贴到“003. jpg”素材的 00:00:04:00 处

图 6-114　“003. jpg”素材从左往右运动的效果

12）同理，从“项目”面板中将“茶”文件夹中的“004. jpg”素材拖入“时间线”面板的“视频 4”轨道的上方，此时会自动产生一个“视频 5”轨道，然后将其入点设置为 00:00:06:00，再通过在“004.jpg”素材结尾处进行拖动，将其时间长度设置为与其他轨道上的素材等长，此时“时间线”面板如图 6-115 所示。

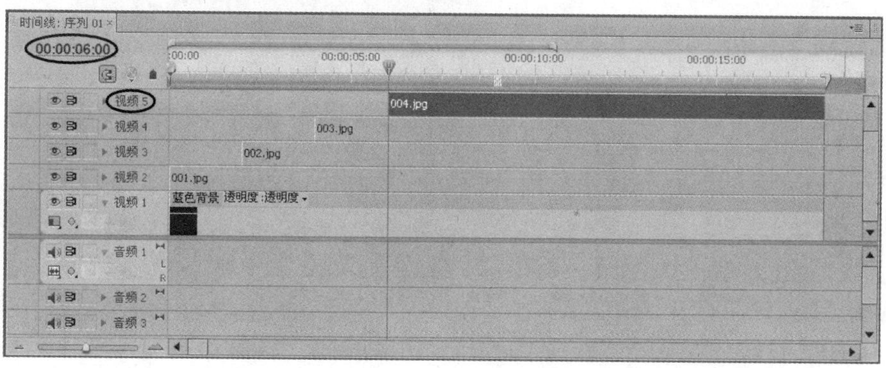

图 6-115　将“004. jpg”素材拖入“视频 5”轨道中，并设置其时间长度

13）通过复制粘贴关键帧的方式，将“视频 2”轨道中“001. jpg”素材 00:00:00:00 处的“运动”参数粘贴到“视频 5”轨道中“004. jpg”素材 00:00:06:00 处，如图 6-116 所示。此时在“节

目”面板中单击▶按钮，即可看到“004. jpg”素材从左往右运动的效果，如图 6-117 所示。

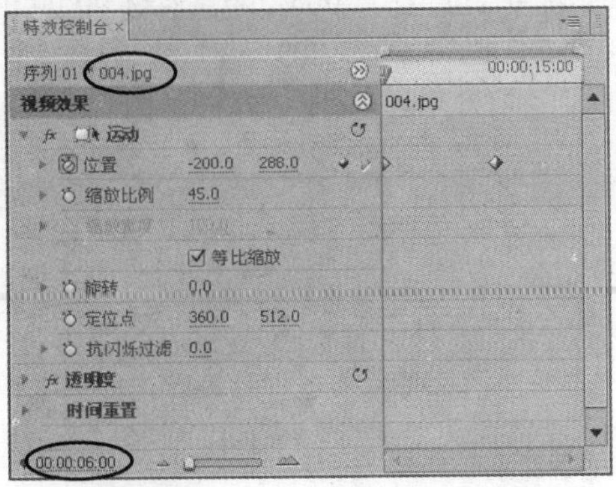

图 6-116　将“001. jpg”素材 00:00:00:00 处的“运动”参数粘贴到“004. jpg”素材的 00:00:06:00 处

图 6-117　“004. jpg”素材从左往右运动的效果

2. 制作“字幕 01”字幕

1）单击“项目”面板下方的▣（新建分项）按钮，从弹出的下拉菜单中选择“字幕”命令，然后在弹出的“新建字幕”对话框中保持默认参数如图 6-118 所示，单击“确定”按钮，进入“字幕 01”字幕的设计窗口，如图 6-119 所示 。

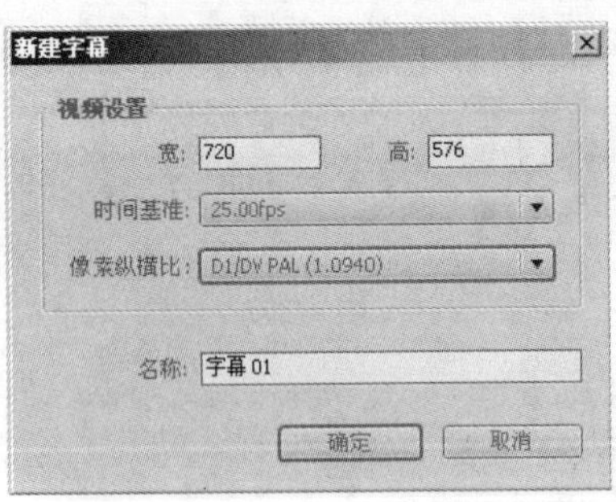

图 6-118　新建“字幕 01”字幕

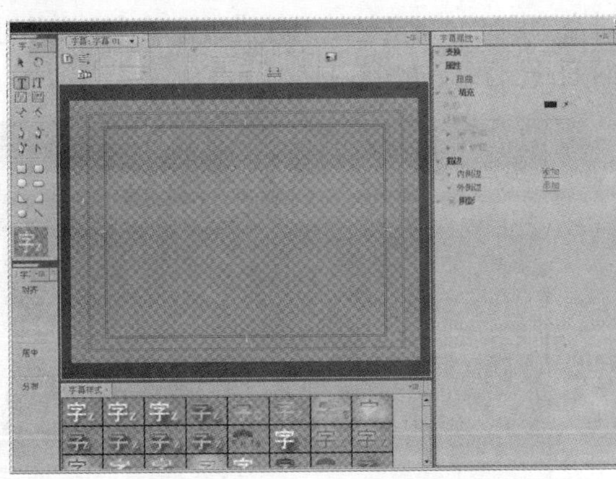

图 6-119　“字幕 01”字幕的设计窗口

2）输入文字。方法：选择“字幕工具”面板中的▣（路径输入工具），然后在“字幕面板”编辑窗口中绘制一条路径，如图 6-120 所示，接着再次选择▣（路径输入工具）后，在绘制的路径上单击，此时路径上会出现一个白色的光标，如图 6-121 所示，此时输入文字“茶的文化”。最后在“字幕属性”面板中设置“字体”为 STXingkai，“字体大小”为 110.0。再将“填充”区域下的“色彩”设置为深绿色（RGB（5，80，5）），如图 6-122 所示。

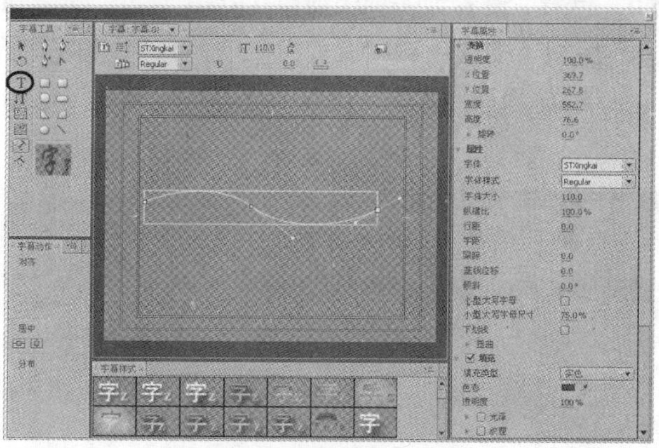

图 6-120　绘制一条路径

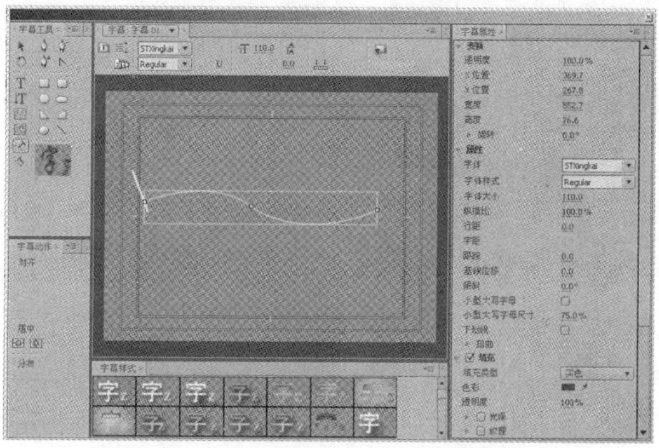

图 6-121　路径上会出现一个白色的光标

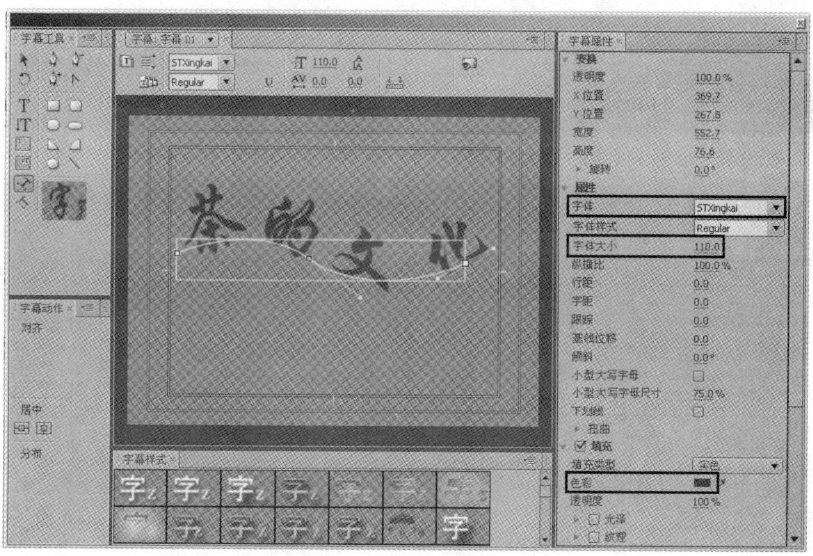

图 6-122　输入文字

3) 将“填充”区域下勾选“光泽”复选框，然后将“色彩”设置为一种浅绿色（RGB（150，230，130）），“大小”设置为 100.0。接着在“描边”区域中单击“外侧边”右侧的“添加”命令，并将“大小”设置为 15.0，“色彩”设置为一种淡绿色（RGB（220，250，200））。最后勾选“阴影”复选框，并将“阴影”区域下的“色彩”设置为白色，将“透明度”设置为 50%，“角度”设置为 –180.0°，“距离”设置为 15.0，“大小”设置为“2.0”，“扩散”设置为 20.0，如图 6-123 所示。

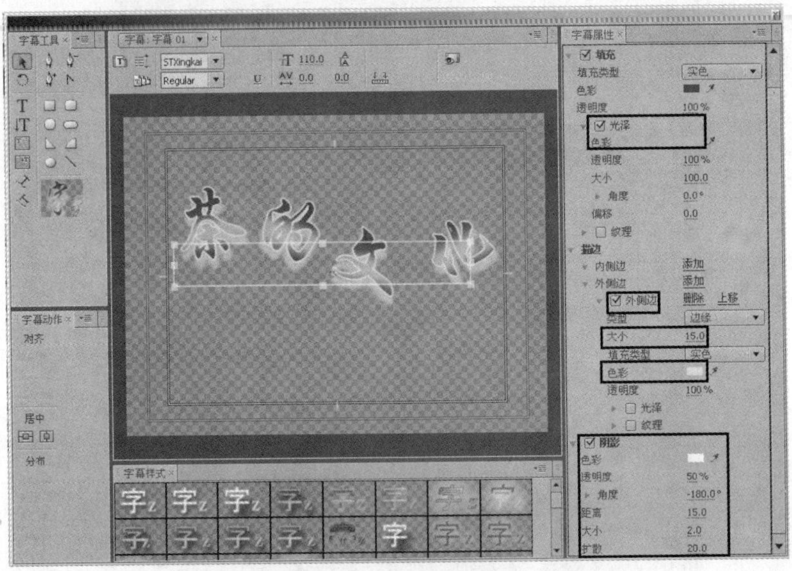

图 6-123　设置文字参数

3. 制作“字幕02”字幕

1）单击“字幕工具”面板中属性栏中的（基于当前字幕新建字幕）按钮，然后在弹出的“新建字幕”对话框中保持默认参数如图 6-124 所示，单击“确定”按钮，进入“字幕 02”的字幕设计窗口。

2）选择“字幕工具”面板中的（椭圆工具），在“字幕面板”编辑窗口中绘制一个白色椭圆，然后单击“字幕动作”面板中的按钮，将其水平居中对齐，如图 6-125 所示。

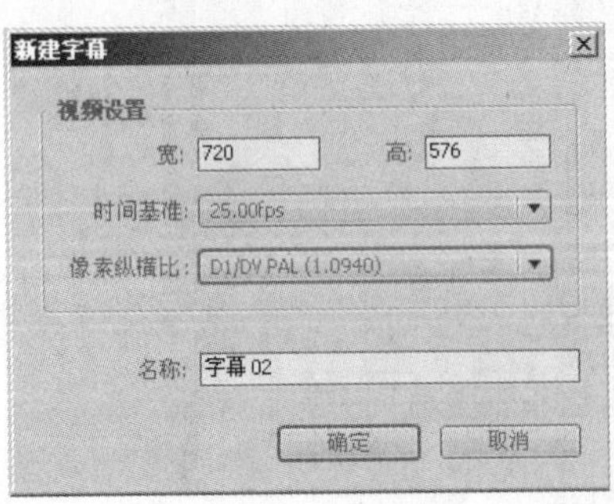

图 6-124　新建“字幕 02”字幕

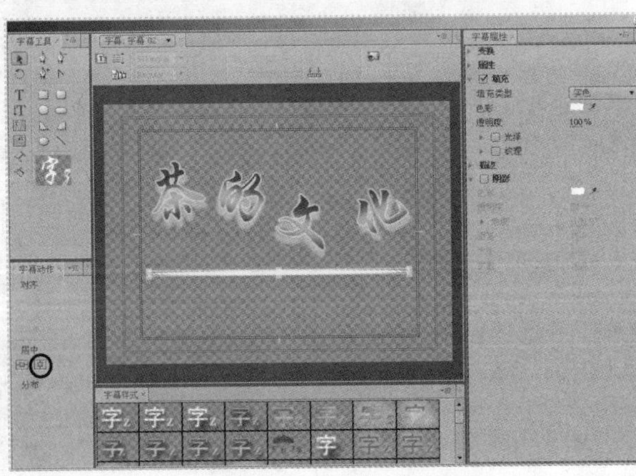

图 6-125　绘制白色椭圆

3）利用“字幕工具”面板中的（选择工具），选择“字幕”面板编辑窗口中的路径文字，然后按〈Delete〉键进行删除，效果如图 6-126 所示。

4）单击字幕设计窗口右上角的按钮，关闭字幕设计窗口，此时创建的“字幕 01”和“字幕 02”字幕会自动添加到“项目”面板中，如图 6-127 所示。

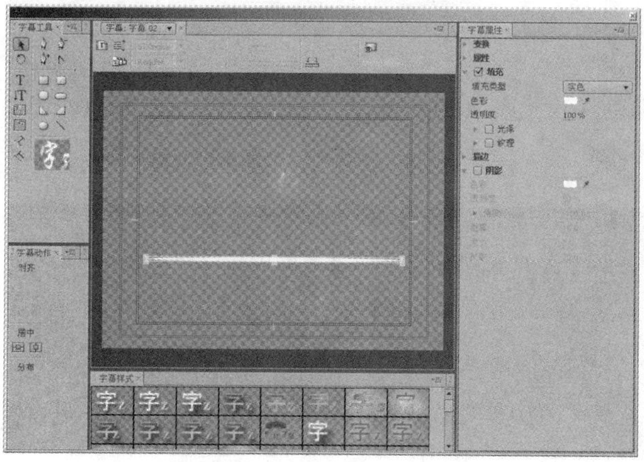

图 6-126　删除文字的效果

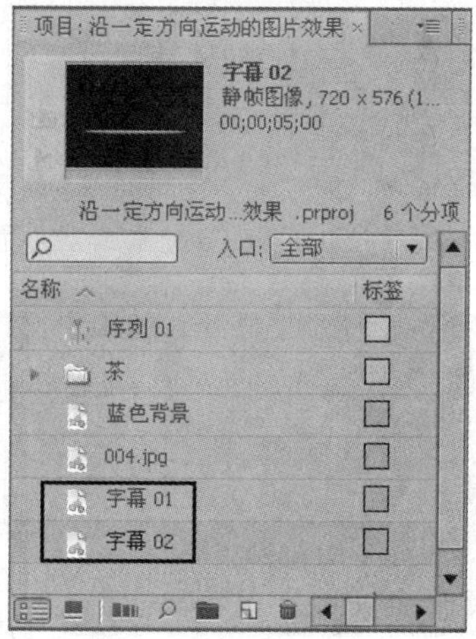

图 6-127　“项目”面板

4. 制作字幕的运动效果

1) 将“字幕 01”字幕素材拖入“时间线”面板。方法：从“项目”面板中将“字幕 01”字幕素材拖入“时间线”面板的“视频 5”轨道的上方，此时会自动产生一个“视频 6”轨道，然后将其入点设置为 00:00:08:00，再通过在“字幕 01”素材结尾处进行拖动的方式将其时间长度设置为与其他轨道上的素材等长，此时“时间线”面板如图 6-128 所示。

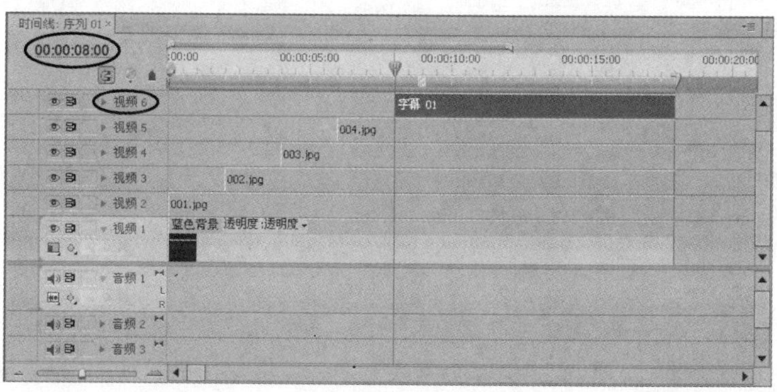

图 6-128　将“字幕 01”字幕素材拖入“视频 6”轨道中，并设置其时间长度

2）设置“字幕 01”字幕素材从左往右运动的效果。方法：选择“视频 6”轨道上的“字幕 01”字幕素材，然后将时间滑块移动到 00:00:08:00 处，接着在“特效控制台”面板中单击“位置”左边的按钮，添加一个关键帧，并将数值设置为 (-400.0，288.0)，如图 6-129 所示。最后将时间滑块移动到 00:00:12:20 处，将“位置”的数值设置为 (360.0，288.0)，此时软件会在 00:00:12:20 处自动添加一个关键帧，如图 6-130 所示。此时在“节目”面板中单击按钮，即可看到“字幕 01”字幕素材从左往右运动的效果，如图 6-131 所示。

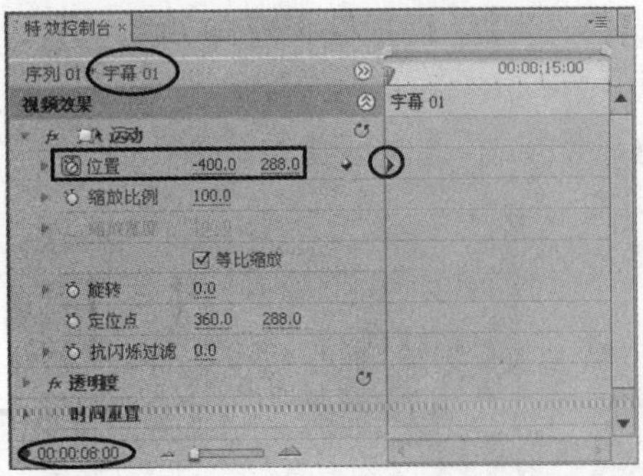

图 6-129　在 00:00:08:00 处添加“位置”关键帧

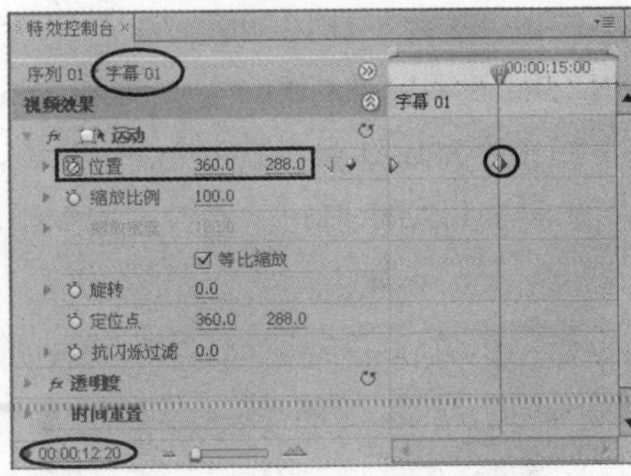

图 6-130　在 00:00:12:20 处添加“位置”关键帧

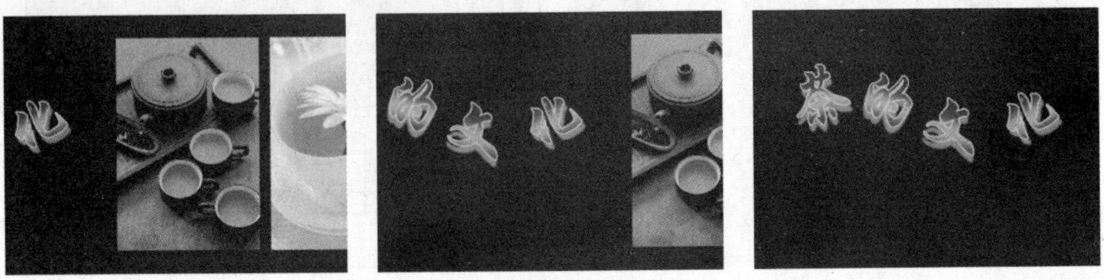

图 6-131　“字幕 01”字幕素材从左往右运动的效果

3）同理，将“字幕 02”字幕素材拖入“时间线”面板的“视频 7”轨道中，然后将其入点设置为 00:00:12:00，再通过在“字幕 02”字幕素材结尾处进行拖动，将其时间长度设置为与其他轨道上的素材等长，此时“时间线”面板如图 6-132 所示。

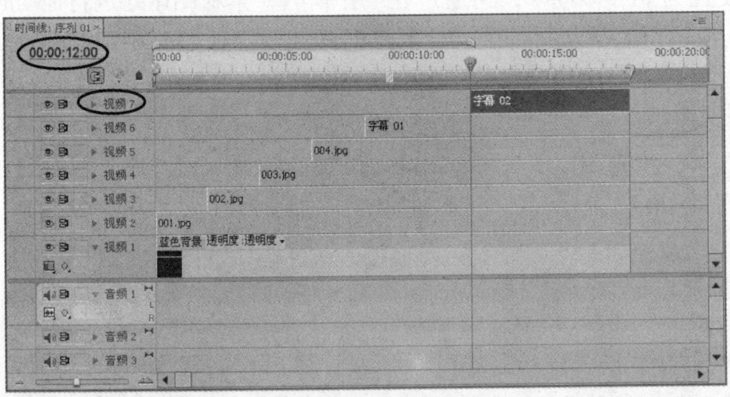

图 6-132　将“字幕 02”字幕素材拖入“视频 7”轨道中，并设置其时间长度

4）设置“字幕 02”字幕素材从左往右运动的效果。方法：选择“视频 7”轨道上的“字幕 01”字幕素材，然后将时间滑块移动到 00:00:12:00 处，接着在“特效控制台”面板中单击“位置”左边的按钮，添加一个关键帧，并将数值设置为 (-300.0，288.0)，如图 6-133 所示。最后将时间滑块移动到 00:00:14:00 处，将“位置”的数值设置为 (360.0，288.0)，此时软件会在 00:00:14:00 处自动添加一个关键帧，如图 6-134 所示。此时在“节目”面板中单击按钮，即可看到“字幕 02”字幕素材从左往右运动的效果，如图 6-135 所示。

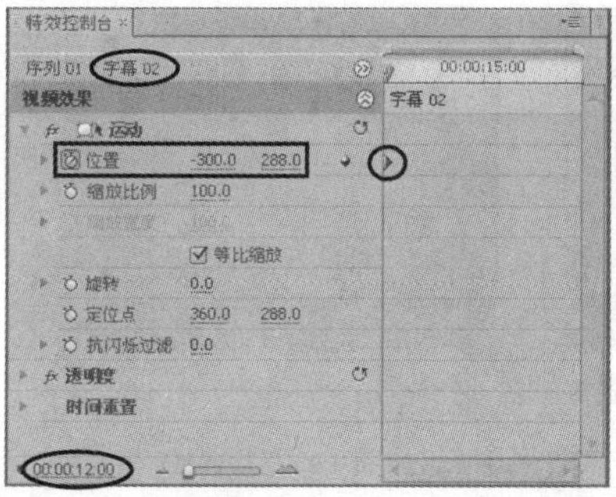

图 6-133　在 00:00:12:00 处添加“位置”关键帧

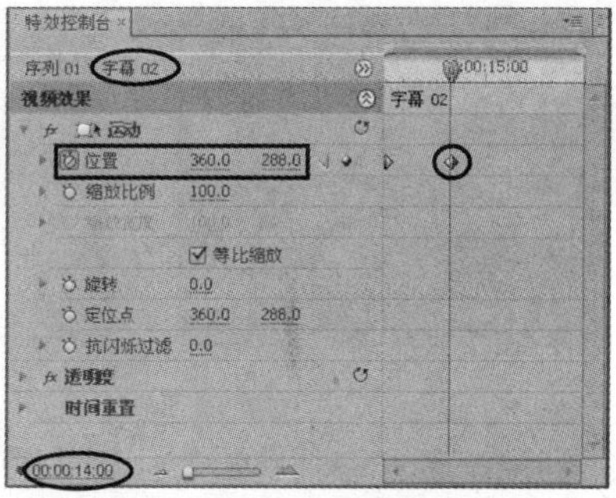

图 6-134　在 00:00:14:00 处添加“位置”关键帧

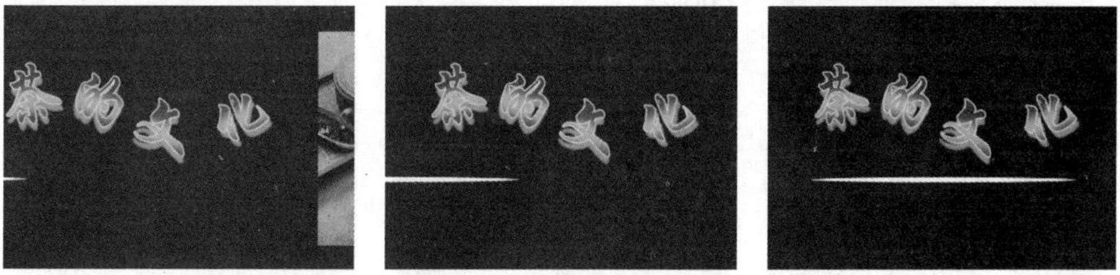

图 6-135　“字幕 02”字幕素材从左往右运动的效果

5）至此，整个沿一定方向运动的图片效果制作完毕，选择“文件 | 导出 | 媒体”命令，将其输出为“沿一定方向运动的图片效果 .avi”文件。

6.8　课后练习

1）利用配套光盘中的“素材及结果 \ 第 6 章 字幕的应用 \ 课后练习 \ 练习 1\ 背景 003.jpg”图片，制作沿路径弯曲的文字效果，如图 6-136 所示。结果可参考配套光盘中的“素材及结果 \ 第 6 章 字幕的应用 \ 课后练习 \ 练习 1\ 练习 1.prproj”文件。

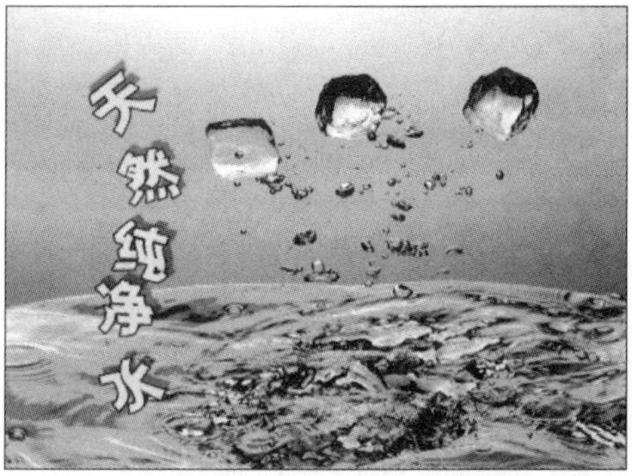

图 6-136　练习 1 的效果

2）利用配套光盘中的“素材及结果 \ 第 6 章 字幕的应用 \ 课后练习 \ 练习 2\ 荷花 .bmp”图片，制作滚动字幕效果，如图 6-137 所示。结果可参考配套光盘中的“素材及结果 \ 第 6 章 字幕的应用 \ 课后练习 \ 练习 2\ 练习 2.prproj”文件。

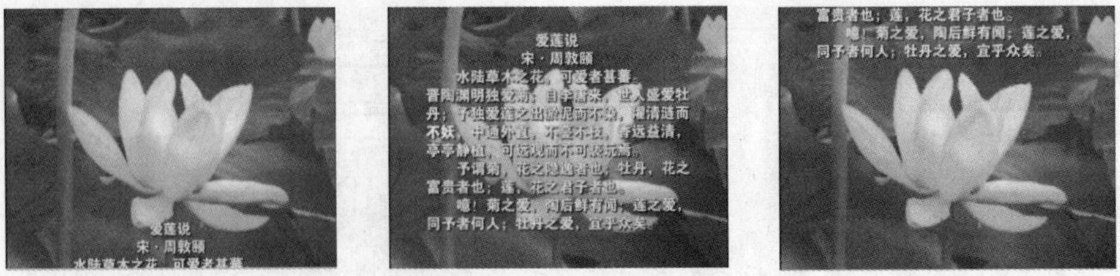

图 6-137　练习 2 的效果

3）利用配套光盘中的“素材及结果\第6章 字幕的应用\课后练习\练习 3\背景.jpg”图片，制作游动字幕效果，如图 6-138 所示。结果可参考配套光盘中的“素材及结果\第 6 章 字幕的应用\课后练习\练习 3\练习 3.prproj”文件。

图 6-138　练习 3 的效果

第7章　外挂特效的应用

本章重点

Premiere Pro CS4 除了可以利用自带的视频特效制作各种视频效果外，还可以使用外挂特效制作各种效果。通过本章学习，读者应掌握Premiere Pro CS4 外挂特效的安装和使用方法。

7.1　制作金属扫光文字效果

要点：

本例将制作影视中常见的扫光效果，如图 7-1 所示。通过本例学习应掌握利用外挂 Shine 特效的使用方法。

图 7-1　金属扫光文字效果

操作步骤：

1. 安装插件

Premiere Pro CS4 的外挂插件需要先安装或直接复制到相应文件夹中。可以在 Premiere Pro CS4 安装文件夹下的 plug-ins\en_US\ 中新建一个文件夹，如命名为“plugins”，以便于管理。然后将配套光盘中的“素材及结果\第 7 章 外挂特效的应用\插件”文件夹中的所有插件复制到这个文件夹中即可。

2. 制作扫光效果

1）启动 Premiere Pro CS4，然后单击“新建项目”按钮，新建一个名称为“金属扫光文字”，编辑模式为标准 48kHz 的 DV-PAL 制的项目文件。

2）导入素材。方法：选择“文件 | 导入”命令，导入配套光盘中的“素材及结果\第 7 章 外挂特效的应用\7.1 制作金属扫光文字效果\金属文字 .tga”文件，此时“项目”面板如图 7-2 所示。

3）设置“金属文字 .tga”图片的持续时间长度为 5 秒。方法：右击“项目”面板中“金属文字 .tga”素材，从弹出的快捷菜单中选择“速度 / 持续时间”命令，接着在弹出的“素材速度 / 持续时间”对话框中设置“持续时间”为 00:00:05:00，如图 7-3 所示，单击“确定”按钮。

4）将“项目”面板中的“金属文字 .tga”拖入“时间线”面板的“视频 1”轨道中，入点为 00:00:00:00，如图 7-4 所示。

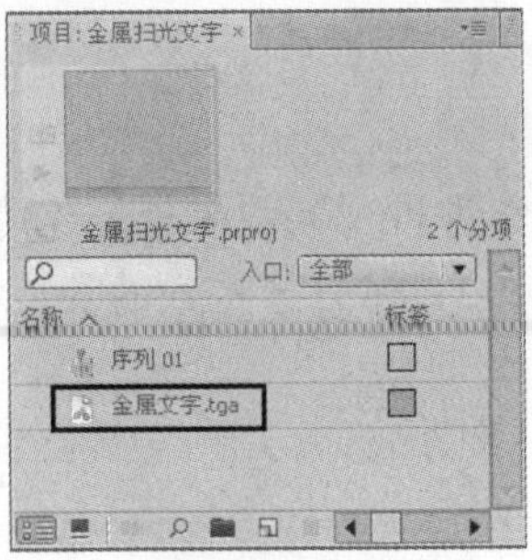

图 7-2 “项目”面板

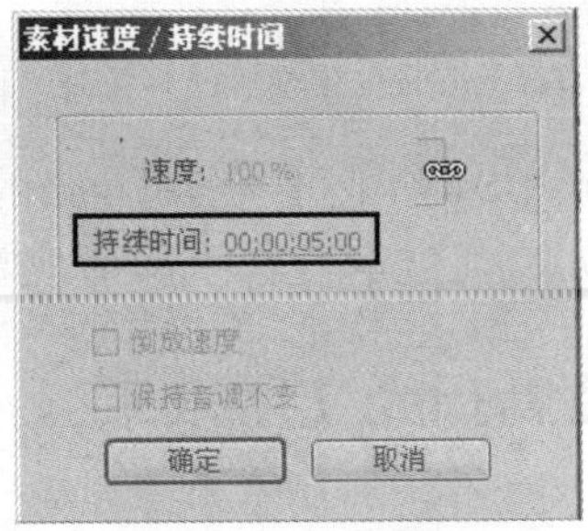

图 7-3 将“持续时间”设置为 5 秒

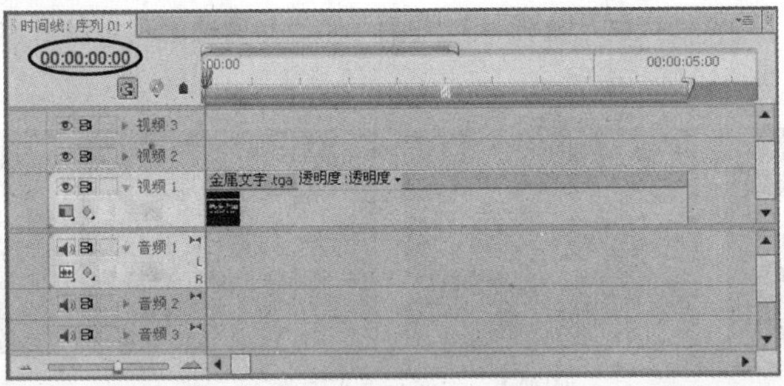

图 7-4 将“金属文字 .tga”拖入“视频 1”轨道中，入点为 00:00:00:00

5）给“视频 1”轨道中的“金属文字 .tga”素材添加 Shine 特效。方法：在“效果”面板中展开“视频特效”文件夹，然后选择“Trapcode”中的“Shine”特效，如图 7-5 所示。接着将其拖入“时间线”面板“视频 1”轨道的“金属文字 .tga”素材。

6）制作从左边开始扫光的效果。方法：选择“视频 1”轨道中的“金属文字 .tga”素材，然后将时间滑块移动到 00:00:00:00 的位置，在“特效控制台”面板中将“Boost Light”的数值设置为 10.0，再单击“Source Point”前的按钮，在此处添加关键帧，接着将“Source Point”的数值设置为（1000.0，288.0），如图 7-6 所示。

图 7-5 选择“Shine”特效

图 7-6 在 00:00:00:00 的位置添加“Source Point”的关键帧

7）制作扫光到文字中央的效果。方法：将时间滑块移动到 00:00:02:24 的位置，然后在“特效控制台”面板中单击“Ray Length”前的 按钮，在此处添加关键帧，并将“Ray Length”的数值设置为 4.0。接着将“Source Point”的数值设置为（360.0，288.0），如图 7-7 所示。

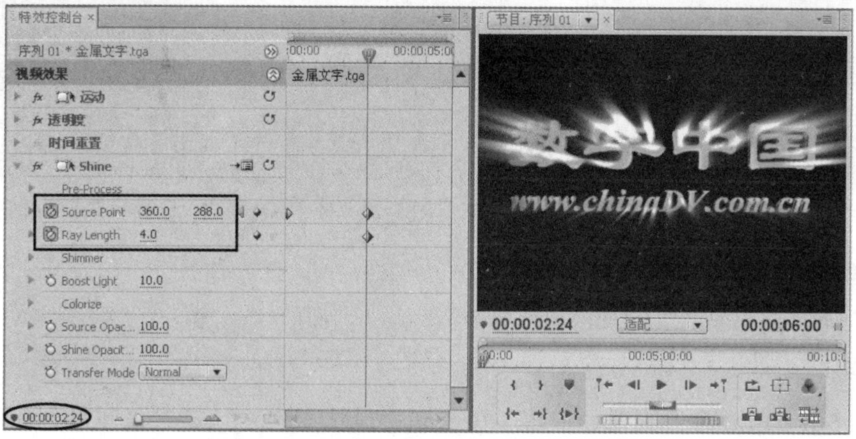

图 7-7　在 00:00:02:24 的位置设置“Source Point”和“Ray Length”关键帧参数

8）制作扫光最后消失的效果。方法：将时间滑块移动到 00:00:03:24 的位置，将“Ray Length”的数值设置为 0，如图 7-8 所示。

图 7-8　在 00:00:03:24 的位置将“Ray Length”的数值设置为 0.0

9）此时按〈Enter〉键，预览动画，会发现在 00:00:03:24 的位置，由于光线过强，文字是白色而不是黄色的，下面就来解决这个问题，使文字和光线的色彩自然融合。方法：从“项目”面板中将“文字 .tga”素材拖入“时间线”面板的“视频 2”轨道中，入点为 00:00:00:00，如图 7-9 所示，然后选择“视频 2”轨道中的“文字 .tga”素材，进入“特效控制台”面板将“透明度”中的“混合模式”设置为“正片叠底”即可，如图 7-10 所示。

10）至此，整个金属扫光文字效果制作完毕，选择“文件 | 导出 | 媒体”命令，将其输出为“金属扫光文字效果 .avi”文件。

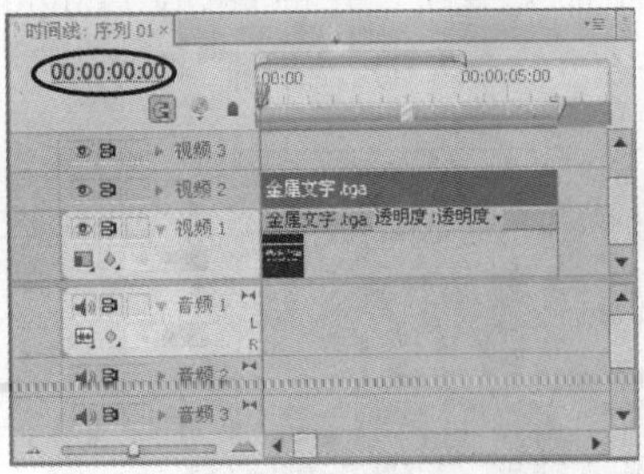

图 7-9 “时间线”面板

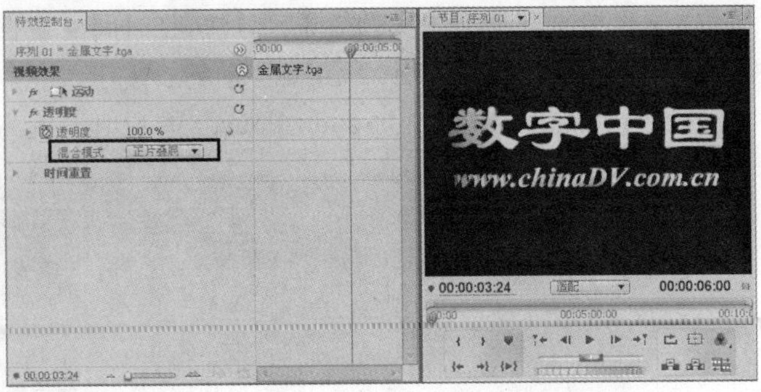

图 7-10 将“混合模式”设置为“正片叠底”

7.2 制作闪光文字效果

要点：

本例将制作闪光文字效果，如图 7-11 所示。通过本例学习应掌握利用外挂 Knoll Light Factory 特效的使用方法。

图 7-11 闪光文字效果

操作步骤：

1）启动 Premiere Pro CS4，然后单击“新建项目”按钮，新建一个名称为“闪光文字效果”，编辑模式为标准 48kHz 的 DV-PAL 制的项目文件。

2）导入素材。方法：选择“文件 | 导入”命令，导入配套光盘中的“素材及结果 \ 第 7 章 外挂特效的应用 \7.2 制作闪光文字效果 \ 金属文字 .tga”文件，此时“项目”面板如图 7-12 所示。

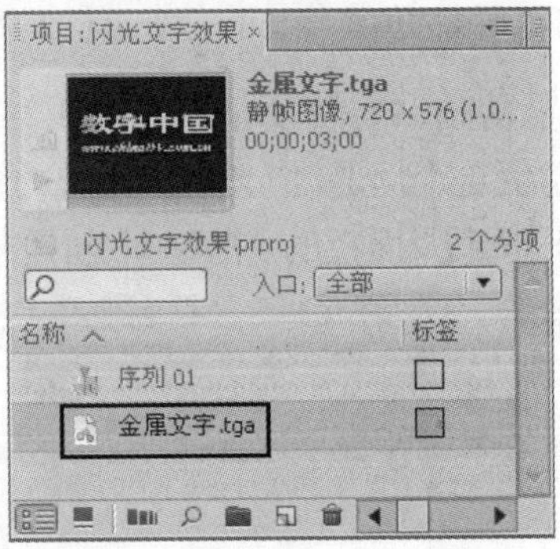

图 7-12 “项目”面板

3）设置“金属文字 .tga”图片的持续时间长度为 3 秒。方法：右击“项目”面板中“金属文字 .tga”素材，从弹出的快捷菜单中选择“速度 / 持续时间”命令，接着在弹出的“素材速度 / 持续时间”对话框中设置“持续时间”为 00:00:03:00，如图 7-13 所示，单击“确定”按钮。

4）将“项目”面板中的“金属文字 .tga”拖入“时间线”面板的“视频 1”轨道中，入点为 00:00:00:00，如图 7-14 所示。

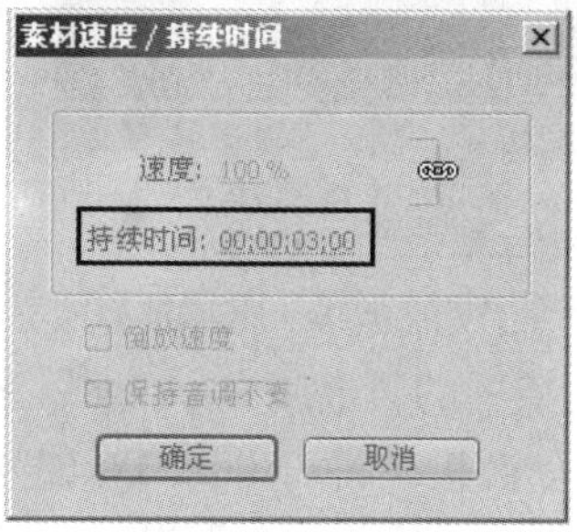

图 7-13　将“持续时间”设置为 3 秒

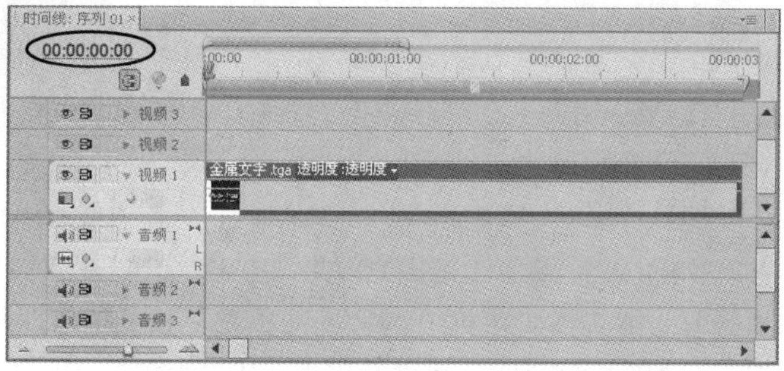

图 7-14　将“金属文字 .tga”拖入“视频 1”轨道中

5）给“视频 1”轨道中的“金属文字 .tga”素材添加 Light Factory EZ 特效。方法：在“效果”面板中展开“视频特效”文件夹，然后选择“Knoll Light Factory”中的“Light Factory EZ”特效，如图 7-15 所示。接着将其拖入“时间线”面板“视频 1”轨道的“金属文字 .tga”素材，效果如图 7-16 所示。

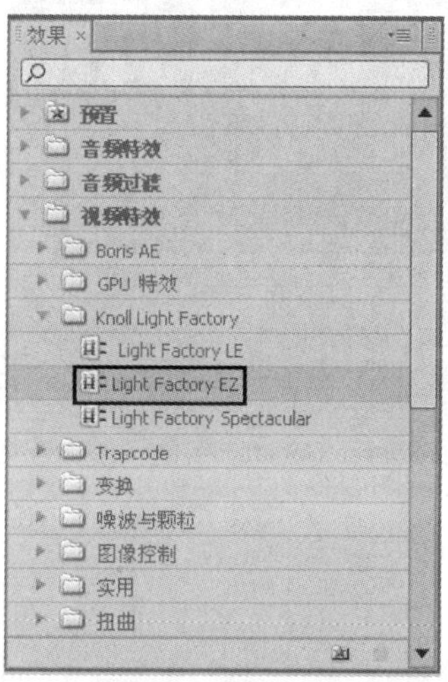

图 7-15　选择“Light Factory EZ”

图 7-16　默认的“Light Factory EZ”特效的效果

6）此时需要的效果是在文字图形之内和其之外的区域都要有光芒，而目前光芒效果并不明显，光效被限制在文字图形的轮廓之内。下面就来解决这个问题。方法：右击“项目”面板中的“金属文字 .tga”素材，然后从弹出的快捷菜单中选择“定义影片”命令，接着在弹出的“定义影片”对话框中勾选“忽略 Alpha 通道”复选框，如图 7-17 所示，单击“确定”按钮，效果如图 7-18 所示。

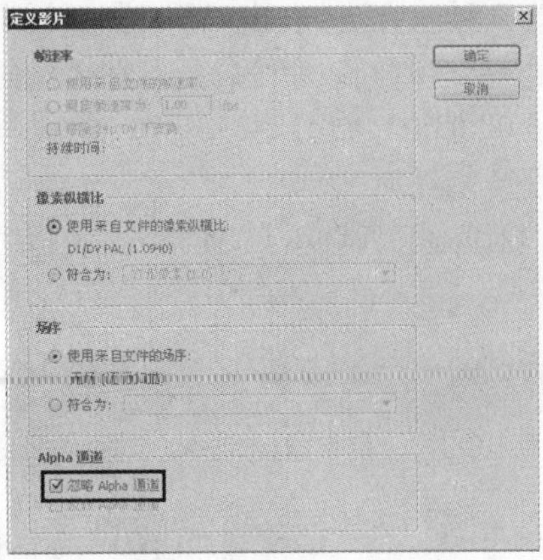

图 7-17　勾选“忽略 Alpha 通道”复选框

图 7-18　勾选“忽略 Alpha 通道”复选框后的效果

7）制作文字“数”上的闪光效果。方法：选择“视频 1”轨道中的“金属文字 .tga”素材，然后将时间滑块移动到 00:00:00:00 的位置，在“特效控制台”面板中将“Flare Type”的类型设置为 Six Point Star，再分别单击“Brightness”和“Light Source Location”前的按钮，在此处添加关键帧，接着将“Brightness”的数值设置为 0.0，“Light Source Location”的数值设置为（180.0，240.0），如图 7-19 所示。

图 7-19　在 00:00:00:00 处设置“Brightness”和“Light Source Location”的关键帧参数

8）为了保证闪光效果能从文字“数”上直接跳跃到文字“字”上，下面对 00:00:00:00 处“Light Source Location”的关键帧的属性进行调整。方法：右击 00:00:00:00 处“Light Source Location”的关键帧，从弹出的快捷菜单中选择“临时内插值 | 保持”命令，如图 7-20 所示即可。

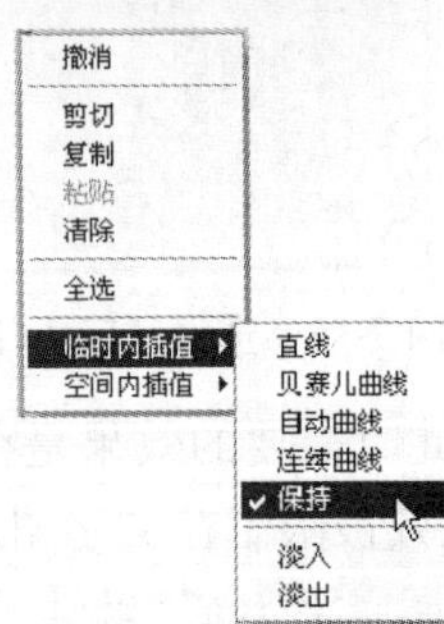

图 7-20　选择“临时内插值 | 保持”命令

9）将时间滑块移动到 00:00:00:05 的位置，将“Brightness”设为 100.0，如图 7-21 所示。

图 7-21　在 00:00:00:05 处设置“Brightness”的关键帧参数

10）制作文字“字”上的闪光效果。方法：将时间滑块移动到 00:00:00:10 的位置，然后将“Brightness”的数值设置为 0.0，将“Light Source Location”的数值设置为（265.0，265.0），如图 7-22 所示。接着将时间滑块移动到 00:00:00:15 的位置，将“Brightness”的数值设置为 100.0，如图 7-23 所示。

图 7-22　在 00:00:00:10 处设置“Brightness”和“Light Source Location”的关键帧参数

图 7-23　在 00:00:00:15 处设置“Brightness”的关键帧参数

11）制作文字“中”上的闪光效果。方法：将时间滑块移动到 00:00:01:05 的位置，然后将“Brightness”的数值设置为 0.0，将“Light Source Location”的数值设置为（460.0，235.0），如图 7-24 所示。接着将时间滑块移动到 00:00:01:10 的位置，将“Brightness”的数值设置为 130.0，如图 7-25 所示。

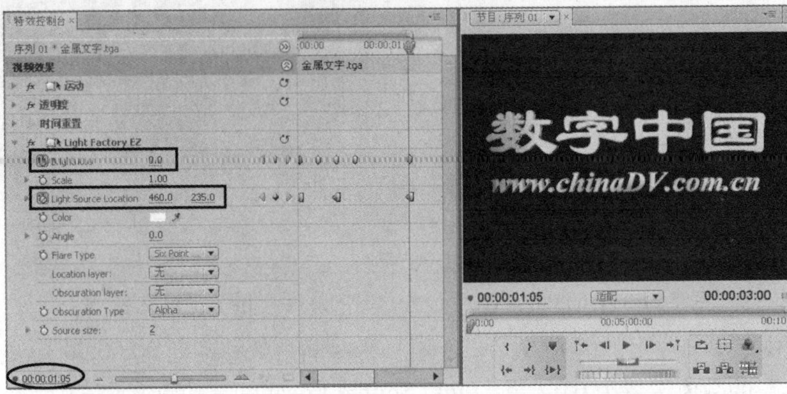

图 7-24　在 00:00:01:05 处设置“Brightness”和“Light Source Location”的关键帧参数

图 7-25　在 00:00:01:10 处设置“Brightness”的关键帧参数

12）制作文字“国”上的闪光效果。方法：将时间滑块移动到 00:00:01:15 的位置，然后将“Brightness”的数值设置为 0.0，将“Light Source Location”的数值设置为（593.0，245.0），如图 7-26 所示。接着将时间滑块移动到 00:00:01:20 的位置，将“Brightness”的数值设置为 100.0，如图 7-27 所示。最后将时间滑块移动到 00:00:02:00 的位置，将“Brightness”设为 0，如图 7-28 所示。

图 7-26　在 00:00:01:15 处设置“Brightness”和“Light Source Location”的关键帧参数

图 7-27　在 00:00:01:20 处设置“Brightness”的关键帧参数

图 7-28　在 00:00:02:00 处设置“Brightness”的关键帧参数

13）至此，整个闪光文字效果制作完毕，选择“文件 | 导出 | 媒体”命令，将其输出为“闪光文字效果 .avi”文件。

7.3　课后练习

1）利用配套光盘中的“素材及结果 \ 第 7 章 外挂特效的应用 \ 课后练习 \ 练习 1\ 文字 .psd”图片，制作金属扫光文字效果，如图 7-29 所示。结果可参考配套光盘中的“素材及结果 \ 第 7 章 外挂特效的应用 \ 课后练习 \ 练习 1\ 练习 1.prproj”文件。

图 7-29　练习 1 的效果

2）利用配套光盘中的“素材及结果 \ 第 7 章 外挂特效的应用 \ 课后练习 \ 练习 2\ 文字 Alpha.psd”图片，制作闪光文字效果，如图 7-30 所示。结果可参考配套光盘中的“素材及结果 \ 第 7 章 外挂特效的应用 \ 课后练习 \ 练习 2\ 练习 2.prproj”文件。

图 7-30　练习 2 的效果

第 3 部分　综合实例演练

■第 8 章　综合实例

第8章　综合实例

本章重点

通过前面 7 章的学习，读者已经掌握了 Premiere Pro CS4 相关的基础知识。本章将综合利用前面 7 章的知识，制作两个综合实例。通过本章学习，读者应能够独立完成相关的剪辑操作。

8.1　制作伴随着打字声音的打字效果

要点：

本例将利用 3 种方法来制作影视中常见的伴随着打字声音的打字效果，如图 8-1 所示。通过本例学习应掌握多序列、“裁剪”和“8 点无用信号遮罩”视频特效、以及添加音频的应用。

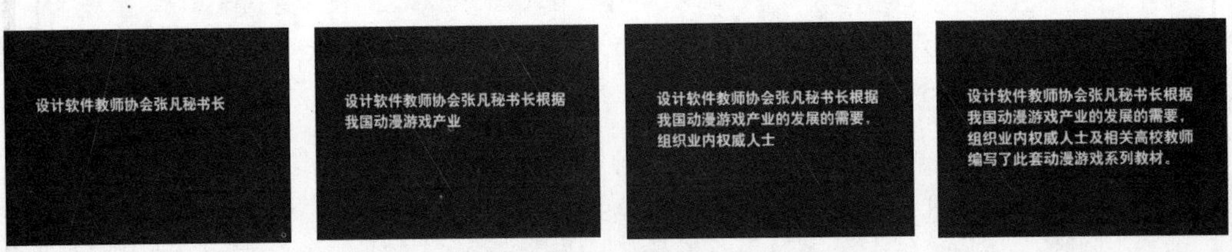

图 8-1　伴随着打字声音的打字效果

操作步骤：

1. 制作伴随着打字声音的打字效果方法1

(1) 创建字幕

1) 启动 Premiere Pro CS4，然后单击“新建项目”按钮，新建一个名称为“伴随着打字声音的打字效果”，编辑模式为标准 48kHz 的 DV-PAL 制的项目文件。

2) 单击“项目”面板下方的 (新建分项) 按钮，从弹出的快捷菜单中选择“字幕”命令，然后在弹出的“新建字幕”对话框中保持默认参数，如图 8-2 所示，单击“确定”按钮，进入“字幕 01”字幕的设计窗口。

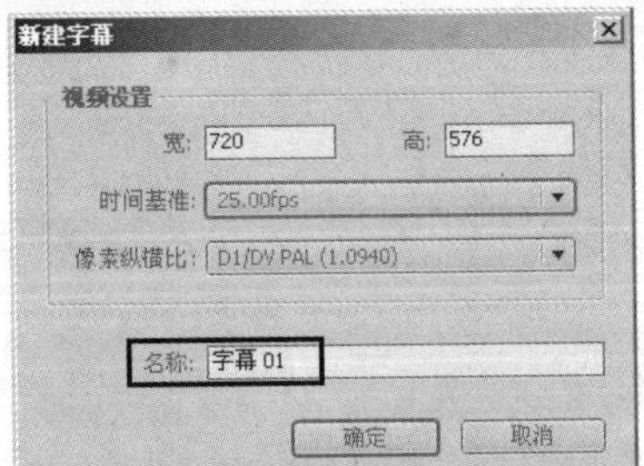

图 8-2　“新建字幕”对话框

3）打开配套光盘中的“素材及结果 \ 第 8 章 综合实例 \8.1 制作伴随着打字声音的打字效果 \ 文字 .txt”文件，如图 8-3 所示。然后按快捷键〈Ctrl+A〉全选文字，再按快捷键〈Ctrl+C〉进行复制。接着回到字幕设计窗口，选择工具箱中的 （文字工具），在字幕设计窗口中拖拉出一文字区域，最后按快捷键〈Ctrl+V〉进行粘贴，结果如图 8-4 所示。

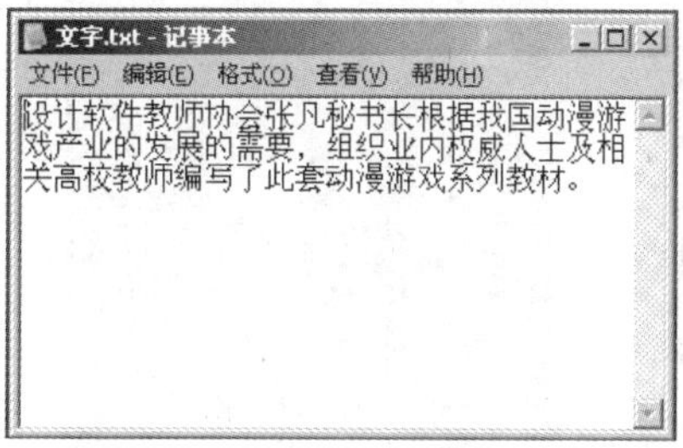

图 8-3　打开“文字 .txt”文件

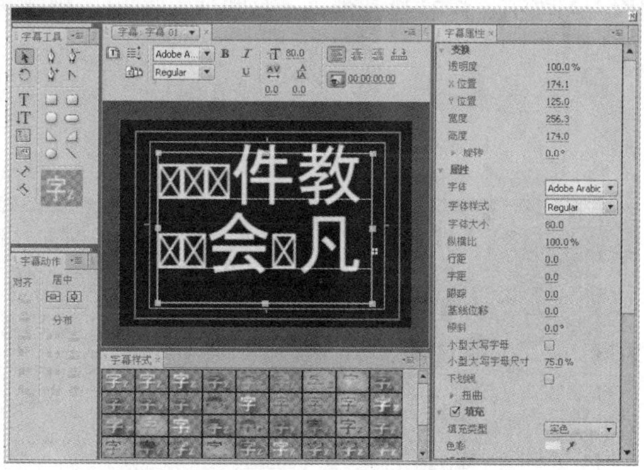

图 8-4　粘贴文字后的效果

4）此时字体会出现乱码现象，这是因为字体不正确的原因，下面选中文字，然后在右侧的“字幕属性”面板中设置“字体”为 HYDaHeiJ，“字体大小”为 35，“行距”为 20 即可，接着单击左侧“字幕动作”面板中的 （垂直居中）和 （水平居中）按钮，将文字居中对齐，结果如图 8-5 所示。

5）单击字幕设计窗口右上角的 按钮，关闭字幕设计窗口，此时创建的“字幕 01”字幕会自动添加到“项目”面板中，如图 8-6 所示。

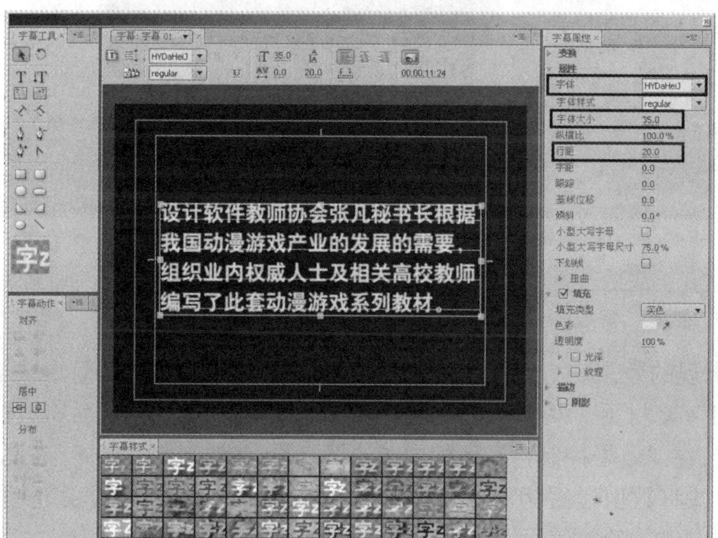

图 8-5　调整文字属性后的效果

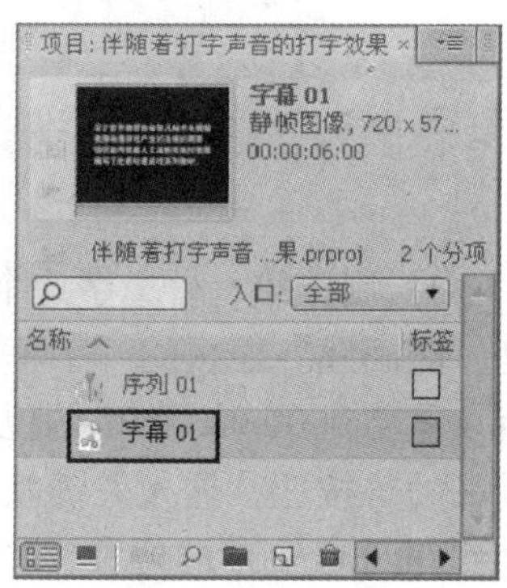

图 8-6　“项目”面板

（2）制作第 1 行文字的打字效果

1）从“项目”面板中将“字幕 01”拖入“时间线”面板的“视频 1”轨道中，入点为 00:00:00:00，出点为 00:00:12:00，如图 8-7 所示。

2）在“效果”面板中展开“视频特效”文件夹，然后选择“变换”中的“裁剪”特效，如图 8-8 所示。接着将其拖入“时间线”面板“视频 1”轨道中的“字幕 01”素材上。

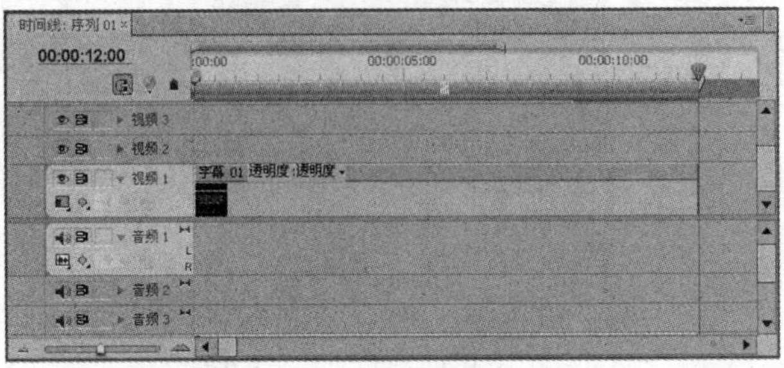

图 8-7 “时间线”面板

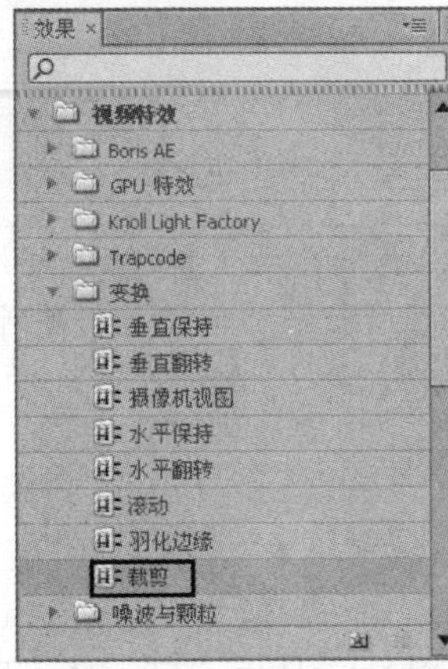

图 8-8 选择“裁剪”特效

3）制作只显示第 1 行文字的效果。方法：选择“视频 1”轨道中的“字幕 01”字幕素材，然后在“效果控制台”面板中将“裁剪”特效“底部”数值设置为 60.0%，如图 8-9 所示。

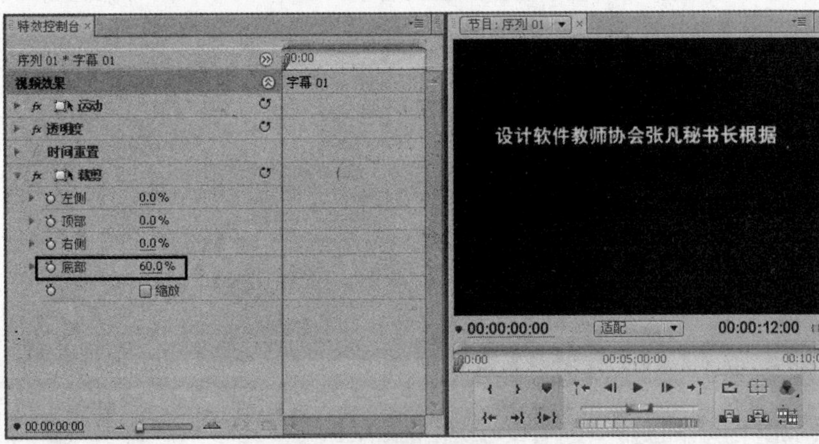

图 8-9 将“裁剪”特效的“底部”数值设置为 60.0% 的效果

4）制作第 1 行文字逐个出现的效果。方法：从“效果”面板中将“裁剪”特效再次拖到“时间线”面板的“字幕 01”素材上，从而给它添加第 2 个“裁剪”特效。然后将时间滑块移动到 00:00:00:00 的位置，在“效果控制台”面板中单击第 2 个“裁剪”特效中“右侧”前面的按钮，插入关键帧，并将数值设置为 90.0%，如图 8-10 所示。接着将时间滑块移动到 00:00:03:00 的位置，将“右侧”的数值设置为 9.0%，如图 8-11 所示。

5）在“节目”面板上单击按钮，即可看到第 1 行文字逐个出现的效果，如图 8-12 所示。

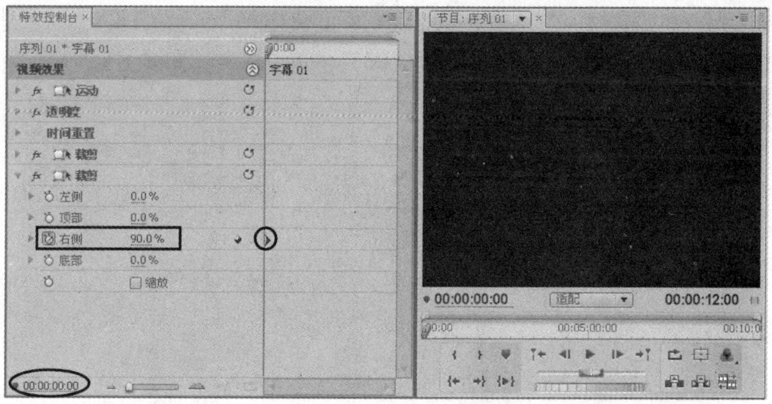

图 8-10　在 00:00:00:00 的位置插入“右侧”的关键帧，并将数值设置为 90.0%

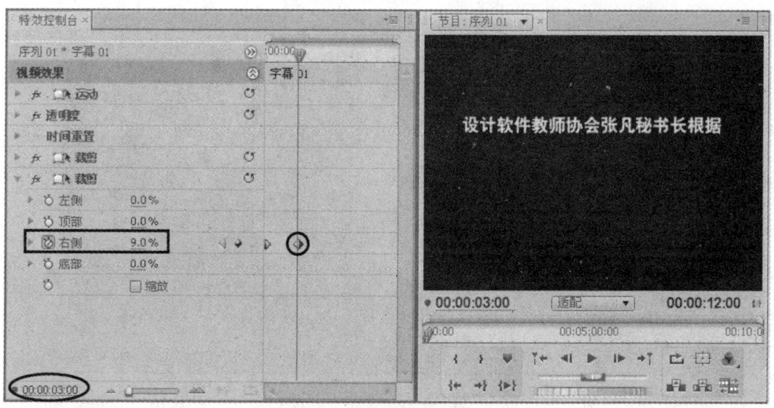

图 8-11　在 00:00:03:00 的位置将“右侧”的数值设置为 9.0%

图 8-12　第 1 行文字逐个出现的效果

（3）制作第 2 行文字的打字效果

1）从“项目”面板中将“字幕 01”拖入“时间线”面板的“视频 2”轨道中，入点为 00:00:03:00，出点为 00:00:12:00（即与“视频 1”中的“字幕 01”素材结尾对齐），如图 8-13 所示。

2）将“视频 1”轨道中的“字幕 01”字幕素材的两个“裁剪”特效复制给“视频 2”轨道中的“字幕 01”字幕素材。方法：选中“视频 1”轨道中的“字幕 01”字幕素材，然后在“效果控制台”面板中选择两个“裁剪”特效，按快捷键〈Ctrl+C〉进行复制。接着激活“视频 2”轨道，使之高亮显示，再选择“视频 2”轨道中的“字幕 01”素材，将时间滑块定位在 00:00:03:00 的位置，在“效果控制台”面板中按快捷键〈Ctrl+V〉进行粘贴。最后修改粘贴后的第 1 个“裁剪”参数，将“顶部”的数值设置为 40.0%，将“底部”的数值设置为 52.0%，如图 8-14 所示。

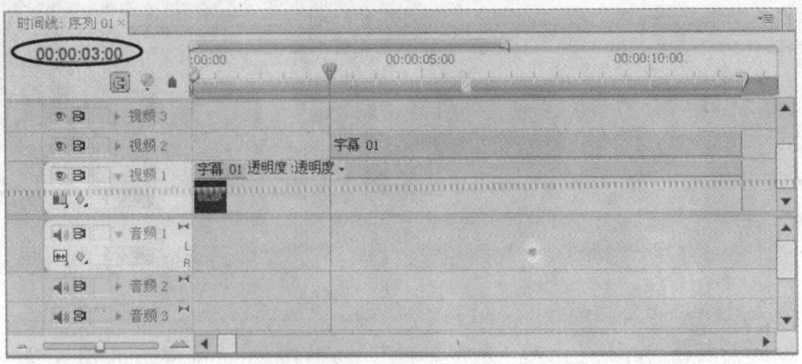

图 8-13　将“字幕 01”拖入“视频 2”轨道中

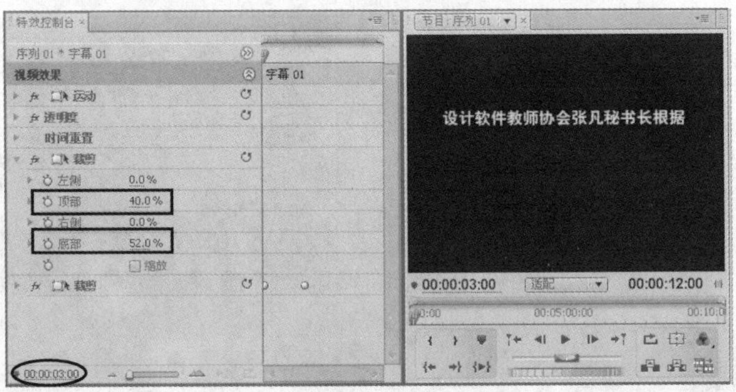

图 8-14　修改第 1 个“裁剪”特效的“顶部”和“底部”参数

3）在“节目”面板上单击▶按钮，即可看到第 2 行文字逐个出现的效果，如图 8-15 所示。

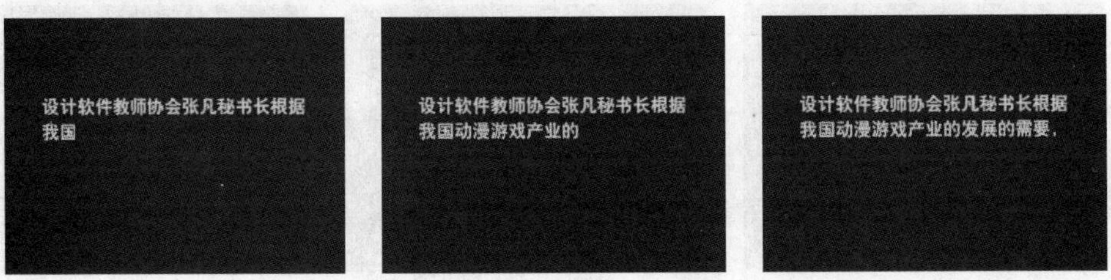

图 8-15　第 2 行文字逐个出现的效果

（4）制作第 3 行文字的打字效果

1）从“项目”面板中将“字幕 01”拖入“时间线”面板的“视频 3”轨道中，入点为 00:00:06:00，出点也为 00:00:12:00（即与“视频 1”中的“字幕 01”素材结尾对齐），如图 8-16 所示。

2）激活“视频 3”轨道，使之高亮显示，再选择“视频 3”轨道中的“字幕 01”素材，将时间滑块定位在 00:00:06:00 的位置，在“效果控制台”面板中按快捷键〈Ctrl+V〉进行粘贴。最后修改粘贴后的第 1 个“裁剪”参数，将“顶部”的数值设置为 49.0%，将“底部”的数值设置为 42.0%，如图 8-17 所示。

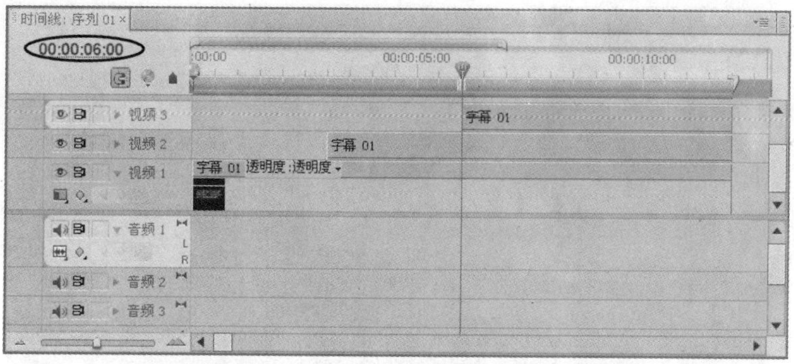

图 8-16　将“字幕 01”拖入“视频 3”轨道中

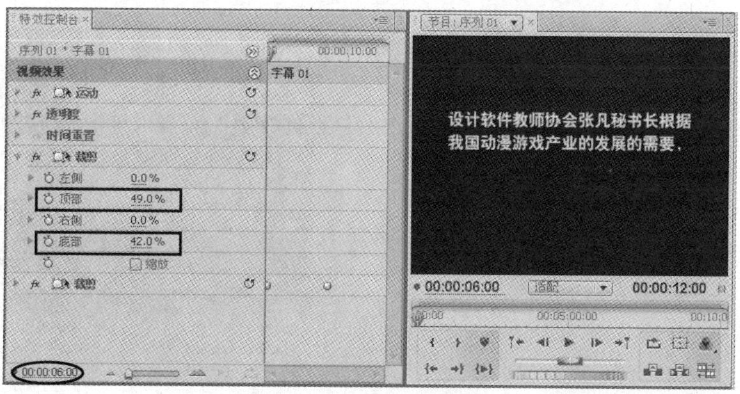

图 8-17　修改第 1 个“裁剪”特效的“顶部”和“底部”参数

3）在“节目”面板上单击▶按钮，即可看到第 3 行文字逐个出现的效果，如图 8-18 所示。

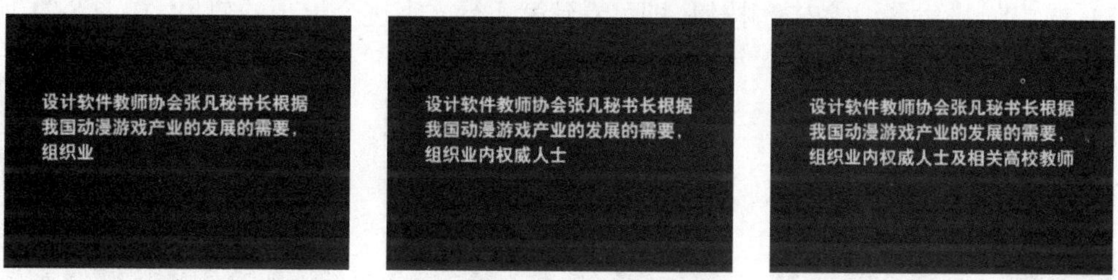

图 8-18　第 3 行文字逐个出现的效果

（5）制作第 4 行文字的打字效果

1）从“项目”面板中将“字幕 01”拖入“时间线”面板的“视频 3”的上方，此时会自动产生一个“视频 4”轨道，然后将拖入该轨道的“字幕 01”的入点设置为 00:00:09:00，出点也为 00:00:12:00（即与“视频 1”中的“字幕 01”素材结尾对齐），如图 8-19 所示。

2）激活“视频 4”轨道，使之高亮显示，再选择“视频 4”轨道中的“字幕 01”素材，将时间滑块定位在 00:00:09:00 的位置，在“效果控制台”面板中按快捷键〈Ctrl+V〉进行粘贴。最后修改粘贴后的第 1 个“裁剪”参数，将“顶部”的数值设置为 58.0%，将“底部”的数值设置为 0.0%，如图 8-20 所示。

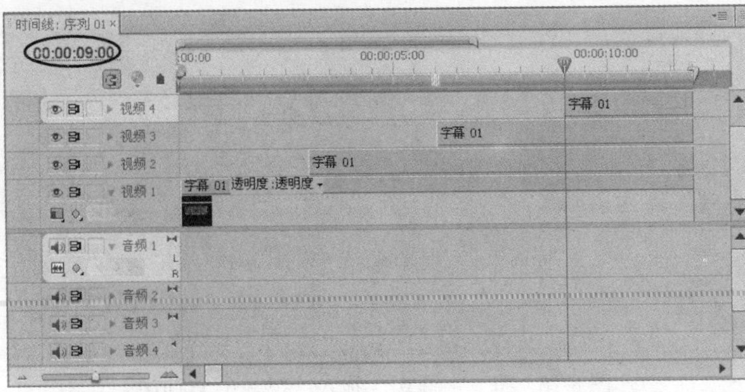

图 8-19 将“字幕 01”拖入“视频 4”轨道中

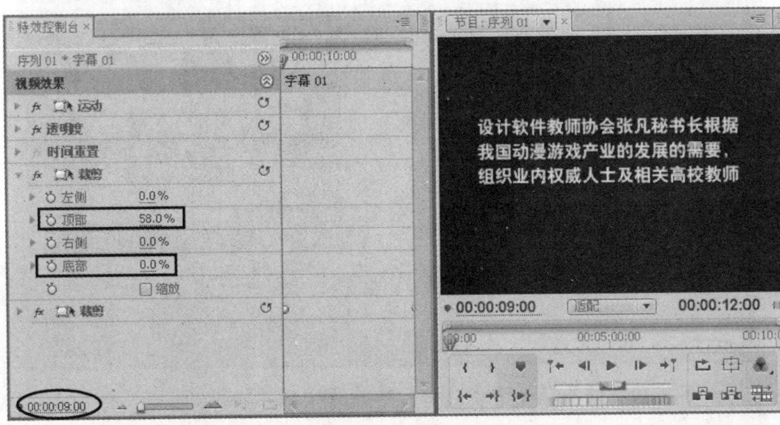

图 8-20 修改第 1 个“裁剪”特效的“顶部”和“底部”参数

3）在“节目”面板上单击▶按钮，即可看到第 4 行文字逐个出现的效果，如图 8-21 所示。

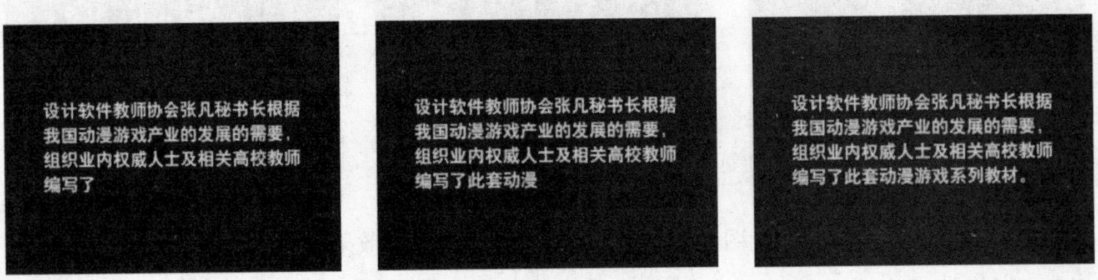

图 8-21 第 4 行文字逐个出现的效果

（6）添加打字声音

1）选择“文件 | 导入”命令，导入配套光盘中的“素材及结果 \ 第 8 章 综合实例 \8.1 制作伴随着打字声音的打字效果 \ 打字声音 .wav”文件。

2）从“项目”面板中将导入的“打字声音 .wav”拖入时间线音频轨道上，入点为 00:00:00:00，如图 8-22 所示。

3）至此，整个伴随着打字声音的打字效果制作完毕，选择“文件 | 导出 | 媒体”命令，将其输出为“伴随着打字声音的打字效果 1.avi”文件。

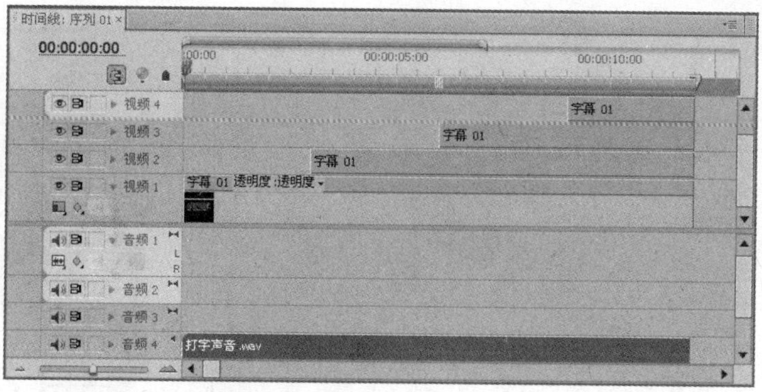

图 8-22　添加“打字声音 .wav”后的“时间线”面板

2. 制作伴随着打字声音的打字效果方法2

上面这种方法使用了 4 个轨道，如果遇到文字的行数较多，制作起来占用的轨道数会很多，这样不是很方便。此时可以采用下面这种只使用了两个轨道的打字效果的制作方法，具体制作步骤如下。

（1）创建“序列 02”

1）单击“项目”面板下方的（新建分项）按钮，从弹出的快捷菜单中选择“序列”命令，如图 8-23 所示。

2）在弹出的“新建序列”对话框中设置参数，如图 8-24 所示，单击“确定”按钮，进入“序列 02”的编辑状态，此时“项目”面板如图 8-25 所示。

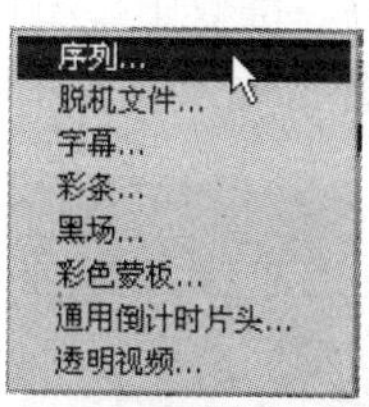

图 8-23　选择“序列”

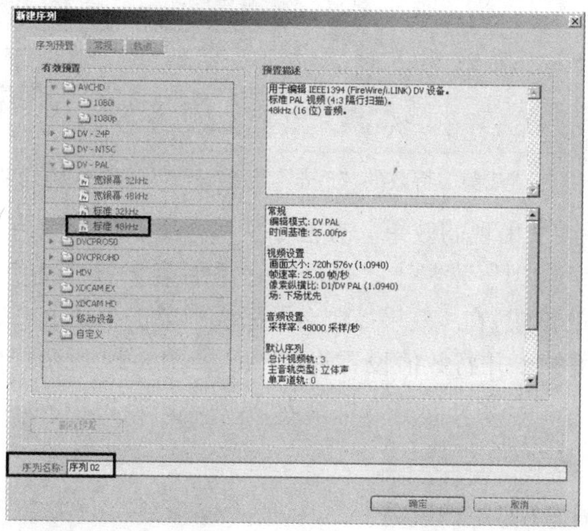

图 8-24　设置“序列 02”的参数

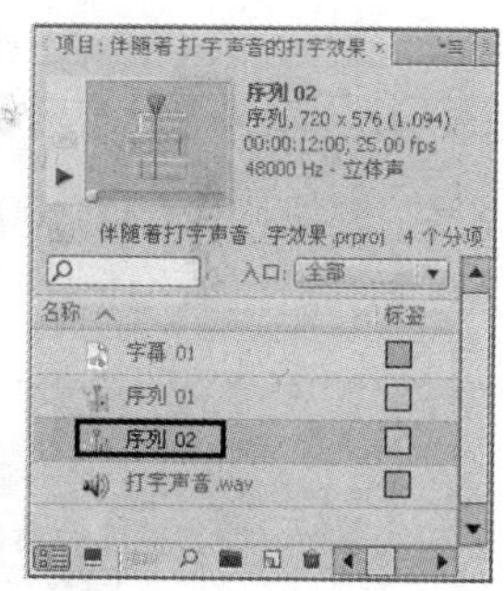

图 8-25　“项目”面板

（2）制作第 1 行文字的打字效果

1）从“项目”面板中将“字幕 01”拖入“时间线”面板的“视频 1”轨道中，入点为 00:00:00:00，出点为 00:00:03:00，如图 8-26 所示。

2）在“效果”面板中展开“视频特效”文件夹，然后选择“变换”中的“裁剪”特效，如图 8-27 所示。接着将其拖入“时间线”面板“视频 1”轨道中的“字幕 01”素材上。

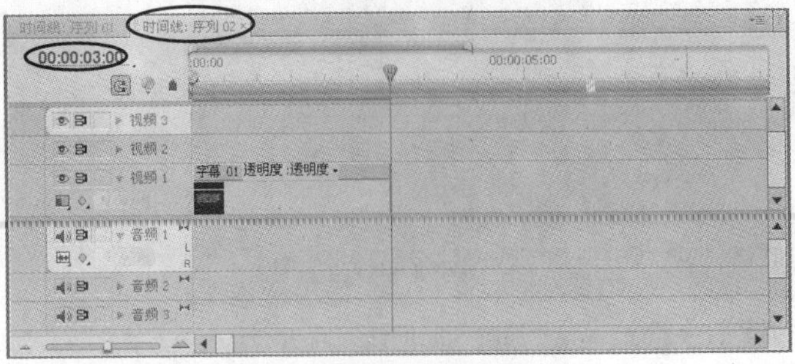

图 8-26 将“字幕 01”拖入“视频 1”轨道中

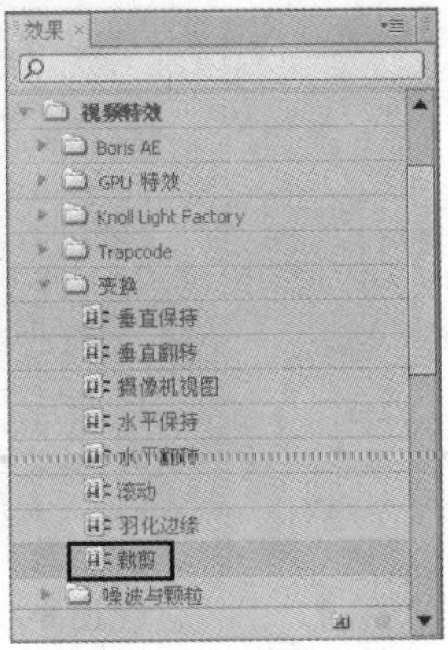

图 8-27 选择“裁剪”

3）制作只显示第 1 行文字的效果。方法：选择“视频 1”轨道中的“字幕 01”字幕素材，然后在“效果控制台”面板中将“裁剪”特效“底部”数值设置为 60.0%，如图 8-28 所示。

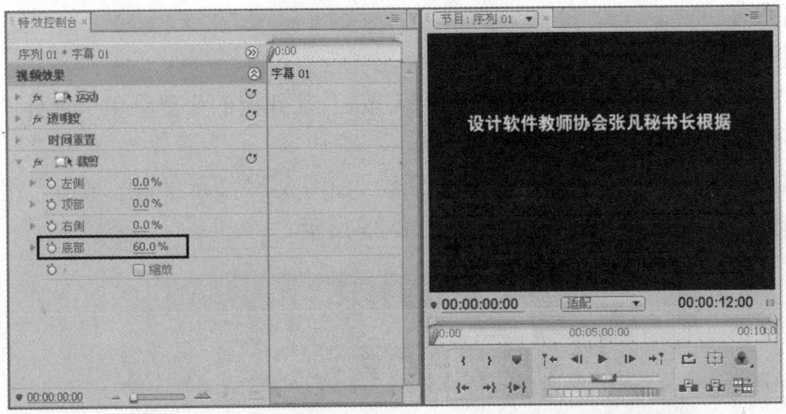

图 8-28 将“裁剪”特效的“底部”数值设置为 60.0% 的效果

4）制作第 1 行文字逐个出现的效果。方法：从“效果”面板中将“裁剪”特效再次拖到“时间线”面板的“字幕 01”素材上，从而给它添加第 2 个“裁剪”特效。然后将时间滑块移动到 00:00:00:00 的位置，在“效果控制台”面板中单击第 2 个“裁剪”特效中“右侧”前面的按钮，插入关键帧，并将数值设置为 90%，如图 8-29 所示。接着将时间滑块移动到 00:00:03:00 的位置，将“右侧”的数值设置为 9.0%，如图 8-30 所示。

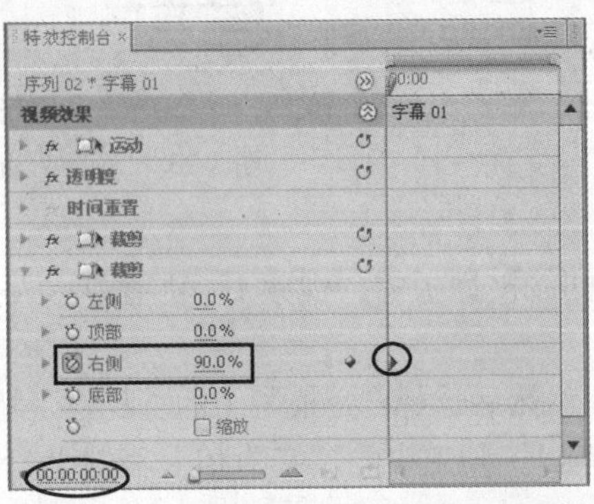

图 8-29 在 00:00:00:00 设置“右侧”的关键帧

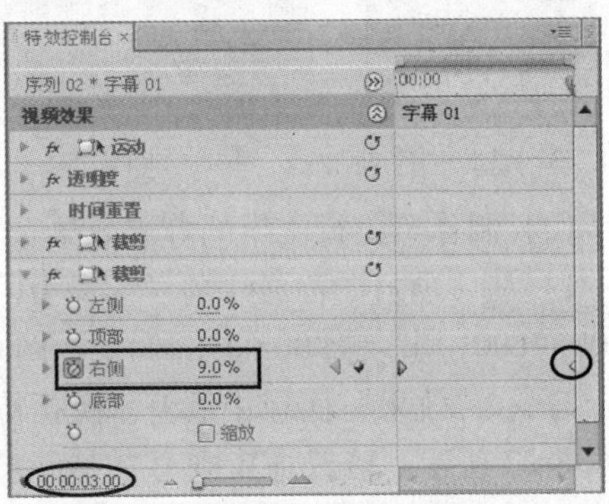

图 8-30 在 00:00:03:00 设置“右侧”的关键帧

5）在“节目”面板上单击▶按钮，即可看到第 1 行文字逐个出现的效果，如图 8-31 所示。

图 8-31　第 1 行文字逐个出现的效果

（3）制作第 2 ~ 4 行文字的打字效果

1）选中“时间线”面板“视频 1”轨道中的“字幕 01”素材，然后按快捷键〈Ctrl+C〉进行复制，接着依次在 00:00:03:00、00:00:06:00 和 00:00:09:00 处，按快捷键〈Ctrl+V〉进行粘贴，如图 8-32 所示。

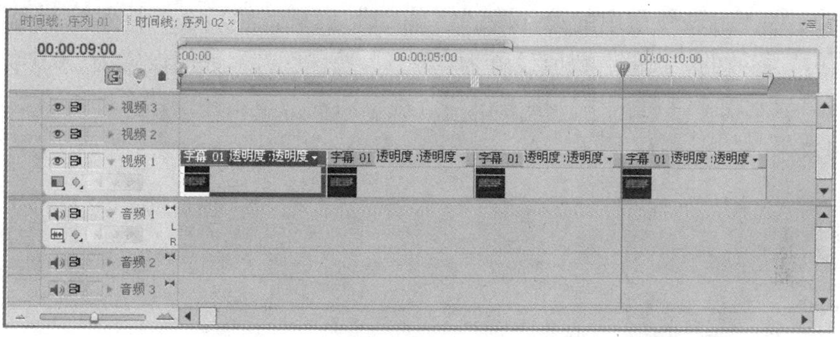

图 8-32　粘贴“字幕 01”素材后的“时间线”面板

2）选中“视频 1”轨道中的第 2 段“字幕 01”素材，然后在“特效控制台”面板中将第 1 个“裁剪”特效的“顶部”数值设置为“40.0%”，将“底部”数值设置为“52.0%”，如图 8-33 所示，从而只显示出第 2 行文字。接着在“节目”面板上单击▶按钮，即可看到第 2 行文字逐个出现的效果，如图 8-34 所示。

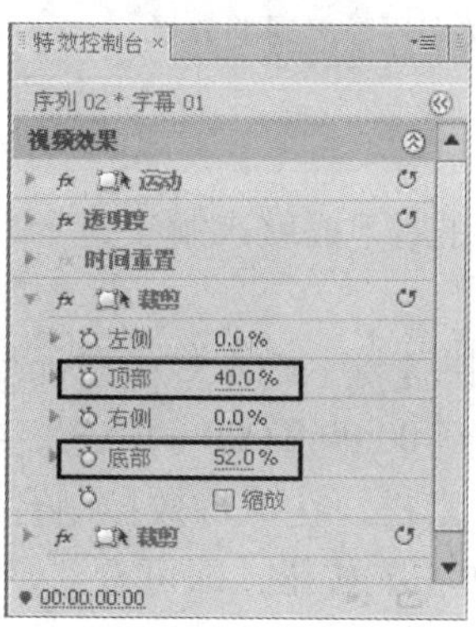

图 8-33　修改“顶部”和“底部”参数

图 8-34　看到第 2 行文字逐个出现的效果

3）选中“视频 1”轨道中的第 3 段“字幕 01”素材，然后在“特效控制台”面板中将第 1 个“裁剪”特效的“顶部”数值设置为“49.0%”，将“底部”数值设置为“42.0%”，如图 8-35 所示，从而只显示出第 3 行文字。接着在“节目”面板上单击▶按钮，即可看到第 3 行文字逐个出现的效果，如图 8-36 所示。

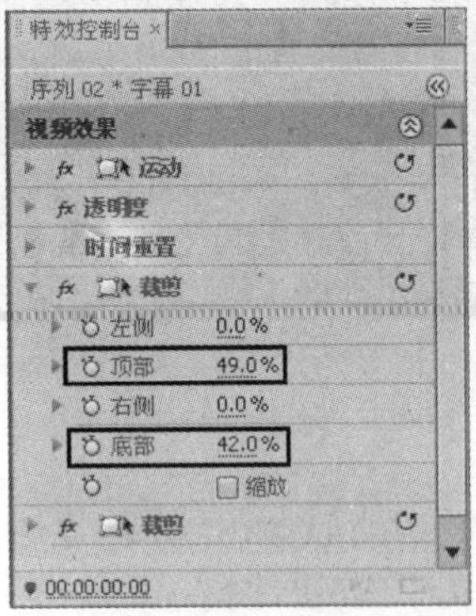

图 8-35 修改“顶部”和“底部”参数

图 8-36 看到第 3 行文字逐个出现的效果

4）选中“视频 1”轨道中的第 4 段“字幕 01”素材，然后在“特效控制台”面板中将第 1 个“裁剪”特效的“顶部”数值设置为“58%”，将“底部”数值设置为“0.0%”，如图 8-37 所示，从而只显示出第 4 行文字。接着在“节目”面板上单击▶按钮，即可看到第 4 行文字逐个出现的效果，如图 8-38 所示。

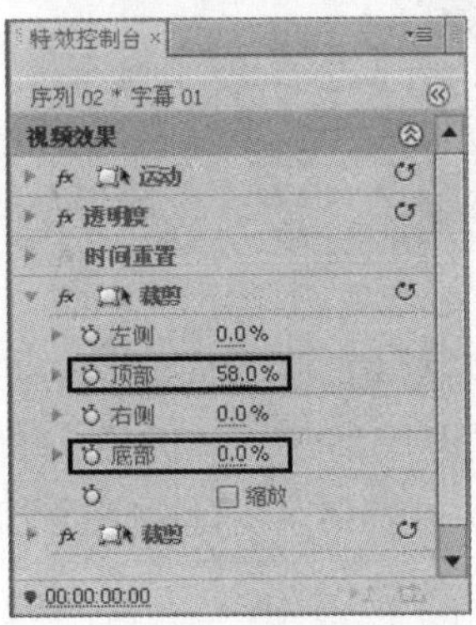

图 8-37 修改“顶部”和“底部”参数

图 8-38 看到第 4 行文字逐个出现的效果

（4）制作打过的文字不消失的效果

此时文字换入下一行后，前面的文字便消失了，这是不正常的，下面就来解决这个问题。具体步骤如下。

1）选中“视频 1”轨道中的第 1 段“字幕 01”素材，按快捷键〈Ctrl+C〉进行复制，然后选中“视频 2”轨道使其高亮显示，接着将时间滑块移动到 00:00:03:00 的位置，按快捷键〈Ctrl+V〉进行粘贴，如图 8-39 所示。最后选中粘贴后的素材，在“特效控制台”面板中将第 2 个“裁剪”特效进行删除。此时在“节目”面板上单击▶按钮，即可看到，在第 1 行文字不消失的情况下，第 2 行文字逐个出现的效果，如图 8-40 所示。

2）选中“视频 2”轨道上的第 2 段素材，按快捷键〈Ctrl+C〉进行复制，然后选中“视频 2”使其高亮显示，接着将时间滑块移动到 00:00:06:00 的位置，按快捷键〈Ctrl+V〉进行粘贴，如图 8-41 所示。最后选中粘贴后的素材，在“特效控制台”面板中将第 2 个“裁剪”

特效进行删除，并将第 1 个“裁剪”特效中的“顶部”的数值设置为 0.0%，“底部”的数值设置为 52.0%，如图 8-42 所示。此时在“节目”面板上单击▶按钮，即可看到，在第 1、2 行文字不消失的情况下，第 3 行文字逐个出现的效果，如图 8-43 所示。

图 8-39　在“视频 2”的 00:00:03:00 的位置粘贴“字幕 01”素材后的“时间线”面板

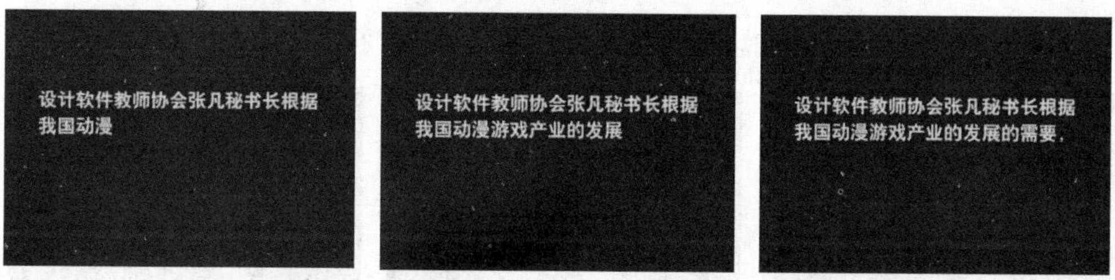

图 8-40　在第 1 行文字不消失的情况下，第 2 行文字逐个出现的效果

图 8-41　在 00:00:06:00 的位置粘贴“字幕 01”素材

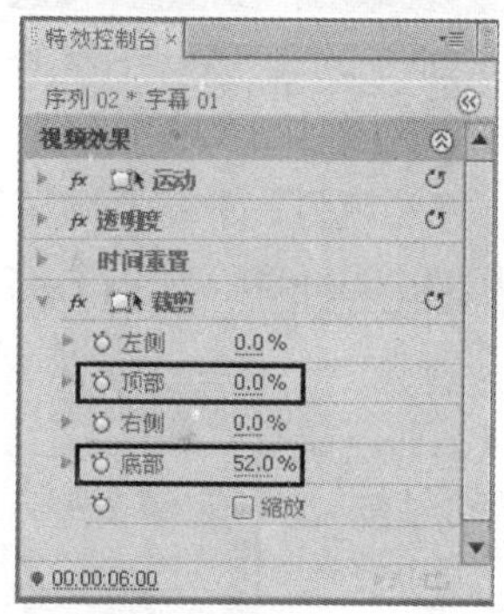

图 8-42　修改“顶部”和“底部”参数

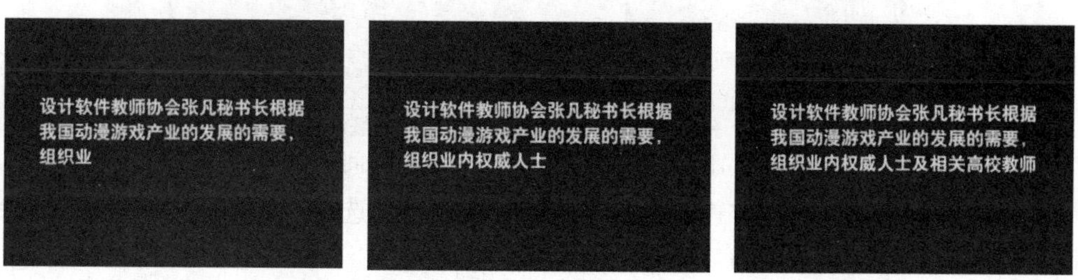

图 8-43　在第 1、2 行文字不消失的情况下，第 3 行文字逐个出现的效果

3）选中“视频 1”轨道上的第 3 段“字幕 01”素材，按快捷键〈Ctrl+C〉进行复制，然后选中“视频 2”使其高亮显示，接着将时间滑块移动到 00:00:09:00 的位置，按快捷键

〈Ctrl+V〉进行粘贴，如图 8-44 所示。最后选中粘贴后的素材，在“特效控制台”面板中将第 2 个“裁剪”特效进行删除，并将第 1 个“裁剪”特效中的“顶部”的数值设置为 0.0%，“底部”的数值设置为 42.0%,如图 8-45 所示。此时在“节目”面板上单击▶按钮,即可看到，在第 1 ~ 3 行文字不消失的情况下，第 4 行文字逐个出现的效果，如图 8-46 所示。

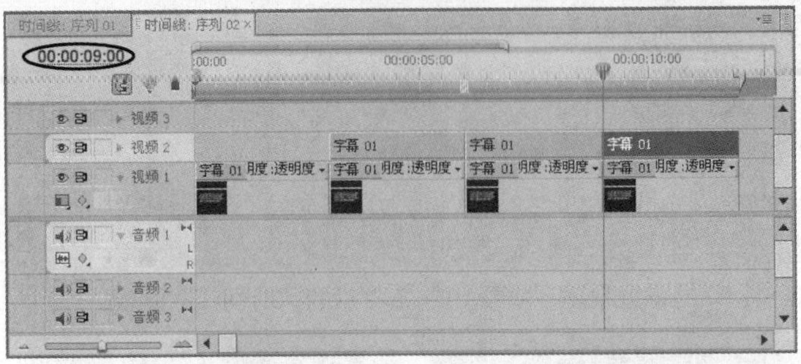

图 8-44　在 00:00:09:00 的位置粘贴“字幕 01”素材

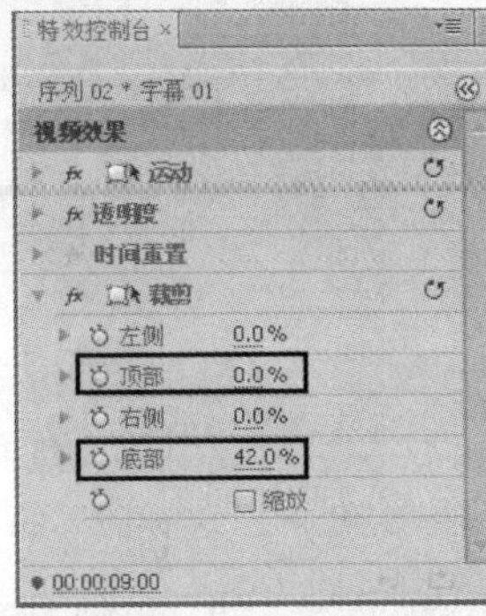

图 8-45　修改“顶部”和“底部”参数

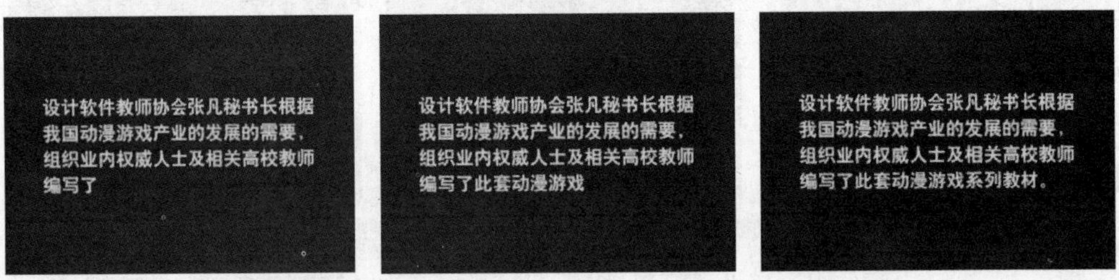

图 8-46　在第 1~3 行文字不消失的情况下，第 4 行文字逐个出现的效果

（5）添加打字声音

1）从“项目”面板中将导入的“打字声音 .wav”拖入“时间线”面板的“音频 4”轨道上，入点为 00:00:00:00，如图 8-47 所示。

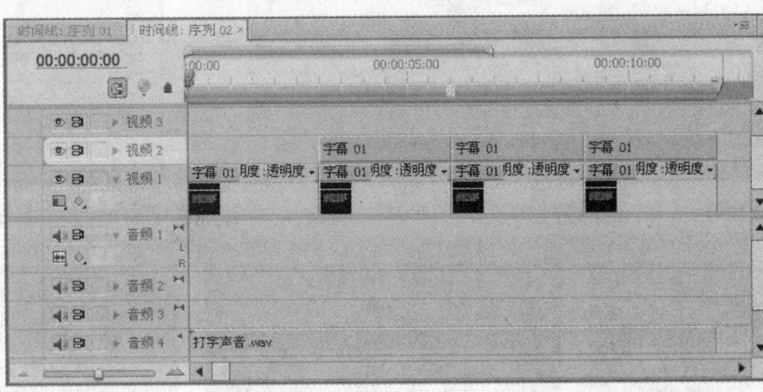

图 8-47　添加“打字声音 .wav”后的“时间线”面板

2）至此，整个伴随着打字声音的打字效果制作完毕，选择“文件 | 导出 | 媒体”命令，将其输出为“伴随着打字声音的打字效果 2.avi”文件。

3. 制作伴随着打字声音的打字效果方法3

前面两种打字方法使用的是“裁剪”视频特效，下面将使用一种新的“8 点无用信号遮罩”视频特效来制作打字效果，具体操作步骤如下。

(1) 创建“序列 03”

1）单击“项目”面板下方的（新建分项）按钮，从弹出的快捷菜单中选择“序列”命令，然后在弹出的“新建序列”对话框中设置参数，如图 8-48 所示，单击“确定”按钮，进入“序列 03”的编辑状态，此时“项目”面板如图 8-49 所示 。

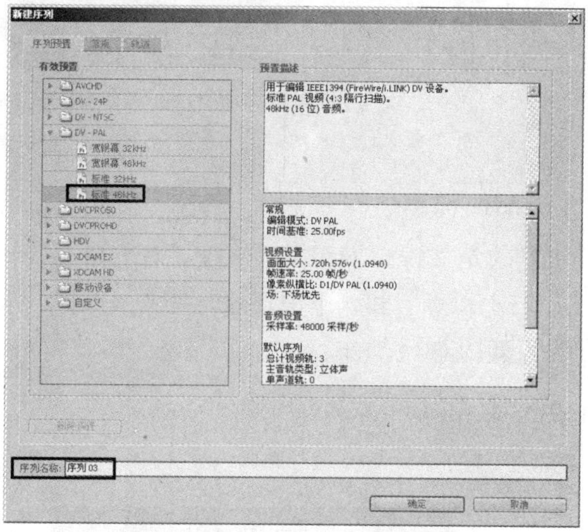

图 8-48 设置“序列 03”的参数

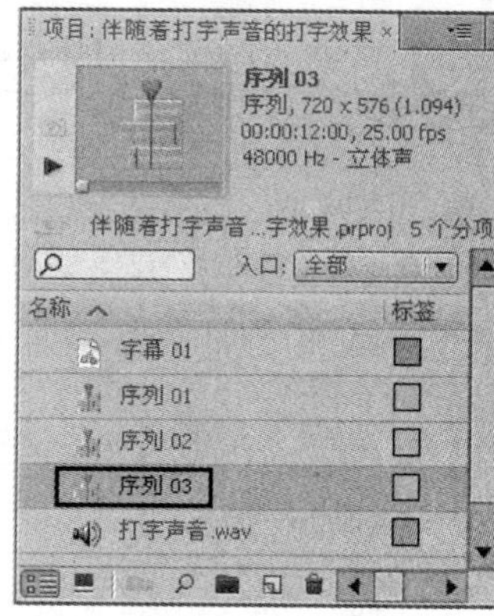

图 8-49 “项目”面板

2）从“项目”面板中将“字幕 01”拖入“时间线”面板的“视频 1”轨道中，入点为 00:00:00:00，出点为 00:00:12:00，如图 8-50 所示。

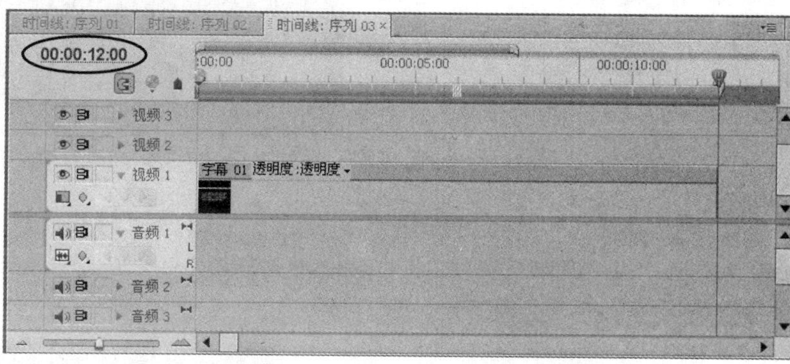

图 8-50 将“字幕 01”拖入“视频 1”轨道中

(2) 制作第 1 行文字逐个出现的效果

1）在“效果”面板中展开“视频特效”文件夹，然后选择“键控”中的“8 点无用信号遮罩”特效，如图 8-51 所示。接着将其拖入“时间线”面板“视频 1”轨道中的“字幕 01”素材上。

2）选中“时间线”面板中的“字幕 01”素材，然后在“特效控制台”面板中将时间滑块移动到 00:00:00:00 的位置，再将“上中切点”的数值设置为 (720.0，0.0)。接着分别单击“右上顶点”、“右中切点”、“下右顶点”和“下中切点”前的按钮，插入关键帧。最后将“右上顶点”的数值设置为 (720.0，180.0)，将“右中切点”的数值设置为 (70.0，180.0)，将“下右顶点”的数值设置为 (70.0，225.0)，将“下中切点”的数值设置为 (0.0，225.0)，如图 8-52 所示。

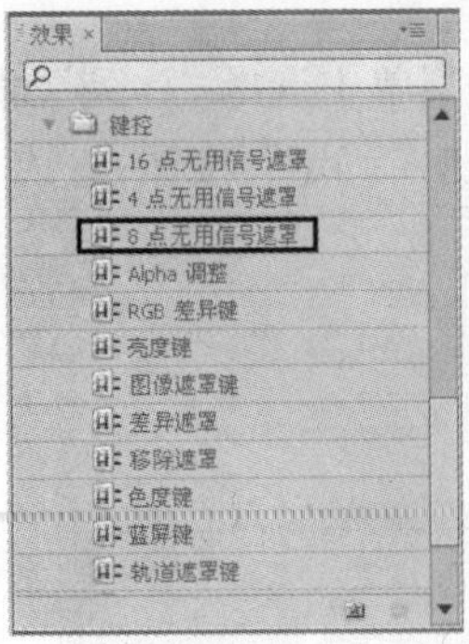

图 8-51　选择“8 点无用信号遮罩”

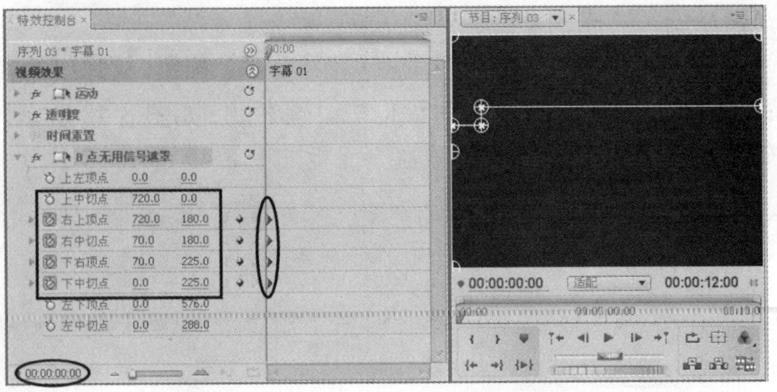

图 8-52　在 00:00:00:00 调整“8 点无用信号遮罩”的关键帧参数

3）为了使第 1 行文字出现后能够马上转入第 2 行，下面需要修改“右上顶点”和“下中切点”的关键帧属性。方法：分别右击“右上顶点”和“下中切点”处的关键帧，从弹出的快捷菜单中选择“临时插值 | 保持”命令，如图 8-53 所示。

提示：如果不改变关键帧的属性，以后会出现图8-54所示的错误。

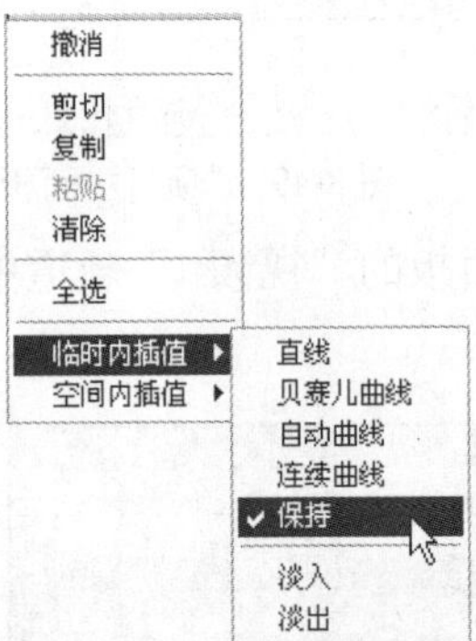

图 8-53　选择“临时的插值 | 保持”命令

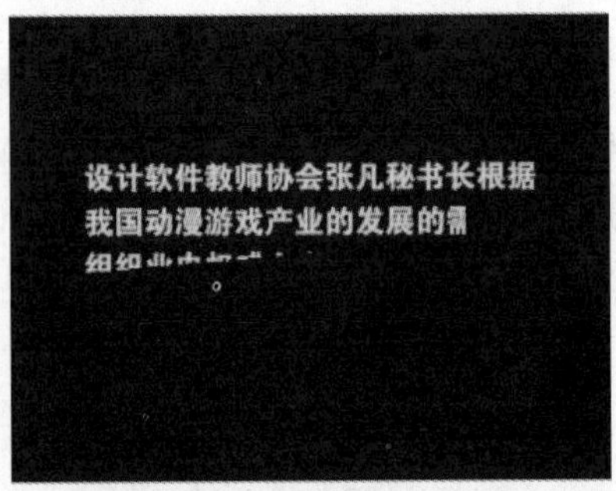

图 8-54　更改后的关键帧显示

4）将时间滑块移动到 00:00:02:24 的位置，将“右中切点”的数值设置为（650.0，180.0），将“下右顶点”的数值设置为（650.0，225.0），如图 8-55 所示。

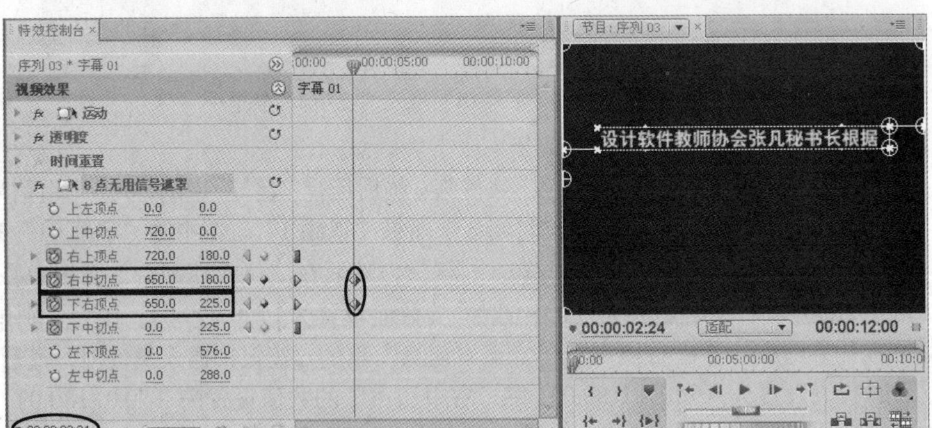

图 8-55　在 00:00:02:24 调整“右中切点”和“下右顶点”的数值

（3）制作第 2 行文字逐个出现的效果

1）将时间滑块移动到 00:00:03:00 的位置，将“右上顶点”的数值设置为（720.0，225.0），将“右中切点”的数值设置为（70.0，225.0），将“下右顶点”的数值设置为（70.0，280.0），“下中切点”的数值设置为（0.0，280.0），如图 8-56 所示。

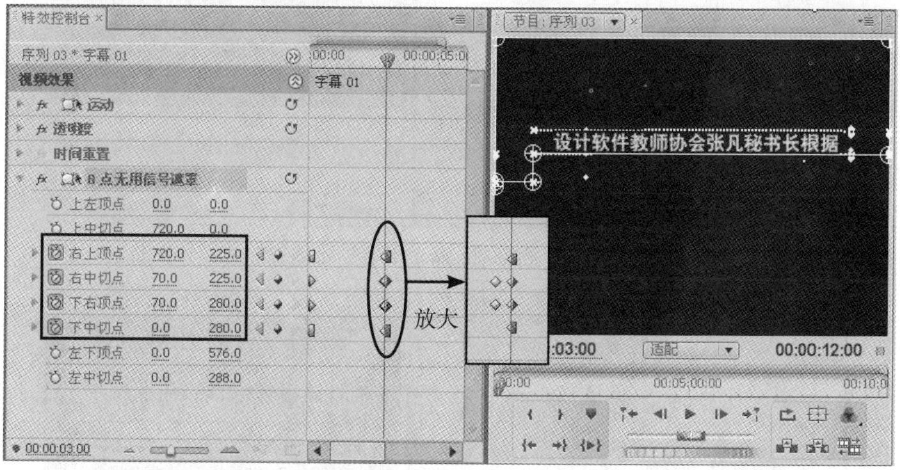

图 8-56　在 00:00:03:00 调整“8 点无用信号遮罩”的关键帧参数

2）将时间滑块移动到 00:00:05:24 的位置，将“右中切点”的数值设置为（650.0，225.0），将“下右顶点”的数值设置为（650.0，280.0），如图 8-57 所示。

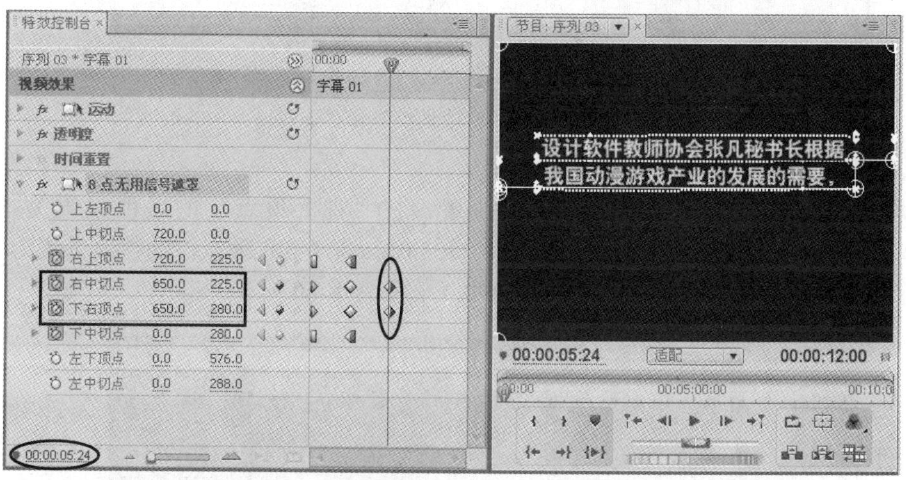

图 8-57　在 00:00:05:24 调整“右中切点”和“下右顶点”的数值

（4）制作第 3 行文字逐个出现的效果

1）将时间滑块移动到 00:00:06:00 的位置，将“右上顶点”的数值设置为（720.0，280.0），将“右中切点”的数值设置为（70.0，280.0），将“下右顶点”的数值设置为（70.0，335.0），“下中切点”的数值设置为（0.0，335.0），如图 8-58 所示。

2）将时间滑块移动到 00:00:08:24 的位置，将“右中切点”的数值设置为（650.0，280.0），将“下右顶点”的数值设置为（650.0，335.0），如图 8-59 所示。

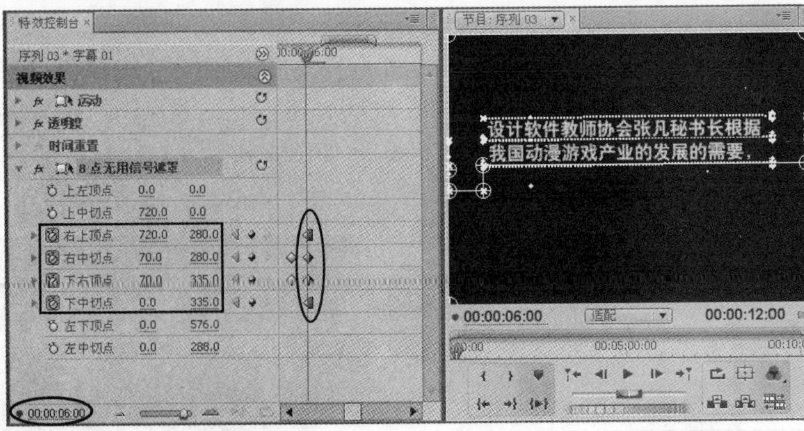

图 8-58 在 00:00:06:00 调整“8 点无用信号遮罩”的关键帧参数

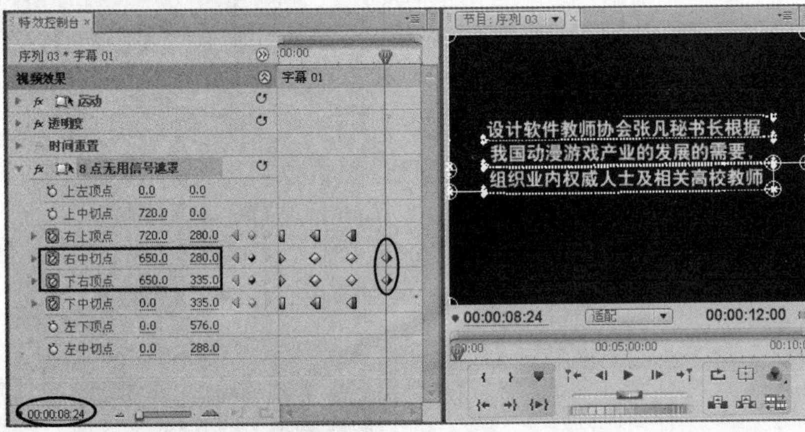

图 8-59 在 00:00:08:24 调整“右中切点”和“下右顶点”的数值

（5）制作第 4 行文字逐个出现的效果

1）将时间滑块移动到 00:00:09:00 的位置，将“右上顶点”的数值设置为（720.0，335.0），将“右中切点”的数值设置为（70.0，335.0），将“下右顶点”的数值设置为（70.0，390.0），“下中切点”的数值设置为（0.0，390.0），如图 8-60 所示。

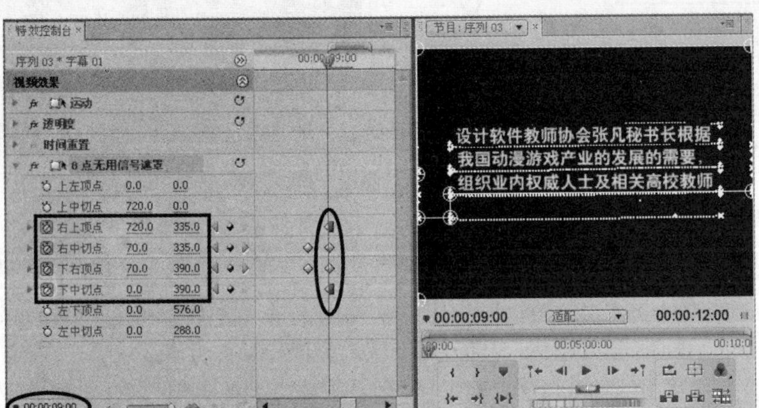

图 8-60 在 00:00:09:00 调整“8 点无用信号遮罩”的关键帧参数

2）将时间滑块移动到 00:00:11:24 的位置，将“右中切点”的数值设置为（650.0，335.0），将“下右顶点”的数值设置为（650.0，390.0），如图 8-61 所示。

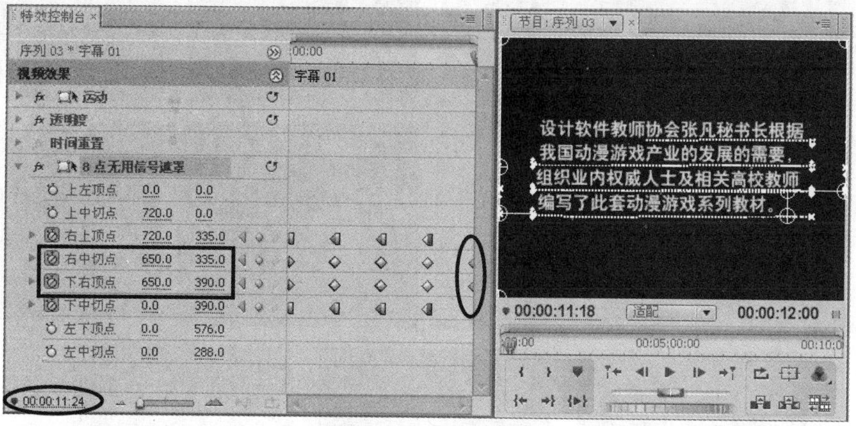

图 8-61　在 00:00:11:24 调整“右中切点”和“下右顶点”的数值

（6）添加打字声音

1）从“项目”面板中将导入的“打字声音 .wav”拖入“时间线”面板的“音频 4”轨道上，入点为 00:00:00:00，如图 8-62 所示。

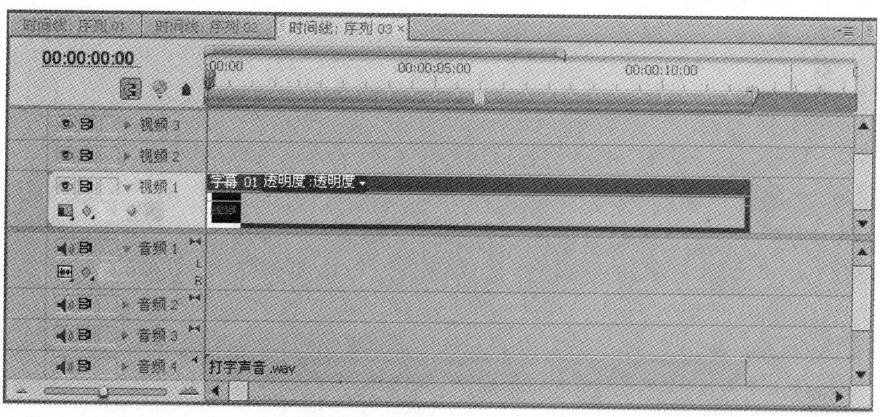

图 8-62　添加“打字声音 .wav”后的“时间线”面板

2）至此，整个伴随着打字声音的打字效果制作完毕，选择“文件 | 导出 | 媒体”命令，将其输出为“伴随着打字声音的打字效果 3.avi”文件。

8.2　制作配乐唐诗效果

要点：

本例将制作静态图片产生镜头拉神和文字遮罩的动画效果，如图 8-63 所示。通过本例学习应掌握设置图像默认持续时间、“径向划变”视频切换、“颜色键”视频特效、透明度的变化、黑场视频和通用倒计时片头的综合应用。

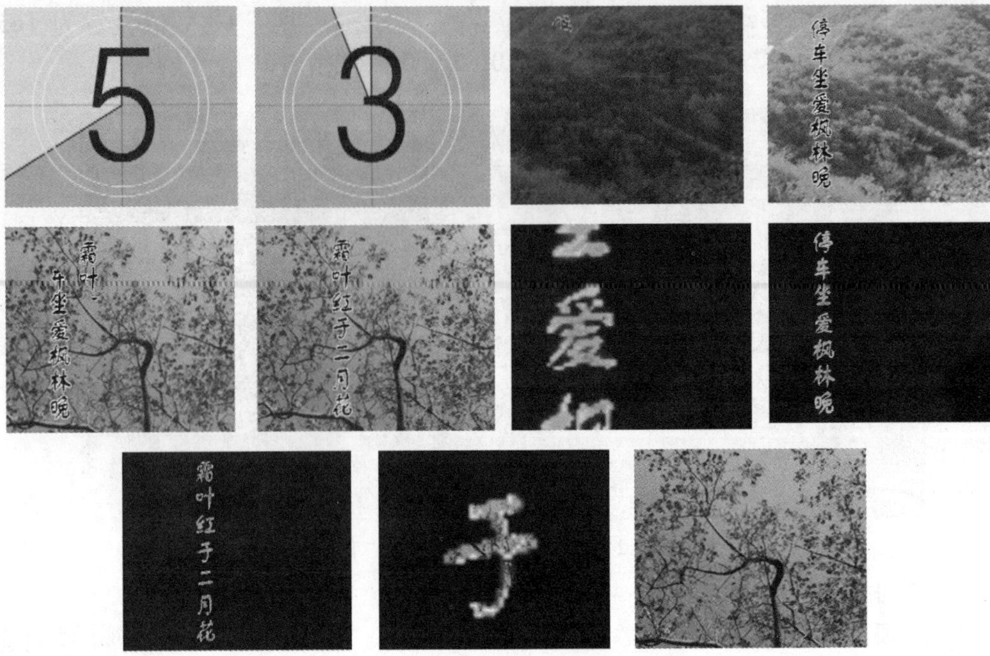

图 8-63　配乐唐诗效果

操作步骤:

1. 编辑图片素材

1）新建项目文件。方法:启动 Premiere Pro CS4，然后单击“新建项目”按钮，如图 8-64 所示。接着在弹出的“新建项目”对话框中的“名称”文本框中输入“配乐唐诗效果”，如图 8-65 所示，单击“确定”按钮。最后在弹出的“新建序列”对话框中单击“常规”选项卡，设置参数如图 8-66 所示，单击“确定”按钮。

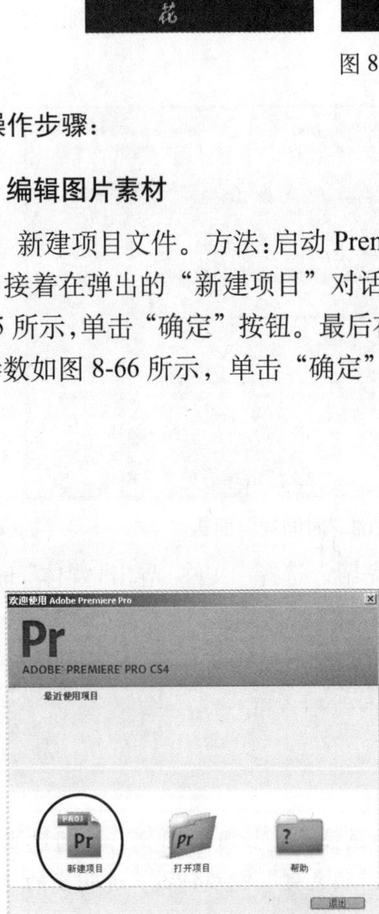

图 8-64　单击“新建项目”按钮

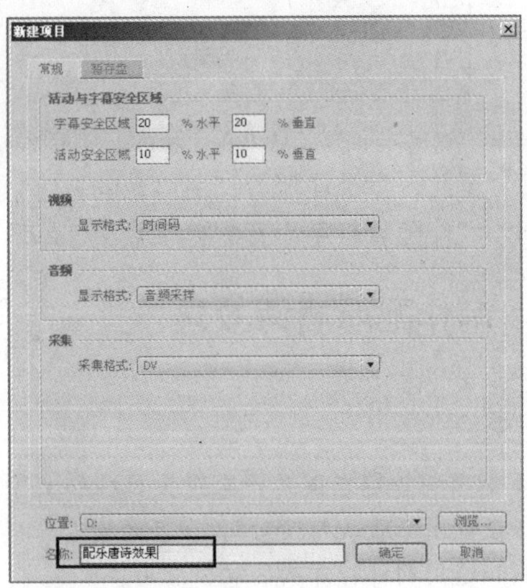

图 8-65　输入名称

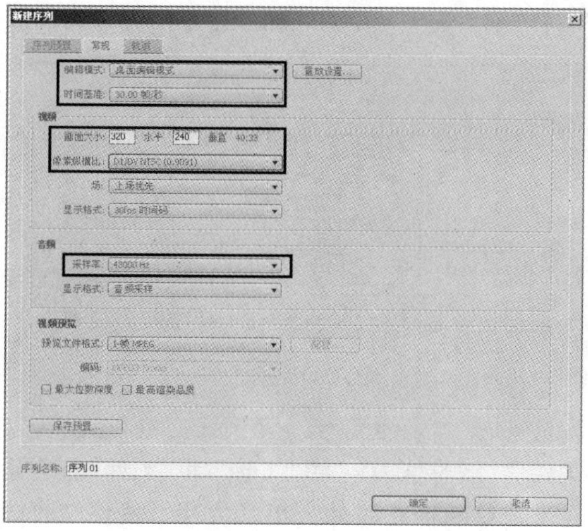

图 8-66 设置“常规”选项卡的参数

2)为了便于下面操作,下面将静态图片默认长度设为 5 秒。方法:选择“编辑 | 参数 | 常规”命令,在弹出的对话框中设置“静帧图像默认持续时间”为 150 帧,如图 8-67 所示。然后在“参数”对话框左侧选择“媒体”,再在右侧将“不确定的媒体时间基准”设置为 30.00fps,如图 8-68 所示，单击“确定”按钮。

提示：由于前面设置的“时间基准”为30帧/秒，因此150帧正好是5秒。

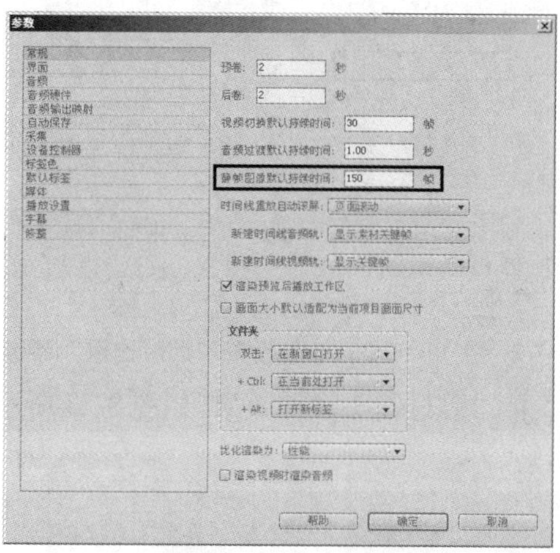

图 8-67 设置“静帧图像默认持续时间”为 150 帧

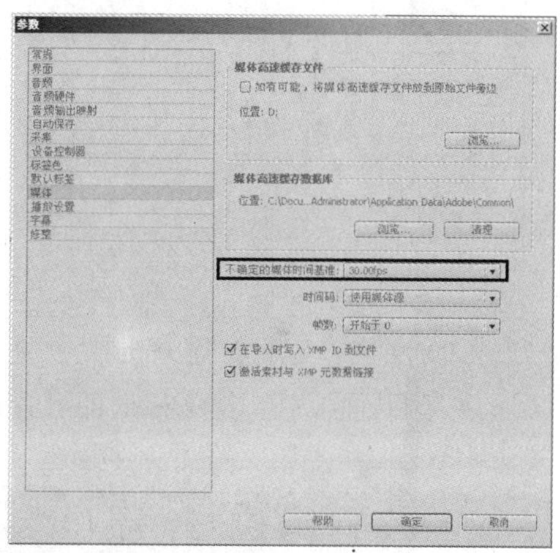

图 8-68 将“不确定的媒体时间基准”设置为 30.00fps

3)导入素材图片。方法:选择“文件 | 导入”命令,在弹出的对话框中选择配套光盘中的“素材及结果 \ 第 8 章 综合实例 \8.2 制作配乐唐诗效果 \ 红叶 1.jpg”、“红叶 2.jpg”、“文字 1.jpg”和“文字 2.jpg”文件，单击“打开”按钮，将其导入“项目”面板，如图 8-69 所示。

提示：由于前面进行了设置，此时4张静态图片的默认时间长度均为5秒。

4) 在“项目”面板中依次选择“红叶 1.jpg”和“红叶 2.jpg”素材,然后将它们拖入“时间线”面板的“视频 1”轨道中，入点为 00:00:00:00，如图 8-70 所示。

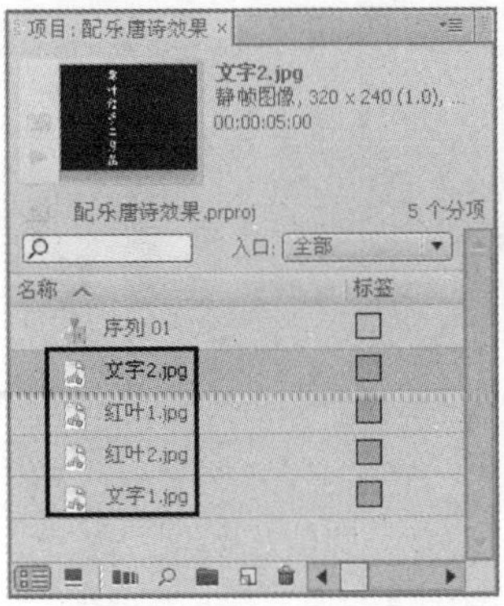

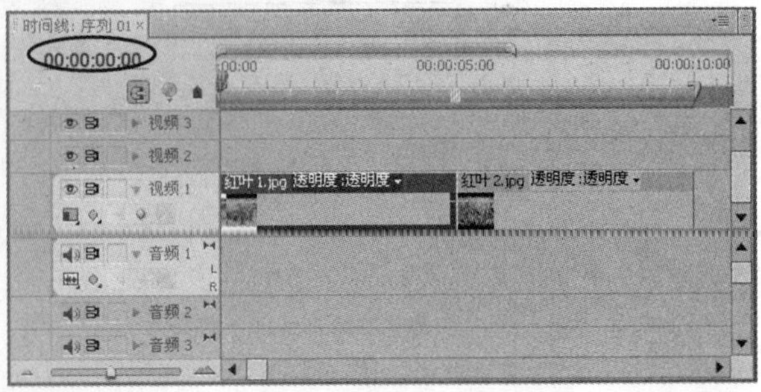

图 8-69 “项目”面板　　图 8-70　将“红叶 1.jpg”和“红叶 2.jpg”素材拖入“时间线”面板

5）制作“红叶 1.jpg”素材的镜头拉伸效果。方法：选择“时间线”面板口中“红叶 1.jpg”素材，然后在“特效控制台”面板中展开“运动”选项。再将“时间线”面板移动到 00:00:00:00 的位置，单击“缩放比例”选项前的按钮，在此处添加一个关键帧，如图 8-71 所示。接着将“时间线”面板移动到 00:00:05:00 的位置，单击按钮，添加一个新的“缩放比例”关键帧，并将数值设置为 90.0，如图 8-72 所示。

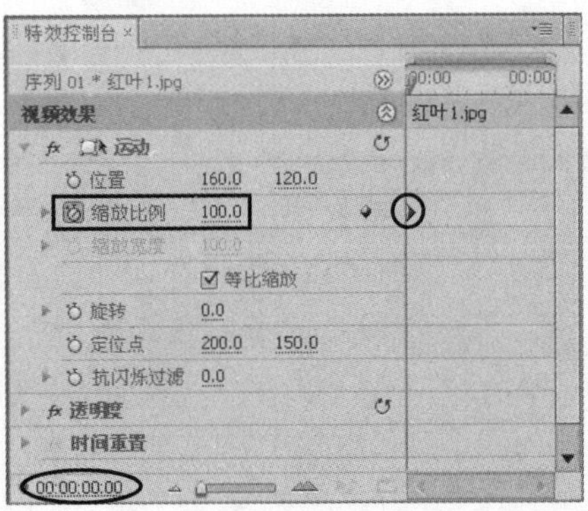

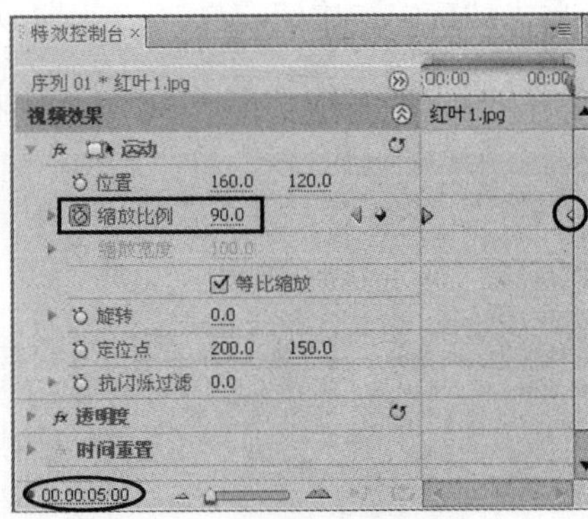

图 8-71　在 00:00:00:00 处添加“缩放比例”关键帧　　图 8-72　在 00:00:05:00 处设置“缩放比例”参数

6）在“节目”面板中单击按钮，即可看到“红叶 1.jpg”素材镜头拉伸效果，如图 8-73 所示。

镜头拉伸前　　镜头拉伸后

图 8-73　“红叶 1.jpg”素材镜头拉伸效果

7）同理，制作“红叶 2.jpg”素材的镜头拉伸效果。方法：选择“时间线”面板口中“红叶 2.jpg”素材，然后在“特效控制台”面板中展开“运动”选项。再将“时间线”面板移动到 00:00:05:00 的位置，单击“缩放比例”选项前的按钮，在此处添加一个关键帧，如图 8-74 所示。接着将“时间线”面板移动到 00:00:10:00 的位置，单击按钮，添加一个新的“缩放比例”关键帧，并将数值设置为 90.0，如图 8-75 所示。最后在“节目”面板中单击按钮，即可看到“红叶 2.jpg”素材镜头拉伸效果，如图 8-76 所示。

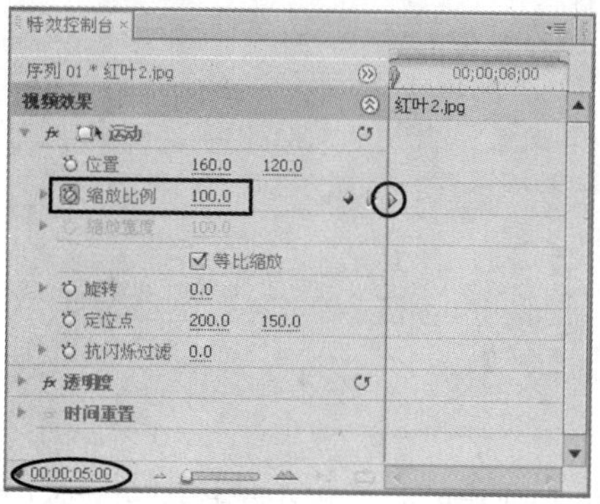

图 8-74　在 00:00:05:00 处添加“缩放比例”关键帧

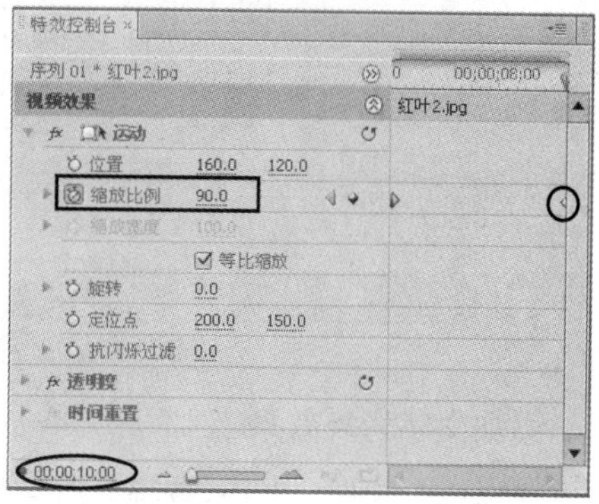

图 8-75　在 00:00:10:00 处设置“缩放比例”参数

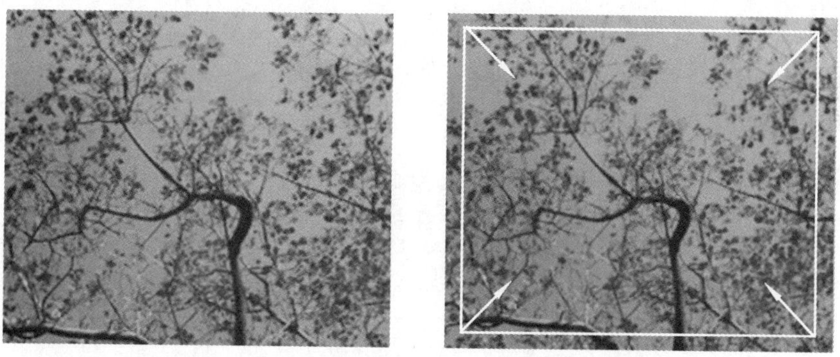

镜头拉伸前　　镜头拉伸后

图 8-76　“红叶 2.jpg”素材镜头拉伸效果

8）重新设置“红叶 1.jpg”素材的持续时间为 10 秒。方法：从“项目”面板中再次将“红叶 1.jpg”拖入“时间线”面板的“视频 1”轨道中，入点为 00:00:10:00，然后右击该素材，从弹出的快捷菜单中选择“速度 / 持续时间”命令。接着在弹出的对话框中设置如图 8-77 所示，单击“确定”按钮，此时“时间线”面板如图 8-78 所示。

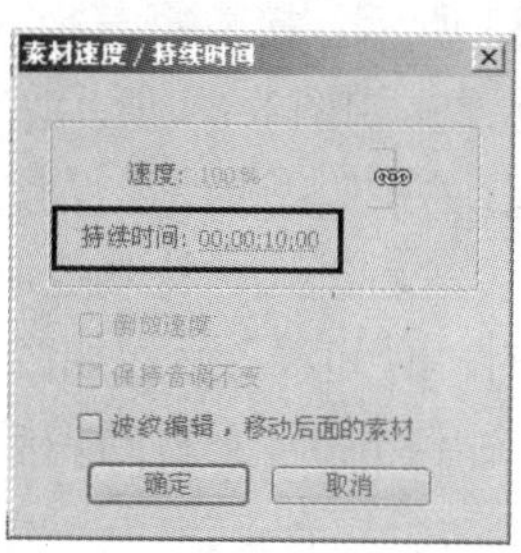

图 8-77　设置“红叶 1.jpg”的持续时间

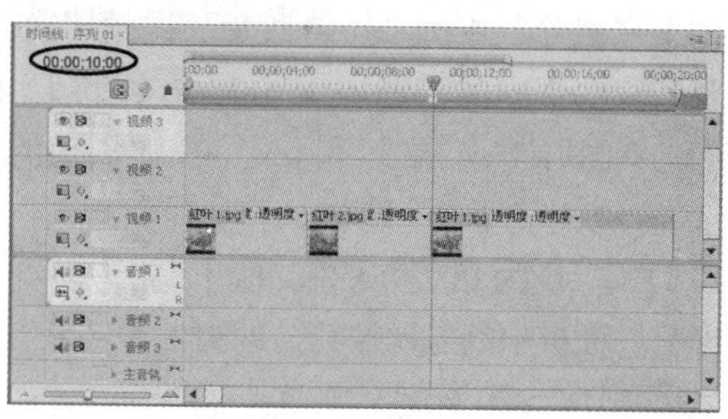

图 8-78　“时间线”面板 1

9) 同理，重新设置“红叶 2.jpg”素材的持续时间为 10 秒。方法：“项目”面板中再次将“红叶 2.jpg”拖入“时间线”面板的“视频 1”轨道中，入点为 00:00:20:00，并将该素材的“速度 / 持续时间”设为 10 秒，此时“时间线”面板如图 8-79 所示。

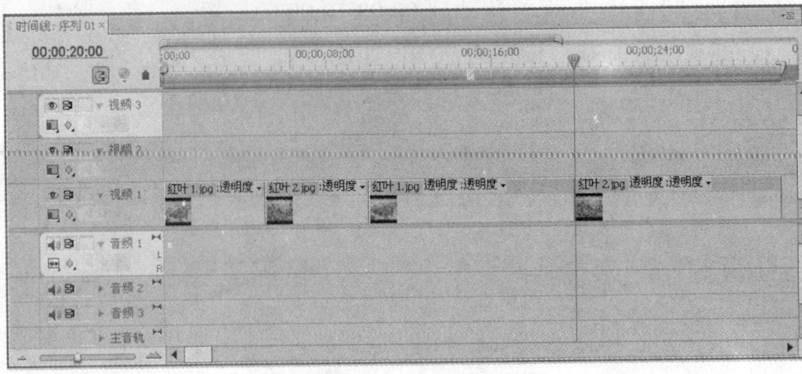

图 8-79 “时间线”面板 2

2. 添加文字切换效果

1) 分层导入图像。方法：选择“文件 | 导入”命令，在弹出的对话框中选择配套光盘中的“素材及结果 \ 第 8 章 综合实例 \8.2 制作配乐唐诗效果 \ 分层文字 .psd”文件，如图 8-80 所示，单击“打开”按钮，然后在弹出的“导入分层文件：分层文字”对话框中设置如图 8-81 所示，单击“确定”按钮，将其导入“项目”面板，如图 8-82 所示。

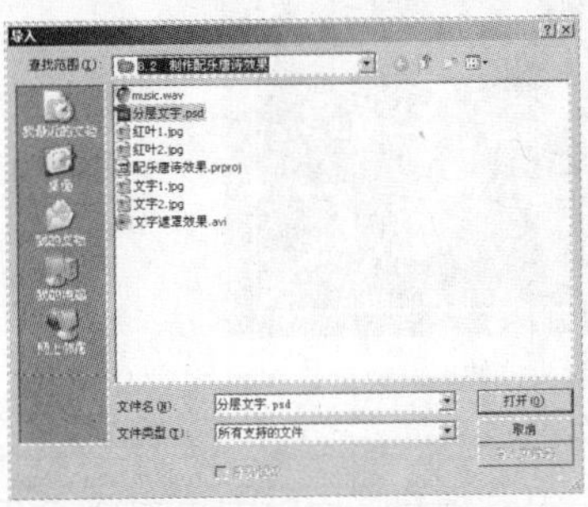

图 8-80 选择“分层文字 .psd”文件

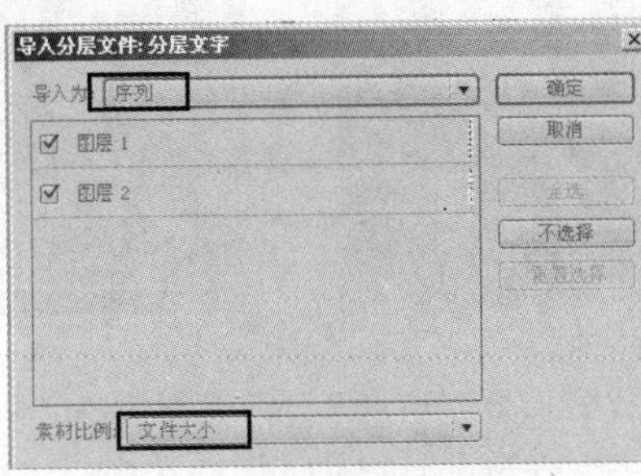

图 8-81 设置导入参数

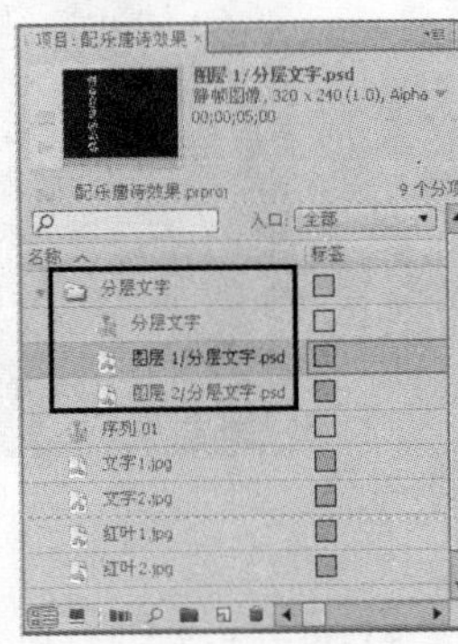

图 8-82 “项目”面板

2) 添加“图层 1/ 分层文字 .psd”的视频切换。方法：将“图层 1/ 分层 1.psd”拖入“时间线”面板的“视频 2”轨道中，入点为 00:00:00:00。然后在“效果”面板中展开“视频切换”文件夹，选择“擦除”中的“径向划变”视频切换，如图 8-83 所示。接着将其拖入“时间线”面板“视频 2”轨道中的“图层 1/ 分层文字 .psd”的开始位置，如图 8-84 所示。

3) 设定“图层 1/ 分层文字 .psd”视频切换的切换时间。方法：选择“视频 2”轨道中的“图层 1/ 分层文字 .psd”素材上的“径向划变”视频切换，然后进入“特效控制台”面板，将其“持续时间”设为 00:00:03:00 即可，如图 8-85 所示，此时“时间线”面板如图 8-86 所示。接着在“节目”面板中单击▶按钮，即可看到“图层 1/ 分层文字 .psd”素材的视频切换效果，如图 8-87 所示。

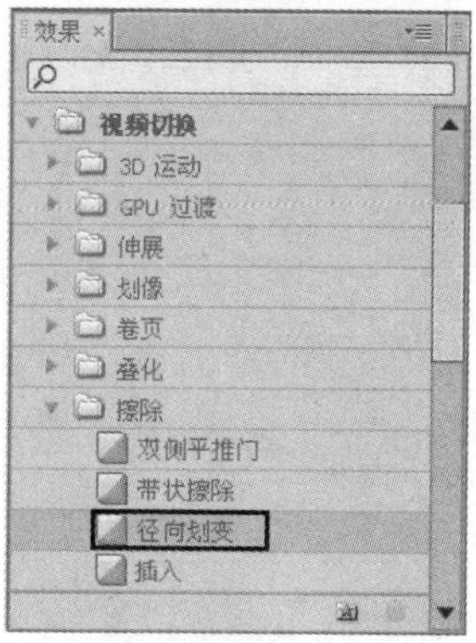

图 8-83　选择“径向划变”

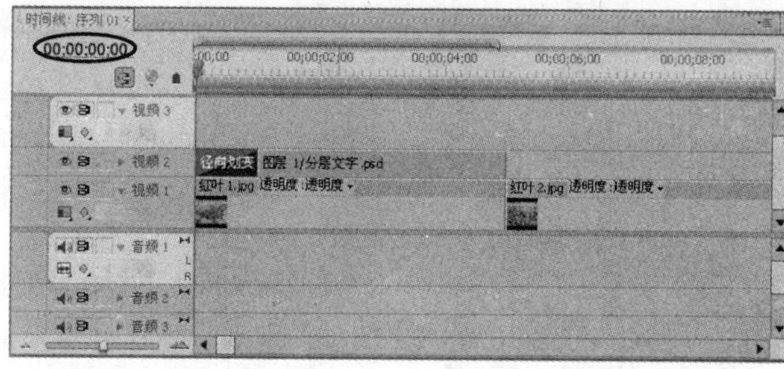

图 8-84　将“径向划变”特效拖入“图层 1/ 分层文字 .psd”的开始位置

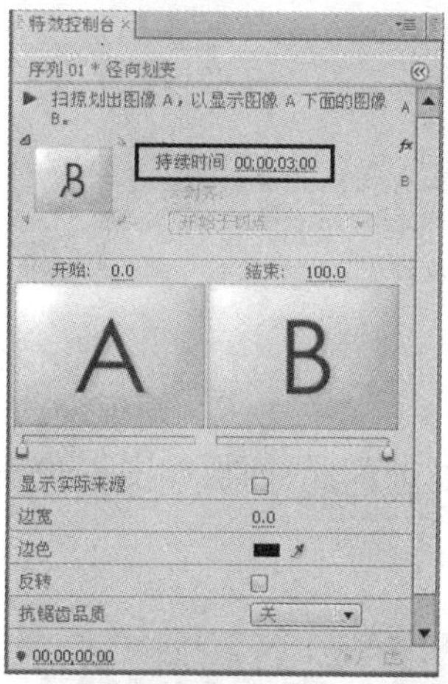

图 8-85　设置“径向划变”的持续时间

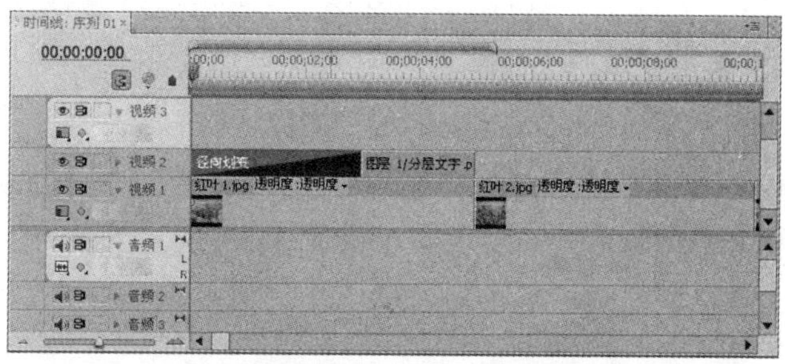

图 8-86　“时间线”面板

图 8-87　“图层 1/ 分层文字 .psd”素材的视频切换效果

4）同理，添加“图层 2/ 分层文字 .psd”的视频切换和设置切换特效持续时间。方法：将“图层 2/ 分层文字 .psd”拖入“时间线”面板的“视频 2”轨道中，入点为 00:00:05:00。然后将“效果”面板“视频切换”文件夹中的“擦除”文件夹内的“径向划变”视频切换拖入“时间线”面板“视频 2”轨道中的“图层 2/ 分层文字 .psd”的开始位置。接着选择添加的“径向划变”视频切换，然后进入“特效控制台”面板，将其“持续时间”设为 00:00:03:00，此时“时间线”面板如图 8-88 所示。最后在“节目”面板中单击▶按钮，即可看到“图层 2/ 分层文字 .psd”素材的视频切换效果，如图 8-89 所示。

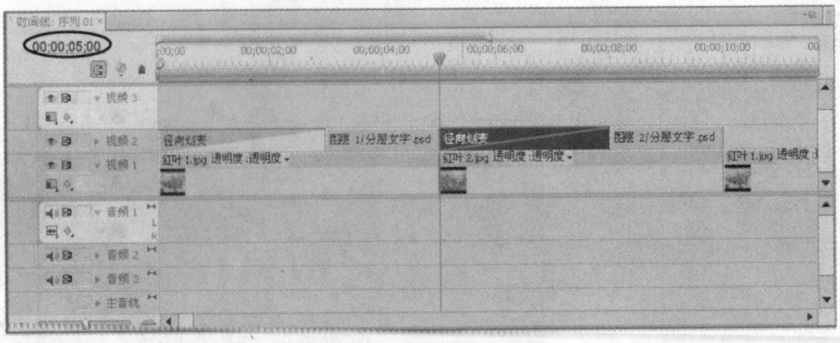

图 8-88 “时间线”面板

图 8-89 “图层 2/ 分层文字 .psd”素材的视频切换效果

3. 添加文字遮罩效果

1）从“项目”面板中将“文字 1.jpg”拖入“时间线”面板的“视频 2”轨道中，入点为 00:00:10:00。然后将该素材的持续时间设置 00:00:10:00，此时“时间线”面板如图 8-90 所示，效果如图 8-91 所示。

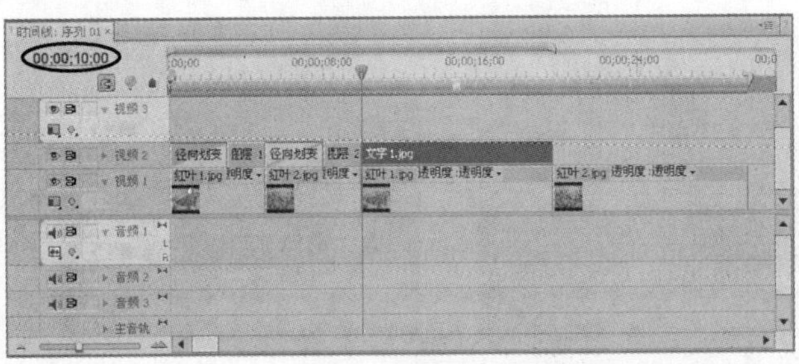

图 8-90 “时间线”面板

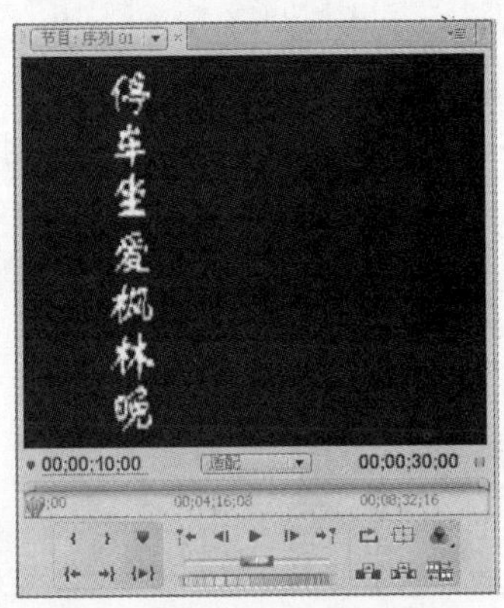

图 8-91 “文字 1.jpg”的画面效果

2）制作“文字 1.jpg”素材的遮罩。方法：在“效果”面板中展开“视频特效”文件夹，然后选择“键控”中的“颜色键”特效，如图 8-92 所示。接着将其拖入“时间线”面板中的“文字 1.jpg”上。最后进入“特效控制台”面板，将“颜色键”的“主要颜色”设置为白色，如图 8-93 所示。

3）制作“文字 1.jpg”素材由大变小飞入画面的效果。方法：在“时间线”面板中选择“文字 1.jpg”素材，然后在“特效控制台”面板中将时间滑块移动到 00:00:11:00 的位置。再分别单击“位置”和“缩放比例”前面的 按钮，在此处添加关键帧，并修改参数，如图 8-94 所示。接着将时间滑块移动到 00:00:18:00 的位置，分别修改“位置”和“缩放比例”的参数，如图 8-95 所示。最后在“节目”面板中单击▶按钮，即可看到“文字 1.jpg”素材由大变小飞入画面的效果，如图 8-96 所示。

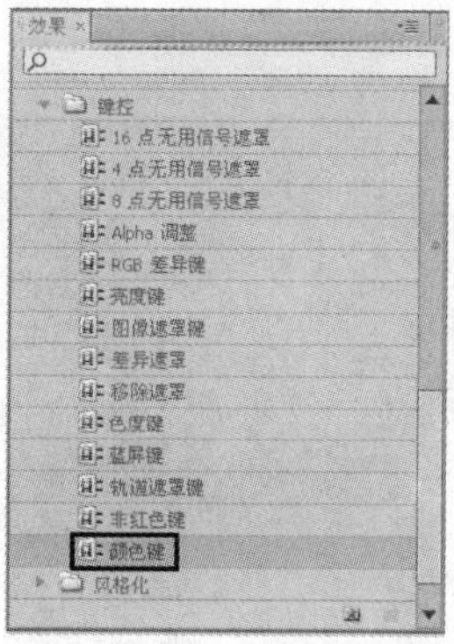

图 8-92　选择“颜色键”

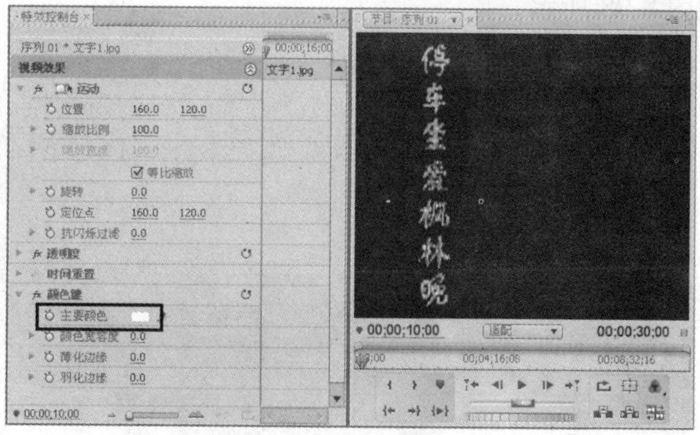

图 8-93　将“颜色键”的“主要颜色”设置为白色的效果

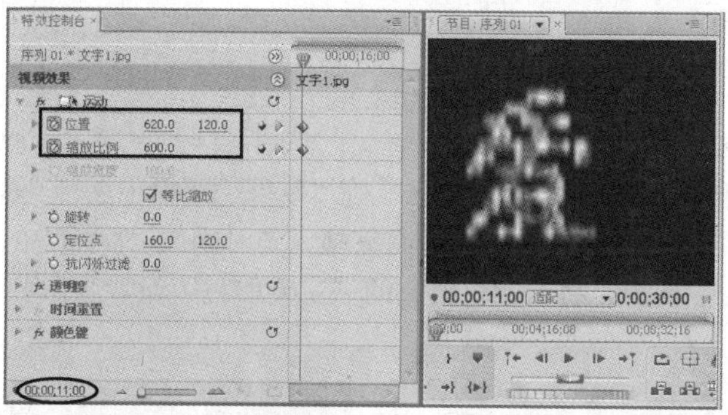

图 8-94　在 00:00:11:00 处设置“位置”和“缩放比例”的关键帧

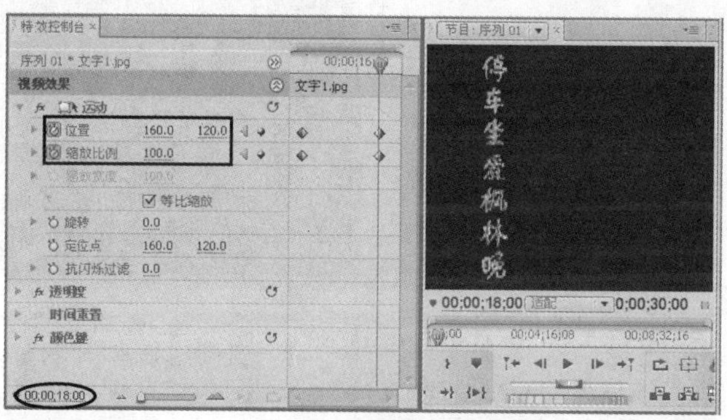

图 8-95　在 00:00:18:00 处设置“位置”和“缩放比例”的关键帧

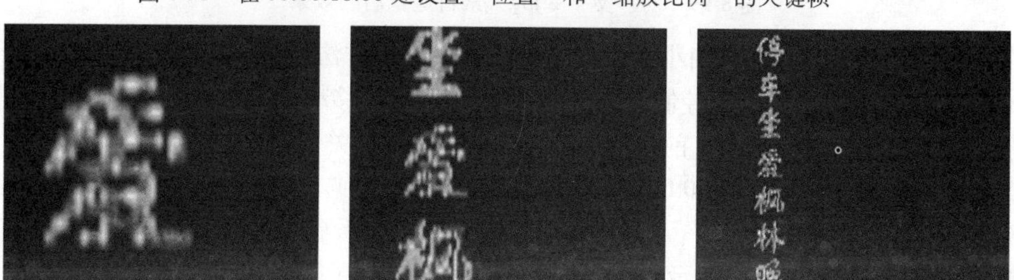

图 8-96　“文字 1.jpg”素材由大变小飞入画面的效果

4）从“项目”面板中将“文字 2.jpg”拖入“时间线”面板的“视频 2”轨道中，入点为 00:00:20:00。然后将该素材的持续时间设置 00:00:10:00，此时“时间线”面板如图 8-97 所示，效果如图 8-98 所示。

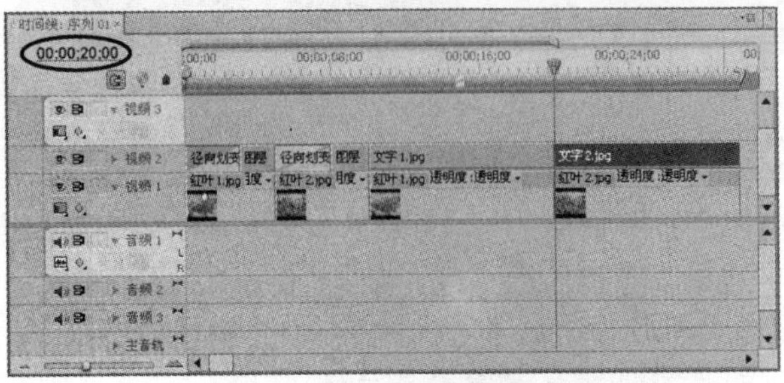

图 8-97 “时间线”面板

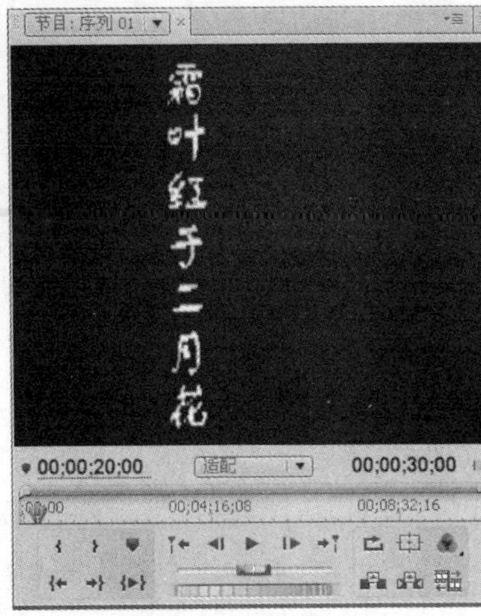

图 8-98 “文字 2.jpg”的画面效果

5）制作“文字 2.jpg”素材的遮罩。方法：在“效果”面板中展开“视频特效”文件夹，然后选择“键控”中的“颜色键”特效。接着将其拖入“时间线”面板中的“文字 2.jpg”上。最后进入“特效控制台”面板，将“颜色键”的“主要颜色”设置为白色，如图 8-99 所示。

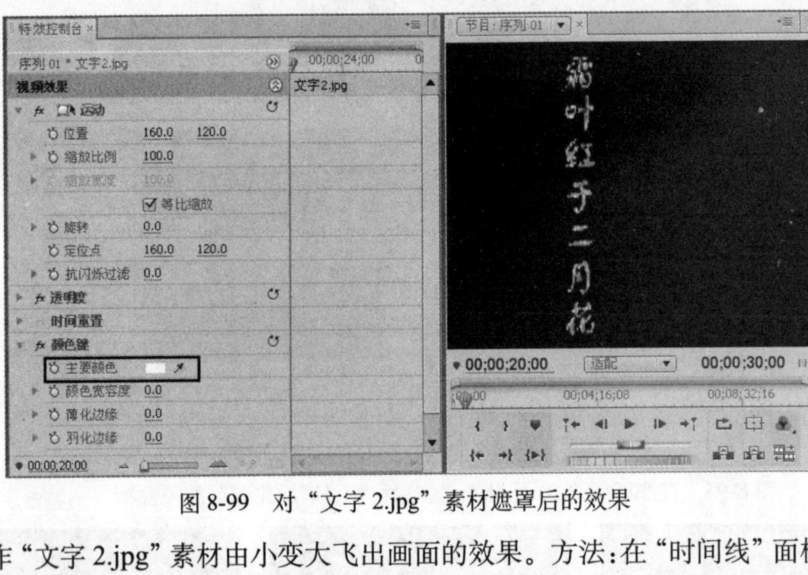

图 8-99 对“文字 2.jpg”素材遮罩后的效果

6）制作“文字 2.jpg”素材由小变大飞出画面的效果。方法：在“时间线”面板中选择“文字 2.jpg”素材，然后在“特效控制台”面板中将时间滑块移动到 00:00:22:00 的位置。再分别单击“位置”和“缩放比例”前面的按钮，在此处添加关键帧，并修改参数，如图 8-100 所示。接着将时间滑块移动到 00:00:29:00 的位置，分别修改“位置”和“缩放比例”的参数，如图 8-101 所示。最后在“节目”面板中单击▶按钮，即可看到“文字 2.jpg”素材由小变大飞出画面的效果，如图 8-102 所示。

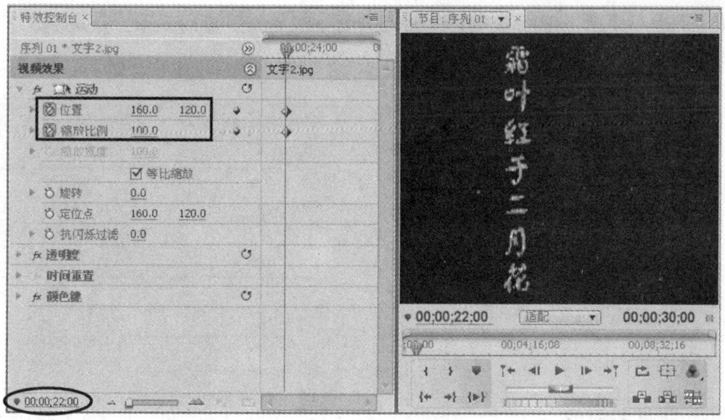

图 8-100　在 00:00:22:00 处设置“位置”和“缩放比例”的关键帧

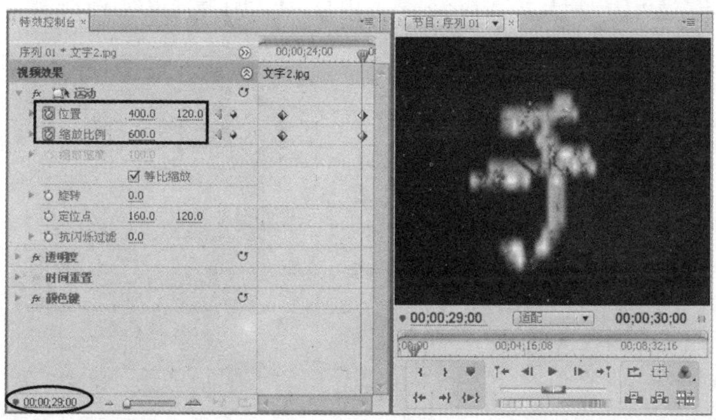

图 8-101　在 00:00:29:00 处设置“位置”和“缩放比例”的关键帧

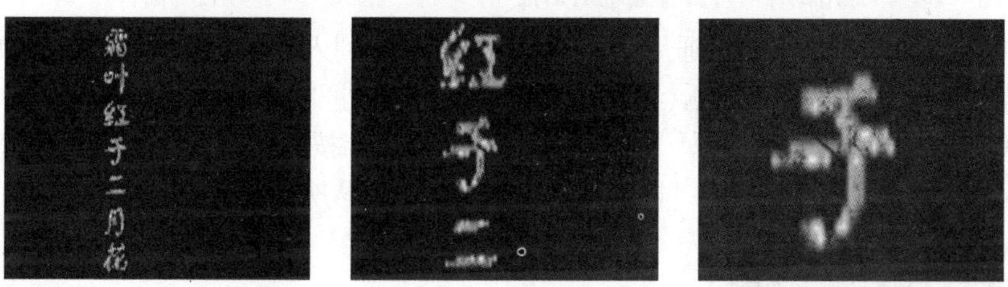

图 8-102　“文字 2.jpg”素材由小变大飞出画面的效果

4. 添加片头与背景音乐

目前，这个实例的主体部分已经编辑好了，接下来的工作就是运用 Premiere Pro CS4 自带的“通用倒计时片头”为本实例添加一个片头效果，并适当调整倒计时的时间长度。然后利用多种方法制作各个片断之间的淡入和淡出效果。最后给该实例添加音乐效果并输出为影片。

（1）制作“通用倒计时片头”

1）单击“项目”面板下方的（新建分项）按钮，从弹出的快捷菜单中选择“通用倒计时片头”命令，如图 8-103 所示，然后在弹出的“新建通用倒计时片头”对话框中设置参数如图 8-104 所示，单击“确定”按钮。接着在弹出的“通用倒计时片头设置”对话框中保持默认参数，如图 8-105 所示，单击“确定”按钮，此时新建的“通用倒计时片头”会自动添加到“项目”面板中，如图 8-106 所示。

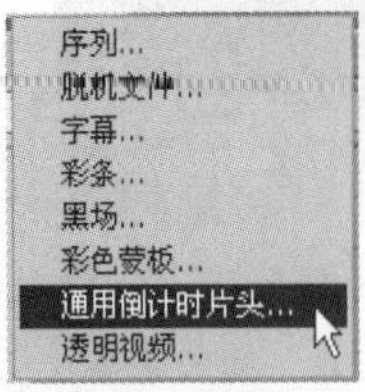

图 8-103　选择“通用倒计时片头”命令

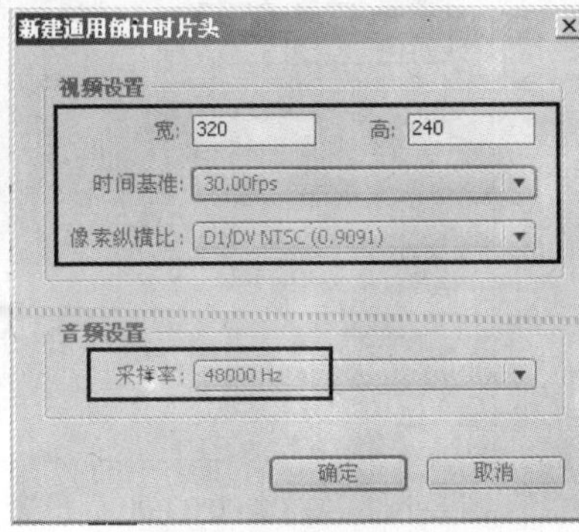

图 8-104　“新建通用倒计时片头”对话框

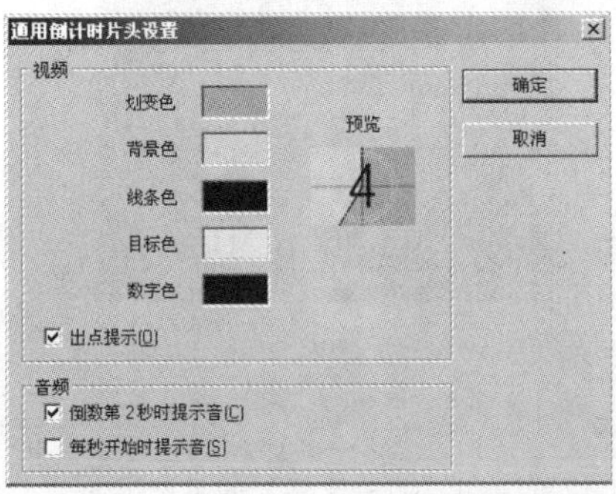

图 8-105　“通用倒计时片头设置”对话框

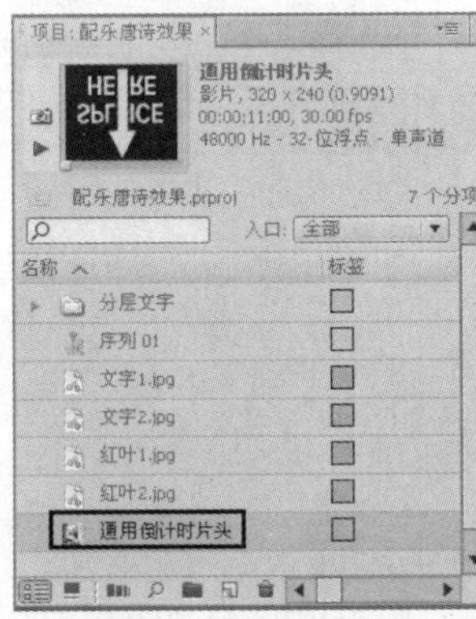

图 8-106　“项目”面板

2）将“项目”面板中的“通用倒计时片头”素材拖到入“素材源”面板中，如图 8-107 所示。然后激活“视频 1”轨道，使之高亮显示，再将时间滑块移动到 00:00:00:00 的位置，如图 8-108 所示，单击“素材源”面板下方的 （插入）按钮，即可将“通用倒计时片头”素材插入“视频 1”轨道。此时“时间线”面板如图 8-109 所示。

图 8-107　“素材源”面板

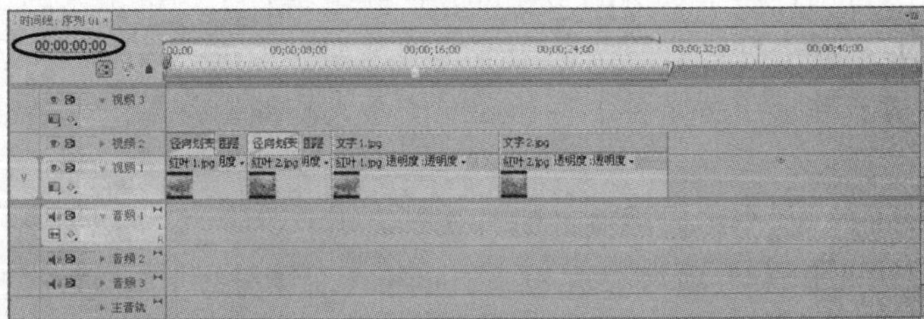

图 8-108　将时间滑块定位在 00:00:00:00 处

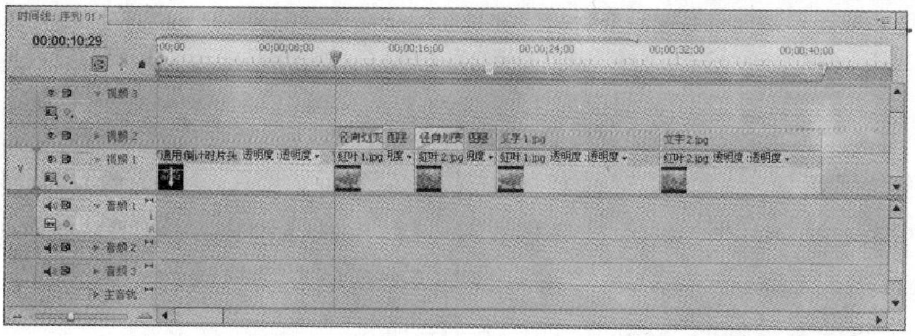

图 8-109　插入“通用倒计时片头”的“时间线”面板

3）此时所插入的“通用倒计时片头”素材过长，会影响整体效果，下面将倒计时从 10 秒改为 5 秒，并从倒数第 5 秒开始开始计时。方法：选择工具条中的 （剃刀工具），然后在“时间线”面板的 00:00:06:00 的位置将“通用倒计时片头”素材断开，如图 8-110 所示。接着选中断开后的“通用倒计时片头”素材的前半部分，右击，从弹出的快捷菜单中选择“波纹删除”命令，将其删除，此时“时间线”面板如图 8-111 所示。最后在“节目”面板中单击 按钮，即可看到删除“通用倒计时片头”前半部分后的倒计时效果，如图 8-112 所示。

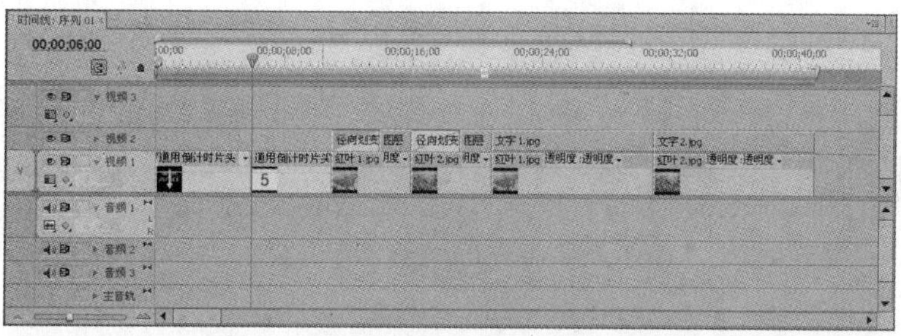

图 8-110　在 00:00:06:00 的位置将“通用倒计时片头”素材断开

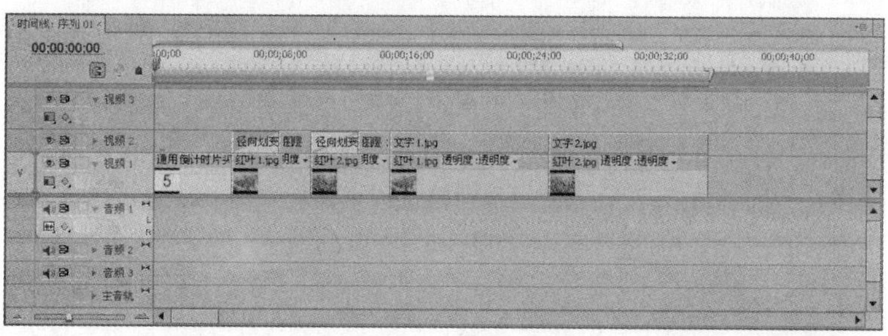

图 8-111　删除“通用倒计时片头”前半部分后的“时间线”面板

图 8-112　删除“通用倒计时片头”前半部分后的倒计时效果

提示：利用“波纹删除”命令删除素材后，其后面的所有素材都会相应的向前移动。如果按〈Delete〉键进行直接删除，则后面的所有素材不会相应的向前移动。

（2）制作各个片断之间的淡入和淡出效果

1）制作“通用倒计时片头”素材到主体部分之间的淡入效果。方法：展开“视频 2”，然后选中“视频 2”上的“图层 1/ 分层文字”素材，分别在 00:00:05:00 和 00:00:06:00 的位置单击 （添加 / 删除关键帧）按钮，添加两个透明度关键帧，如图 8-113 所示。接着将 00:00:05:00 位置的关键帧向下移动，如图 8-114 所示。

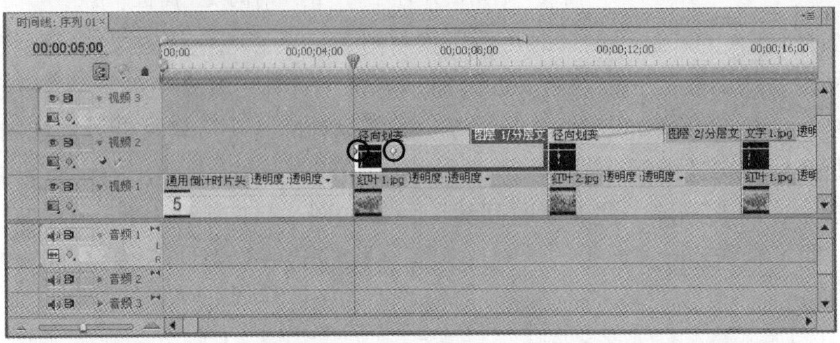

图 8-113　在 00:00:05:00 和 00:00:06:00 处添加两个透明度关键帧

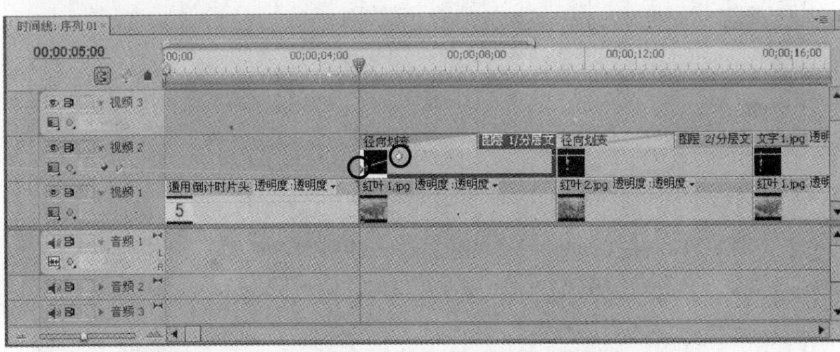

图 8-114　在 00:00:05:00 处的透明度关键帧向下移动

2）同理，分别在“视频 1”轨道的“红叶 1.jpg”素材的 00:00:05:00 和 00:00:06:00 的位置，添加两个关键帧，然后将 00:00:05:00 位置处的关键帧向下移动，此时“时间线”面板如图 8-115 所示。

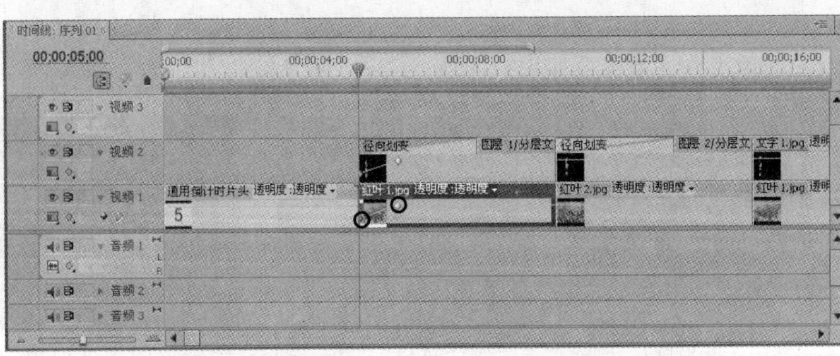

图 8-115　添加“红叶 1.jpg”素材的透明度关键帧

提示：在视频轨道上添加透明度关键帧和在“特效控制台”面板中的“透明度”中添加透明度关键帧是一致的。图8-116为在“特效控制台”面板中给“红叶1.jpg”素材添加透明度关键帧的显示效果。

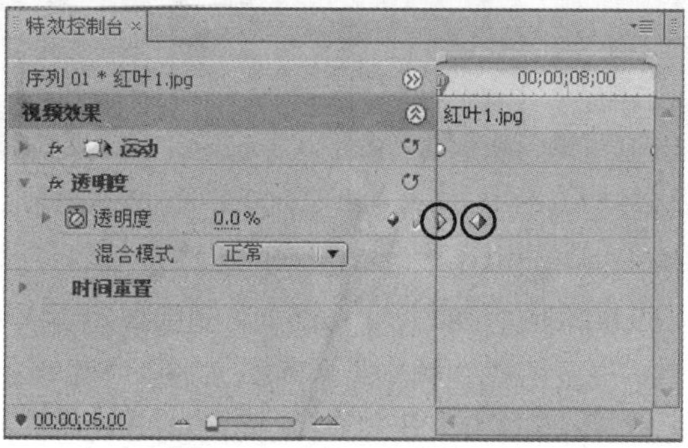

图 8-116　在“特效控制台”面板中添加“透明度”关键帧

3）在“节目”面板中单击▶按钮，即可看到 00:00:05:00 ～ 00:00:06:00 之间的淡入效果，如图 8-117 所示。

图 8-117　00:00:05:00 ～ 00:00:06:00 之间的淡入效果

4）制作“文字 1.jpg”的淡入效果。方法：选中“视频 2”上的“文字 1.jpg”素材，然后分别在 00:00:15:00 和 00:00:16:00 的位置单击◆（添加 / 删除关键帧）按钮，添加两个透明度关键帧，接着后将 00:00:15:00 位置的关键帧向下移动，如图 8-118 所示。最后在“节目”面板中单击▶按钮，即可看到 00:00:15:00 ～ 00:00:16:00 之间的淡入效果，如图 8-119 所示。

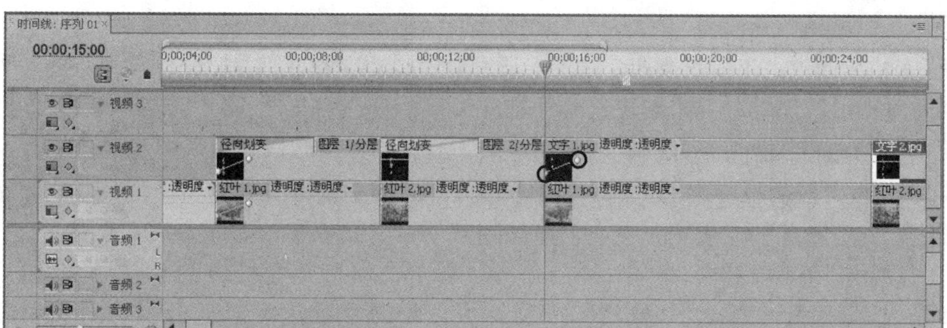

图 8-118　在 00:00:15:00 和 00:00:16:00 处添加并对透明度关键帧进行处理

图 8-119　00:00:15:00 ~ 00:00:16:00 之间的淡入效果

5）制作最终的文字淡出效果。方法：选中“视频 2”上的“文字 2.jpg”素材，然后分别在 00:00:34:00 和 00:00:35:00 的位置单击（添加 / 删除关键帧）按钮，添加两个透明度关键帧，接着将 00:00:35:00 位置的关键帧向下移动，如图 8-120 示。最后在“节目”面板中单击按钮，即可看到 00:00:34:00 ~ 00:00:35:00 之间的淡出效果，如图 8-121 所示。

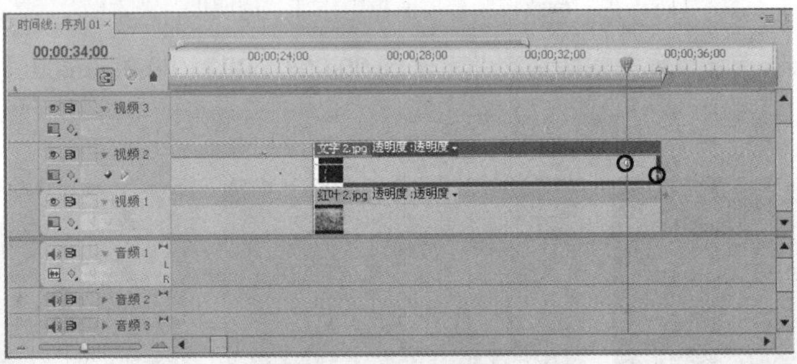

图 8-120　在 00:00:34:00 和 00:00:35:00 处添加并对透明度关键帧进行处理

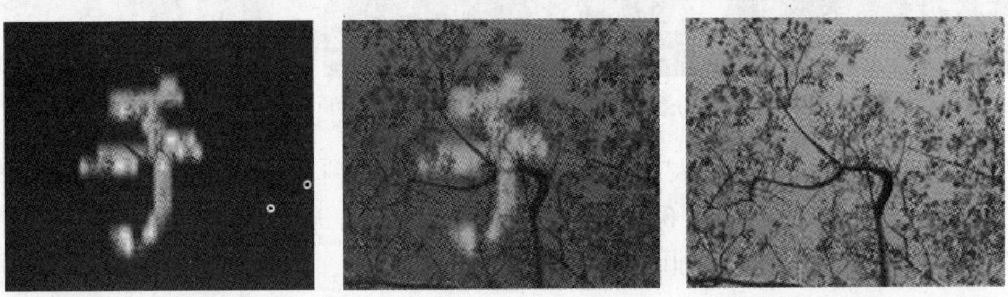

图 8-121　00:00:34:00 ~ 00:00:35:00 之间的淡出效果

（3）制作黑场视频效果

在“节目”面板上单击按钮，会发现在 00:00:15:00 和 00:00:25:00 位置上片断转换十分生硬。下面利用“黑场”就来解决这个问题。

1）单击“项目”面板下方的（新建分项）按钮，从弹出的快捷菜单中选择“黑场”命令，如图 8-122 所示，然后在弹出的“新建黑场视频”对话框中设置参数如图 8-123 所示，单击“确定”按钮。此时新建的“黑场”会自动添加到“项目”面板中，如图 8-124 所示。

2）设置黑场的持续时间为 2 秒。方法：右击“项目”面板中的“黑场”，然后从弹出的快捷菜单中选择“速度 / 持续时间”命令，接着在弹出的对话框中将时间长度设为 00:00:02:00，如图 8-125 所示。

3）从“项目”面板中将“黑场”素材拖入“时间线”面板的“视频 3”轨道中，入点为 00:00:09:00，如图 8-126 所示。

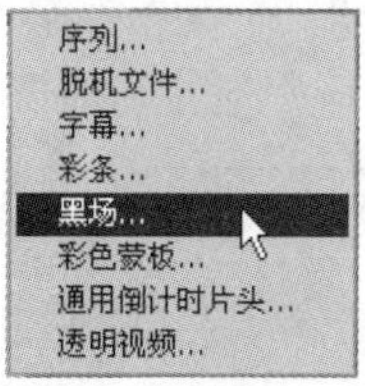

图 8-122　选择“黑场”命令

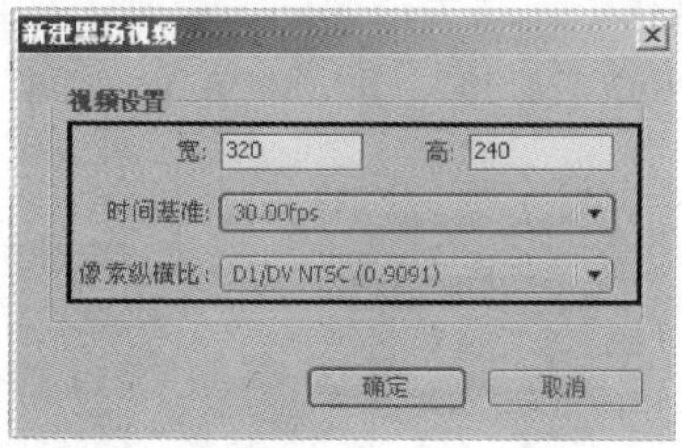

图 8-123　“新建黑场视频 ”对话框

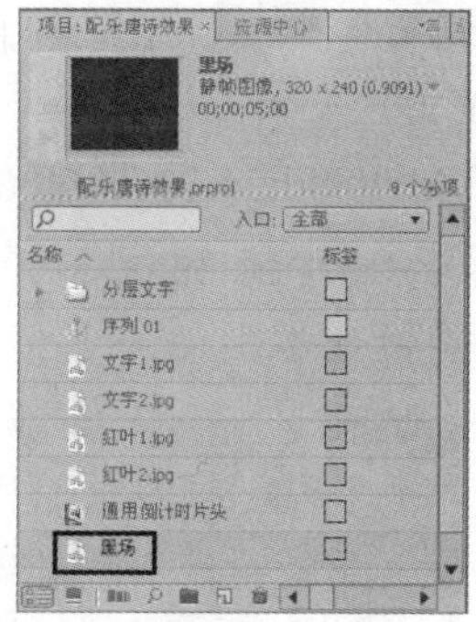

图 8-124　“项目”面板

图 8-125　设置“持续时间”

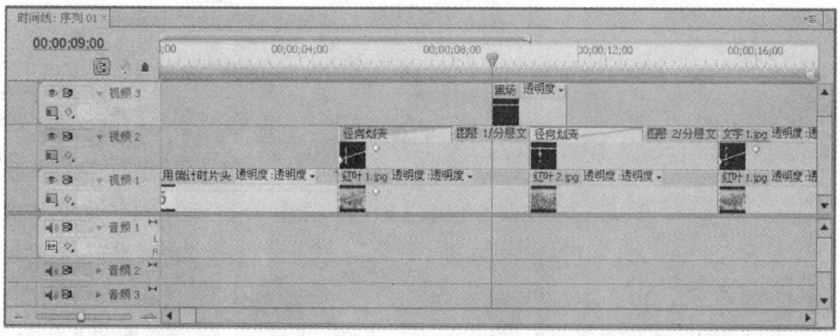

图 8-126　将“黑场 ”素材拖入“视频 3”轨道中

4）在“视频 3”轨道中选择“黑场”素材，然后分别在 00:00:09:00、00:00:10:00 和 00:00:11:00 位置添加关键帧，接着将第 00:00:09:00 和 00:00:11:00 位置的关键帧向下移动，如图 8-127 所示。最后在“节目”面板中单击▶按钮，即可看到 00:00:09:00 ~ 00:00:11:00 之间“黑场”的淡入淡出效果，如图 8-128 所示。

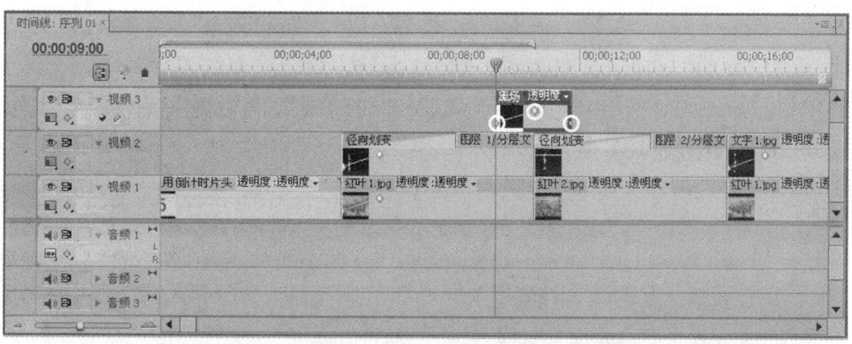

图 8-127　在 00:00:09:00 ~ 00:00:11:00 之间设置“黑场”的透明度

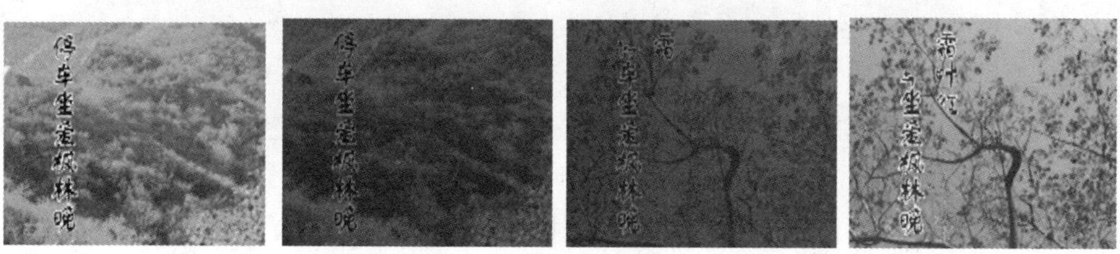

图 8-128　在 00:00:09:00 ~ 00:00:11:00 之间“黑场”的淡入淡出效果

5）从“项目”面板中将“黑场”素材拖入“时间线”面板的“视频 3”轨道中，入点为 00:00:24:00，然后分别在 00:00:24:00、00:00:2500 和 00:00:26:00 位置添加 3 个关键帧，接着将 00:00:24:00 和 00:00:26:00 位置的关键帧向下移动，如图 8-129 所示。最后在“节目”面板中单击▶按钮，即可看到 00:00:24:00 ～ 00:00:26:00 之间“黑场”的淡入淡出效果，如图 8-130 所示。

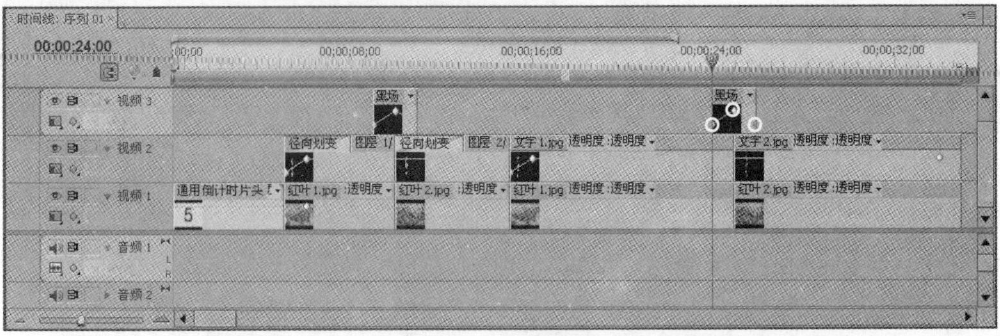

图 8-129　在 00:00:24:00 ～ 00:00:26:00 之间设置“黑场”的透明度

图 8-130　在 00:00:09:00 ～ 00:00:11:00 之间“黑场”的淡入淡出效果

（4）添加背景音乐

1）选择“文件 | 导入”命令，导入配套光盘中的“素材及结果 \ 第 8 章 综合实例 \8.2 制作配乐唐诗效果 \music.wav”文件。

2）从“项目”面板中将“music.wav”拖入“时间线”面板的“音频 1”轨道中，入点位置为 00:00:00:00，如图 8-131 所示。

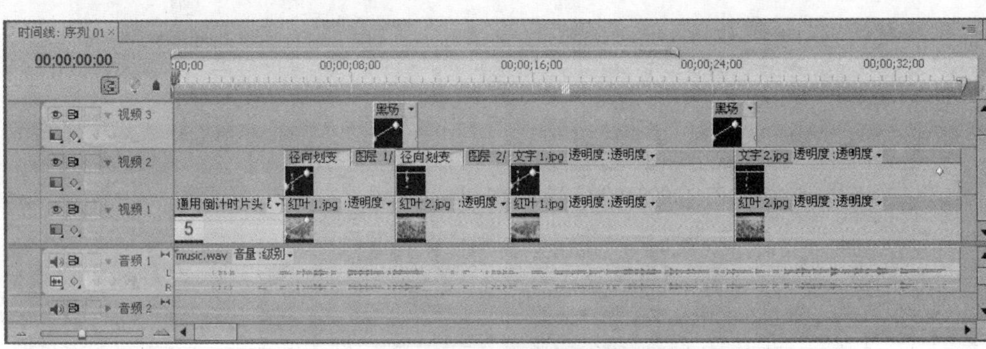

图 8-131　将“music.wav”拖入“时间线”面板的“音频 1”轨道中

3）至此，整个配乐唐诗效果制作完毕，选择“文件 | 导出 | 媒体”命令，将其输出为“配乐唐诗效果 .avi”文件。

8.3　课后练习

1）利用配套光盘中的“素材及结果 \ 第 8 章 综合实例 \ 课后练习 \ 练习 1\ 打字声音 .wav”文件，制作伴随着声音的打字效果，如图 8-132 所示。结果可参考配套光盘中的“素材及结果 \ 第 8 章 综合实例 \ 课后练习 \ 练习 1\ 练习 1.prproj”文件。

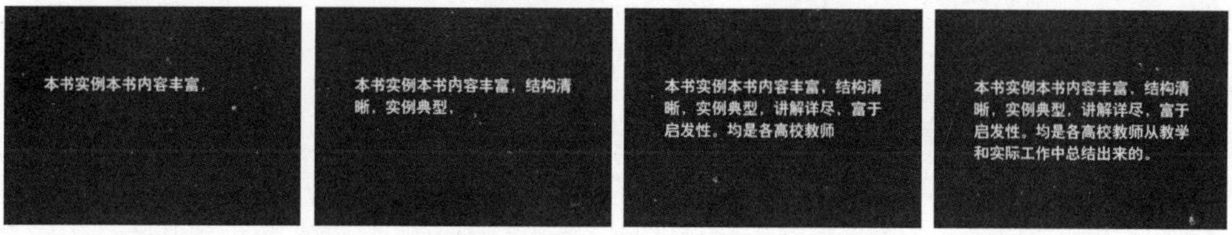

图 8-132　练习 1 的效果

2）利用配套光盘中的“素材及结果 \ 第 8 章 综合实例 \ 课后练习 \ 练习 2\ 分层文字 .psd”、“music.wav”、“图片 001.jpg”、“图片 002.jpg”、“文字 1.jpg”和“文字 2.jpg”素材，制作配乐诗词效果，如图 8-133 所示。结果可参考配套光盘中的“素材及结果 \ 第 8 章 综合实例 \ 课后练习 \ 练习 2\ 练习 2.prproj”文件。

图 8-133　练习 2 的效果